Medizinische Informatik und Statistik

Herausgeber: S. Koller, P. L. Reichertz und K. Uberla

1

Medizinische Informatik 1975

Frühjahrstagung des Fachbereiches
Informatik der GMDS

Herausgegeben von P. L. Reichertz

Springer-Verlag
Berlin · Heidelberg · New York 1976

Reihenherausgeber
S. Koller, P. L. Reichertz, K. Überla

Mitherausgeber
J. Anderson, G. Goos, F. Gremy, H.-J. Jesdinsky, H.-J. Lange,
B. Schneider, G. Segmüller, G. Wagner

Bandherausgeber
Peter L. Reichertz
Medizinische Hochschule Hannover
Department für Biometrie
und Medizinische Informatik
Karl-Wiechert-Allee 9
3000 Hannover 61

ISBN-13: 978-3-540-07734-3   e-ISBN-13: 978-3-642-81034-3
DOI: 10.1007/ 978-3-642-81034-3

INHALTSVERZEICHNIS

P.L. Reichertz

Die 4. Hannoversche Tagung über Medizinische Informatik setzt das Bemühen der Arbeitsgruppe (jetzt Fachbereich) der Gesellschaft für medizinische Dokumentation, Informatik und Statistik fort, Erfahrungen auf
dem Gebiet der Medizinischen Informatik in den verschiedenen Anwendungen vorzutragen und zur Diskussion zu stellen.

Gegliedert ist das Buch wieder in die Beiträge der verschiedenen Sekti-
onen (jetzt Arbeitsgruppen): Systementwicklung, Prozeßrechner, Labordatenverarbeitung, Operations Research, Klartextverarbeitung und Datenendgeräte. In der diesjährigen Tagung treten systemanalytische Aspekte
der medizinischen Versorgung und der Systementwicklung in den Vordergrund, auch unter Berücksichtigung anderer Informationsmedien als die
elektronische Datenverarbeitung. Deutlich ist die Tendenz zu allgemeinen, parameter- oder datengesteuerten Systemen, welche flexibel den unterschiedlichen Benutzerwünschen angepasst werden können. Projektmana-
gementfragen finden ebenso Berücksichtigung wie Wirtschaftlichkeitsa-
spekte und Nutzenüberlegungen.

Auf dem Realzeitsektor und dem Gebiet der Biosignalverarbeitung wird
über die Erfahrungen des vergangenen Jahres berichtet.

Insgesamt bietet der vorliegende Band einen Querschnitt durch den Stand
der Anwendungen von Methoden der Informatik in der Medizin. Erste Ergebnisse zur Standardisierung von Hardwareschnittstellen ebenso wie die
früher abgeschlossene Übersicht der Datenendgeräte spiegeln das Bemühen
der GMDS wider, für allgemein anwendbare Verfahren die definitorischen
Grundlagen zu schaffen.

Zu begrüßen ist die zunehmende methodische Ausrichtung der Beiträge. Es
entspricht dies dem Ziel der Arbeitsgruppe, (jetzt Fachbereich), eine
Verbindung zu schaffen zwischen den in den Anwendungsvorhaben Tätigen
und der wissenschaftlichen Informatik. In dieser Hinsicht sind auch die
inzwischen angelaufenen Anwendungsstudiengänge für Medizin im Informa-
tikstudium der Universitäten München, Hamburg und Braunschweig/Hannover
zu sehen.

Die vorliegende Veröffentlichung gibt die Beiträge der Autoren unverändert wieder. Sie soll Aufschluß geben über den Stand der Arbeiten auf
dem Gebiet der Medizinischen Informatik im Jahre 1975 und anregen zu
weiterer methodischer Vertiefung und praktischer Ausweitung.

                              P.L. Reichertz

Auf dem Wege zu einem ganzheitlichen systemanalytischen Ansatz in der Medizinischen Informatik

Aus der Medizinischen Fakultät der Universität des Saarlandes

C.D. Kopetzky, W. Scheib

Zusammenfassung

Die medizinische Informatik muss, um ihrer Aufgabe gerecht werden zu können, von einem ganzheitlichen systemanalytischen Ansatz ausgehen, d.h. das Krankenhaus in all seinen Aspekten, Funktionen und kommunikativen Prozessen betrachten. Dies setzt zunächst die Möglichkeit einer systematischen Beschreibung voraus. Es wird der Versuch unternommen, allgemeingültige Dimensionen zu definieren, die zur unterschiedlichsten systematischen Beschreibung arbeitsteiliger Organisationen oder Organismen herangezogen werden können.

Eine einheitliche Systematik hätte den Vorteil einer Kompatabilität in der Horizontalen und Vertikalen, gleichgültig ob es sich dabei um Produktions-, Informations- oder Energiesysteme handelt. Die Notwendigkeit allgemeiner, theoretischer Überlegungen und Untersuchungen für die medizinische Informatik wird abschliessend beispielhaft belegt. Die im Grunde genommen banale Erkenntnis, dass jede Arbeitsteilung mit einer Vermehrung von Kommunikationskanälen einhergehen muss, mündet zwangsläufig in die Forderung ein, dass sich die medizinische Informatik mehr als bisher auf dem Gebiet der medizinischen Organisation im Bereich der Stationen, der Ambulanzen und Verwaltungseinheiten engagieren muss.

Wir gehen heute von der Annahme aus, dass das Verhalten komplexer Organisationen nicht nur durch die Eigenschaften ihrer Organisationseinheiten (Elementen) begründet wird. Vielmehr spielen die organisationsinternen Interaktionen und die Beziehungen der Organisationseinheiten zu ihrer Umwelt eine beherrschende Rolle (3,10,16,17,19,21,23, 25). Damit erweist sich die eingeschränkte Betrachtung der betrieblichen Funktionen als unzureichend und muss durch die Analyse der kommunikativen Verbindungen ergänzt werden. Die Notwendigkeit, die unterschiedlichsten Disziplinen und Bereiche in ihren systematischen, kommunikativen Verknüpfungen zu analysieren, führte zwangsläufig zur Ausbildung eines interdisziplinären methodischen Instrumentariums, das wir heute als Systemanalyse bezeichnen (4,10,14,17). Für das Krankenhaus bedeutet dies, dass eine Systemanalyse sich nicht nur jeweils auf die Datenverarbeitung, das Informationswesen, das Kommunikationswesen, die medizinischen Funktionsbereiche oder den Versorgungsbereich beschränken darf, sondern alle gemeinsam berücksichtigen muss (8,9,12, 21,22).

Jedes Handeln verläuft entsprechend einer Handlungskonzeption und damit in Erfüllung einer bewussten oder unbewussten Theorie (24). Eine der medizinischen Informatik zugrundeliegende wissenschaftliche Theorie, wie immer diese auch aussehen mag, muss a priori von der wissenschaftstheoretischen Annahme ausgehen, dass

1. im medizinischen Organisationsbereich bezüglich der Information und Kommunikation gesetzmäßige Zusammenhänge bestehen, die

2. verifizierbar sind und zur Erklärung realer Phänomene sowie

3. zur Prognose zukünftiger Entwicklungen herangezogen werden können (11,24).

Wir müssen feststellen, dass weder die allgemeine Organisationswissenschaft noch die medizinische Informatik über eine wissenschaftliche Realtheorie verfügen, die diesen Anforderungen gerecht wird (29).

Von daher sind wir gezwungen einzugestehen, dass unsere Arbeiten nicht auf wissenschaftlich fundierten Theorien basieren, sondern vielmehr auf subjektiven Erfahrungen, Trends, Indikativ- und Analogieschätzungen, deren Irrtumswahrscheinlichkeit entsprechend hoch sein muss (13,29).

Mit der Systemanalyse können wir empirische Untersuchungen durchführen, deren Ergebnisse uns möglicherweise in die Lage versetzen, allgemeingültige nomologische, d.h. Gesetzeshypothesen aufzustellen.

Wissenschaftliche Aussagensysteme (29) teilen sich in
1. definitorische Systeme (Begriffssysteme)
2. descriptive Aussagensysteme (Beschreibungsmodelle)
3. theoretische Aussagensysteme (Theorien)
4. praxeologische Aussagensysteme (Entscheidungsmodelle)

Am Anfang steht also das Wort und dann die Beschreibung .

Genauso wie der Arzt zunächst die Terminologie erlernt und die anatomische Beschreibung des Menschen in Form eines Skelettsystems,Muskelsystems, Gefäßsystems, Nervensystems, Urogenitalsystems, Hormonsystems u.a., um später z.B. als Chirurg gezielt am menschlichen Körper Eingriffe vornehmen zu können, genauso bedarf der medizinische Informatiker eines Informationssystems, eines Kommunikationssystems, Funktionssystems u.a.

Alle diese Systeme besitzen drei grundlegende Gemeinsamkeiten:

1. Sie dienen bewusst nur der Beschreibung von Teilaspekten eines realen Organismus oder einer realen Organisation

2. Sie entsprechen einer Zielvorstellung, sind also zielorientiert

3. Sie sind lediglich denkbare Abbilder realer Organismus- oder Organisationseinheiten und sind damit mit diesen niemals identisch.

<u>Systeme sind zielgerichtete, einschränkende Beschreibungen von real vorgegebenen Organismen und/oder Organisationen.</u>

Die wissenschaftlich und erkenntnistheoretisch zwingende Unterscheidung zwischen einer real vorgegebenen Organisation und ihrer Beschreibung, nämlich den Systemen, wird nur allzu oft nicht erkannt, oder doch zumindest nicht genügend beachtet.

Zu den wenigen Ausnahmen gehören unter anderem STEINBUCH's "Denkmodelle" (28) und die Systemdefinition von REICHERTZ (22), der ein System als <u>gedanklich abgrenzbare</u> Menge von miteinander in Beziehung stehenden Elementen definiert und damit im wesentlichen unsere obige Definition bestätigt und ergänzt.

Organismen und Organisationen bauen sich definitionsgemäß aus arbeitsteiligen Organismus- bzw. Organisationseinheiten auf. Sie sind das Aufgabengebiet der praktischen Systemanalyse. Systeme müssen, um beschreiben zu können, Dimensionen besitzen. Je spezifischer diese definiert sind, umso geringer ist die Allgemeingültigkeit der Beschreibung. In den nächsten beiden Abbildungen sind zwei extrem unterschiedliche Möglichkeiten einer Systemdimensionierung dargestellt.

KOREIMANN (Abb. 1) beschreibt ein Informationssystem durch die Dimensionen der Aktivität (Planung, Steuerung, Realisierung, Kontrolle), der Funktion (z.B. Produktion, Finanzen, Vertrieb u.a.) und der Hierarchie (operierendes, taktisches und strategisches Management)(15).
Insbesondere die Unterscheidung in die einzelnen Managementformen erscheint uns wesentlich. In der Diskussion, ob und inwieweit Managementinformationssysteme (MIS) für den Krankenhausbereich anwendbar sind, wird oft eine im allgemeinen bestehende Differenz zwischen Industriebetrieb und Krankenhaus übersehen.
Die Managementinformationssysteme sind vorrangig zur besseren Information der strategischen, z.T. auch taktischen Managementebene ausgelegt. Informationssysteme für das operierende Management (Produktionssteuerung, Prozessteuerung u.a.) werden weitgehend vorausgesetzt.
Im Gegensatz hierzu können im Krankenhaus die gleichartigen Informationsprobleme (Arbeitsvorbereitung, Arbeitsablaufsteuerung, Materialflußkontrolle, patientenbezogene Dokumentation u.a.) noch nicht als gelöst angesehen werden.
Dies liegt wohl nicht zuletzt auch daran, daß die semantischen Probleme (mehrdeutige "weiche" Daten), schwierige, sich rasch ändernde Arbeitsabläufe (Improvisation) der taktischen und strategischen Ebene des Industriebetriebes, im Krankenhaus schon auf der untersten Stufe im "Produktionsprozeß" auftreten.

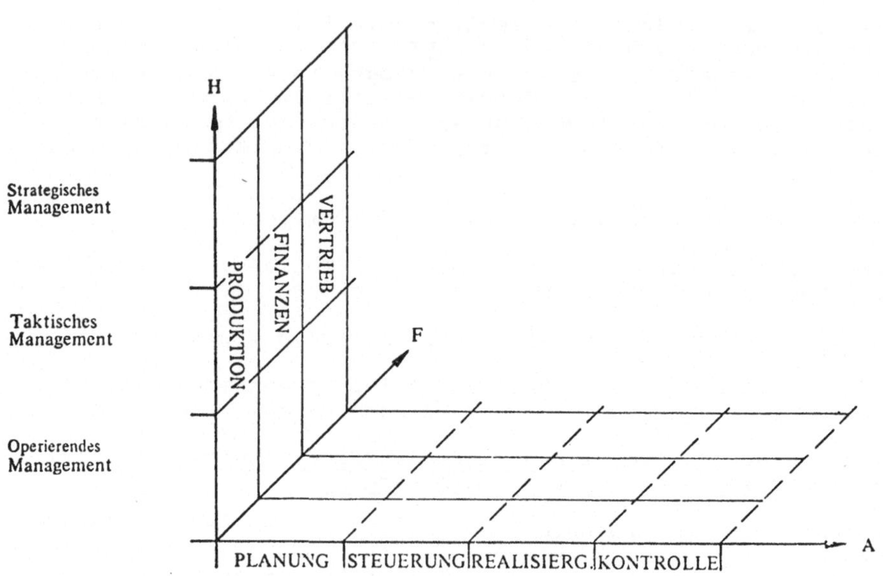

Abb. 1. Aus: KOREIMANN, D.S., Systemanalyse, Berlin: Gruyter, 1972.

Die Problematik dieser Darstellung liegt vorrangig in der parallelen
und isolierten Abgrenzung der einzelnen Funktionen und zu geringen
Berücksichtigungen der hier auftretenden notwendigen Interaktionen.
Der Vorteil dieser Dimensionierung ist darin zu sehen, dass die einzelnen Hierarchieebenen hinsichtlich ihres speziellen Informations-
bedarfes unterschieden werden.

NADLER (Abb. 2) hingegen wählt eine Dimensionierung, die weniger des-
criptiv als zielorientiert der Darstellung von möglichen Systemverän-
derungen dienen soll (20).

| | Dimensionen | | |
	Gegenstand	Leistung	Veränderung
Funktion			
Einsätze			
Ausstöße	P	$\frac{P}{t}$	$(\frac{P}{t})_i \rightarrow (\frac{P}{t})_n$
Ablauf			
Umgebung			
Ausrüstung			
Menschliche Tätigkeiten			

(Systemelemente)

[1] Beispiel des Übersetzers

Abb. 2. Aus: NADLER, G., Arbeitsgestaltung-zukunftbewußt,
München: C.Hanser, 1969.

Diese Beispiele können nur als ein kleiner, keinesfalls repräsentativer Ausschnitt aus dem gesamten Spektrum systematischer Darstellungsmöglichkeiten angesehen werden.

Die frühzeitige anwendungsorientierte Dimensionierung muss zu einer eingeschränkten Verwertbarkeit führen. Die Beschreibung von KOREIMANN kann nur auf Informationssysteme und die von NADLER sinnvoll nur auf Produktionssysteme und ihre Veränderungen angewendet werden.

Vor ein konkretes Problem gestellt, ist es zunächst gleichgültig, ob die von uns gewählte Dimensionierung in einem größeren systematischen Rahmen eingeordnet werden kann. So kann es nützlich und auch ausreichend sein, die Geschwindigkeit eines Gegenstandes in den Dimensionen Fuss/Stunde wiederzugeben. Sobald ich jedoch die so festgelegten Messergebnisse zur Berechnung der Beschleunigung, sowie deren Kraft - verhältnisse und daraus resultierender Energiewerte heranziehe, wird sich die ehemals nützliche Dimensionierung als nachteilig erweisen.

An diesem Beispiel wird zugleich auch der innere Zusammenhang zwischen Theorie und Dimension, d.h. der Art der Beschreibung deutlich. Gerade weil wir in der Systemanalyse noch nicht über eine geschlossene Theorie verfügen, die gleicherweise für Produktions-, Energie- und Informationssysteme gilt, verfügen wir auch noch nicht über eine entsprechende geschlossene Beschreibung, also Dimensionierung, dies im deutlichen Gegensatz zur Physik.

Damit wird der Systemanalytiker vor die schwierige Problematik gestellt, kaum vergleichbare Systembeschreibungen bei der ganzheitlichen Betrachtung einer Organisation verwenden zu müssen. In der Folge werden wir das Ergebnis eines Versuches darstellen, zu einer systematischen Beschreibung mit größerem Allgemeingültigkeitscharakter zu gelangen. Dabei gingen wir davon aus, dass die grundlegende, allen Organisationseinheiten gleiche beschreibbare Eigenschaft die potentielle oder tatsächliche Ausübung einer Tätigkeit, d.h. also einer Funktion ist. Diese können wir systematisch beschreibend in Prozesse und in deren Programme unterteilen. Bei menschlichen Organisationen ist es zudem üblich, die Prozesse hinsichtlich ihrer Mensch-Maschinekomponenten zu differenzieren (6).

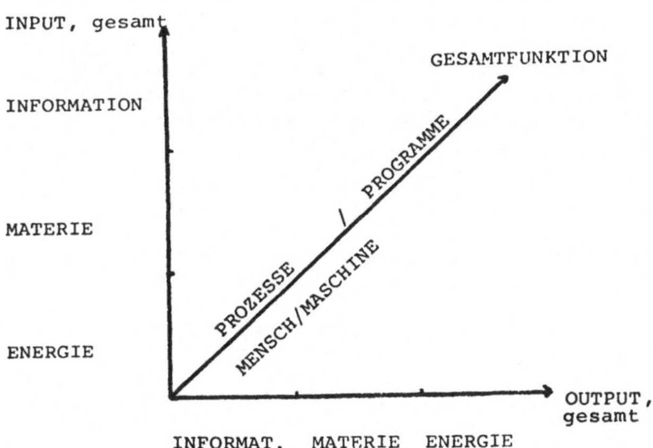

Abb. 3. Organisationseinheit.

Jede Funktion, die der Veränderung oder dem Erhalt einer Ausgangssituation dient, benötigt einen input und besitzt demzufolge auch einen

output (Abb. 3). Beide können wir in einen informellen, materiellen
und energetischen Anteil aufgliedern (26). Diese Einteilung dient
lediglich der Praktikabilität. So wird z.B. jeder Materialinput zugleich ein energetischer und informeller input sein und der informel-
le input an einen materiellen oder energetischen gekoppelt sein.

Wir wollen hier die unvermeidliche Einschränkung jeder systematischen
Beschreibung formal dadurch aufheben, dass wir die Gesamtheit aller
Funktionen und allen inputs sowie outputs darstellen, wohl wissend,
dass wir diese Gesamtheit aus erkenntnistheoretischen Gründen in ihrer Gänze nie erfassen können. Die Notwendigkeit eines inputs führt
zwangsläufig zu einer kommunikativen Beziehung der Organisation mit
ihrer Umgebung. Wenn wir uns z.B. die primitivsten selbständig lebens-
fähigen Organismen betrachten, nämlich pflanzliche einzellige Lebewesen, dann verfügen diese lediglich über eine diffuse, ungerichtete,
wohl aber definierbare Kommunikation mit ihrer Umgebung und mit art-
gleichen Zellen.

Mit zunehmender Arbeitsteilung von Zellen, die sich zu Zellgruppen
oder Zellverbänden zusammenschliessen, reicht die alleinige ungerichtete Kommunikation nicht mehr aus. So verfügt das höchstentwickelte
Lebewesen, das Säugetier, über eine ganze Reihe unterschiedlicher,z.T.
hochspezialisierter und eindeutig gerichteter Kommunikationssysteme.

Wir können damit die Kommunikation in eine phylogenetisch ältere,näm-
lich ungerichtete Kommunikation und in eine phylogenetisch jüngere,
mämlich gerichtete einteilen. Der Organismus des Säugetieres verfügt
über beide Arten. Nerven- und Gefäßsysteme sichern eine definierte
und vor allem rauscharme, d.h. störungsfreie Verknüpfung der arbeitsteiligen Organe. Im Gegensatz hierzu verläuft die hormonale Steuerung
durch die Hypophyse diffus, ungerichtet.

Das Nebennierenrinden stimulierende Hormon (NSH) wird von der Hypophyse
in die Blutbahn abgegeben und erreicht damit jede Körperzelle. Das
Erfolgsorgan, die Nebennierenrinde (NNR), der eigentliche Kommunika-
tionspartner der Hypophyse, entnimmt der diffus angebotenen Information den ihr verständlichen Teil. Bei der ungerichteten Kommunikation
bestimmt also der Empfänger, ob er Empfänger ist. Eine Adresse im üblichen Sinne ist nicht notwendig, sie ist praktisch in jedem Makromole-
kül des Hormons enthalten.

Bei der gerichteten Kommunikation wird der Empfänger durch den Kommunikationskanal bestimmt, eine Adresse ist unerlässlich. Ob gerichtet
oder ungerichtet, die Gesamtheit der kommunikativen Verbindung einer
Organisationseinheit lässt sich wie folgt darstellen:

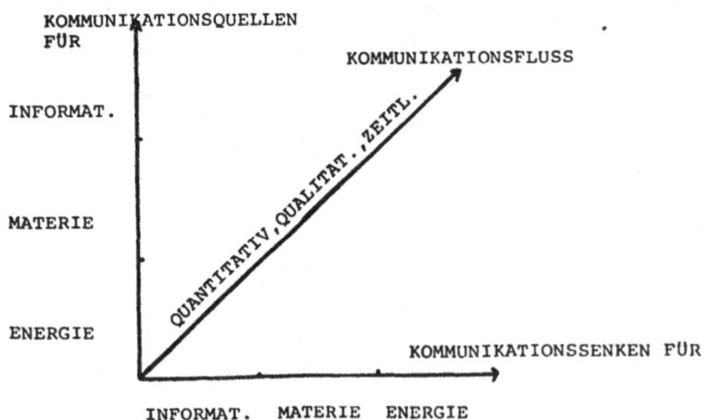

Abb. 4. Kommunikationskanal.

Begrenzt wird der Kommunikationskanal durch Quellen für Daten,Materie
und Energie, z.B. in Form des outputs einer anderen Organisationseinheit und durch Kommunikationssenken, die wiederum dem input dieser anderen und/oder einer weiteren Organisationseinheit entsprechen können.

Der Kommunikationsfluss stellt die Gesamtheit des energetischen materiellen und informellen Flusses dar und kann qualitativ, quantitativ
und zeitlich beschrieben werden.

Wenn wir uns jetzt von realen Organisationen und Organismen lösen und
zu systematischen Beschreibungen kommen, dann muss unsere Darstellung
und die allgemeine Fassung der von uns verwendeten Begriffe zwangsläufig eine wesentliche Einschränkung erfahren.

So enthält z.B. die Gesamtheit des informellen inputs einer realen Organisation auch den privaten Klatsch und Tratsch und die nicht funktionsbezogene Information der Organisationsmitglieder.Die systematische
Betrachtung wird jedoch fast ausschliesslich fachbezogene, funktionsbezogene Information berücksichtigen.

Welche praktischen Auswirkungen es haben kann, wenn die zwangsläufige
Einschränkung durch unsere Systeme übersehen wird, zeigt folgendes Beispiel:

Bei der Installation eines Datenerfassungssystems an einem Institut unserer Kliniken glaubten wir alle Bedingungen des Systems erfüllt. Dennoch standen wir zeitweise vor fast unüberwindlichen Schwierigkeiten,
weil die Sekretärin, die die Datenerfassung vornehmen sollte, bei dieser Tätigkeit Kopfschmerzen bekam. Hieran zeigte sich, dass die Sekretärin mit all ihren psychischen und physischen Problemen zwar Mitglied
der realen Organisation ist, nicht jedoch Teil unseres (einschränkend
beschreibenden) Datenerfassungssystems war.

Im üblichen Sprachgebrauch sind wir gewohnt, diese Einflüsse als "Randbedingungen" zu bezeichnen.

Eine Parallele, wenn auch in umgekehrter Richtung, finden wir bei der
Betrachtung von Wirksystemen, insbesondere in der Pharmakologie. Hier
sind wir es gewohnt, ungewollte oder unerwünschte pharmakologische Wir-
kungen aus unserer systematischen Betrachtung herauszunehmen und sie
als "Nebenwirkungen" zu deklarieren. Ob Randbedingungen oder Nebenwirkungen, beides sind gleichwertige Veränderungen oder Bedingungen realer Organismen oder Organisationen. Sie zeichnen sich lediglich dadurch aus, dass sie in unserer Systematik primär nicht enthalten sind.

Schliesslich werden wir den allgemeinen Begriff der Materie auf den des
Materials reduzieren. Immerhin erscheint es uns wichtig, den Material-
fluss nicht von vornherein aus der Betrachtung eines Informationssystems
auszuschliessen. Nicht selten enthält er wesentliche Informationen,die
auf einfache Art und Weise erfasst werden können. Eine entsprechend definierte digitale Schnittstelle an einem Röntgengerät und Erfassung der
durch die Röntgen-MTA eingestellten Werte, z.B. über einen Prozessrech-
ner, kann eine Vielzahl von Datenerfassungsformularen überflüssig machen.

In einem System fassen wir somit einschränkend und zielorientiert Funktionseinheiten mehr oder weniger willkürlich, aber nach logischen Kriterien zusammen. Von daher nennen wir diese Funktionseinheiten "Logische Funktionseinheiten" (LFE).

Abbildung 5 gibt uns ein Beispiel hierfür.

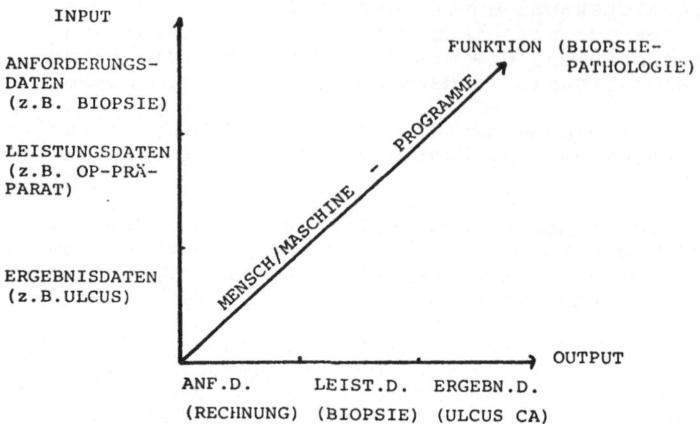

Abb. 5. Informationssystem Pathologie (Biopsie).

Es sei die Logische Funktionseinheit (LFE) des Informationssystems
eines Pathologischen Institutes dargestellt.

Dabei gehen wir davon aus, dass mit der einschränkenden Beschreibung
von Anforderungs-, Leistungs- und Ergebnisdaten als input und output
eines Informationssystems praktisch allen naheliegenden Anforderungen Genüge getan werden kann.

Abbildung 6 gibt die kommunikative Einbindung der Logischen Funktionseinheit in der Darstellung eines umfassenden Kommunikationskanales
wieder, der nicht nur zwei, sondern alle betroffenen Kommunikations-
partner berücksichtigt.

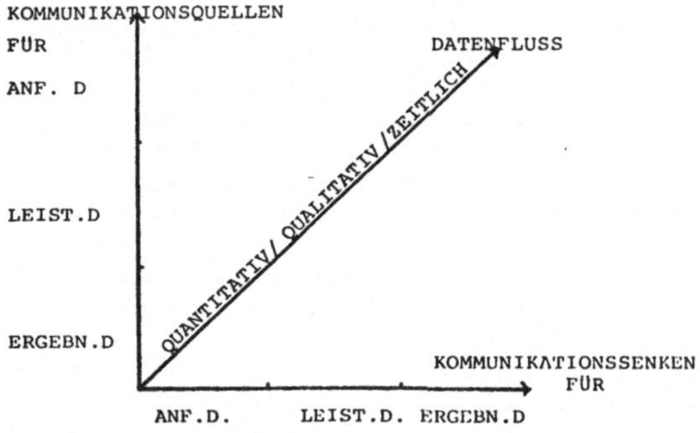

Abb. 6. Kommunikationskanäle Pathologie.

Die Abbildung können wir auch in Form einer Matrix wiedergeben,
in der in den einzelnen Matrixfeldern der quantitative, qualitative
und zeitliche Datenfluss enthalten ist.

	KOMMUNIKATIONSQUELLEN FÜR		
	ANF.D	LEIST.D.	ERGEBN.D.
	CHIRURGIE	PATHOLOGIE	PATHOLOGIE
KOMMUNIKAT. SENKEN FÜR ANF.D. PATHOLOGIE VERWALTUNG	UNTERSUCH.- ART ENTNAHMEART DIAGNOSE PSD bis 15.oo UHR		
LEIST.D. VERWALTUNG		ANZAHL UNTERS.ART PSD KOSTENSTELLE TÄGLICH	
ERGEBN.D. CHIRURGIE ARCH. PATH.			PSD BEFUND innerhalb 24 Std.

PSD = PATIENTENSTAMMDATEN

Abb. 7. Kommunikationsmatrix Pathologie.

Wir meinen, dass zumal die letzte Darstellung einen Hinweis für die
Operationabilität unserer systematischen Beschreibung gibt.

Dabei sehen wir sehr wohl, dass wir erst ein grobes Raster vorgegeben
haben , das einer problemorientierten Detaillierung bedarf.

Dennoch glauben wir,hiermit einen allgemeingültigen Ansatz gefunden
zu haben, der z.B. im Vergleich zu den anfänglich dargestellten Beschreibungen deduktiv gleichermaßen die Dimensionierung von Energie-,
Produktions- und Informationssystemen ermöglicht.

Um dabei hinsichtlich der Abgrenzung unserer Logischen Funktionseinheiten (LFE) eine eindeutige Beschreibungsmöglichkeit zu erhalten, nennen
wir definitionsgemäß die grösste systematische Einheit LFE 1. Ordnung.
Wenn es z.B. gilt, ein Krankenhaus systemanalytisch anzugehen, dann
wäre das Krankenhaus die LFE 1. Ordnung, die Kliniken LFE 2. Ordnung,
die Stationen LFE 3. Ordnung usw.

Ginge es jedoch primär um ein Pathologisches Institut, dann wäre dieses die LFE 1. Ordnung.

Die folgende Aufstellung gibt einen Überblick über eine mögliche vollständige Dimensionierung eines Informationssystems.

<u>Systemart:</u> (z.B.Informationssystem)

<u>Logische Funktionseinheit 1. Ordnung:</u>

(z.B. Pathologie)

<u>Hierarchieebene:</u> (z.B. operierendes Management)

Ziel: (z.B. morphologische Diagnostik)

Aufgabe: (z.B. Histologie, Cytologie)

<u>Funktionen (Log. Fkt.-Einheiten 1. - nter Ordnung):</u>

Prozesse (Mensch - Maschine)
Programme
Input
Output
Kommunikationsquellen
Kommunikationssenken
Informationsfluss (z.B. Anford.-,Leist.-,Ergebnisdaten):
qualitativ
quantitativ
zeitlich

Die systemanalytische Beschreibung eines Kommunikationskanals wäre unvollständig, berücksichtigte sie nicht auch den Kommunikationsbedarf.

Grundsätzlich ist dieser in menschlichen Organisationen aufzuteilen in

1. einen elementaren Kommunikationsbedarf, das ist der psychosoziale
Bedarf an Kommunikation, den jedes Lebewesen unabhängig von seiner
arbeitsteiligen Funktion besitzt (5,18),

2. den funktionalen Kommunikationsbedarf, der sich aus der arbeitsteiligen Funktion innerhalb einer Organisation ergibt. Dieser funktionale
Kommunikationsbedarf an Information, Material und Energie ist zum einen
an der Aufgabe und zum anderen am Ziel der Funktionseinheit zu messen.

So ist es z.B. das Ziel eines Pathologischen Institutes, die morphologische Diagnistik zu verbessern, um den lebenden Menschen zu helfen.

Seine Aufgabe besteht jedoch unter anderem darin, die Obduktion Ver-
storbener durchzuführen.

Wir definieren von daher den <u>funktionalen Kommunikationsbedarf</u> wie
folgt:

1. Der relative (funktionale) Kommunikationsbedarf ist der Bedarf, den
bestehende Funktionseinheiten zur optimalen Erfüllung <u>ihrer Aufgabe</u> benötigen.

2. Der Fehlbedarf an Kommunikation ergibt sich aus der Differenz zwischen relativem Kommunikationsbedarf und tatsächlicher Kommunikation.

3. Der absolute Kommunikationsbedarf ist der Bedarf, der sich bei Berücksichtigung aller denkbaren <u>zielorientierten</u> Verbesserungen der
Funktionseinheiten ergibt.

Definitionen, die den absoluten Bedarf selbst in Abhängigkeit von nicht
voraussehbaren, d.h. nicht denkbaren Veränderungen bestimmen wollen,
lehnen wir als nicht operational ab.

An diesem Punkt angelangt, dürfen wir uns nicht darüber hinwegtäu-
schen, dass wir ähnlich dem Anatom bis jetzt über nichts anderes verfügen als über eine formale Beschreibung. Damit sind wir noch längst
nicht in der Lage, etwas über die lebende Organisation, über ihre Phy-
siologie, über ihre strukturellen und psychosozialen Gesetzmäßigkeiten auszusagen. Erst in den letzten Jahren hat man, vorwiegend in den
anglo-amerikanischen Ländern versucht, in groß angelegten empirischen
Untersuchungen diesen Fragen näherzukommen. Die Ergebnisse mündeten
in z.T. heftige Diskussionen darüber ein, ob das klassische Organisa-
tionsmodell mit einer streng hierarchischen Gliederung, oder die modernen, mehr die psychosozialen Gesichtspunkte berücksichtigenden par-
tizipativen Organisationsmodelle zweckmäßiger und vor allem erfolgsversprechender sind.

Hier haben STEINBUCH,GROCHLA u.a. so zwingend nachgewiesen, dass eine
arbeitsteilige Organisation notwendigerweise hierarchische Strukturen
ausbilden muss, dass ein Bestreiten dieser Tatsache nicht mehr rational begründbar erscheint (7, 27).

Dennoch ist es uns wichtig hervorzuheben, dass zwar ein innerer Zusammenhang zwischen hierarchischer Struktur und autoritärer Hierarchie
besteht, aber trotzdem noch ein gravierender Unterschied verbleibt:

Die hierarchische Struktur ist im eingangs dargelegten Sinne die systematische Beschreibung eines logisch notwendig erscheinenden Phänomens,
die autoritäre Hierarchie dagegen vielfach, und dies ist hinreichend
genug bewiesen, die unlogische Etablierung eines zwischenmenschlichen
Herrschaftsanspruches.

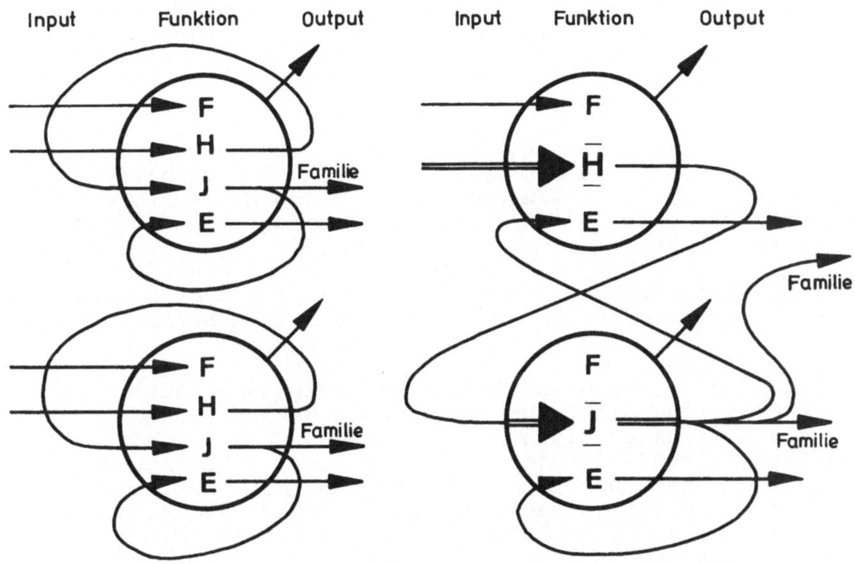

Abb. 8. Arbeitsteilung und Kommunikation.

Wir wollen abschliessend ein Denkmodell durchspielen. In Abbildung 8 haben wir zwei "Urmenschen" gegenübergestellt, die deswegen nicht Mitglieder einer Organisation sein können, weil sie die Arbeitsteilung "Null" aufweisen. Sie seien hier, mehr oder weniger willkürlich, durch die Funktionen Fortpflanzung (F), Handwerk (H), Jagd (J) und Ernährung (E) charakterisiert. Für diese Funktionen müssen diese Individuen über einen entsprechenden input und output verfügen. Weiterhin wollen wir annehmen, dass es sich um Männer handelt, um die natürliche Arbeitsteilung zwischen den Geschlechtern vernachlässigen zu können. Bezüglich der dargestellten Funktionen ist somit zwischen diesen beiden Individuen keinerlei Kommunikation notwendig.

Es sei angenommen, dass diese beiden Jäger sich dahingehend einigen, eine Arbeitsteilung hinsichtlich des Handwerks und der Jagd einzugehen. Der eine der beiden beschliesst, nur Pfeile und Bögen herzustellen, und der andere dafür ausschliesslich auf die Jagd zu gehen.

Wie der Abbildung zu entnehmen ist, ist damit nicht nur eine Verminderung der Funktionen verbunden, sondern auch eine quantitative und qualitative Ausweitung der verbliebenen arbeitsteiligen Funktionen. Zugleich ist es zu einer gleichartigen Veränderung der Kommunikationskanäle gekommen. Wie man schon der Abbildung entnehmen kann, ist jetzt durch die Arbeitsteilung eine funktionell bedingte Kommunikation unerlässlich.

Dies führt zu einem, für die Organisationswissenschaft und damit auch für die medizinische Informatik axiomatischen Satz:

<u>Jede Arbeitsteilung ist gesetzmäßig mit der Ausbildung von Kommunikationskanälen verbunden.</u>

Der Erkenntniswert dieser Aussage liegt für uns hauptsächlich darin begründet, dass tagtäglich in unseren Kliniken gegen diesen Grundsatz verstossen wird. Wir neigen mehr dazu, in der Spezialisierung, Zentralisierung, Integration und anderen Zunahmen von Arbeitsteilung eine Verringerung von Randbedingungen zu sehen, denn eine Verpflichtung zur Kommunikation.

Erkenntnistheoretisch ist die Aussage, dass eine Arbeitsteilung gesetzmäßig zur Ausbildung von Kommunikationskanälen führt, von vergleichsweise geringerem Wert, entspricht sie doch der Aussage des Konstrukteurs eines Benzinmotors, er habe festgestellt, dass der von ihm konstruierte Motor Benzin benötige.

Kommunikation und Funktion fallen ausschliesslich in der systematischen Beschreibung auseinander, in der Realität sind sie untrennbar miteinander verbunden.

Damit muss jede Integration eines Informationsflusses, jede Automatisation einer Datenverarbeitung nicht nur zu einschneidenden Veränderungen der kommunikativen Struktur eines Krankenhauses führen, sondern zugleich auch zu tiefgreifenden Veränderungen der Funktionseinheiten in ihren Prozessen und Programmen. Von daher beginnt die Arbeit der medizinischen Informatik nicht im Rechenzentrum, sondern draussen auf den klinischen Stationen, in den Ambulanzen, in der Verwaltung und den Einrichtungen des Versorgungsbetriebes.

Wir brauchen uns nicht über einen wachsenden Widerstand der Kliniken zu wundern, wenn wir die durch unsere integrativen Bemühungen geschaffenen neuen Kommunikationskanäle wie Schwalbennester von aussen an die bestehenden Organisationseinheiten anheften, wofür die ständig steigende For-

mularflut in unseren Funktionseinheiten ein beredtes Zeichen ist. Die
Kliniken lediglich mit den Anforderungen des Rechenzentrums zu kon-
frontieren, heisst nichts anderes, als sie bei ihren eigentlichen Problemen im Stich zu lassen.

Wir können die Systemanalyse grob in eine Analyse, Planung, Installation und Implementierung unterteilen.

Die analytische Phase beginnt immer mit der Analyse von Funktionseinheiten, deren Prozesse und Programme, und endet mit dem Versuch einer
Abschätzung des absoluten sowie der Festlegung eines relativen Kommu-
nikationsbedarfes. Dieser orientiert sich primär an den Anforderungen
der Funktionseinheiten und erst in letzter Linie an denen des Rechenzentrums.

Die Voraussetzungen, diesem Anspruch gerecht zu werden, sind nicht gerade günstig. Die Verwaltungen unserer Krankenhäuser haben nicht selten schon Schwierigkeiten beim Verwalten. Insbesondere die veränderte
gesetzliche Landschaft (Krankenhausfinanzierungsgesetz und Bundespfle-
gesatzverordnung) macht ein grundlegendes Umdenken im Krankenhaus notwendig. Die bisherige, überwiegende Kontrollfunktion wird zu einem modernen Management erweitert werden müssen, das dem gesamten Krankenhaus
gerecht wird (1,9). Soweit dies den medizinischen Bereich anbelangt,
dürften die Verwaltungen sowohl personell, als auch fachlich überfor-
dert sein. Die Ärzteschaft erstickt, nicht zuletzt wegen einer verbes-
serungswürdigen Organisation in Routinearbeiten und steht vielfach noch
nicht einmal für notwendige Auskünfte in ausreichendem Maße zur Verfügung. So erscheint denn der medizinische Informatiker am ehesten geeignet, die hier bestehenden Aufgaben einer systematischen medizinischen
Organisation ganzheitlich anzugehen.

Dazu müssen wir jedoch auch den Mut haben, die unpopuläre Forderung nach
einer berechtigten Einflussnahme in den Kliniken, den Verwaltungs- und
Versorgungseinheiten zu stellen. Wir müssen unmißverständlich klarma-
chen, dass die Bereitstellung eines Rechenzentrums nicht ausreicht, um
ein medizinisches Informations- und Kommunikationssystem zu verwirkli-
chen. Der wirklichkeitsfremde Elfenbeinturm des Rechenzentrums auf der
einen Seite und die "wasch mir den Pelz, aber mach mich nicht nass"-
Strategie so mancher Verwaltungsleiter und Klinikchefs auf der anderen
Seite sind keineswegs nur Randbedingungen der medizinischen Informatik,
sondern stellen vielfach ein zentrales Problem dar. Nur wenn wir bereit
sind, auf der Basis eines ganzheitlichen systemanalytischen Ansatzes
den Kliniken bei allen ihren organisatorischen Problemen zu helfen, und
nicht nur bei denen, die zu lösen wir gerne bereit sind, werden wir diese Schwierigkeiten im beiderseitigen Interesse überwinden können.

<u>Literatur:</u>

1. ADAM, D.,Krankenhausmanagement im Konfliktfeld zwischen medizinischen und wirtschaftlichen Zielen. Wiesbaden: Betriebswirtschaftli-
   cher Verlag Dr.Th. Gabler, 1972.
2. CHERRY, C., Kommunikationsforschung - eine neue Wissenschaft. Welt
   im Werden. Frankfurt: Fischer Verlag, 1963.
3. CHURCHMAN,C.W., Einführung in die Systemanalyse. München: Verlag
   Moderne Industrie, 1968.
4. DANIELS, A., YEATES, D., ERBACH, K.F., Grundlagen der Systemanalyse.
   Köln-Braunsfeld: Rudolf Müller, 1974.
5. - S. 14 ff
6. GROCHLA, E., Unternehmensorganisation. Hamburg: Rowohlt, 1972.
7. - S. 80 ff

8. EHLERS, C. TH.,Integration der medizinischen, pflegerischen, ver-
    sorgungs- und verwaltungstechnischen Informationsbereiche. Der Kran-
    kenhausarzt. 8 ,S.339 - 342, (1970).
9. EICHHORN, S., Information, Kommunikation und Datenverarbeitung im
    Krankenhaus. Der Krankenhausarzt 7 ,S.309 - 320, (1970).
10. FUCHS-WEGENER, G., Zur wissenschaftlichen Auseinandersetzung mit dem
    Problem der Systemgestaltung. Zeitschrift für Organisation 5 , S.263 -
    272, (1971).
11. KIESER, A., Zur wissenschaftlichen Begründbarkeit von Organisations-
    strukturen. Zeitschrift für Organisation 5 ,S.239 - 249, (1971).
12. KÖHLER, C.O., Integriertes Krankenhaus-Informationssystem, in:
    Beiträge zur Datenverarbeitung und Unternehmensforschung. Hrsg.:
    ANGERMANN,A. Meisenheim am Glan: Verlag Anton Hain, 1973.
13. KOEPPE, P., SCHAEFER, P., ORVID - Bericht über das Ende der Routine-
    Anwendung des Systems. Vortrag anlässlich der 18. Jahrestagung der
    Deutschen Gesellschaft für Medizinische Dokumentation und Statistik,
    Bielefeld, 30. Sept. - 3. Okt. 1973.
14. KOREIMANN, D.S., Systemanalyse. Berlin: Walter de Gruyter, 1972
15. - S. 52 ff
16. KOSIOL, E., SZYPERSKI, N., und CHMIELEWICZ, K., Zum Standpunkt der
    Systemforschung im Rahmen der Wissenschaften. Zeitschrift für be-
    triebswirtschaftliche Forschung 15 , S. 337 - 378, (1965).
17. LOCKEMANN, C.P., Grundprobleme beim Aufbau von Informationssystemen.
    ÖVD 2 , S. 238 - 244, (1972).
18. LUTHE, H.O., Interpersonale Kommunikation und Beeinflussung. Stutt-
    gart: Ferdinand Enke Verlag, 1968.
19. MASER, S., Grundlagen der allgemeinen Kommunikationstheorie. Stutt-
    gart: Kohlhammer, 1973.
20. NADLER, G., Arbeitsgestaltung - zukunftbewusst. Hrsg.: HILF, H.
    München: Carl Hanser Verlag, 1968.
21. REICHERTZ, P.L., Medical School of Hannover Hospital Computer System
    (Hannover), in Hospital Computer Systems, Hrsg.: COLLEN, M.F. New
    York: John Wiley & Sons, 1974.
22. REICHERTZ, P.L., Medizinische Informatik. IBM-Nachr. 215 , S.567 -
    576, (1973).
23. SHEPARD, H.A., Changing interpersonal and Intergroup Relationships
    in Organisations, in Handbook of Organisations, Hrsg: MARCH, J.D.,
    Chicago, 1965.
24. STACHOWIAK, H., Denken und Erkennen im kybernetischen Modell. Wien:
    Springer, 1969, S. 117 ff.
25. STAEHLE, W.H., Organisation und Führung sozio-technischer Systeme.
    Stuttgart: Ferdinand Enke, 1973.
26. STEINBUCH, K., Kurskorrektur. Stuttgart: Seewald Verlag, 1973, S.36.
27. - S.28 ff
28. - S.18 ff
29. WILD, J.,Organisatorische Theorien, Aufbau und Aussagegehalt, in
    Handwörterbuch der Organisation, Hrsg.: GROCHLA, E. Stuttgart, 1968.

<u>Der EDV-gestützte Informationsfluss im Allgemeinen Krankenhaus</u>

von E. WILDE, U. CLAUSS, I. RUDOLPH

Mit dem Demonstrations-Datenverarbeitungs-Projekt für das Allgemeine Krankenhaus
(DEPAK) wird ein EDV-Modellsystem entwickelt und erprobt, das in Teilen oder als
Ganzes auf eine Vielzahl von Krankenhäusern der ersten Versorgungsstufe übertragbar sein soll. Ausgehend von der Aufgabenintegration der medizinisch-pflegerischen
und administrativen Bereiche soll der Routinebetrieb durch ein Krankenhaussteuerungssystem im Ablauf wirkungsvoll unterstützt und für die Betriebsführung durch-
schaubar gestaltet werden.

Diese praxisnahe Modellentwicklung, die mit Förderungsmitteln aus dem 2. DV-Pro-
gramm der Bundesregierung am Stadt- und Kreiskrankenhaus Kulmbach durchgeführt wird,
wurde Ende 1972 begonnen und weist folgende Aufgabengliederung auf:

1) Patientenaufnahmesystem
   einschließlich Patientenbestandsverwaltung

2) Leistungsverordnung (Diagnostik und Therapie)

3) Leistungsdurchführung und -erfassung

4) Befunderfassung und -speicherung
   Befundübermittlung und -darstellung

5) Rechnungswesen mit:
   - Abrechnung stationärer und ambulanter Patienten
   - Materialwirtschaft einschließlich Apotheke
   - Finanzbuchhaltung
   - Betriebsabrechnung

6) betriebliche und medizinische Statistiken

7) Therapiehilfen.

Zum gegenwärtigen Zeitpunkt befindet sich das Patientenaufnahmesystem im Routinebetrieb (ab Jahresbeginn 1975); hierzu gehören auch die Aufgaben der Patientenbestandsverwaltung einschließlich der zugehörigen Statistiken sowie die Kostensiche-
rung. Die Abrechnung der stationären Patienten sowie der Komplex Finanzbuchhaltung
stehen unmittelbar vor der Einführung.

Das Ziel der Übertragbarkeit der erarbeiteten Problemlösungen ist dabei jedoch
nicht so zu verstehen, daß den Krankenhäusern der angesprochenen Größenordnung
(Krankenhäuser der ersten Versorgungsstufe mit etwa 350 bis 800 Betten) grundsätzlich schlüsselfertige Lösungen angeboten werden sollen. Dieses wird in guter
Näherung für die Aufgaben der Krankenhausverwaltung gelten können, da sich der
Umstellungsaufwand hier im wesentlichen auf das Einfügen der krankenhausspezifi-
schen Parameter beschränkt. Die Lösungen der Aufgaben 2), 3) und 4 sollen dagegen

vorwiegend _methodisch_ übertragbar gestaltet werden. Diese Aufgaben bilden jedoch
den Kern des Entwicklungsvorhabens DEPAK, von dem zugleich auch Aufschluß darüber
erwartet wird, welchen Platz die Datenverarbeitung an der breiten Basis der klinischen Grundversorgung derzeit einnehmen kann.

Bei dieser Zielsetzung wird klar, daß die EDV im Allgemeinen Krankenhaus primär nur
als Vehicle für eine breit angelegte Unterstützung der täglichen Routinearbeiten
gesehen werden kann. Hieraus ergeben sich zugleich die denkbar härtesten Anforderungen an die Praktikabilität der erarbeiteten Problemlösungen im Bereich der stationären Versorgung.

Der Grund hierfür liegt insbesondere darin, daß die Datenverarbeitung innerhalb
eines Krankenhaussteuerungssystems im Hauptschluß mit dem Informationsfluß liegen
muß, also zugleich Kommunikationsaufgaben zu übernehmen hat. Es genügt hier nicht,
im Nebenschluß einige ausgesuchte Daten durch zusätzliche Erfassung für definierte
Einzelaufgaben abzuzweigen, vielmehr muß eine möglichst vollständige Erfassung aller
zu übermittelnden Daten unter oft zeitkritischen Bedingungen angestrebt werden, um
eine annehmbare Ablösung konventioneller Organisationsformen und -abläufe anbieten
zu können.

Damit wachsen die Arbeiten zur qualifizierten Datenerfassung in eine Größenordnung
hinein, welche die betroffenen Fachabteilungen zu Recht konkrete Äquivalente für
den Routinebetrieb fordern läßt, kurz, die EDV-Lösung darf nicht nur zusätzliche
Arbeiten erfordern, sie muß vielmehr imstande sein, bestehende Arbeiten zeitsparend
abzulösen. Diese Anforderungen sind evident und lassen sich global recht leicht
formulieren, in praxi jedoch nur äußerst schwer konkret erfüllen. Hier tritt die
Kluft zwischen theoretisch Denkbarem und praktisch Machbarem mit aller Deutlichkeit
zu Tage. Daraus resultiert beim Entwicklungsteam an der Benutzerfront ein wachsendes,
verschärftes Problembewußtsein, welches pragmatischen Fragen ganz entschieden eine
Schlüsselstellung einräumt.

Im Zentrum des Betriebsgeschehens im Allgemeinen Krankenhaus stehen diagnostische
und therapeutische Leistungen. Im folgenden soll nur auf die Aufgaben 2), 3) und 4)
und den damit zusammenhängenden Kreislauf (s. Abb.) aus steuernden und beschreibenden Informationen eingegangen werden. Das Schwergewicht liegt dabei mehr auf dem
"Wie", weniger auf dem "Warum". Die vorgestellten Lösungen wurden in Zusammenarbeit
mit den betroffenen Fachabteilungen erarbeitet und mit Hilfe von Feasibility-Studies
überprüft. Sie werden bis etwa Jahresende 1975 realisiert, um anschließend stufenweise in den Routinebetrieb implementiert zu werden.

In der täglichen Visite tritt der Arzt als Quelle steuernder Informationen (Qs) auf,
wenn er aufgrund der dargebotenen beschreibenden Informationen (synoptische Zusammenstellung in der Fieberkurve; Krankengeschichte) und der Untersuchung des Patienten
am Krankenbett Entscheidungen trifft, d.h. diagnostische und/oder therapeutische
Leistungen verordnet. Die Schwester notiert diese Verordnungen in der Visitenmappe.

Die Visitenmappe enthält die Leistungsverordnungsbelege der einzelnen Leistungsstellen, die in schuppenähnlicher Anordnung mit einem Handgriff so in diese ein-
steckbar sind, daß jeweils nur die etwa 3 cm breite Kopfzeile sichtbar bleibt. In
dieser notiert die Schwester bei der Visite leistungsstellenorientiert die verord-
nete Leistung mit Hilfe der ihr gewohnten Kürzel. Der unterste, im sichtbaren Bereich
größer gehaltene Beleg ist für Verordnungen (z.B. Medikation) und Notizen reserviert,
die von der Schwester auf Station bearbeitet und ausgeführt werden. Die Identifikation erfolgt mittels der bei der Patientenaufnahme gedruckten Haftetiketten.

Nach Abschluß der Visite werden die beschrifteten LV-Belege der Visitenmappe entnommen. Die Erfassung dieser Belege erfolgt über das Stationsterminal im Schwestern-
zimmer. Dieses geschieht mit Hilfe der Aufnahmenummer und eines mnemotechnischen
Leistungskurzcodes. Die LV-Belege enthalten dazu im Mittelteil das Spektrum der in
den einzelnen Leistungsstellen anforderbaren Leistungen. In diesen Leistungstext
wurde der Mnemo-Code durch optisches Hervorheben dreier Buchstaben integriert.

Freitextliche Begleitinformationen (z.B. eine Verdachtsdiagnose als Arbeitshypothese
für den Röntgenologen) können ebenfalls eingegeben werden. Nach erfolgter Plausi-
bilitätsprüfung der formatierten Daten werden diese entweder akzeptiert und in
einem LV-Pool abgespeichert oder, mit einem Fehler-Diagnostik-Text versehen, zur
Korrektur zurückgewiesen.

Beim Rechnerausfall werden die LV-Belege zur konventionellen Steuerung der Leistungsstellen eingesetzt; das gleiche Verfahren wird für Eil- und Notfall-Anforderungen
angewandt.

Aufgrund der gesammelten Leistungsanforderungen werden für die einzelnen Leistungsstellen sowohl arbeitsplatz- als auch mitarbeiterbezogene Arbeitslisten aufbereitet
und gedruckt. Zugleich erfolgt eine Terminierung der Einzelleistung innerhalb von
Blockzeiten. Die Termine der geplanten Leistungsdurchführung werden den Stationen
zuvor mit Hilfe sog. Stationslisten mitgeteilt.

Die eigentliche Leistungsdurchführung erfolgt in den einzelnen Leistungsstellen
unter Zuhilfenahme der jeweiligen Arbeitsliste. Hier liegen die Quellen beschreiben-
der Informationen (Qb). Die Ergebnisse diagnostischer Leistungen werden, soweit es
sich um harte Befunddaten handelt, direkt in die Arbeitsliste eingetragen. Zumindest erfolgt alternativ ein Eintrag über Durchführung, Verschiebung oder Stornierung
der angeforderten diagnostischen Leistungen. Befunddokumente werden wie bisher zur
Einlage in die Krankengeschichte direkt der Station zugestellt. Die Durchführung,
Verschiebung und Stornierung therapeutischer Leistungen wird ebenfalls direkt in
der jeweiligen Arbeitsliste vermerkt.

Über ein Datensichtgerät in der Leistungsstelle erfolgt die Erfassung der Befunddaten sowie der Durchführungs-, Verschiebungs- und Stornierungsvermerke direkt aus
der einzelnen Arbeitsliste. Eine effiziente Bedienerführung wird durch arbeits-
listenkonforme Erfassungsbildschirmformulare sichergestellt. Hier müssen nur noch
die Befunddaten oder Leistungsvermerke eingefügt werden. Nach erfolgreicher Plau-
sibilitätsprüfung der eingegebenen Daten kann eine patientenbezogene Abspeicherung
vorgenommen werden. Damit baut sich zugleich die patientenbezogene Verlaufsdokumentation auf.

Den einzelnen Stationen werden tagesspaltengerechte, transparente Einklebeetiketten
für die Fieberkurve zugestellt. Das Etikett mit den Befunden des klinisch-chemischen
Labors wird in den oberen Teil der Fieberkurve eingeklebt, das Etikett mit dem Ver-
zeichnis der aktuellen Medikation sowie der sonstigen durchgeführten Leistungen in
den unteren Teil. Damit ist der Kreislauf aus steuernden und beschreibenden Informationen geschlossen.

Aus diesem EDV-gestützten Ablauf können zugleich die Mehrzahl der von der Betriebsführung benötigten Daten abgeleitet werden.

Die Einführung des skizzierten EDV-gestützten Informationskreislaufes erfolgt in
einen Betriebsablauf, der gekennzeichnet ist durch das Beharrungsvermögen hetero-
gener Organisationsformen und historisch gewachsener Strukturen.

Die bevorstehende Umstellung muß daher als längerfristiger Prozeß gesehen werden,
in dessen Verlauf eine gegenseitige Annäherung und kontinuierliche Anpassung erfolgen wird.

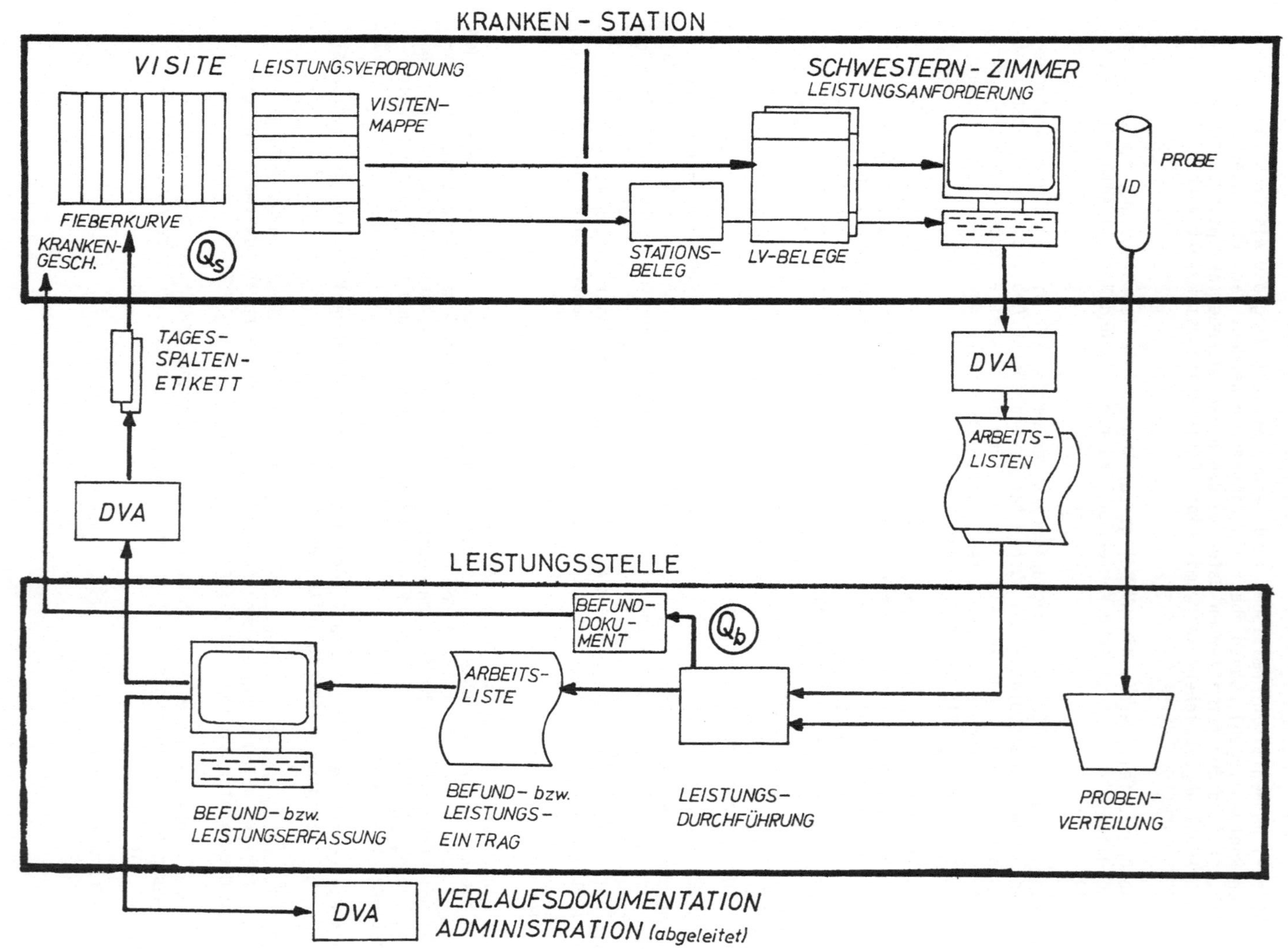

KRANKEN - STATION
VISITE
LEISTUNGSVERORDNUNG
VISITEN-MAPPE
SCHWESTERN - ZIMMER
LEISTUNGSANFORDERUNG
PROBE
ID
FIEBERKURVE
KRANKEN-GESCH.
Qs
STATIONS-BELEG
LV-BELEGE
TAGES-SPALTEN-ETIKETT
DVA
ARBEITS-LISTEN
LEISTUNGSSTELLE
DVA
BEFUND-DOKU-MENT
Qb
ARBEITS-LISTE
BEFUND- bzw. LEISTUNGS-EINTRAG
LEISTUNGS-DURCHFÜHRUNG
PROBEN-VERTEILUNG
BEFUND- bzw. LEISTUNGSERFASSUNG
DVA
VERLAUFSDOKUMENTATION
ADMINISTRATION (abgeleitet)

Aufbau, Routineeinsatz und Weiterentwicklung einer computerunterstützten
Basisdokumentation für die Medizinische Hochschule Hannover
Teil I: Krankenblatt, Dokumentation, Mikrofilmverfahren

G. Holthoff, J.R. Möhr, H.J. Tramp, P.L. Reichertz, K. Sauter, W. Zowe

Die Medizinische Hochschule Hannover ist ein zentralorganisiertes Großklinikum mit einem breitgefächerten Spektrum an Disziplinen. Gegenwärtig werden ca. 900 stationäre und 500 ambulante Patienten pro Tag medizinisch versorgt. Die endgültige Planung ist auf 2.300 stationäre und
1.000 - 1.500 ambulante Patienten pro Tag ausgelegt.

Bei der Durchführung einer Basisdokumentation innerhalb einer solchen
Institution sind einheitliche Dokumentationsvorschriften und kompatible
-inhalte, die allen gerecht werden, Voraussetzung.

Unser Ziel ist es,
- allen wissenschaftlich Tätigen die Vorteile einer computerunterstützten Basisdokumentation zur Verfügung zu stellen und
- unter Berücksichtigung der unterschiedlichen Forderungen, die Vergleichbarkeit aller erhobenen Daten zu gewährleisten.
Im folgenden sollen Mittel und Verfahren zur Erreichung dieser Ziele
dargestellt werden.

1. Krankendeckblatt

Das primär an der Medizinischen Hochschule eingeführte Krankendeckblatt
wurde in enger Anlehnung an die 1961 herausgegebene Empfehlung des 'Ar-
beitsausschuß Medizin' gestaltet (1). Durch die bisherige Entwicklung
wurde eine zweimalige Modifikation notwendig. An der jetzt vorliegenden Version (Abb. 1) haben alle interessierten Disziplinen mit dem Institut für Medizinische Informatik zusammengearbeitet.

In der oberen Hälfte des Krankendeckblattes sollten von allen Ärzten Angaben zu folgenden Rubriken gemacht werden:
- Aufnahme- sowie Entlassungsart und -grund. Diese Rubriken werden er-
  gänzt durch Daten, die im Aufnahme-, Verlegungs- oder Entlassungsdia-
  log enthalten sind.
- Gefährdungskataster. Es besteht die Möglichkeit, bestimmte Risikofakten durch Klartextergänzungen zu präzisieren.
- Kennzeichnung des Departments, des behandelnden Arztes und des ver-
  antwortlichen Ober- oder Chefarztes, der die Angaben vor Abschluß der
  Akte auf Vollständigkeit und Richtigkeit überprüft.
Zusätzlich ist es beispielsweise den pädiatrischen Fächern überlassen,
Größe des Patienten sowie Gewicht bei Aufnahme und Entlassung anzugeben
und den chirurgischen Fächern, das Operationsdatum zu vermerken. Bei
diesen Entwicklungsarbeiten war es vordringlich, größtmögliche Flexibilität für unterschiedliche Dokumentationsbedürfnisse zu erreichen,
ohne dabei Grundprinzipien in Frage zu stellen.

Auf der unteren Hälfte des Krankendeckblattes sowie auf dem Folgeblatt
befinden sich 32 fortlaufend durchnumerierte Positionen. Sie dienen zur
Aufnahme klartextlich einzutragender Diagnosen, Therapien, Komplikationen
und strukturierter Zusätze. Ihr gesamter Katalog ist auf der Rückseite
des ersten Blattes abgedruckt (Abb. 2). Als Minimaldokumentation wird
von allen Ärzten die Angabe der klinischen Diagnosen erwartet.

Medizinische Hochschule Hannover

Klinik - Poliklinik :

P
A
T.
_
A
K
T
E
1

Kart - Art Kennz.   Aufnahme - Nr
D | 1 | 0
1 2 3   4 5 6 7 8 9

1 - Zahl
10 11 12 13 14 15 16 17 18 19

| Auf-nahme | A | Erstaufnahme 1 | Wiederaufnahme bei gl. Krankheit 2 | dt. bei and. Krankheit 3 |
| | B | Diagn u Therapie - 1 | Diagnostik - 2 Therapie 3 Kontrolluntersuchung - 8 |

Aufnahme   A B   20 21

| Ent-las-sung | A | ohne Besonderheit = 0 vorzeitig = 4 verstorb. m. Sekt = 7 verstorb. o. Sekt. = 8 |
| | B | Weiterbehandlung : Keine = 0 d. niedergel Arzt 1 d MHH - 2 dto beide 7 and. Krankenh 8 |

Entlassung   A B   22 23

Gefähr-dungs-kataster

Blutungsübel 50	Transplantatträger 01	Allergie gegen : Medikamente 51
Cerebr. Anfallsleiden 60	chron. Dialyse 03	(35 - 49)
psych. Gefährdung 70	Pacemaker · 07	
Dauerbehandlung mit :	Antihypertonika 28	(50 - 64) Kontrastmittel 18
Corticoid./Antirheum 21	Insul./ond. Antid. 29	
Anticoagulantien 22	ond Hormone 31	
	Klartextergänzung zur Dauerbehandlung (20 - 34)	(65 - 79) Seren 52

keine Gefähr-dung bekannt = 00

Gefähr-dungs-kataster   I   24 25

II III IV   26 27 28 29 30 31
V VI VII   32 33 34 35 36 37

D | 1 | 1
1 2 3
4 - 19 dupliz

Beh. Arzt

Unterschrift / Stempel

Kontr. Arzt

Unterschrift / Stempel

Aufn. - Gewicht in kg   38 ___ 42
Größe in cm   48 ___ 50
Beh. Arzt(Pers.)Nr.   55 ___ · 60
Kontr.Arzt(Pers.)Nr   ___

Entl. - Gewicht in kg   43 ___ 47
Org. - Nr.   51 ___ 54
Arztbrief - Datum   61 ___ 66
Op - Datum   67 ___ 72

Dok - Dat   73 ___ 76
Anz Ifd Nr   Dok Ass.   77   80

Lfd. Nr.	Art : Diagnose = D, Therapie = T, Komplikation = K, Zusatz = Z	Schl. Art	KD-Schlüssel	Suffix
	↓ Zugehörigkeit zu Lfd.Nr.		Klinikinterner Schlüssel	
01		25		35
02		39		47
03		53		61
04		67		75
05				
06				
07				
08				
09				
10				
11				
12				

D | 1 | 2
1 2 3
4 - 19 dupliz.

Fortsetzung auf Folgeblatt

Vom Arzt auszufüllen

MHI 601 / 260 - 04 / 75 L

Abb. 1. **Krankendeckblatt der Medizinischen Hochschule Hannover**

Medizinische Hochschule Hannover

Folgeblatt

Lfd Nr.	Art: Diagnose = D, Therapie = T, Komplikation = K, Zusatz = Z		Schl. Art	KD - Schlüssel	Suffix
	↓ ┌ Zugehörigkeit zu Lfd. Nr.			Klinikinterner Schlüssel	
5	13				
	14				
	15				
	16				
6	17				
	18				
	19				
	20				
7	21				
	22				
	23				
	24				
8	25				
	26				
	27				
	28				
9	29				
	30				
	31				
	32				

Vom Arzt auszufüllen

Abb. 1a. Krankendeckblatt der Med. Hochschule Hannover - Folgeblatt

Z u s ä t z e

		Schlüssel	Verwendung des Zusatzes für			
			D	T	K	Z
Sicherung	klinisch (def.)	S 1	+		+	
	spez. Nachweismeth.	S 2	+		+	
Zustand	Zustand nach	Z 1	+	+	+	
	Krankheit infolge	Z 2	+	+	+	
	Verdacht auf	Z 3	+		+	
	Verdacht ausgeschlossen	Z 4	+		+	
	Redizio nach	Z 5	+	+	+	
Zeit d.Auftr.	vor Aufnahme	T 1	+		+	
	interkurrent	T 2	+		+	
	präoperativ	T 3	+		+	
	intraoperativ	T 4	+		+	
	postoperativ 24 h	T 5	+		+	
	postoperativ 24 h – 5 Tg.	T 6	+		+	
	postoperativ 5 Tg.	T 7	+		+	
Ursache	Grundkrankheit	U 1	+		+	
	Operation	U 2	+		+	
	Bestrahlung	U 3	+		+	
	Isotopenanwendung	U 4	+		+	
	konserv. Therapie	U 5	+		+	
	Diagnostik	U 6	+		+	
	Präventivmaßnahmen	U 7	+		+	

Abb. 2. Auszug aus dem Katalog der möglichen Zusätze zu Diagnosen, Therapien und Komplikationen

Durch Eintragungen in die Kästchen auf der linken Seite ist es möglich, die Art der Angabe zu kennzeichnen und die Angaben einander zuzuordnen.

Sollen im einfachsten Fall nur Diagnosen dokumentiert werden, erfolgt neben der klartextlichen Eintragung lediglich die Kennzeichnung der Angabe durch ein D im 2. Kästchen (Beispiel I).

Beispiel I

Werden daneben auch Therapien und Komplikationen aufgeführt und die Zuordnungen der Daten zueinander gewünscht, so muß neben der Kennzeichnung durch D, T bzw. K die Zuordnung durch Eintragung der Ordnungsnummer des übergeordneten Begriffes erfolgen (Beispiel II).

Beispiel II

Außerdem können zu Diagnosen, Therapien und Komplikationen Zusätze bezüglich Lokalisation, Verlauf, Ursache usw. angegeben werden (Beispiel III).

Lfd Nr.	Art: Diagnose = D, Therapie = T, Komplikation = K, Zusatz = Z / Zugehörigkeit zu Lfd. Nr.	Schl. Art	KD-Schlüssel / Klinikinterner Schlüssel	Suffix
01 D	Ulcus duodeni		6 3 7 4 1	
02 D	Varicosis		1 1 3 7 5	
03 T 1	Billroth I		4 8 3 6 1	
04 T 2	konservativ		4 5	
05 K 3	Magenausgangsstenose		6 3 7 8 1	
06 Z 5	am 3. Tg postoperativ		7 6	
07 T 5	Nachresektion		4 8 3 8 5	
08				

Beispiel III

Auf der rechten Seite des Deckblattes sind Spalten vorhanden zur Aufnahme fachspezifischer oder klinikeigener d.h. selbstentwickelter Schlüssel für Diagnosen und Therapien der jeweiligen Disziplin.

2. Klinische Dokumentation

Die weitere Verarbeitung der so erfaßten Daten wird nach Abschluß der Krankenakte von der 'Klin. Dokumentation' übernommen. Ihre Hauptaufgaben sind
- Verschlüsselung laufender Krankenvorgänge und
- Erstellung neuer Schlüssel.

2.1 Aufgabenbereich

Diagnosen oder Komplikationen werden nach dem 'Klinischen Diagnoseschlüssel' (2), ärztliche Eingriffe nach dem 'Allgemeinen chirurgischen Therapieschlüssel' (3) verschlüsselt. Für alle anderen Daten werden vom Institut für Medizinische Informatik entwickelte Codes verwandt.

KLINIK FUER UROLOGIE

Diagnoseschluessel

	Homburger Schl.	KDS n. Immich
Pyelonephritis	12 10	˙71681
septische Pyelonephritis	12 19	70181
Pyonephrose	12 15	71655
Pyelitis cystica	12 18	71614

Therapieschluessel

		Scheibe/Goegler
Nephrektomie	1.11	52105 / 52205
Nephrostomie	1.41	52104 / 52204
Nephrotomie	1.31	52103 / 52203
Pyelostomie	1.42	52111 / 52211

Abb. 3. Auszug aus dem Schlüsselkatalog der Klinik für Urologie

Treten neue Krankheitsbegriffe auf oder werden z.B. stärkere Differen-
zierungen der diagnostischen Angaben verlangt oder schließen sich Abteilungen, deren Diagnose- und Therapiespektrum durch die verwendeten
Schlüsselsysteme nur teilweise oder gar nicht abgedeckt werden der Zentralen Dokumentation an, müssen neue Schlüssel erstellt resp. bestehende
erweitert werden. Das ist möglich, da alle bei uns verwandten Schlüsselsysteme erweiterungsfähig angelegt werden. Bei der letztgenannten
Aufgabe ist enge Zusammenarbeit zwischen den Mitarbeitern der Klinik und
der Dokumentation notwendig. Denn in dem einen Fall muß die erforderliche Begriffsmenge erst definiert und dann in Schlüssel umgesetzt werden,
wie es z.B. in Zusammenarbeit mit der Abteilung für Abdominal- und
Transplantationschirurgie geschah (Abb. 4). Im anderen Fall muß der kli-
nikeigene oder fachspezifische Schlüssel eines bereits bestehenden Be-
griffskataloges eins zu eins in das von uns benutzte Schlüsselsystem
übersetzt werden, wie wir es in Zusammenarbeit mit der Klinik für Urologie durchgeführt haben (Abb. 3).

KLINIK FÜR ABDOMINAL- UND TRANSPLANTATIONSCHIRURGIE

DIAGNOSESCHLÜSSEL

                                        KDS n. Immich

    Magen und Duodenum   63000
    Magenverätzung   63251
    Pylorusstenose (angeboren)   63323
    Magencardicinom   63512

THERAPIESCHLÜSSEL

                                        Scheibe/Göqler

    Eingriffe am Pylorus   48390
    Pyloromytomie nach WEBER-RAMSTEDT   48391
    Pyloroplastik nach FINNEY   48392
    Pyloroplastik nach HEINICKE-MIKULICZ 48393

KOMPLIKATIONSSCHLÜSSEL

                                        KDS n. Immich

    Leber-Galle-Pankreas
    Leberversagen   66881
    Cholangitis   67641
    Gallenfistel   67775

Abb. 4. Auszug aus dem Schlüsselkatalog der Abteilung für Abdominal-
        und Transplantationschirurgie

2.2 Ablauforganisation

Die zu verschlüsselnden Daten werden dem Krankendeckblatt entnommen
(Abb. 5). Fehlende Angaben werden aus den anderen Unterlagen der Akte
herausgesucht, unklare mit dem zuständigen Arzt abgeklärt.

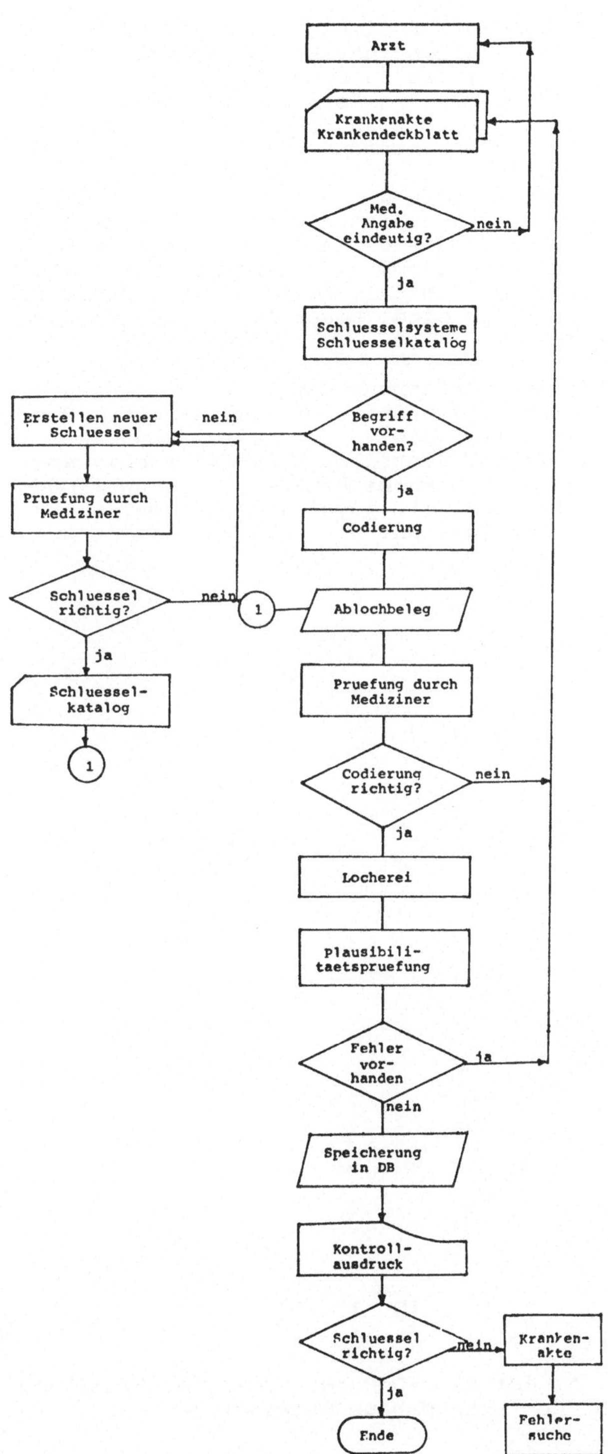

Abb. 5. Funktionsablauf in der Klinischen Dokumentation

Ist für den aufgeführten Diagnose- oder Therapiebegriff kein Schlüssel
vorhanden, wird ein neuer erstellt. In allen anderen Fällen erfolgt die
Codierung und die Übertragung des Codes, des dazugehörigen Klartexts
sowie des vom Arzt gewählten Ausdrucks auf den Ablochbeleg. Nach Überprüfung der beiden Texte auf inhaltliche Übereinstimmung durch einen Mediziner werden die Daten abgelocht und eingelesen.

Die Daten werden auf Plausibilitäten geprüft und nur die fehlerfreien
in der Datenbank gespeichert. Von den fehlerhaften Daten wird eine Liste erzeugt, die dazugehörige Akte herausgesucht und der Verschlüsse-
lungsvorgang wiederholt. Von den in der Datenbank abgespeicherten Daten
wird ein Kontrollausdruck erstellt, aus dem falsche Schlüssel, die durch
Zahlendreher erzeugt wurden, ersichtlich sind. Diese Listen dienen als
Vorlage für die weitere Korrektur.

Der größte Nachteil des geschilderten Verfahrens liegt in der langen
Zeitspanne zwischen Codierung und Erzeugung des Kontrollausdrucks. Sie
beträgt ein bis drei Wochen. Danach liegt die zur Korrektur benötigte
Akte nicht mehr vor, sondern muß aus dem Zentralen Mikrofilmarchiv angefordert werden. Außerdem ist es den Ärzten nicht oder nur schwer möglich, die Daten zu verifizieren, da ihnen die jeweiligen Patienten bzw.
ihre Erkrankungen nicht mehr gegenwärtig sind.

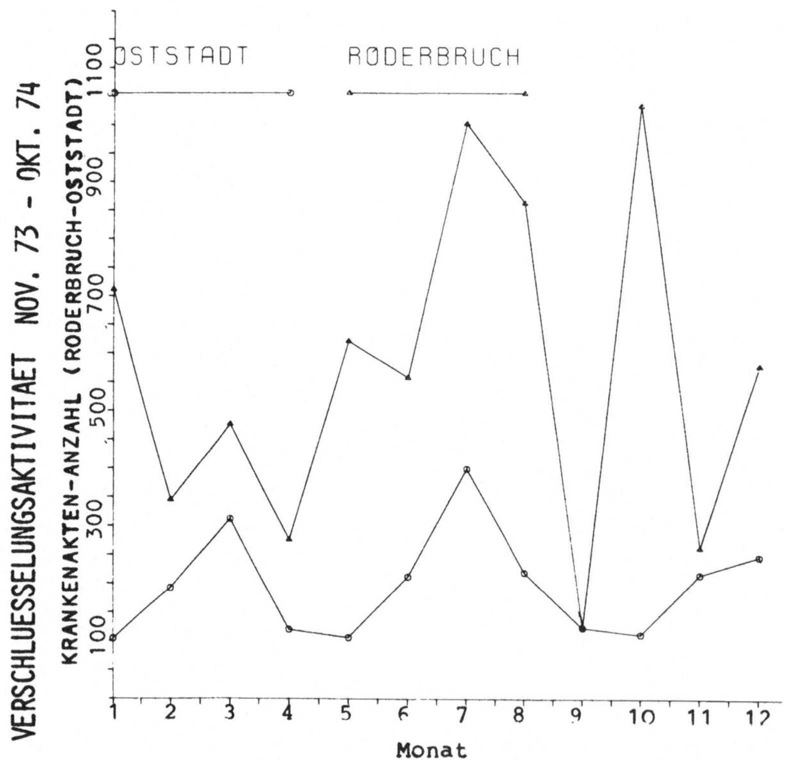

Abb. 6. Monatlicher Aktenanfall in der Klin.Dokumentation des Klinikums
der MHH (Roderbruch) und dem Krankenhaus Oststadt im Jahr 1974

Diese Zeitspanne soll deshalb auf 24 Stunden reduziert werden. Sowohl
die inhaltliche Überprüfung der Schlüssel durch einen Mediziner als

auch die Korrekturen können so bereits am Tag nach der Verschlüsselung
anhand der noch vorliegenden Akte vorgenommen werden. Außerdem können
zur Verifikation durch die Kliniker täglich oder wöchentlich patienten-
orientierte Listen versandt werden, in denen die diagnostischen und
therapeutischen Begriffe so aufgeführt sind, wie sie sich aus der Verschlüsselung ergeben.

2.3 Arbeitsanfall

Im Jahr 1974 wurden von der Klinischen Dokumentation durchschnittlich
für die Zentralklinik der MHH (Roderbruch) 580 Akten und für das Krankenhaus Oststadt 210 Akten pro Monat verarbeitet (Abb. 6). Die starken
Schwankungen innerhalb des Jahres sind primär auf den unterschiedlichen
Aktenanfall zurückzuführen. Er variiert auf Grund von Personalwechsel
sowohl bei den Ärzten als auch bei den Stationsassistentinnen und auf
Grund von Ferien, Konferenzen und dergleichen.

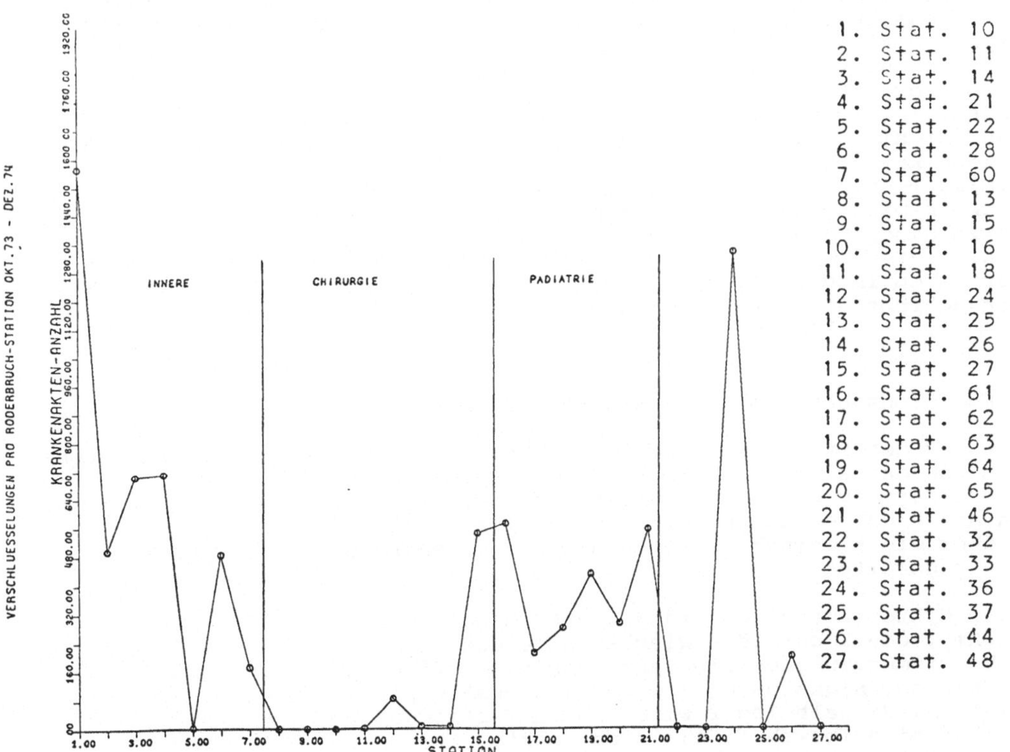

Abb. 7. Anzahl der zu verschlüsselnden Akten für die verschiedenen
Stationen des Klinikums der MHH

Rund 45 % der Akten kommen aus dem internistischen, 20 % aus dem pädiatrischen und nur 8 % aus dem chirurgischen Bereich (Abb. 7). Der
Rest entfällt auf ophthalmologische, neurologische und andere Stationen.

3. Zentralarchiv für Patientenakten

In der Klinischen Dokumentation werden bisher nur Akten aus stationärer
Behandlung bearbeitet. Der anschließend zu schildernde Ablauf der Archivierung dagegen gilt für stationäre und poliklinische Akten. Er ist
auf zwei Bereiche aufgeteilt:

1. Mikrofilmstelle
Hier werden Akten angenommen und ausgegeben sowie auf Mikrofilm archiviert und sämtliche Reprotätigkeiten durchgeführt.

2. Zwischenarchiv
Hier werden die Originalakten für ein Jahr zwischenarchiviert und anschließend für die Mikroverfilmung vorbereitet.

Bei der Archivierung wird aus folgenden Gründen Mikrofilm angewandt:
- Informationsintegration gemäß dem zentralorganisierten Gesamtkonzept
  der Hochschule. Da nur Kontaktkopien das Archiv verlassen, kann das
  archivierte Material mehreren Benutzern, örtlich und zeitlich unabhängig, zur Verfügung gestellt werden.
- verbesserte Möglichkeit der Datensicherung. Die Vollständigkeit der
  Akten ist gewährleistet durch Anfertigung einer Sicherheitsfilmrolle,
  aus der nichts verloren gehen und in die nichts unbemerkt eingefügt
  werden kann, die Vollständigkeit des Archives selbst durch die aus-
  schließliche Ausgabe von Kopien des archivierten Materials.
- Raumeinsparung auf etwa 10 % des von Originalakten benötigten Raumes
  sowie Einsparung von Ablagemitteln.
- Arbeitserleichterung, da auf Grund einheitlicher Ordnung einzelne Teile
  der Akten im verfilmten Material leicht auffindbar sind, die Fiches
  per Rohrpost zugestellt werden können und kein Rücktransport der Kopien erforderlich ist.

3.1 Funktionsablauf bei der Mikroverfilmung

Schon auf den Stationen bzw. in den Polikliniken werden die Patienten-
daten von der Aluminiumfolie auf zwei Signalbelege übertragen, die im
Mikrofilmarchiv eine Leitfunktion für die Aktenbewegung haben (Abb. 8).
Nach Abschluß der Akten werden die poliklinischen direkt, die stationären über die Klinische Dokumentation dem Zentralarchiv für Patientenakten zugeleitet.

In der Mikrofilmstelle wird die ankommende Akte in die Registratur ver-
einnahmt, die Identität zwischen Akte und Signalbeleg überprüft und
die Verfilmungswoche (ein Jahr nach Eintreffen) auf dem Signalbeleg
eingetragen. Signalbeleg 1 wird im Jacketarchiv unter der I-Zahl des
Patienten, Signalbeleg 2 wird - nach Verfilmungswoche geordnet - in der
Abrufkartei aufbewahrt. Die Krankenakte wird an das Zwischenarchiv weitergeleitet. Hierhin gehen nach einem Jahr auch die nach Fälligkeits-
woche gebündelten Signalbelege 2, um die Verfilmung auszulösen.

Nach der Vorbereitung zur Mikroverfilmung im Zwischenarchiv werden von
den Akten zwei Filme identisch belichtet. Der eine wird nach Prüfung un-
zerschnitten als Sicherheitsfilm extern gelagert, der andere in die vorbereiteten Jackets gefüllt.

Signalbeleg 2 wird an vorletzter Stelle mitverfilmt, dann dem Vorgang
entnommen und durch einen Paginierautomaten mit Datum und letzter Sei-
tennummer der Akte gekennzeichnet. Er dient zusammen mit einem Filmkon-
trollbeleg, der Filmnummer und Bearbeitungskennzeichen zuweist, zur Be-
schriftung des Jackets und zum Führen des Verfilmungsprotokolls.

Nach Entwicklung und Prüfung des Arbeitsfilms werden die beschrifteten Jackets gefüllt. Zusammen mit den Signalbelegen 2 werden sie anschliessend in dem als Jacketarchiv dienenden Karteipaternoster abgelegt. Das Jacket muß dabei auf den bei Eingang der Akte abgelegten Signalbeleg 1 treffen. So werden Fehlablagen vermieden. Nach Erstellung des Verfilmungsprotokolls aufgrund der Eintragungen im Signalbeleg 2 werden beide Signalbelege vernichtet.

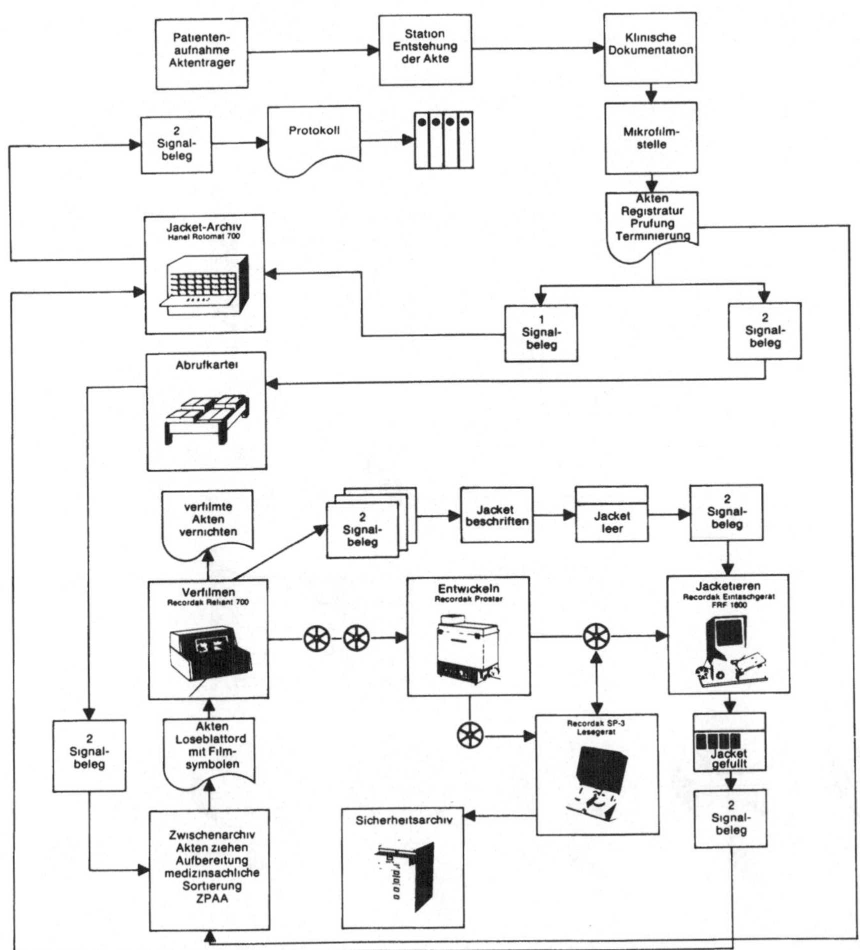

Abb. 8. Funktionsablauf in der Mikrofilmstelle

3.2 Funktionsablauf im Zwischenarchiv

Im Zwischenarchiv werden die in der Mikrofilmstelle ankommenden und registrierten Akten nach I-Zahl sortiert abgelegt (Abb. 9). Nach einem Jahr erfolgt Ziehung der zu verfilmenden Akten anhand der zu diesem Zweck wochenweise gesammelten Signalbelege 2. Die gezogenen Akten werden in eine lose Blattordnung gebracht, verfilmungsgerecht vorbereitet und

medizin-sachlich sowie chronologisch geordnet. Außerdem werden Verfil-
mungssymbole, die auf die behandelnde Klinik hinweisen, hinzugefügt.
Mit ihrer Hilfe lassen sich im gefüllten Jacket bestimmte Aufenthalte
schnell und leicht lokalisieren. Zwischenzeitlich erfolgt die Bearbeitung von Anforderungen und die Führung eines kleinen Archives mit nach
Filmnummer sortierten, nicht verfilmbaren Unterlagen (mikroskopische
Präparate, Halbtonbilder u.ä.).

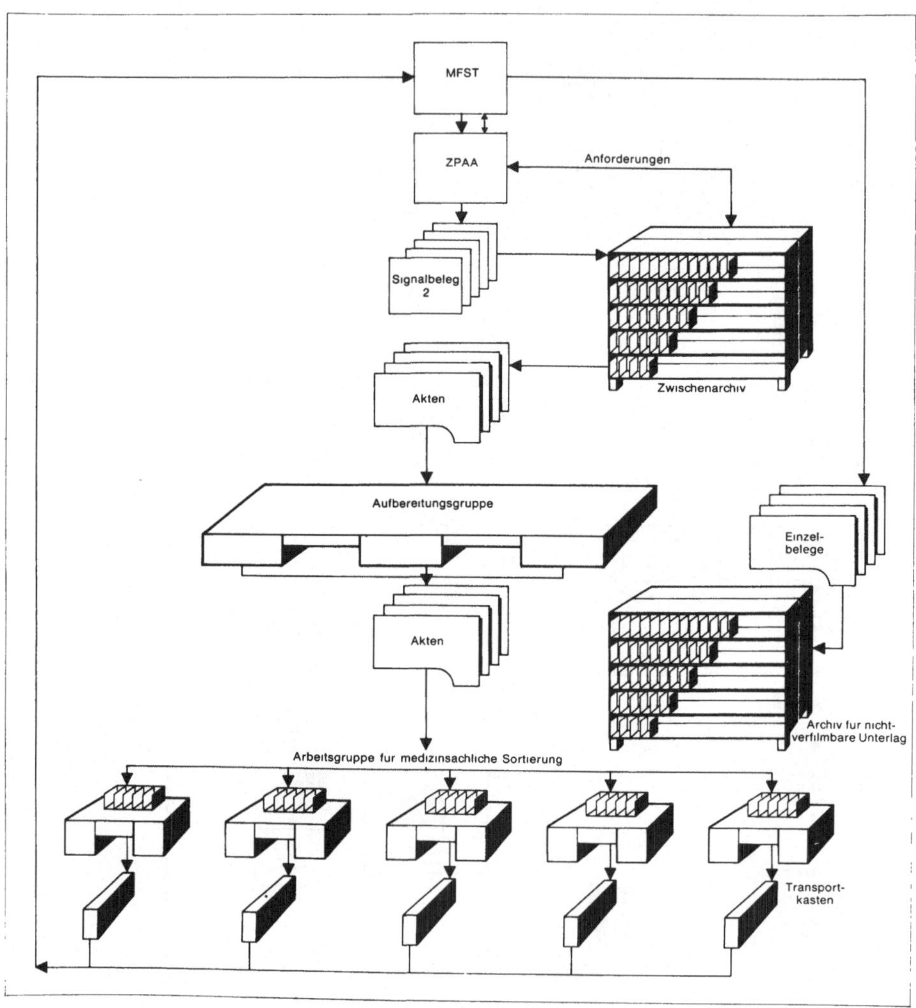

Abb. 9. Funktionsablauf im Zwischenarchiv

3.3 Arbeitsanfall

Im Jahr 1975 müssen vom Zentralen Patientenaktenarchiv laut Schätzungen
aus vorhergehenden Jahren etwa 120.000 Akten verarbeitet werden. Das
sind bei einer Aktenstärke von etwa 30 Blatt 3.5 Millionen Blatt (Abb.
10).

Geschätzter Aktenumsatz für 1975

__Zentralarchiv für Patientenakten MHH__

	Akten 1973	Zuwachs %	Akten 1975	Blattzahl / Akte	Blattzahl gesamt in Tausend
__Poliklinik West__					
55 % Erstfälle	26.100		26.100	25	652,5
45 % Wiederholer	21.400	0	21.400	10	214,0
Pädiatrie	4.200	25	5.200	10	52,0
Radiologie, Strahlenklinik	2.500	0	2.500	25	62,5
ZMK	5.700	25	7.100	10	71,0
Nuk. Medizin	13.600	0	13.600	25	340,0
Chirurgie	10.500	0	10.500	25	262,5
Psychiatrie	1.200	0	1.200	25	30,0
__Stationär__	13.600	./.	33.200	55	1.826,0
			120.800		3.510,5

Abb. 10. Geschätzter Aktenumsatz für 1975 im Zentralen Patientenaktenarchiv der MHH

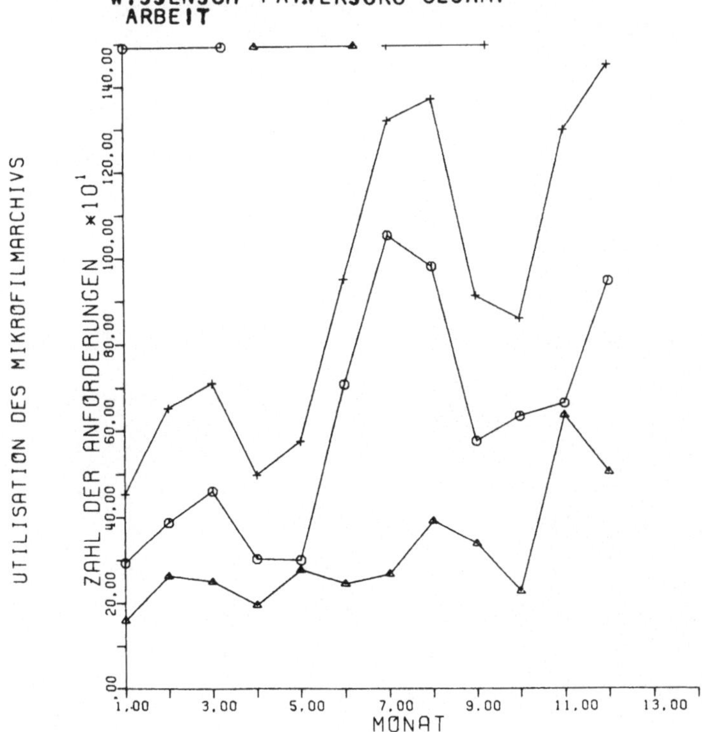

Abb. 11. Anzahl der Aktenanforderungen an das Zentrale Patientenaktenarchiv

Die starke Inanspruchnahme des Zentralarchives ist auch aus der Zahl der Anforderungen zu ersehen, die sich im Laufe des vergangenen Jahres fast verdreifacht hat (Abb. 11).

Krankenakten können grundsätzlich nur unter Verwendung eines Anforderungsformulars vom Archiv abgerufen werden. Dieses trägt die zur Identifikation des Patienten sowie der anfordernden Stelle notwendigen Daten. In dringenden Fällen kann eine telefonische Anforderung und Nachreichung des Formulars erfolgen.

Zu wissenschaftlichen Zwecken ist der gleiche Anforderungsgang vorgeschrieben, nur daß hierbei zusätzlich eine Datenzugriffsvereinbarung bearbeitet werden muß und das angeforderte Material nur in Form von Kontaktkopien aus dem Zwischenarchiv ausgegeben wird.

Literatur

1. Vorläufige Empfehlung des Arbeitsausschusses Medizin in der Deutschen Gesellschaft für Dokumentation: Ein dokumentationsgerechter Krankenblattkopf für stationäre Patienten aller klinischen Fächer (sog. Allgemeiner Krankenblattkopf). Med. Dok. 5, 57 - 70 (1961).
2. IMMICH, H.: Klinischer Diagnosenschlüssel. Stuttgart: Schattauer Verlag, 1966.
3. SCHEIBE, GÖGLER: Allgemeiner chirurgischer Therapieschlüssel.
4. MÖHR, J.R., TRAMP, H.J.: Ein mikrofilmorientiertes Zentralarchiv für Patientenakten in einem Großklinikum. In Vorbereitung.

Aufbau, Routineeinsatz und Weiterentwicklung einer computergestützten medizinischen Basisdokumentation für die Medizinische Hochschule Hannover - Teil II: Datenbankaspekte

K. Sauter, P.L. Reichertz, W. Zowe, W. Weingarten, J. Möhr, G. Holthoff

Im Jahre 1967 wurde für die Medizinische Hochschule Hannover (MHH) im Oststadtkrankenhaus ein System zur medizinischen Basisdokumentation entwickelt. Zielsetzung dieses Systems, das bereits 1968 routinemäßig eingesetzt wurde, war die Erfassung, Speicherung und Auswertung als wesentlich erachteter medizinischer und administrativer Daten für stationäre Behandlungsfälle. Der dem ursprünglichen Systemkonzept zugrundeliegende Datenkatalog umfaßt neben Personal- und den Behandlungsfall charakterisierenden Administrativdaten Risikoangaben, Entlassungsdiagnosen mit möglichen Zusatzangaben sowie klassifizierende medizinische Aussagen zu Aufnahme und Entlassung.

Die Basisdokumentation im Medizinischen System Hannover

Die über Ablochbeleg erfaßten Daten wurden in den ersten Jahren auf Magnetband gespeichert und standen statistischen Auswertungsprogrammen zur Verfügung. Mit der Entwicklung des Medizinischen Systems Hannover (MSH) (3) wurde die Basisdokumentation an die neue Umgebung adaptiert, die bisher erfaßten formatierten Basisdaten wurden in die zentrale Pa-

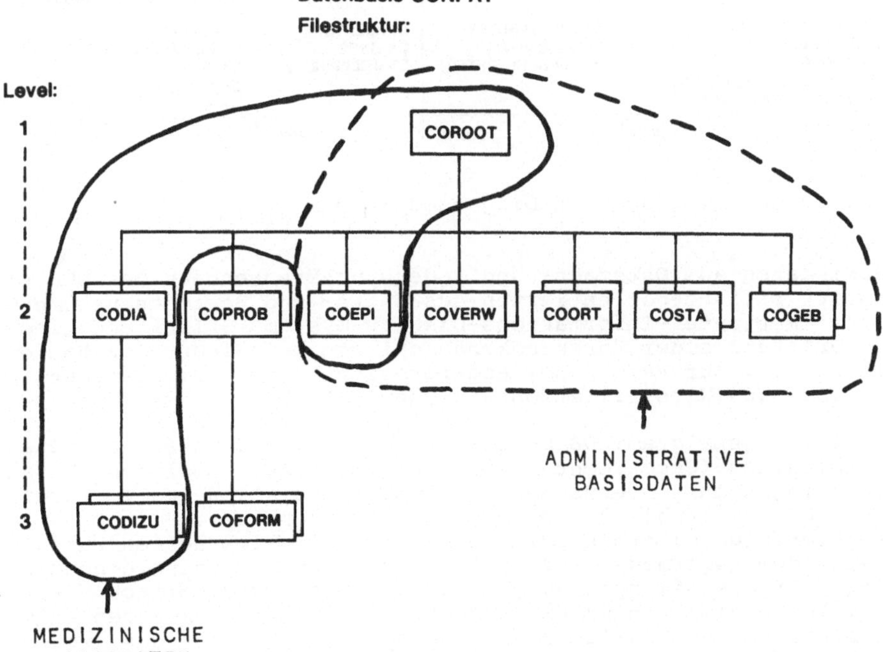

Abb. 1. Logische Satzstruktur im Medizinischen Übersichtsfile (CONPAT) für medizinische und administrative Basisdaten.

tientendatenbank übernommen (4). Die gemeinsame logische Datenstruktur ist in Abb. 1 wiedergegeben und in (4) beschrieben.

Als Beispiel für eine komprimierte datenbankinterne Darstellung formatierter Daten zeigt Abb. 2 die Kodierung der Diagnosen und Diagnosezusätze. Zur Verschlüsselung der Diagnosen wird im MSH der "Klinische Diagnosenschlüssel" nach IMMICH (2) verwendet; die gezeigte Speicherungsform erlaubt jedoch die Verwendung verschiedener Schlüsselsysteme.

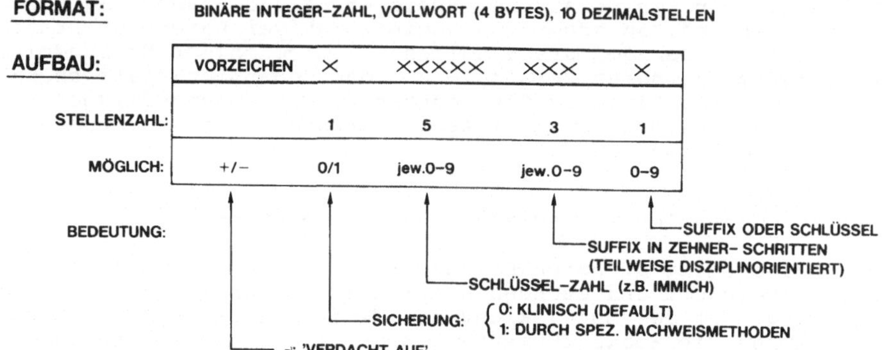

Abb. 2. Verschlüsselung von Diagnosen im MSH

Die Basisdaten aus Oststadt- und Roderbruchkrankenhaus der MHH stehen einerseits patientenorientierten Auskunfts- und Berichtssystemen, wie etwa dem "Patienten-Informations-Display-System" (PIDS) und einem Modul zur Generierung einer Kurzkrankengeschichte bei Wiederaufnahme eines Patienten (5), zur Verfügung, andererseits Auswertungssystemen für Selektions- und Klassifikationsanalysen (1).

Das Auswertungsprogramm DBAUS selektiert aufgrund einer gegebenen Merkmalskombination (Geschlecht, Behandlungszeitraum, Boolesche Verknüpfungen von Diagnosen) Untermengen der Gesamtpopulation und liefert neben einigen Häufigkeitshistogrammen - parametergesteuert - in Dateninhalt und Sortierfolge unterschiedliche Listen der selektierten Patienten, so etwa eine dem Lagerungsprinzip im Mikrofilmarchiv entsprechend sortierte Liste für das zeitsparende Heraussuchen des zugehörigen Mikrofiches. Eine Dialogversion von DBAUS wird aber bei wachsendem Datenbankumfang innerhalb eines generellen Auswertungssystems nur für das sequentielle Absuchen definierter Untermengen eingesetzt.

Das Auswertungssystem PATWERT selektiert und klassifiziert Patientenaufenthalte aufgrund der vom Benutzer spezifizierten Werte von insgesamt 12 möglichen Parametern:

- Alter bei Aufnahme   - Diagnosenzahl   - Religion
- Aufenthaltsdauer   - Krankenhaus   - Geschlecht
- Aufnahmedatum   - Station   - Verstorben
- Aufnahmetag im Jahr   - Familienstand   - Diagnosenkombination.

Eine Dialogeingabe der Parameterspezifikationen über das Time-sharing-System CMS (Cambridge Monitor System) mit formalen Plausibilitätsprüfungen wird z.Zt. implementiert. Die Patientendatenbank des MSH umfaßt augenblicklich Daten von etwa 60.000 Patienten. Auswertungen werden durchgeführt zur Unterstützung der medizinischen Forschungsarbeit für Krankenhausstatistiken für Planungszwecke, aber auch zu systembezogenen Strukturanalysen und zur Untersuchung des Benutzerverhaltens (5).

Abb. 3 zeigt das Ergebnis einer Häufigkeitsanalyse der logischen Satzlängen des medizinischen Übersichtsfiles (CONPAT) mit einem stark ausgeprägten Maximum im Bereich zwischen 190 und 230 Bytes, das bereits über 80 % aller gespeicherten Sätze umfaßt.

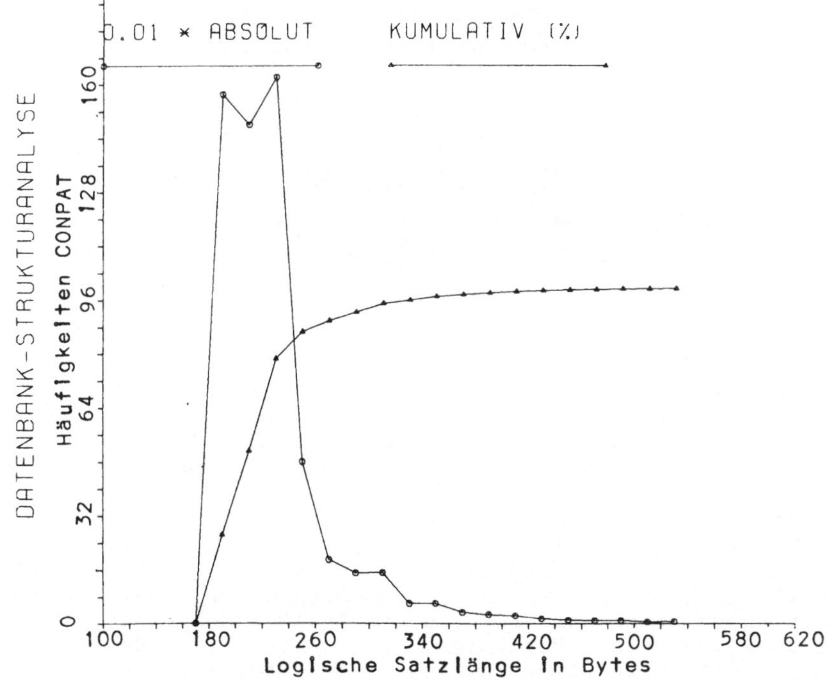

Abb. 3. Absolute und kumulative Häufigkeit logischer Satzlängen des medizinischen Übersichtsfiles (CONPAT).

Diese Verteilung ist hauptsächlich darauf zurückzuführen, daß einerseits zur Zeit nur von etwa 42 % aller Patienten medizinische Basisdaten vorliegen und andererseits 81,7 % aller Patienten (vgl. Abb. 4) nur einmal behandelt worden sind; 63,0 % aller registrierten Aufenthalte sind Einzelaufenthalte.

Eine Analyse der Altersverteilungen der Patienten weist sowohl hinsichtlich des Geschlechts als auch des Krankenhauses (Roderbruch und Oststadt) beträchtliche Unterschiede auf (Abb. 5), die vor allem in der unterschiedlichen Zusammensetzung der Kliniken begründet sind; die Frauenklinik gehört dem Oststadtkrankenhaus an, während die Kinderklinik im Roderbruch angesiedelt ist. Diese Besonderheiten der Patien-

tenstruktur müssen bei weitergehenden Analysen berücksichtigt werden.
Sie sind gleichzeitig der Ausgangspunkt für gezielte Studien.

Das Ergebnis einer Häufigkeitsanalyse der gespeicherten Risikodaten ist
als Gesamtüberblick in Abb. 6 wiedergegeben. Für 8,4 % der gesamten Patientenpopulation und 21,0 % aller Patienten mit medizinischen Basisdaten wurde eine Gefährdung (außer der Angabe "Keine Gefährdung") registriert.

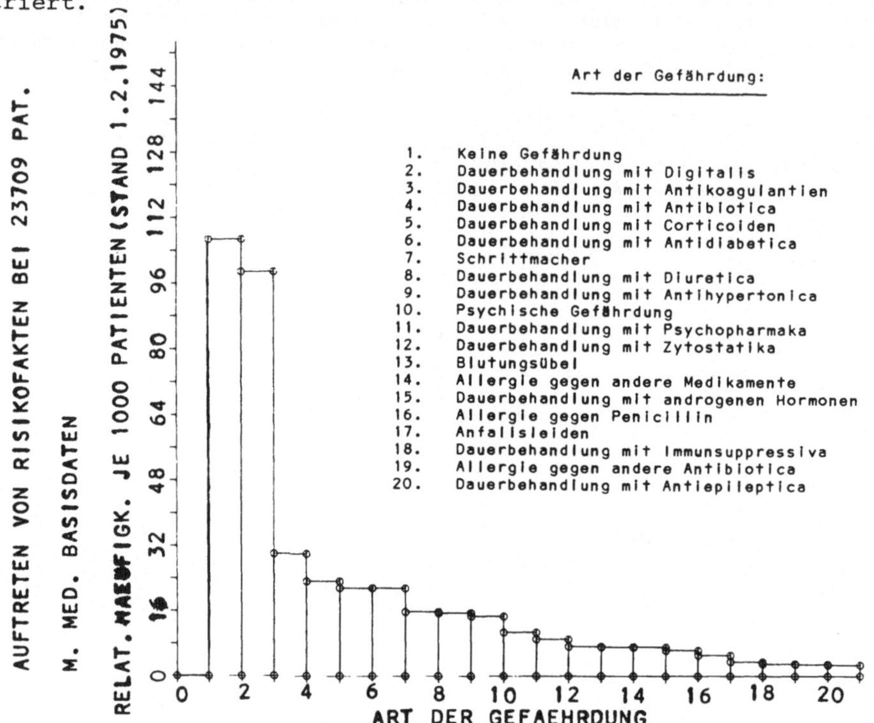

Abb. 6. Relative Häufigkeit verschiedener Risikofakten

Die zeitliche Entwicklung der Angabe von Risikodaten wurde ebenfalls
untersucht, insbesondere unter dem Aspekt einer Analyse des Benutzerverhaltens, hier also des verschlüsselnden Stationsarztes. In den Abb.
7 und 8 sind die jährlichen relativen Häufigkeiten verschiedener einzelner oder gruppenweise zusammengefaßter Risikofakten für die Zeit von
1968 bis 1973 aufgezeichnet; die absoluten Häufigkeiten liegen dabei
etwa zwischen 20 und 120.

Während die Tendenz bei Risikofakten durch spezifische Dauerbehandlun-
gen - mit Ausnahme von Digitalis-Therapie - durchweg abnehmend verläuft
(Abb. 7), ist bei anderen Gefährdungsarten nach einer hohen Anfangsquo-
te im ersten Jahr der Erfassung ein Absinken auf einen annähernd konstanten Wert zu beobachten (Abb. 8).

Eine Ausnahme hiervon bildet die Gefährdung durch Strahlenbelastung, die
nach einem zwischenzeitlichen Absinken eine stark ansteigende Tendenz
aufweist. Neben der unterschiedlichen Verhaltensweise der codierenden
Ärzte gibt es aber noch andere Faktoren, welche diese Ergebnisse beeinflussen, so etwa Modifikationen der diagnostischen und therapeutischen
Verfahrensweisen und wechselnde relative Anteile der verschiedenen klinischen Disziplinen.

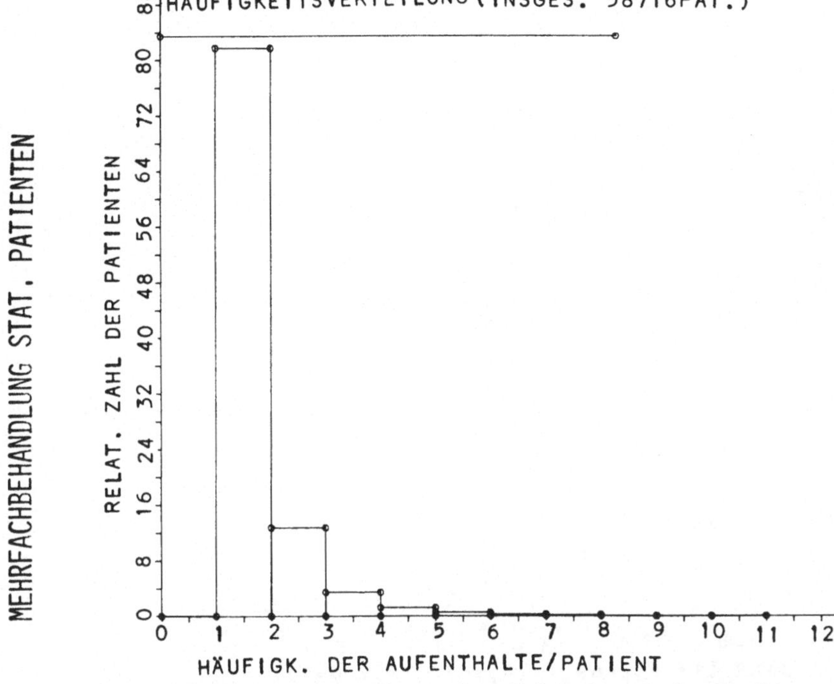

Abb. 4. Häufigkeitsverteilung der Zahl der Aufenthalte pro Patient

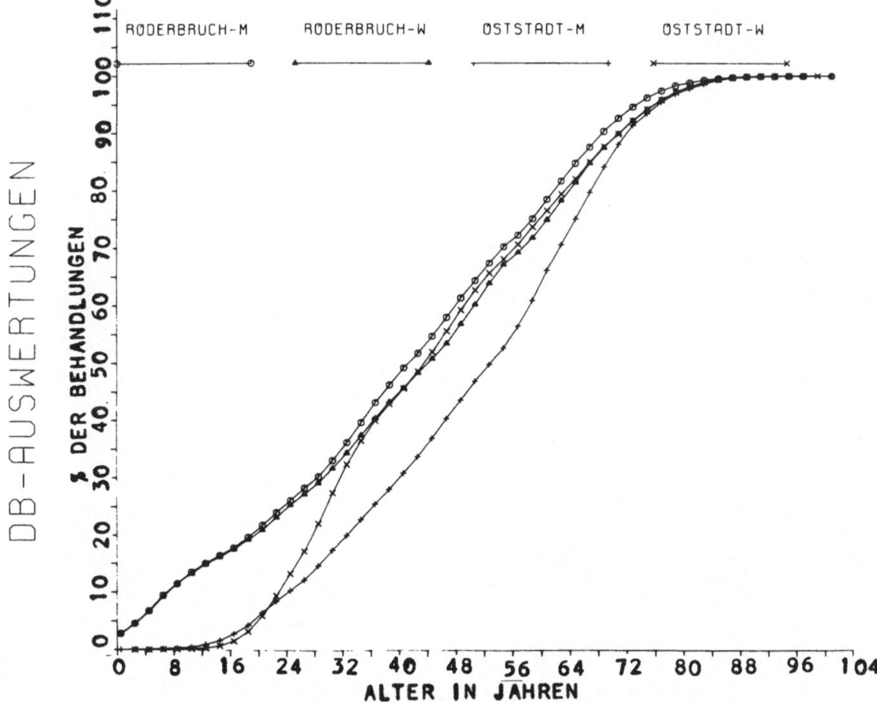

Abb. 5. Analyse der Altersverteilung der Patienten

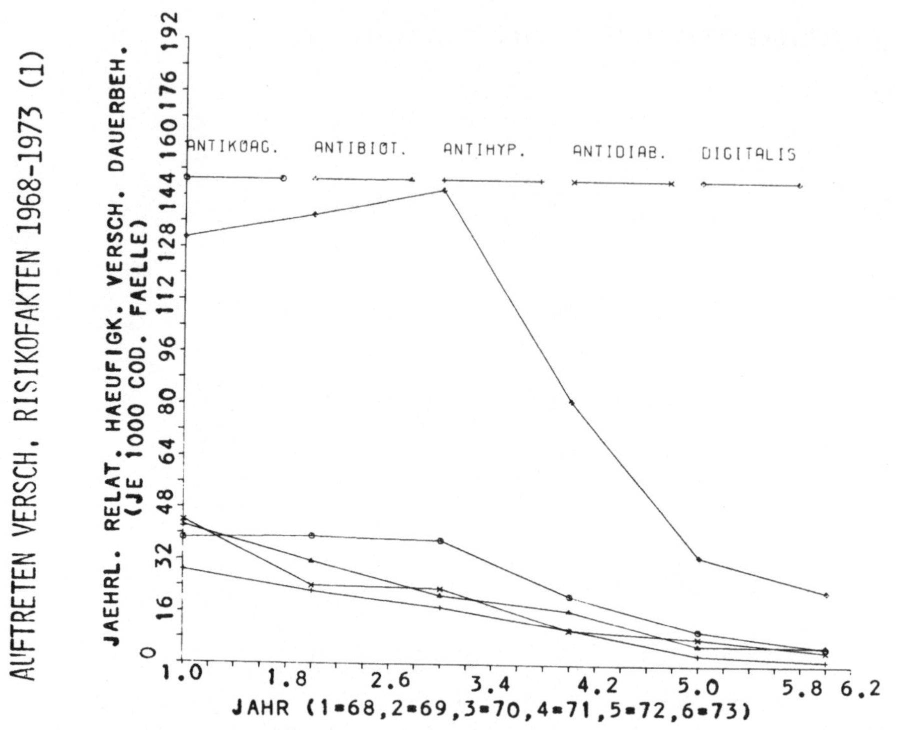

Abb. 7. Zeitabhängigkeit der Häufigkeit verschiedener Risikodaten (1)

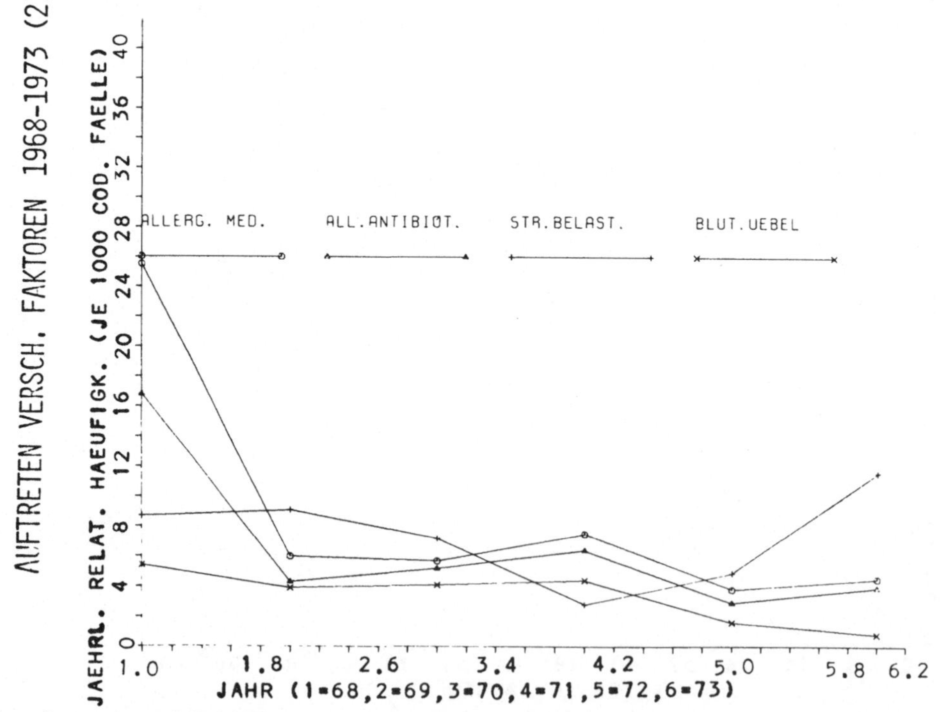

Abb. 8. Zeitabhängigkeit der Häufigkeit verschiedener Risikodaten (2)

Eine weitere Reihe von Auswertungen betrifft die Diagnosen. Eine Häufigkeitsanalyse der pro Aufenthalt spezifizierten Zahl von Diagnosen von
insgesamt 25.000 Aufenthalten ergab das in Abb. 9 gezeigte Resultat. Im
Mittel liegen 2,2 Diagnosen pro Behandlungsfall vor.

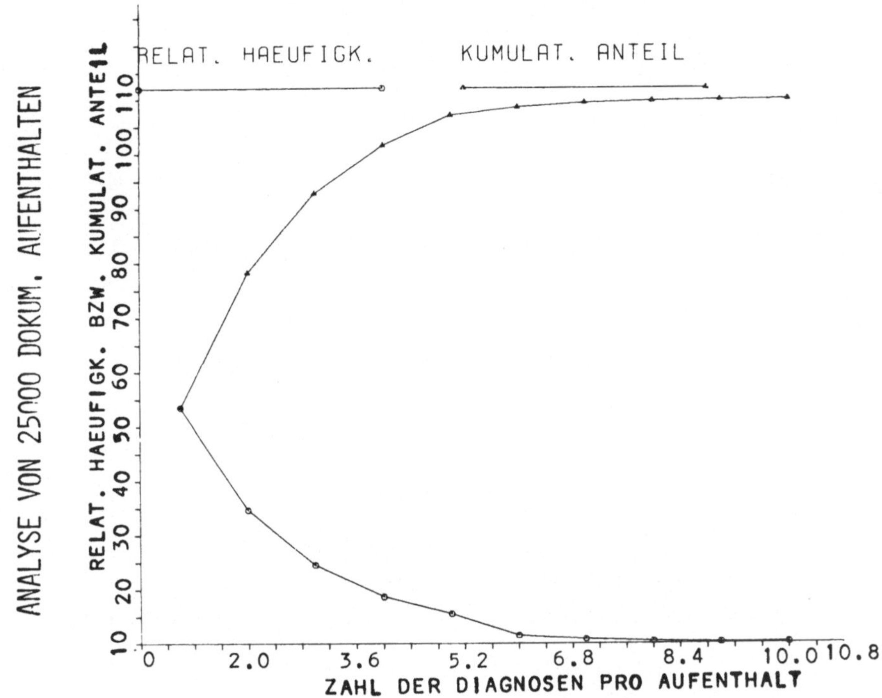

Abb. 9. Häufigkeitsverteilung der Diagnosenzahl/Aufenthalt

In den einzelnen klinischen Disziplinen kommen selbstverständlich verschiedene Untermengen unterschiedlicher Mächtigkeit des gesamten Schlüsselsystems zur Anwendung. So haben z.B. die Innere Medizin bisher 1012,
die Pädiatrie 795 und die HNO-Klinik 542 verschiedene Diagnoseschlüssel
verwendet; insgesamt wurden 2370 verschiedene Schlüssel angegeben. Die
jeweiligen prozentualen Anteile unterschiedlicher Schlüssel an den codierten Diagnosen sind kumulativ in Abb. 10 dargestellt.

Es zeigt sich, daß 50 % aller gespeicherten Entlassungsdiagnosen bei der
Kinderklinik 61 unterschiedliche Diagnoseschlüssel umfassen, bei der Medizinischen Klinik 53 und bei der HNO-Klinik nur 13. Diese Zahlen sind
zum Teil in dem je nach Fachgebiet unterschiedlichen Differationsgrad
des verwendeten Schlüsselsystems begründet.

Zur Unterstützung medizinischer Forschungsvorhaben im theoretischen und
klinischen Bereich sind bisher mindestens 50 Auswertungen durchgeführt
worden, so auf dem Gebiet der Diabetologie (Stoffwechseleinstellung),
der Pankreaserkrankungen, der Rheumatologie, der Vergiftungen, zur Untersuchung der Dignität der Notfallendoskopie und der psychosomatischen
Zusammenhänge bei stationär behandelten internen Erkrankungen, zur
Durchführung einer 'Case-Control-Study' über den Zusammenhang zwischen
Analgetika und Agranulozytose, um einige Beispiele zu nennen. Die bisherige Erfahrung zeigt, daß die Selektionsfunktion besonders wichtig ist
und daß Anforderungen an die logischen Verknüpfungsmöglichkeiten des Se-
lektionsmerkmals "Diagnose" äußerst selten über eine "ODER"-Verbindung
hinausgehen.

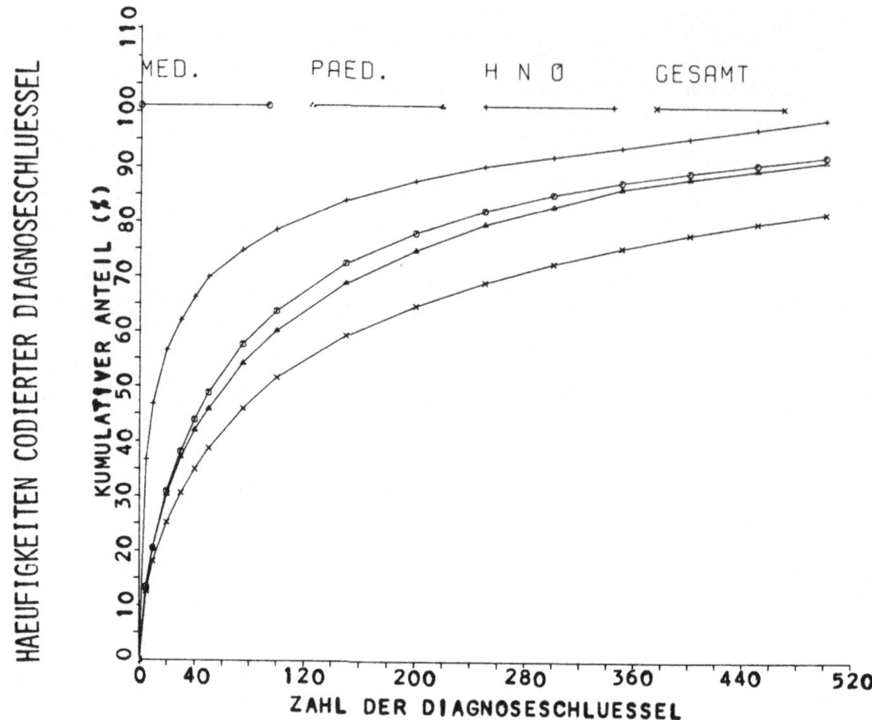

Abb. 10. Verwendung unterschiedlicher Diagnoseschlüssel in verschiedenen klinischen Disziplinen

Erweiterung der Basisdokumentation

Die mehrjährigen Erfahrungen mit dem bisherigen System und neue Benutzeranforderungen führten zu einer völligen Überarbeitung des Kranken-
deckblatts, das nun neben den Diagnosen auch Therapien und Komplikationen umfaßt und im Teil I dieser Arbeit näher beschrieben wird. So wurden
z.B. auch die seit 1968 erfaßten medizinischen Aufnahme- und Entlassungsspezifikationen analysiert. Nur in etwa 2/3 aller Fälle machte der
Stationsarzt überhaupt eine Eintragung in einer Liste von 18 Möglichkeiten zur Kennzeichnung der Aufnahme und 16 für die Entlassung. Die häu-
figste Kombination "Neuaufnahme" & "Zur Diagnostik und Therapie" stellt
58,5 % aller angegebenen Aufnahmeanlässe dar; dabei bleibt wenig Spiel-
raum für eine weitergehende Differenzierung. Die neue Version des Kran-
kendeckblatts umfaßt deshalb eine auf weniger als den halben Umfang reduzierte Liste.

Durch diese Erweiterung der Basisdokumentation ist eine Modifikation der
entsprechenden Datenstrukturen in der Patientendatenbank, speziell im
medizinischen Übersichtsfile CONPAT, notwendig geworden. Die wichtigsten
Entwurfskriterien waren:
- Eignung für Update-, Auskunfts- und Auswertvorgänge,
- Optimierung des Speicherplatzbedarfes,
- Erweiterbarkeit, insbesondere im Hinblick auf Schlüsselsysteme,
- Möglichkeit der Reproduktion des Erfassungsformats (Krankendeckblatt),
- Verwendung datengesteuerter Zugriffsverfahren unter Einsatz eines all-
  gemeinen Datenbeschreibungssystems.

Aus vier Alternativentwürfen für die Datenstruktur wurde anhand definierter Auskunfts- und Auswerttypen, des aus dem bisherigen Erfahrungen

und Schätzungen zu erwartenden Datenvolumens und dessen Zusammensetzung
sowie einer detaillierten vergleichenden Speicherplatzbedarfsanalyse die
beste Lösung ausgewählt. Abb. 11 enthält den für die medizinischen Basisdaten relevanten Ausschnitt aus der gesamten logischen Satzstruktur.

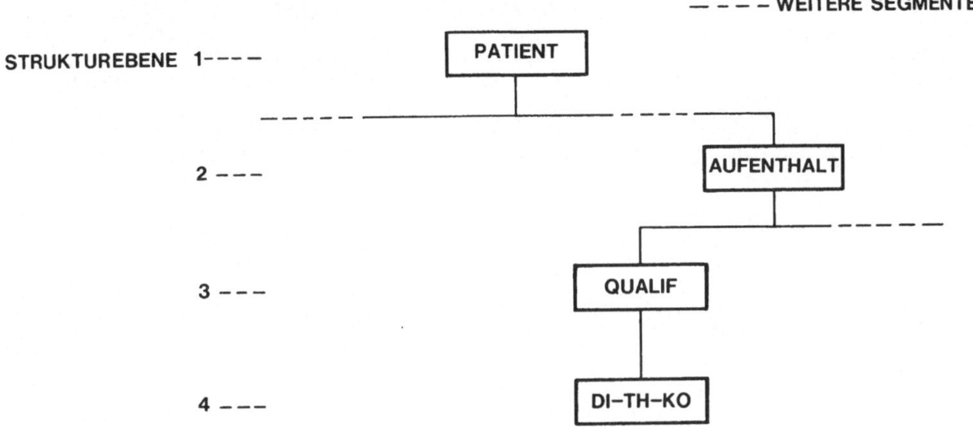

Abb. 11. Logische Satzstruktur für die Basisdokumentation (Ausschnitt)

Die gezeigte Datenstruktur umfaßt Segmente auf vier hierarchischen Ebenen:

PATIENT (Ebene 1):
kennzeichnende Daten eines Patienten, Risikodaten u.a.
AUFENTHALT (Ebene 2):
kennzeichnende Daten eines Aufenthaltes (stationär oder ambulant), Auf-
nahme- und Entlassungsspezifikationen
QUALIF (Ebene 3):
Qualifaktoren für die untergeordneten Diagnosen, Therapien und Komplikationen: Diagnosestellungs-, Operations- und Arztbriefdatum, behandelnder
und kontrollierender Arzt, Abteilung, Station, Dokumentationsdatum und
-assistentin. Medizinische Basisdaten können also zu verschiedenen Zeit-
punkten von unterschiedlichen Ärzten erfaßt und abgespeichert werden.
DI-TH-KO (Ebene 4):
Je Segment wird eine codierte Diagnose, Therapie, Komplikation oder Zu-
satzangabe gespeichert. Zusätzliche Qualifikatoren sind: Typ- und Schlüs-
selkennzeichnung sowie die Zuordnung zu einem Parallelsegment, z.B. die
Beziehung zwischen einer Operation und einer daraus resultierenden Komplikation.

Nach den vorliegenden Schätzungen führt diese Strukturänderung unter Berücksichtigung der gleichzeitigen Erweiterung des Datenkataloges zu
einem um 6 % erhöhten Speicherplatzbedarf; der Anteil der Umstrukturierung selbst beläuft sich dabei nur auf etwas mehr als 1 %. Demgegenüber
steht eine wesentlich höhere Flexibilität und Erweiterungsmöglichkeit
hinsichtlich der Inhaltsdefinition sowie eine weitergehende Standardi-

sierung der Struktur, dies insbesondere im Hinblick auf eine generelle Unterstützung der Anwendungsprogrammierung durch eine algorithmische Behandlung von Transaktionen unter Verwendung eines zentralen Datenbeschreibungssystems.

Literatur

1.) HILL, R.D., SAUTER, K., REICHERTZ, P.L.: The Data Bank Concept of the Medical System Hannover and the Analysis of Patient Data. MEDINFO 74, Stockholm - Schweden, 399 - 406 (preprints) 5.8.-10.8.1974.
2.) IMMICH, H.: Klinischer Diagnosenschlüssel. F.K. Schattauer Verlag: Stuttgart (1966).
3.) REICHERTZ, P.L.: The Medical System Hannover (MSH). In: COLLEN, M. (ed.): Hospital Computer Systems, New York, 598 - 661 (1974).
4.) SAUTER, K., REICHERTZ, P.L., ZOWE, W.: Die zentrale Patienten-Datenbank in einem integrierten Hospital-Informationssystem. Meth. Inform. Med. $\underline{11}$, 91 - 96 (1972).
5.) WEINGARTEN, W., SAUTER, K., WEIGELT, D., REICHERTZ, P.L.: The Patient Information System and its User Reactions. Journées d'Informatique Médicale, Toulouse - Frankreich, 3.3.-7.3.1975.

Das Patienteninformationssystem für medizinische Daten im Medizinischen System Hannover (MSH)

W. Weingarten, P.L. Reichertz, K. Sauter, D. Weigelt, W. Zowe

Einführung

Das Medizinische System Hannover ist ein komplexes computerisiertes
Krankenhausinformationssystem (1). Die Integration der patientenbezoge-
nen Daten aus verschiedenen Hochschuleinrichtungen wird funktional durch
die zentrale Datenbank ermöglicht, die hierarchisch strukturiert ist und
die Daten unter der Patienten-I-Zahl zusammenführt (2, 3). Seit 1968
werden medizinische Basisdaten und Administrativdaten gespeichert, sodaß
heute Daten von gut 60.000 Patienten zur Verfügung stehen. Die Diagnosen
werden nach dem fünfstelligen von Immich (4) entwickeltem Code verschlüsselt. Labordaten werden vom Zentrallabor seit November 1973 übermittelt (5). Neben der Datenerfassung und Datensicherung wurden Programme zur Präsentation und Auswertung der Daten erstellt.

```
    MEDIZINISCHE HOCHSCHULE HANNOVER              HANNOVER,   15.09.75
      ABTEILUNG MEDIZINISCHE INFORMATIK
      (PROF. DR.MED. P.L. REICHERTZ)
       - BEREICH DATENBANKEN -                    D.WEIGELT
       (PRIV.-DOZ. DR. K. SAUTER)


                 V E R T R A U L I C H

    LISTE DER ENTLASSENEN PATIENTEN VON 08.09.75 BIS 14.09.75 DER STATION: 61A


        I-ZAHL              NAME              ENTL.-DATUM      AUFN.-NR      ENTL./VER

        25.11.7█ █310     B████████,MARK       12.09.75        5135█0         E
        04.12.6█ █010     B████ER,JOSEF        09.09.75        5117█7         E
        19.06.7█ █820     K████T,NICOLE        11.09.75        5133█9
        16.12.7█ █32C     K████A,ANJA          08.09.75        5120█4         T
        31.01.6█ █420     K████J,A             09.09.75        5131█0         E
        24.C3.7█ █220     M████,ANNIE          09.09.75        5132█9         E
        3C.C7.7█ █120     P████SKI,PETRA       10.09.75        5133█4         E
        11.C9.6█ █320     P████,BETTINA        11.09.75        5135█5
        24.06.7█ █410     P████,HOLGER         12.09.75        5136█3         E
        19.0P.7█ █610     S████MICHAEL         12.09.75        5135█2         E
        23.11.7█ █310     W████████VOLKER      12.09.75        5134█4         E


        ANZAHL ENTLASSENER PATIENTEN          8   (E )
        ANZAHL INTERN VERLEGTER PATIENTEN     2
        ANZAHL EXTERN VERLEGTER PATIENTEN     0   (EV)
        ANZAHL VERSTORBENER PATIENTEN         1   (T )
```

Abb. 1. Die Entlassungsliste je Station enthält I-Zahl, Name, Entlas-
sungsdatum, Aufnahmenummer und die Kennzeichnung, ob Entlassung
oder Verlegung vorliegt. Eine Übersicht über die Summe der Pa-
tientenbewegungen ergänzt die Auflistung.

Nutzung des Systems durch die Benutzer

- Seit 1974 werden auf Wunsch wöchentliche oder monatliche Arbeitslisten erstellt, die alle Entlassungen und Verlegungen einer Station
  darstellen.

Diese Listen finden unterschiedlichste Anwendung: Checkliste für ter-
mingerechten Arztbrief, für die Vollständigkeit der Krankenakte, für die
Kontrolle des Patientenflusses und zur Sammlung von Planungsdaten für
die Organisation. Sie verbessern die Kommunikation zwischen dem Personal der Stationen und der Dokumentationsabteilung. Es wird erwogen, diagnostische Daten aufzunehmen und die Berichte auch für ambulante Patienten zu erstellen.

Das Patient Information Display System (PIDS) stellt alle medizinischen
und administrativen Daten der zentralen Datenbank on-line zur Verfügung.
Die Funktionscharakteristiken des Systems sind:
- Ausgabe der Daten
  . auf den Bildschirm
  . zusätzlich auf schreibende Geräte zur Dokumentation
- die Identifikation des gesuchten Patienten aus der Datenbank nach neun
  verschiedenen Kriterien (I-Zahl, Not-I-Zahl, Geburtsdatum, Aufnahmenummer, variabel langer Teil des Namens, Aufnahme-, Verlege- oder Ent-
  lassungsdatum) (durch Stationsangabe qualifizierbar) und aktuelle Station.
- die Ausgabe der gespeicherten Information zu diesem Patienten (Administrativdaten, Übersichtsdaten, Risikofaktoren, Diagnosen, Labordaten und eine synthetisierte Krankengeschichte).

Zur Zeit sind 65 persönliche Passwörter verteilt, die Benutzung des Systems geschieht vorwiegend durch Verwaltungs- und weniger durch medizinisches Personal. Im Monat Februar wurden 1.200 Patientensuchen durchgeführt und 800 mal Datenoptionen spezifiziert, d.h. 400 mal hat der Benutzer allein die Identifikationsarten benutzt (für Verwaltungszwecke z.B.
genügt manchmal alleine die Liste der Entlassungen und Verlegungen zu
einem Datum).

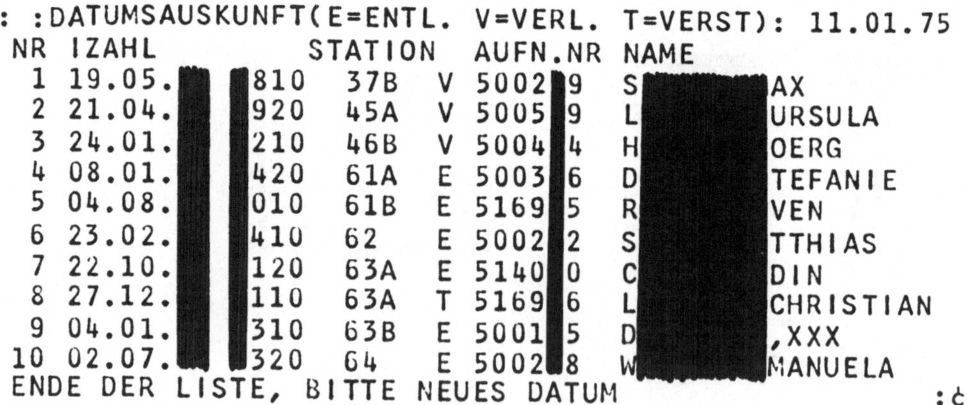

Abb. 2. In der Entlassungsliste des PIDS sind I-Zahl, Name, Entlassungs-
oder Verlegestation und Aufnahmenummer enthalten. Die Kennzeichnung V heißt verlegt, die Kennzeichnung T heißt verstorben.

Für wissenschaftliche Arbeiten existieren eine Reihe von Programmpake-
ten, die sich mit der Auswertung von medizinischen Basisdaten, Laborwer-

ten und Verwaltungsdaten befassen. Über die Anwendungsprogramme DBAUS
und PATWERT wird an anderer Stelle (6) berichtet. Das Programm CDSDIAG
liefert zu Patienten für angebbare Zeiträume die zugehörigen Diagnosen.
Das Programm LABDIAG liefert für eine durch I-Zahlen gegebene Population die gemeinsame Auflistung aller gestellten Diagnosen und aller
durchgeführten Laboranalysen je Aufenthalt. Dieses Programm beschreibt
auch auf Wunsch ein Magnetband mit Stammsätzen für statistische Weiterverarbeitung.

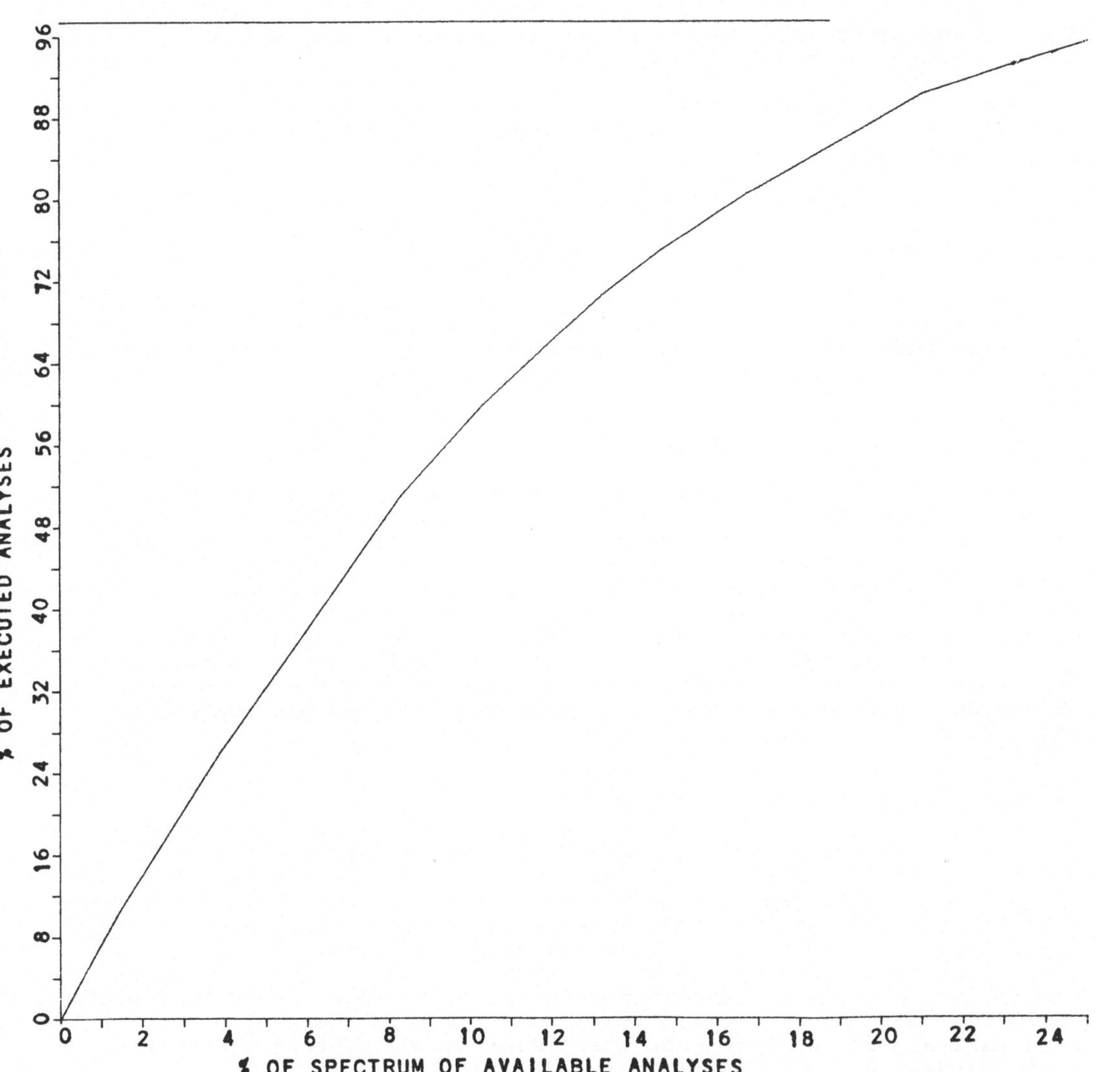

Abb. 3. Der Prozentsatz der möglichen Laboranalysen ist in X-Richtung
aufgetragen, der Prozentsatz der durchgeführten Analysen in
Y-Richtung.

Benutzerverhalten

Das Benutzerverhalten als wesentliche Feed-back-Funktion für die Lebens-
fähigkeit eines Informationssystems wird bei Auswertungen des kodierten
Datenmaterials, bei Auswertung der Benutzeranforderungen, vor allem
durch direkte Benutzerkontakte, aber auch durch gezieltes Monitoring
aller Aktionen z.B. im Online-System ermittelt und verwertet (7).

Die geringe Ausnutzung des Spektrums von gegebenen Wahlmöglichkeiten
zeigt sich etwa bei der Erfassung der Aufnahme- und Entlassungsanlässe,
aber auch bei der tatsächlich verwendeten Untermenge verschlüsselter
Diagnosen aus dem Gesamtvorrat an Möglichkeiten (6).

Bei der Auswertung der Laboranalysen ergibt sich, daß 25 % der möglichen
Analysen bereits 95 % der durchgeführten Analysen repräsentieren (Abb. 3).

Für die Online-Auskunft läßt sich z.B. die Benutzung verschiedener Identifikationsarten auswerten, um Benutzerwünsche in ihrer Gewichtigkeit
besser einordnen zu können.

Der Name ist danach der am häufigsten benutzte Eingang in die Patien-
tendaten. Aufgrund dieser Auswertung wird Problemen der Identifikation
mit dem Namen besonderes Gewicht gegeben (Abb. 4).

Plateaus in der Häufigkeit von Laboranalysen könnten benutzt werden,
um Standardgruppen für die Datenpräsentation abzuleiten. Durch feste
Analysenkombination der automatischen Straßen wird diese Aussagekraft
jedoch eingeschränkt (Abb. 5).

Datenschutz und Datenflußkontrolle

Der Datenschutz wird bei wissenschaftlichen Auswertungen durch schriftliche Datenzugriffsvereinbarungen aller beteiligten Bereiche sichergestellt. Der Online-Zugriff bringt erhöhte Schwierigkeiten mit sich. Primär werden persönliche Passwörter für die Programme verteilt. Die Identifikationsarten und Datenoptionen des Systems wurden modular gestaltet
und gestatten so die mit dem Passwort gekoppelte Vergabe von Zugriffs-
berechtigungen. Bis 64 Systemmodule können maximal für den Benutzer ge-
sperrt oder zugelassen werden; zur Zeit werden 17 Zugriffsmodule kontrolliert. Die Auswertung der Transaktionen des Benutzers und entsprechende Berichte an ihn ermöglichen die Erkennung des Mißbrauchs von
Passwörtern (Abb. 6).

Datenpräsentation

Die Datenpräsentation sollte zum Ziel die Verminderung der Datenmenge
bei gleichzeitiger Erhöhung der Information haben. Diese Forderung läßt
sich nur dann erfüllen, wenn die Verminderung der Daten mit Hilfe von
semantisch korrekten Informationsverarbeitungsvorschriften durchgeführt
wird. Solange diese nicht zuverlässig definiert sind, bleibt der Weg,
eine neue Art der Präsentation unter Beibehaltung der Datenmenge zu erproben, bei der die Entnahme der Information für den Benutzer erleichtert ist. Auf diese Weise z.B. sind im Bereich der Darstellung der Labordaten, die in der Datenbank gespeichert sind, mehrere Lösungen erprobt worden (8):

Die akkumulierten Listen gegenüber Einzellisten, die über alles akkumulierten Listen gegenüber von Wochenlisten oder der Plott generell gegenüber von Listen.

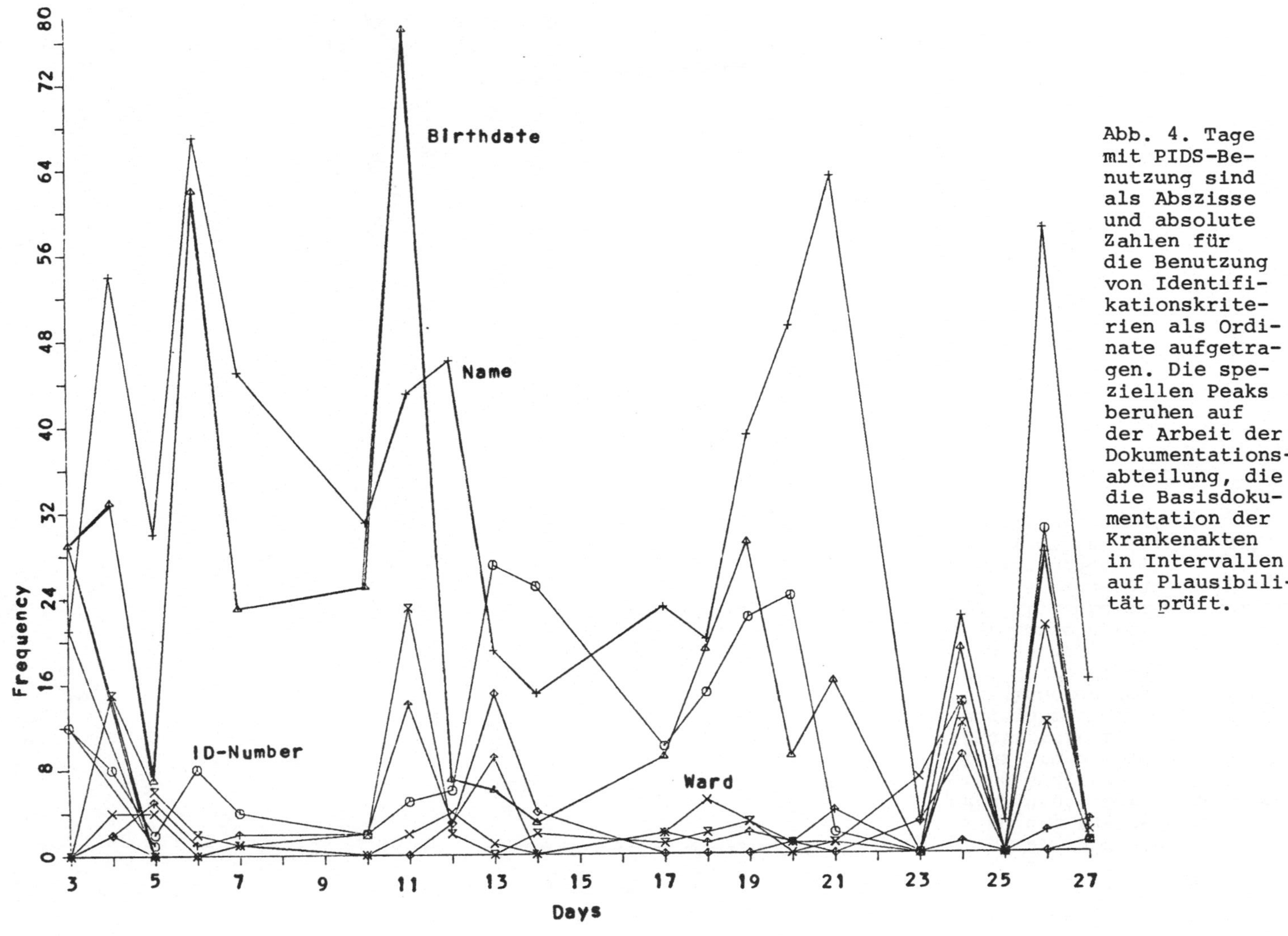

Abb. 4. Tage mit PIDS-Benutzung sind als Abszisse und absolute Zahlen für die Benutzung von Identifikationskriterien als Ordinate aufgetragen. Die speziellen Peaks beruhen auf der Arbeit der Dokumentationsabteilung, die die Basisdokumentation der Krankenakten in Intervallen auf Plausibilität prüft.

47

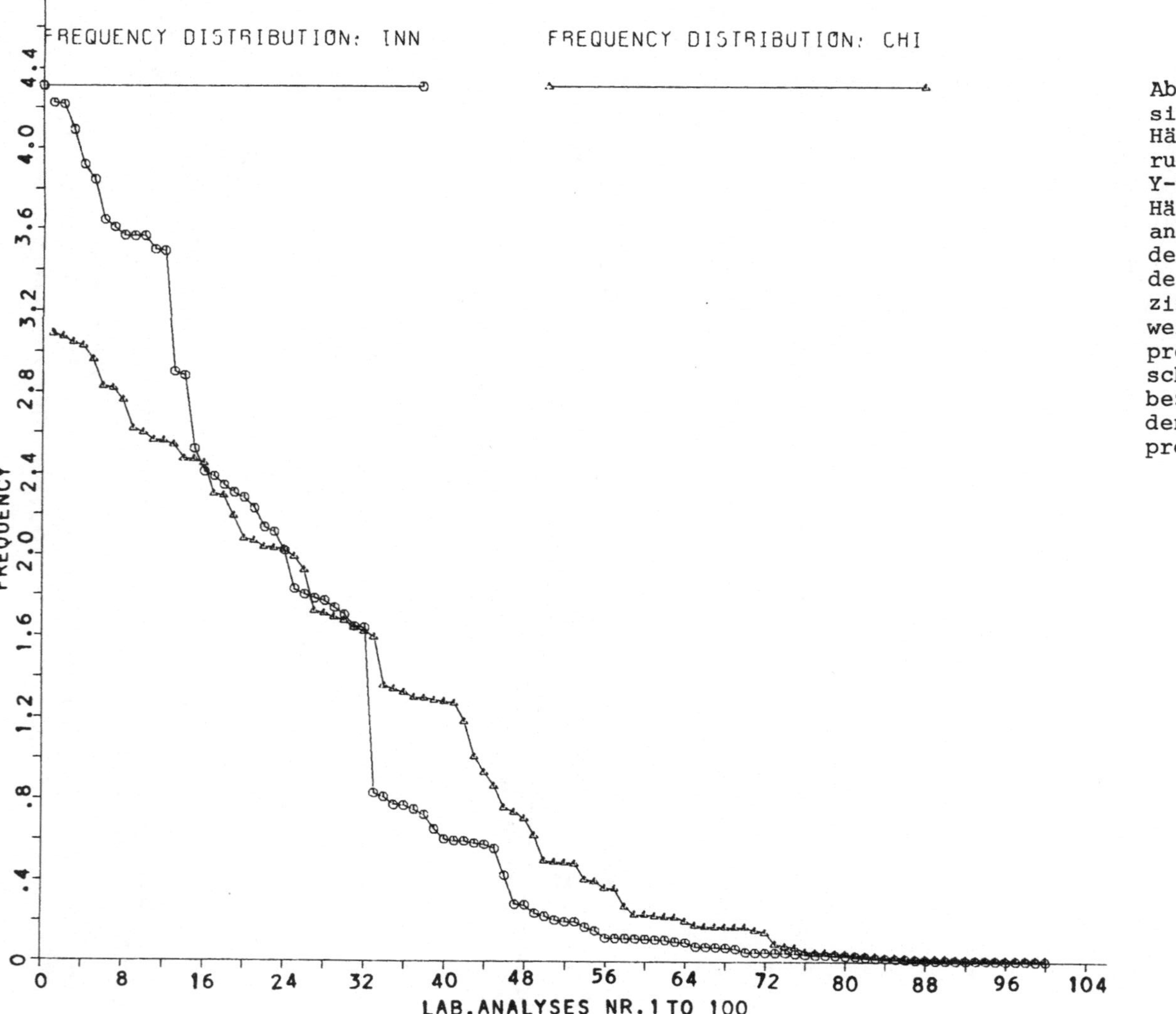

Abb. 5. In X-Richtung sind die Analysen nach Häufigkeit der Durchführung aufgetragen. In Y-Richtung wird die Häufigkeit in Prozent angegeben. Die Kurven der Inneren Medizin und der Chirurgischen Medizin zeigen deutlich abweichende Anforderungsprofile. Die genaue Aufschlüsselung der Analysebezeichnungen geht aus den Tabellen der Auswertprogramme hervor.

PIDS-BENUTZERANALYSEN FUER MONAT 07

BENUTZER	DATUM	I-ZAHL	GEB-DAT	NAME	STATNR	ENTDAT	AUFDAT	AUF-NR	*DIA	*GEP	*STAT	*FRU	*VER	*BEH	*ALL	*LAB	*ADM
10.14.05	02.07.75	0	1	0	0	0	0	0	0	0	1	0	0	0	0	0	0
07.47.01	03.07.75	0	1	1	0	0	0	0	0	0	2	0	0	0	0	0	0
08.20.59	03.07.75	0	0	1	0	0	0	0	0	0	0	0	0	0	0	0	0
11.29.18	09.07.75	0	0	1	0	0	0	0	0	0	0	0	0	0	0	0	0
10.41.53	21.07.75	0	3	1	0	0	0	0	0	0	0	0	0	0	0	0	0
07.57.20	25.07.75	0	2	2	0	0	0	0	0	0	1	0	0	0	0	0	0
08.07.31	29.07.75	0	0	3	0	0	0	0	0	0	2	0	1	0	0	0	0
09.53.50	30.07.75	0	1	0	1	0	0	0	0	0	2	0	1	1	0	0	1
13.04.17	30.o7.75	0	1	0	0	0	0	0	0	0	1	0	0	0	0	0	0
13.53.59	31.07.75	0	6	1	3	0	0	0	0	0	4	0	2	1	0	0	0
		0	15	10	4	0	0	0	0	0	13	0	4	2	0	0	1

GES EINGABEFEHLER   3
GES SITZZEIT 00.49.03

Abb. 6. Je Benutzer werden protokolliert: Sitzzeit, Datum, neun Identifikationsarten, neun Datenoptionen, Eingabefehlerzahl und
Summenzahlen. Identifikation mit Namen oder Geburtsdatum, Optionen zur Stationsangabe, Verlegungen und Administrativdaten
wurden im Beispiel von einem Stationsassistenten benutzt.

LABORDATENAUSWERTUNG FUER DIE WOCHE VOM : 22.04.74 - 28.04.74   ***** MEDIZINISCHE INFORMATIK *****   SEITE I

NAME : xxxxxxxxxxxxxxx   IZAHL : xxxxxxxxxxxxx   STATION : 21A

ANALYSENBEZEICHNUNG	NORMBEREICH	MONTAG H	WERT	DIENSTAG H	WERT	MITTWOCH H	WERT	DONNERSTAG H	WERT	FREITAG H	WERT	SAMSTAG H	WERT	SONNTAG H	WERT
NATRIUM SERUM MMOL/L	132 - 155							08	142						
KALIUM SERUM MMOL/L	3.6 - 5.4							08	5.1						
CHLORID SERUM MMOL/L	97 - 108							08	106						
BILIRUBIN SER.UMOL/L	0 - 17							08	15						
PROTEIN SERUM G/L	65 - 80							08	67						
CALCIUM SERUM MMOL/L	2.15 - 2.75							08	2.35						
PHOSPHAT SER. MMOL/L	0.83 - 1.67							08	1.42						
CHOLESTERIN MMOL/L	3.6 - 8.3							08	7.8						
GESAMT-CO2 MMOL/L	20 - 30							08	19*						
GLUCOSE SERUM MMOL/L								08	15.2						
HARNSTOFF SER.MMOL/L	3.3 - 6.7							08	7.2*						
KREATININ SER.UMOL/L	0 - 115							08	151*						
GOT U/L	0 - 15							08	9						
GPT U/L	0 - 22							08	17						
ALK.PHOSPHATASE U/L	76 - 190							08	123						
LAP U/L	11 - 35							08	22						
OPK U/L	0 - 50							08	54*						
KETON-KOERPER URIN						06	NEG.								
URINMENGE ML		06	1350	06	900	06	600	06	800	06	370				
								18	550	18	220				
SAMMELDAUER H		06	24	06	12	06	24	06	12	06	12				
								18	12	18	12				
GLUC.U.KONZ.*)MMOL/L	0.0 - 2.5	06	33.5*	06	23.5*	06	49.7*	06	52.4*	06	52.4*				
								18	43.3*	18	50.1*				
GLUCOSE U.*)MG/100ML	0 - 45	06	604*	06	423*	06	896*	06	944*	06	944*				
								18	780*	18	903*				

D I E S E L I S T E E N T H A E L T K E I N E E I L A N F O R D E R U N G E N

Abb. 7. Die wöchentlich akkumulierte Laborergebnisliste enthält links
den Namen der Analysen gefolgt vom Normbereich dieser Analyse.
Sieben Spalten sind den Tagen der Woche zugeordnet. (Montag bis
Sonntag). Tage ohne Laborwert werden freigelassen. Jeder Wert
wird durch die Zeit der Probenahme qualifiziert. Werte ausser-
halb der Normbereiche sind markiert.

ANALYSENBEZEICHNUNG	NORMBEREICH	12.03.74		22.03.74		27.03.74		02.04.74		09.04.74		16.04.74		23.04.74	
		UHR	WERT	UHR	WERT	UHR	WERT	UHR	WERT	UHR	WERT	UHR	WERT	UHR	WERT
NATRIUM SERUM MMOL/L	132 - 155	09	137	09	139	09	140	08	141	09	135	09	139	09	137
KALIUM SERUM MMOL/L	3.6 - 5.4	09	6.4*	09	5.9*	09	7.3*	08	6.0*	09	6.6*	09	6.3*	09	5.9*
CHLORID SERUM MMOL/L	97 - 108	09	96*	09	101	09	103	08	100	09	97	09	98	09	98
BILIRUBIN SER.UMOL/L	0 - 17	09	18*	09	11	09	9			09	7	09	10	09	14
PROTEIN SERUM G/L	65 - 80	09	70	09	63*	09	61*	08	72	09	74	09	71	09	79
CALCIUM SERUM MMOL/L	2.15 - 2.75	09	2.72	09	2.52	09	2.46	08	2.88*	09	2.64	09	2.72	09	2.94*
PHOSPHAT SER. MMOL/L	0.83 - 1.67			09	1.63	09	1.52	08	1.26	09	1.69*	09	1.81*	09	1.92*
CHOLESTERIN MMOL/L	3.6 - 8.3	09	7.5	09	7.6	09	8.7*	08	10.7*	09	10.4*	09	10.2*	09	8.9*
GESAMT-C02 MMOL/L	20 - 30	09	23	09	21	09	21	08	26	09	23	09	28	09	22
GLUCOSE SERUM MMOL/L		09	3.8	09	3.9	09	3.2	08	5.4	09	2.5	09	4.5	09	4.3
HARNSTOFF SER.MMOL/L	3.3 - 6.7	09	12.4*	09	14.3*	09	13.5*			09	14.8*	09	14.2*	09	9.3*
KREATININ SER.UMOL/L	0 - 115	09	572*	09	731*	09	765*	08	601*	09	777*	09	761*	09	638*
GOT U/L	0 - 15	09	9	09	3	09	5	08	6	09	9	09	9	09	6
GPT U/L	0 - 22	09	8	09	5	09	5	08	6	09	11	09	14	09	14
ALK.PHOSPHATASE U/L	76 - 190	09	138	09	133	09	136	08	129	09	145	09	125	09	157
LAP U/L	11 - 35	09	16	09	19	09	18	08	20	09	24	09	22	09	28
CHE U/L	1900 - 3800	09	2010			09	1770*	08	2590	09	3170	09	3120	09	3080
GLDH U/L	0.0 - 3.0	09	1.4	09	1.1	09	1.7	08	1.7	09	0.4	09	1.0		
LDH U/L	80 - 240	09	403*	09	173	09	145	08	134	09	140	09	134	09	160
CPK U/L	0 - 50	09	8	09	6	09	12	08	18	09	2	09	6		
AMYLASE SERUM SCE/L	60 - 330							08	450*						
SRE.PHOSPHATASE U/L	0 - 12	09	11	09	9	09	9	08	9	09	10	09	12	09	12
TRTH.SP U/L	0 - 4	09	3					08	1			09	1	09	1
GAMMA-GT U/L	6 - 28	09	22	09	16	09	17	08	17	09	17	09	16	09	14
ALBUMIN SERUM %	57 - 68			09	68	09	61	08	55*	09	77*			09	68
ALPHA1-GLOB. SERUM %	1 - 6			09	4	09	5	08	7*	09	2			09	2
ALPHA2-GLOB. SERUM %	5 - 11			09	7	09	9	08	14*	09	6			09	7
BETA-GLOB. SERUM %	7 - 13			09	8	09	9	08	10	09	6*			09	10
GAMMA-GLOB.SERUM %	10 - 18			09	13	09	15	08	16	09	9*			09	13
HARNSRE.SERUM UMOL/L	130 - 400							08	311						

AKKUMULIERTE LABORDATENLISTE F. 7 TAGE   xxxxxxxxxx MEDIZINISCHE INFORMATIK xxxxxxxxxx   SEITE : I   NAME : XXXXXXXXXXXX   I Z A H L : XXXXXXXXXXXXXX   S T A T I O N : 11B

DIESE LISTE ENTHAELT KEINE EILANFORDERUNGEN

Abb. 8. Die über alles akkumulierte Laborwertergebnisliste hat im allgemeinen denselben Aufbau wie die wöchentlich akkumulierte Liste. Jedoch enthält diese Liste keine freien Spalten, da nur Tage aufgeführt werden, an denen Labordaten vorliegen. Der akkumulierte Laborwertergebnisbericht, der im Online-Programm verwendet wird, sieht genauso aus bis auf die Unterdrückung der Uhrzeiten. Diese Art der Liste enthält ein Maximum an Information auf dem durch das Papierformat begrenzten Raum.

Der Vorteil der Listen z.B. liegt in der großen Packungsdichte der Daten. Der Plott vermag Trends besser wiederzugeben, hat aber auch den Nachteil der stark begrenzten Datenmenge und der Skalierungsprobleme.

Benutzermotivierung

Die zeitliche und physische Verfügbarkeit wie auch die Zuverlässigkeit der Daten sind ohne Zweifel entscheidend für die Grundeinstellung des Benutzers zum EDV-System. Längere Erfahrung mit einem EDV-System ist immer wünschenswert für das Verständnis von EDV-eigentümlichen Systemfehlern, wie z.B. der Zusammenbruch des Betriebssystems eines Rechners.

Die beste Motivierung des Benutzers wird durch die Erfüllung der vom Benutzer selbst formulierten Bedürfnisse erreicht. Zusätzliche EDV-Leistungen können sich aber auch auf vom Benutzer nicht Gewünschtes beziehen, d.h. das Aufmerksammachen auf Systemmöglichkeiten und damit das Feststellen von Bedürfnissen und Interessen sollte von der EDV-Seite gefördert werden. Die Datenbank z.B. integriert Daten der verschiedenen Disziplinen. Die Auswertung dieser Daten sollte auf breiterer Ebene angeregt werden, da die Mitarbeit der betroffenen Fachbereiche dafür auch notwendig ist. Vorarbeiten, die die Motivierung der Disziplinen zum Ziele haben, wurden für Labor- und Diagnosedaten durchgeführt. Die Frage, wieviel Prozent bestimmter Laboranalyseergebnisse für eine feste Diagnose pathologisch gekennzeichnet ist, kann mit einer Datenbanksuche beantwortet werden (Abb. 10).

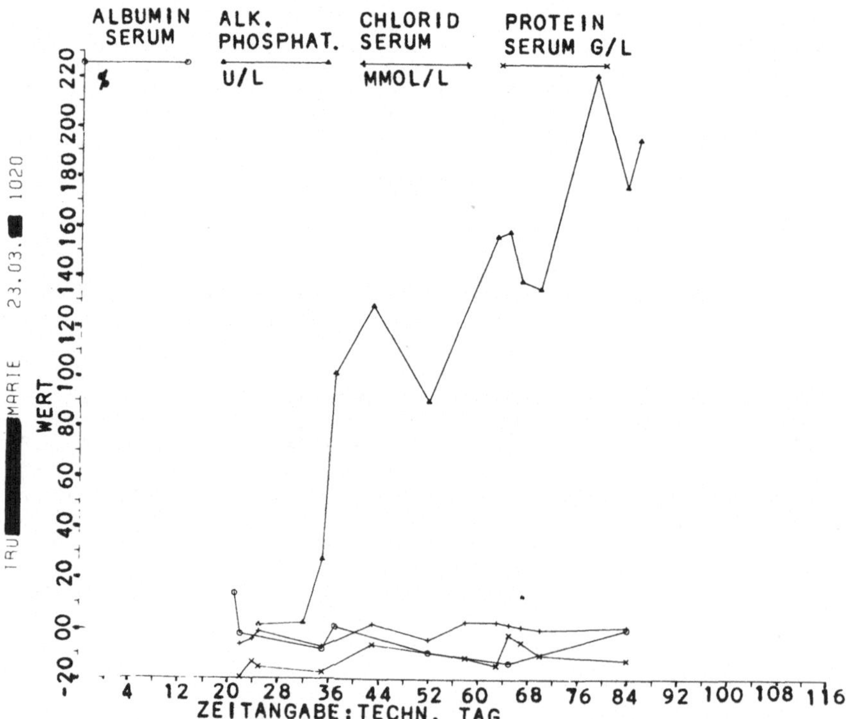

Abb. 9. Die graphische Präsentation von Laborwerten aus der Datenbank ist realisiert für bis zu 10 Analysen je Plott. Die Zeitachse enthält den technischen Tag in der Form **JJTTT**. Die Dimension der Werte wird mit der Analysebezeichnung **oben auf** dem Plott angegeben.

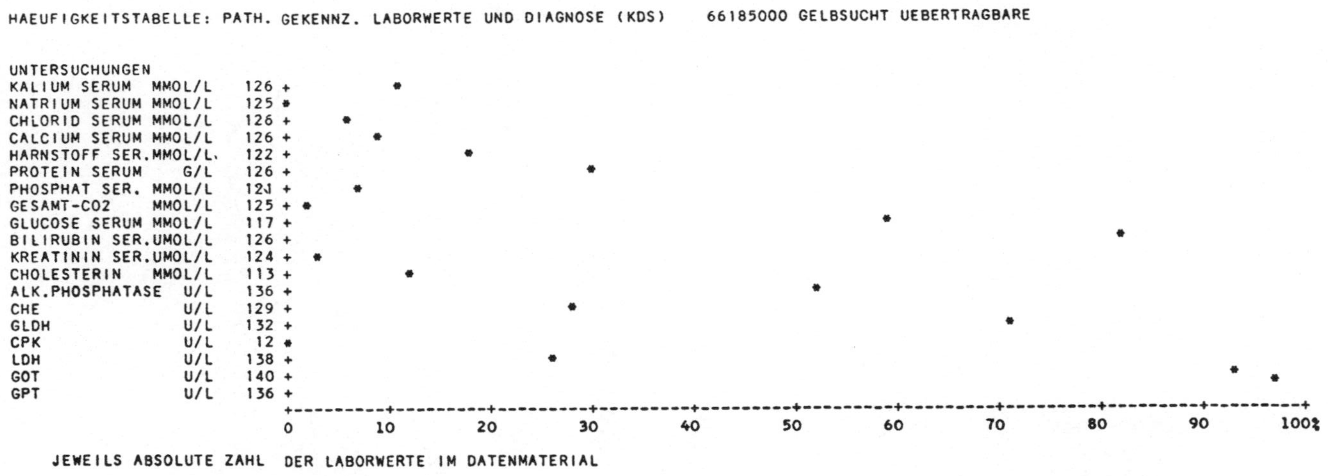

Abb. 10. Ergebnis einer Datenbanksuche für eine spezielle Diagnose und gesuchte Laboranalysen. Die Rate der pathologisch gekennzeichneten Werte in Prozent wird durch einen * gekennzeichnet. Die absolute Anzahl der ausgewerteten Ergebnisse jeder Analyse wird neben dem Namen der Analyse angedruckt.

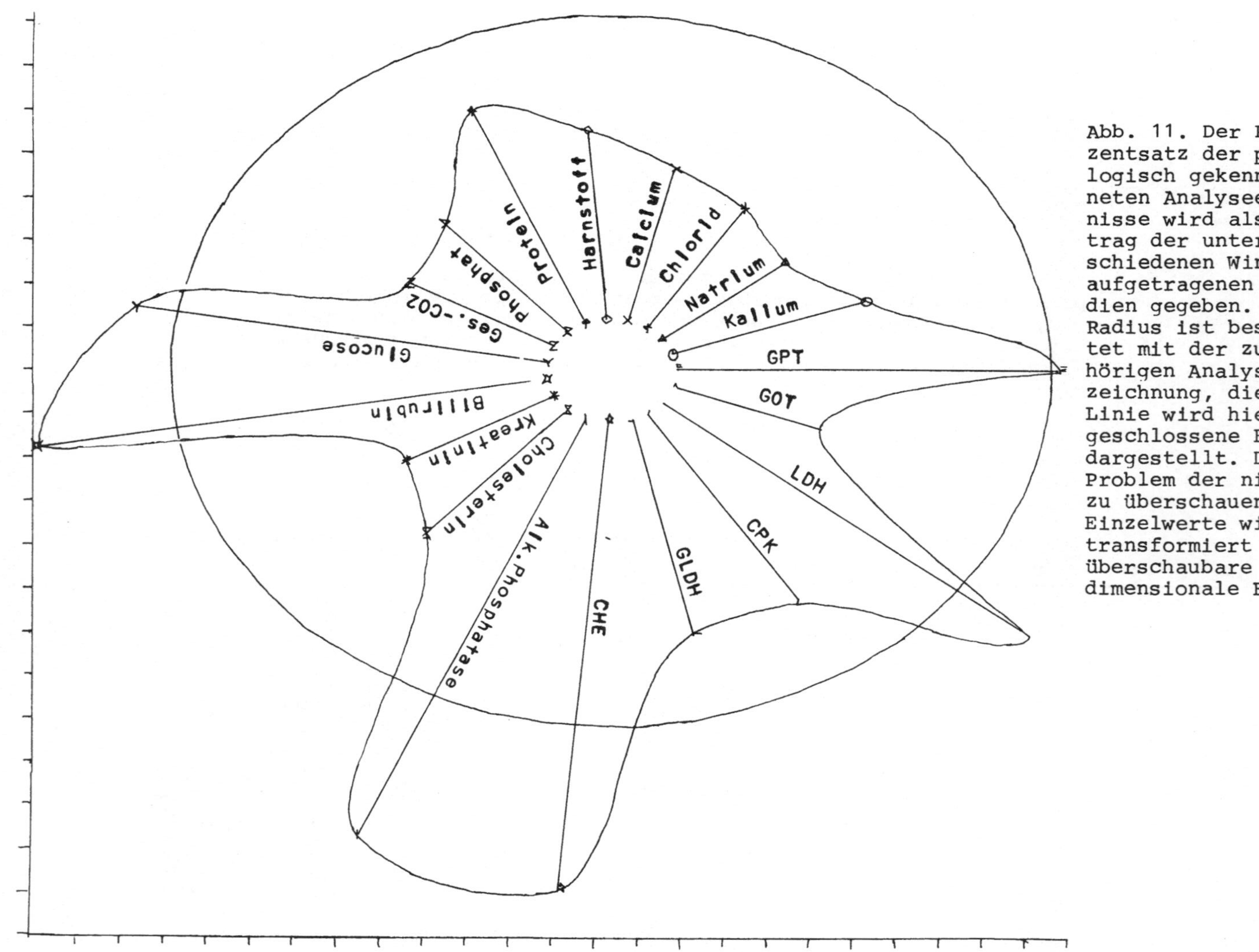

Abb. 11. Der Prozentsatz der pathologisch gekennzeichneten Analyseergebnisse wird als Betrag der unter verschiedenen Winkeln aufgetragenen Radien gegeben. Jeder Radius ist beschriftet mit der zugehörigen Analysebezeichnung, die 50%-Linie wird hier als geschlossene Elipse dargestellt. Das Problem der nicht zu überschauenden Einzelwerte wird transformiert in überschaubare zweidimensionale Figuren.

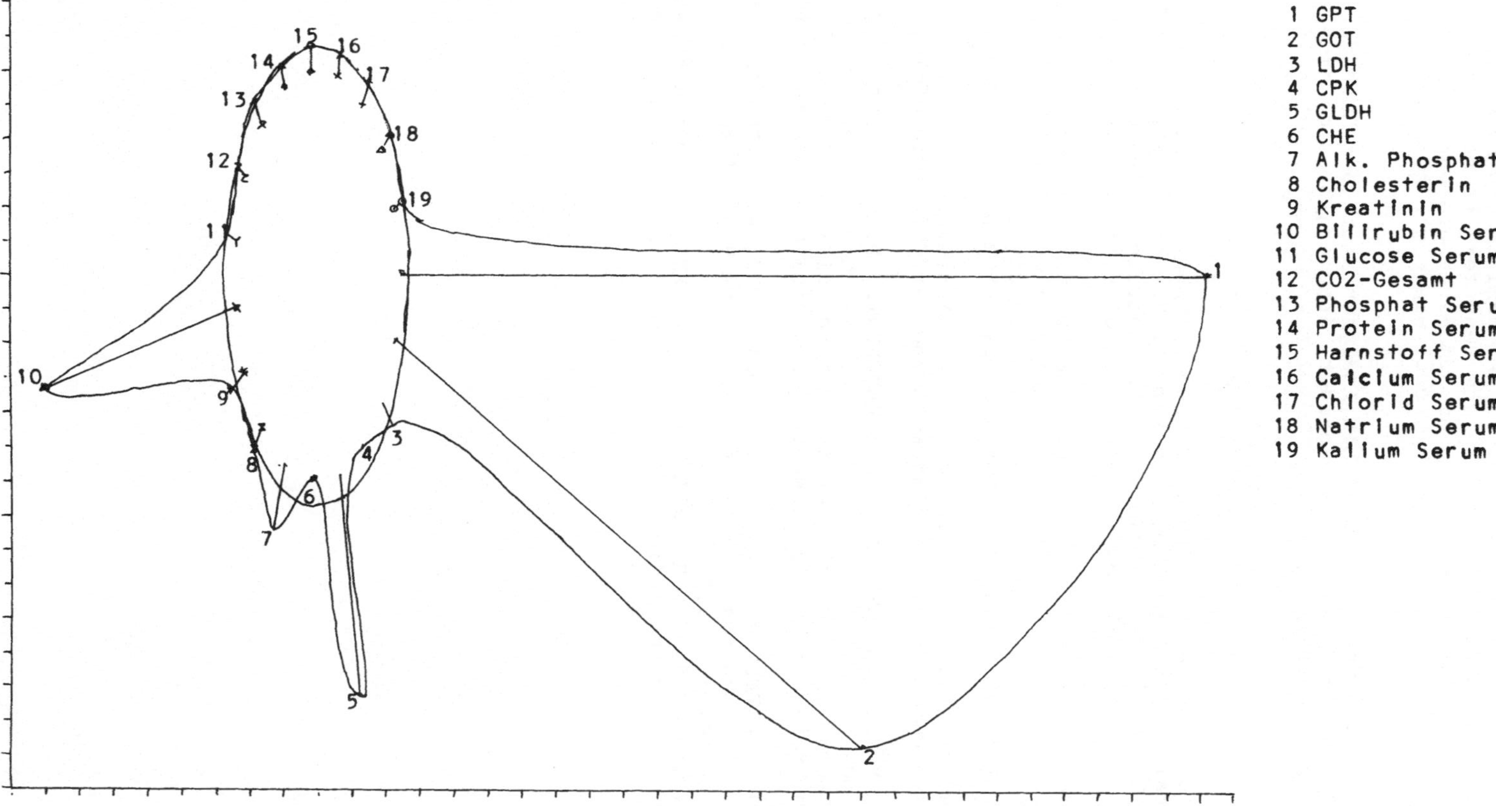

Abb. 12. Die geschlossene Ellipse gibt den Mittelwert des vom Labor definierten Normbereiches an. Die Radien entsprechen denen der Abb. 11, jedoch werden die Ergebnisse der Analysen dargestellt. Insofern sind die Kurven vom Inhalt her nicht direkt zu vergleichen.

Die Diskussion, ob diese Fragestellung überhaupt sinnvoll ist, sollte
zurückstehen hinter der Zielstellung der Frage, nämlich des Angebotes
von Möglichkeiten des Datenmaterials, die vom Benutzer ursprünglich nicht
vorgesehen waren. Weit anregender ist in diesem Sinne die Darstellung
derselben Ergebnisse in einer die Muster besser wiedergebenden Weise
(Abb. 11).

Werden für dieselbe Diagnose und dieselben Analysen statt der Rate der
pathologischen Werte die Ergebnisse abgebildet, dann ergibt sich eine
weitere interessante Kurve (Abb. 12).

Literatur

1. REICHERTZ, P.L.: The Medical System Hannover (MSH). In: COLLEN, M.
   (ed.): Hospital Computer Systems, New York, 598 - 661 (1974).
2. SAUTER, K., REICHERTZ, P.L., ZOWE, W.: Die zentrale Patientendatenbank in einem integrierten Hospital-Informationssystem. Meth. Inform.
   Med. 11 91 - 96 (1972).
3. SAUTER, K., REICHERTZ, P.L.: The Integrated Patient Data Bank of a
   Hospital Information System. Journées d'Informatique Médicale 1972.
   Institut de Recherche d'Informatique et d'Automatique 1,9 - 27 (1972)
4. IMMICH, H.: Klinischer Diagnosenschlüssel. F.K. Schattauer Verlag:
   Stuttgart, 1966.
5. PORTH, A., SAUTER, K., WEINGARTEN, W.: Labordatenverarbeitung im Medizinischen System Hannover. 18. Jahrestagung der GMDS, Bielefeld,
   1973.
6. HOLTHOFF, G., MÖHR, J.R., TRAMP, H.J., REICHERTZ, P.L., SAUTER, K.,
   ZOWE, W.: Aufbau, Routineeinsatz und Weiterentwicklung einer computerunterstützten Basisdokumentation für die Medizinische Hochschule
   Hannover. Arbeitstagung der Arbeitsgruppe Medizinische Informatik in
   der GMDS, Hannover, 20.-22.3.1975.
7. WEINGARTEN, W., SAUTER, K., WEIGELT, D., REICHERTZ, P.L.: The Patient
   Information System and its User Reactions. Journées d'Informatique
   Médicale, Toulouse, 3.-7.3.1975.
8. WEINGARTEN, W., SAUTER, K., REICHERTZ, P.L., WELKER, E.: Presentation
   of Laboratory Data in the Medical System Hannover. Journées d'Informatique Médicale, Toulouse, 3.-7.3.1975.

<u>EDV-Unterstützung für den Arzt für Allgemeinmedizin - Ansatz und Ergeb-
nisse einer Systemanalyse</u>

J.R. Möhr, P.L. Reichertz, G. Holthoff, E. Filsinger, K.D. Haehn

Von der Computerindustrie wird ein Werkzeug, keine Funktion angeboten.
Dies bringt die Gefahr, daß nach Problemen gesucht wird, dieses Instrument einzusetzen. Die Systemtechnik schreibt den umgekehrten Weg vor.

Die Medizin hat eine lange Tradition in der Aufnahme neuer Instrumente
in ihr methodisches Arsenal. Der Computer stellt nur insofern ein Novum
dar, indem anders als etwa beim Mikroskop seine frühen und überzeugenden Anwendungsgebiete nicht auf dem bio-medizinischen Sektor liegen.
Der Fortschritt bei der Computeranwendung im "eigentlich medizinischen"
Bereich fällt nicht leichter als bei der Einführung anderer neuer Techniken in die Medizin - es sei nur an die Einführung der Röntgentechnik,
der Elektrokardiographie des Herzkatheterismus, der endoskopischen und
bioptischen Methoden erinnert. Die Frage, welche der zahllosen existierenden Probleme mit Hilfe des neuen Instrumentes gelöst werden können
und wie das Instrument verfeinert werden muß, um auf optimale Weise zur
Problemlösung beizutragen, stellt sich für den Computer nicht neu. Sie
im Einzelfall zu beantworten ist die Aufgabe dessen, den man als Systemanalytiker bezeichnet.

In dieser Situation scheint es angebracht, einige Erfahrungen bezüglich
Ansatz und Ergebnissen einer Systemanalyse mitzuteilen. Sie bezieht sich
auf ein Subsystem der medizinischen Versorgung in der Bundesrepublik,
in dem die Aussichten auf eine erfolgreiche Systemanalyse bisher pessi-
mistisch beurteilt wurden: die Praxis des Arztes für Allgemeinmedizin.

Dabei sollen
1. die Voraussetzungen, unter denen die Systemanalyse durchgeführt wird
2. die von diesen bestimmte Verfahrensweise bei der Analyse und ihre
   Relation zu empfohlenen Verfahrensweisen
3. einige typische Ergebnisse, die so erzielt wurden
vorgestellt werden.

1.) Voraussetzungen

Unter den Voraussetzungen erscheint das Verhältnis zwischen Analytikern
und den Repräsentanten des analysierenden Systems bedeutungsvoll. Häufig
müssen Analysen in einem passiven oder gar ablehnenden Milieu durchgeführt werden, was den Wert der Ergebnisse entscheidend beeinträchtigen
kann. Negativ kann sich auch auswirken, wenn die Analyse von wenig mo-
tivierten Analytikern durchgeführt wird - eine selbstverständliche Tatsache, die oft nicht beachtet wird.

In diesem Zusammenhang ist besonders günstig, daß diese Analyse auf Ini-
tiative der Repräsentanten des untersuchten Systems zustande kam, einer
wissenschaftlich und berufspolitisch engagierten Gruppe von Allgemein-
ärzten, des "Arbeitskreis Verden" des Deutschen Institutes für Allgemeinmedizin e.V.. Einer der Autoren, der Lehrbeauftragte für Allgemeinmedizin an der Medizinischen Hochschule Hannover, gehört der Gruppe seit
Jahren an. Unter diesen Voraussetzungen brauchte das Engagement der
Beteiligten nicht primär erzeugt, sondern im Verlauf der Analyse nur

erhalten zu werden. Für analoge Vorhaben müßte unter Umständen erst eine positive Motivation erzeugt werden.

Das Ziel der Analyse war anfangs global definiert: die Voraussetzungen zu untersuchen, unter denen die nicht oder nicht befriedigend gelösten Probleme aus dem Bereich der allgemeinmedizinischen Praxis durch Computereinsatz einer Lösung nähergebracht werden können.

Als Probleme wurden angeführt:
1. Kommunikation mit Krankenhäusern und Spezialisten (1)
   = inhaltliche Verbesserung durch konzentrierte, problembezogene, vollständige und verständliche Darstellung vom und zum Arzt für Allgemeinmedizin
   = Technische Verbesserung durch promptere Übermittlung
2. Verbesserung der Befund- und Verrichtungsdokumentation in der Praxis (1, 2, 3, 4)
   = Zu Abrechnungszwecken
   = Zur Rechtfertigung getroffener Maßnahmen
   = Zur Eigenkontrolle der Tätigkeit
   = Zur Verbesserung der Übersicht bei der Patientenbehandlung.
3. Verkürzung der Wartezeiten und bessere Ausnutzung der Behandlungszeiten für Patienten (5, 6, 7)
   = Unterstützung der Termindisposition
   = Unterstützung des Einbestellwesens.
4. Unterstützung der Überwachung chronisch Kranker (Dispensärbetreuung)
5. Kontrolle der Über- oder Unterschreitung empfohlener Medikamentendosierungen durch den Patienten.
6. (Anschluß an computergestützte Auskunftssysteme).

Im Verlauf der fortschreitenden Analyse rückten die unter (2) genannten Punkte in den Vordergrund.

2. Verfahrensweise und Ergebnisse

Ziel der Analyse war es auch, die Voraussetzungen für eine Entscheidung über Priorisierung einzelner Problemgebiete zu finden, ebenso wie Kriterien für eine optimale Verfahrensweise.

Zunächst wurde im 1. Quartal 1973 eine Untersuchung durchgeführt, die anhand einer etwa 5 %igen Stichprobe der in diesem Quartal in vier Praxen behandelten Patienten einen Überblick über Patientengut, Ort der Behandlung, Anlaß der Inanspruchnahme des Arztes und durchgeführte Maßnahmen verschaffen sollte. Die Daten wurden retrospektiv bei jedem 20. Patienten (Reihenfolge der alphabetischen Ordnung der Kartei) vom Praxispersonal erhoben. Dabei wurde für jeden Kontakt zwischen Arzt (Praxis) und Patient ein Ablochbeleg ausgefüllt (Abb. 1). Der Ablochbeleg war so gestaltet, daß Schlüsselzahlen für jeden der unterschiedenen Begriffe eingetragen werden mußten.

Auf diese Weise kam eine Übersicht über 175 Patienten und 1038 Arzt-Patienten-Kontakte zustande, die an anderer Stelle veröffentlicht ist (5, 6).

Gleichzeitig und unabhängig wurde eine Zeitanalyse einer Bestellpraxis auf der Grundlage einer Totalerhebung während des 1. Quartals 1973, bei der 3522 (91,3 %) von 3858 Arzt-Patienten-Kontakten berücksichtigt werden konnten, durchgeführt. Auch die Ergebnisse dieser Untersuchung sind an anderer Stelle mitgeteilt (5, 6, 7).

Als wichtigstes Ergebnis dieser ersten Untersuchung stellt sich heraus, daß in der Praxis quantitative Untersuchungen möglich sind.

Hinsichtlich der unterschiedenen Rubriken hatte sich gezeigt, daß in
einigen Fällen eine andersartige begriffliche Unterteilung anzustreben
ist. Ferner war anzustreben, die Datenerfassungsbelege so anzulegen,
daß die begrifflichen Alternativen durch Ankreuzen spezifiziert werden
können und das Übertragen von Schlüsselziffern entfällt.

Unter diesen Voraussetzungen wurde es für möglich gehalten
- das überschaubare Material durch Einbeziehen einer größeren Zahl von
  Praxen zu erweitern und repräsentiver zu gestalten,
- die Versuchsplanung prospektiv anzulegen,
- den Zeitaufwand gleichzeitig mit der inhaltlichen Analyse der Praxis-
  tätigkeit zu erfassen.

A B L O C H B E L E G   P R A X I S D O K U M E N T A T I O N
+ +

                    Geburtsdatum (TT.MM.JJ) 1 ⎵ ⎵ ⎵ ⎵ ⎵ ⎵ ⎵ ⎵ 8

        1.+2. Buchstabe des Geburtsnamens: 9 ⎵ ⎵ 10

                    Geschlecht (M=1,W=2) 11 ⎵

                    Diagnosencode: 16 ⎵ ⎵ ⎵ ⎵ 19

        Beginn der Behandlung (TT.MM.JJ) 21 ⎵ ⎵ ⎵ ⎵ ⎵ ⎵ ⎵ ⎵ 28

        Behandlungstag (TT.MM.JJ) 31 ⎵ ⎵ ⎵ ⎵ ⎵ ⎵ ⎵ ⎵ 38

            Patientenbeschreibung (1-7) 41 ⎵

        Umfang der ärztlichen Tätigkeit (1-7) 46 ⎵

        Ort der ärztlichen Tätigkeit (1-6) 51 ⎵

    Art der ärztlichen Behandlung (1-14) 56 ⎵ 57 58 ⎵ 59 60 ⎵ ⎵ 61 62 ⎵ 63 ⎵

                    Arzt (1-5) 65 ⎵

Abb. 1. Ablochbeleg Praxisdokumentation. Schlüsselbegriffe müssen auf
        Erfassungsbeleg übertragen werden.

Für die folgende Untersuchung, die in den Monaten März bis Juni 1974
durchgeführt wurde, konnten 13 Allgemeinärzte zur Mitarbeit gewonnen
werden, deren jüngster 32 und deren ältester über 70 Jahre alt war.
Diesmal wurde bei der Untersuchung so vorgegangen, daß an einem Stich-
tag gegen Quartalsmitte alle die Praxis aufsuchenden Patienten in die
Untersuchung aufgenommen wurden. Für diese wurde während der folgenden
drei Monate jeder Arzt-Patienten-Kontakt gesondert dokumentiert. Dabei
wurden die im Datenerfassungsbeleg (Abb. 2) berücksichtigten Daten und
der von Seiten des Arztes erbrachte Zeitaufwand registriert. Nur eine
fortlaufend vergebene Patientennummer, Datum, Diagnosen und Zeitaufwand mußten dabei niedergeschrieben werden, alle anderen Daten konnten durch Ankreuzen spezifiziert werden.

In dieser Untersuchung konnte Material über 5711 Arzt-Patienten-Kontakte bei 1276 Patienten gewonnen werden. Diagnostische und therapeutische Maßnahmen wurden diagnosebezogen registriert, wobei sich die Ge-

ABLOCHBELEG PRAXIS-DOKUMENTATION

KA ^{1}Al^2

Karten-Nummer ^{3}1

Arzt $_4$___^{5}

PATIENTEN-NUMMER $_6$___^{8}

ZEITAUFWAND $_9$__M__SK^{15}

Geb.-Dat. (TT.MM.JJ.) $_{16}$___.___.___^{21}

Geschlecht   m. ^{22}1

           w.   2

BEHANDLUNGSTAG (TT.MM.JJ.) $_{23}$___.___.___^{28}

PATIENTENBESCHREIBUNG

neuer Patient ^{29}1

bek. Patient, neue Erkr.   2

bek. Patient, alte Erkr.   3

bek.Patient,alte+neue Erkr.   4

Pat. i. Bereitschaftsdienst   5

Vorsorgeuntersuchung   6

Urlaubsvertretung   7

ORT DER TÄTIGKEIT

Praxis ^{30}1

Wohnung des Patienten   2

anderswo   3

Karten Nummer ^{3}2

DIAGNOSE		31 — 34	61 — 64	31 — 34	51 — 54
DIAGNOST. LEISTUNG					
Keine Leistung		^{37}0	^{57}0	^{37}0	^{57}0
Verlaufsbfrg.m.diagn.Absicht		1	1	1	1
gez. Anamnese u. Unters.		2	2	2	2
gez.A.u.U.u.techn.Hilfsmaßn.		3	3	3	3
systemat. A. u. U.		4	4	4	4
größ.Aufwand, Fremdbefrg.		5	5	5	5
Techn.Unters., eig.Praxis					
DIAGNOST. KONSILIUM	0/1	38	58	38	58
THERAPEUT. LEISTUNG					
keine Leistung	0/1	39	59	39	59
Beratg.z. Lebensfrq.	0/1	40	60	40	60
Medikat,enteral,extern	0/1	41	61	41	61
Medikat,parenteral,i.m.	0/1	42	62	42	62
i.v.,s.c.					
ärztl. Eingriff	0/1	43	63	43	63
Phys.Behandlg. Praxis	0/1	44	64	44	64
Arbeitsruhe	0/1	45	65	45	65
Fremdberatung	0/1	46	66	46	66
Überwsg. Facharzt/Inst.	0/1	47	67	47	67
Stat. Einweisung	0/1	48	68	48	68
Heilverf., Rehabilitat.	0/1	49	69	49	69
Soz. Maßn.					
Psychotherapie	0/1	50	70	50	70

Abb. 2. Ablochbeleg Praxisdokumentation. Schlüsselbegriffe können durch Ankreuzen spezifiziert werden.

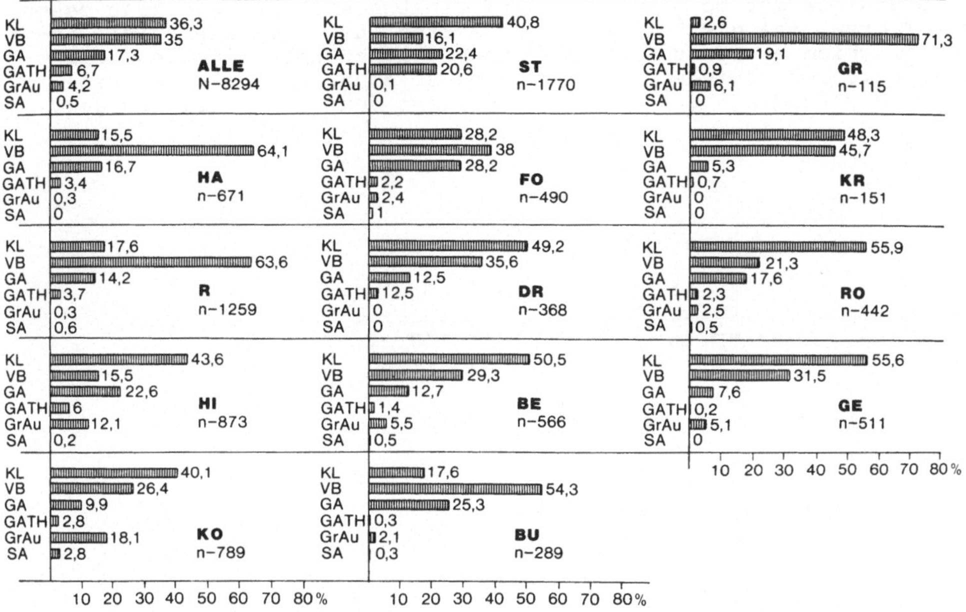

Abb. 3. Relative Häufigkeit diagnostischer Leistungen in 13 Praxen für
    Allgemeinmedizin (bezogen auf Anzahl gestellter Diagnosen).

samtzahl der Diagnosen auf 8860 belief. Die Auswertung dieses Materials
befindet sich noch in Bearbeitung (8).

Aus der Fülle des Materials soll hier nur angedeutet werden, welche Art
von Einblick in Struktur und Funktion der untersuchten Praxen erreicht
wurde:

Abb. 3 zeigt die Häufigkeit der als "Diagnostische Leistung" unterschiedenen Rubriken bei den teilnehmenden Ärzten. Hier zeigen sich deutlich
zwei unterschiedliche Praxistypen. In einem ist die Rubrik "Keine diagnostische Leistung" gleich häufig oder häufiger vertreten als die Rubrik "Verlaufsbefragung mit diagnostischer Absicht", beim anderen Typ
überwiegt die zweite Rubrik. Bei nachfolgenden Untersuchungen konnten
wir klären, daß es sich bei diesen Unterschieden nicht um Artefakte handelt, die aus der Erhebung resultieren, sondern um den Ausdruck unterschiedlicher Praxisorganisation.

Besonders deutlich wird das beim Vergleich des Zeitaufwandes (Abb. 4,
5). In einer Praxis wird bevorzugt, wenn die Patienten häufig und sei
es auch nur kurz gesehen werden. Hier liegen die Behandlungszeiten (Abb.
4) unter dem Gesamtdurchschnitt für alle Praxen, während die Zahl der
Termine über dem Gesamtmittel (Abb. 5) liegt. Umgekehrt liegen die Verhältnisse in einer Praxis, in der bevorzugt wird, die Patienten, wenn
überhaupt, dann gründlich anzusehen.

Besonders interessant sind die gewonnenen Übersichten über Art der diagnostischen und therapeutischen Leistungen, deren Beziehungen zu Diagnosen und der Zeitaufwand für häufige Kombinationen wie auch für die
Fälle, in denen ausschließlich die untersuchte Leistung registriert
wurde.

Auf der Grundlage der so gewonnenen breiten Übersicht über einige essentielle Faktoren, die die Tätigkeit des Arztes für Allgemeinmedizin bestimmen, erschien es wünschenswert, ein möglichst detailliertes vollständiges Bild der Tätigkeit zu gewinnen, um so zur Klärung der Ursachen für die gefundenen Unterschiede zwischen den Praxen beizutragen.

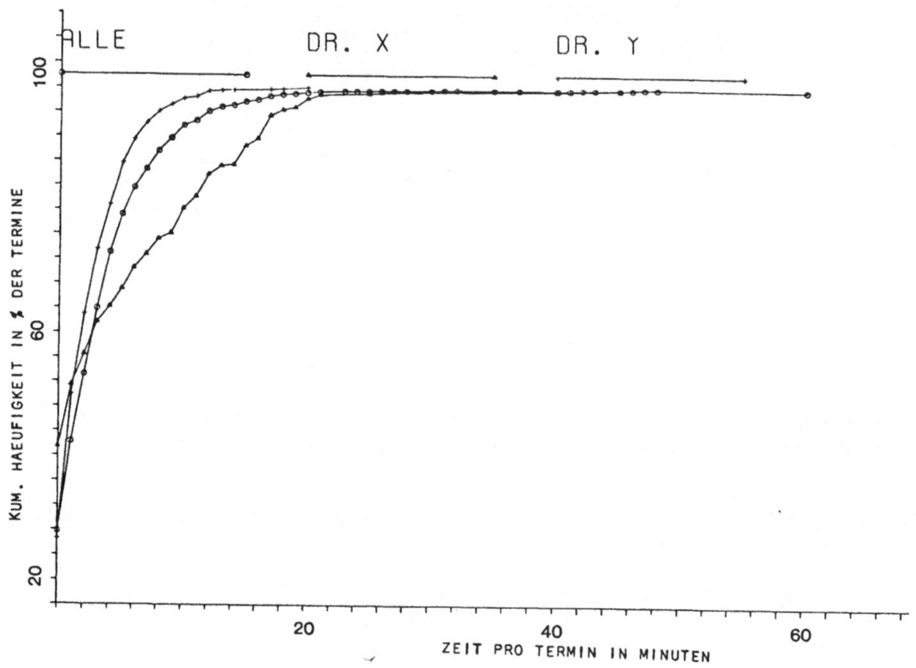

Abb. 4. Kumulative Häufigkeit für Zeitaufwand pro Termin in 13 Praxen für Allgemeinmedizin (ALLE), sowie in einer Praxis, die häufige Kurzvorstellungen bevorzugt (Dr.X) und einer Praxis, die seltenere gründliche Kontakte bevorzugt.

In Anbetracht dieser Unterschiede schien es außerdem am lohnendsten, die Computerunterstützung vor allem für die Tätigkeiten in Erwägung zu ziehen, auf denen schon die größte Einheitlichkeit erreicht ist und wo auch weiterhin einheitliche Verfahrensweisen am ehesten durchzusetzen sein dürften: bei den Dokumentationsmaßnahmen, die die Grundlage für die spätere Abrechnung liefern. Deshalb wurde die Befund-, Abrechnungs- und Verrichtungsdokumentation bei dieser Untersuchung entsprechend besonders detailliert behandelt. [1]

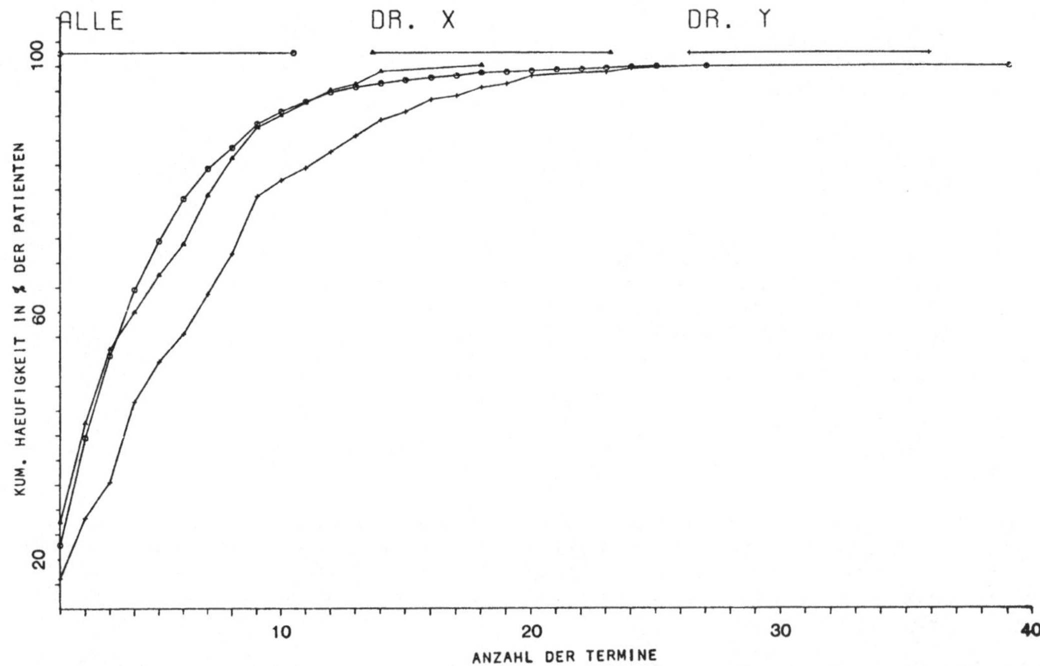

Abb. 5. Kumulative Häufigkeit für Zahl der Termine im 3-monatigen Beobachtungszeitraum bei gleicher Gegenüberstellung wie in Abb. 4.

Für diese Detailuntersuchung gingen wir so vor, daß wir 6 Praxen von Angehörigen des Verdener Kreises besuchten und die Charakteristiken der Praxisumgebung, der Praxis selbst, des Inhabers und die Verfahren und Gewohnheiten der Dokumentation und Abrechnung nach dem nachstehenden Protokollschema untersuchten:
1. Umgebung
   1. Patientenklientel
   2. Anfahrtmöglichkeiten
   3. andere Praxen
   4. Krankenhäuser
   5. Besonderheiten
2. Praxis
   1. Raumaufteilung
   2. Geräteausstattung
   3. Labor
   4. Personal
   5. Sprechstundenzeiten
   6. Bestellwesen
   7. Auswärtige Tätigkeiten
   8. Zeitliche Organisation
   9. Zugel. Kassen, Scheinzahlen, Privatpatienten
  10. Spezialisierung

[1] Unterstützt als Projekt 9.12 vom Zentralinstitut für die kassenärztliche Versorgung in der Bundesrepublik Deutschland - Köln

3. Arzt
   1. Jahrgang/Alter
   2. Werdegang
   3. Dauer der Praxisführung
4. Dokumentation
   1. Art der Kartei
   2. Sortierkriterien
   3. Karteiführungszyklus
   4. Karteiinhalt
   5. Röntgenbilderablage
   6. Abrechnungsdokumentation
   7. Interne Kommunikations- und Organisationsmittel
   8. Externe Kommunikation
   9. Dokumentationsübersicht
5. Kassenabrechnung
   1. Wer führt sie durch
   2. Wann, mit welchem Zeitaufwand wird sie durchgeführt
   3. Vorgehensweise
   4. Mahnwesen.
6. Wünsche und Anregungen

Die Ergebnisse der beteiligten Untersucher wurden untereinander verglichen und den Praxisinhabern vorgelegt und in weiteren Durchgängen gegebenenfalls überprüft und vervollständigt, so daß sich eine gleichmäßig
umfassende und detaillierte Dokumentation für jede der untersuchten Praxen ergab.

Für den Stil der Praxis erscheinen danach von den Umweltfaktoren in erster Linie die Beziehungen der Praxis zu anderen Praxen in der Umgebung
und die verfügbaren technischen Möglichkeiten, z.B. in Gestalt eines
Belegkrankenhauses, einer Laborgemeinschaft, weniger aber die Art der
Patientenklientel, der umliegenden Krankenhäuser, die Verkehrslage entscheidend.

Von den praxisinternen Faktoren bestimmen vor allem die Art des verfügbaren ausgebildeten Personals und die Art seiner Bindung an die Arztfa-
milie und die Raumaufteilung die Art der Praxisführung. Alle übrigen
Faktoren, wie Organisation des Praxisablaufes, Umfang und Gründlichkeit
der Dokumentation usw. werden ganz überwiegend von den Präferenzen des
Praxisinhabers, seinem Selbstverständnis, seinen Neigungen, seinem Werdegang und seiner Ausbildung bestimmt.

Diese Faktoren, die offenbar die wesentlichen Eigenschaften der Praxis
bestimmen, sollen in einer anschließenden Erhebung noch genauer untersucht werden, um zu einer repräsentativen Übersicht zu kommen.

Als Endergebnis der gesamten Analyse wird eine detaillierte quantitative und qualitative Beschreibung derjenigen Verrichtungen erstellt werden, die einer Automatisation zugänglich erscheinen. Aufgrund dieser
Spezifikation sollte es dann möglich sein, Entwürfe für unterstützende
Systeme zu konzipieren und alternative Entwürfe zu vergleichen.

Vergleicht man das geschilderte Vorgehen mit den für die Systemanalyse
empfohlenen Verfahrensweisen (9, 10, 11), nach der am Anfang die Punkte
- Problemanalyse,
- Systemanalyse und
- Systemdesign
zu stehen haben, so fällt zunächst auf, daß bei unserem Vorgehen keine
klare Problemformulierung am Beginn stand. Statt dessen war ein unterschiedlich detailliert formulierter Problemkatalog verfügbar. Wie häufig
in der Medizin enthielt dieser Katalog Probleme, für die relativ leicht

eine Lösung angeboten werden kann, neben solchen, für die eine Lösung
noch auf längere Zeit nicht in Aussicht steht bzw. nur mit nicht zu ver-
tretendem Aufwand zu realisieren ist. Darüberhinaus war er ergänzungs-
bedürftig, wie sich im weiteren Untersuchungsgang zeigte.

An Stelle einer gezielten Problemanalyse mit anschließender Erhebung
des Ist-Zustandes wurde daher ein Verfahren gewählt, bei dem über eine
zunehmend detaillierte Erhebung des Ist-Zustandes eine Vervollständigung
des Problemkataloges mit Herausarbeitung derjenigen Probleme erreicht
wurde, die einer Lösung durch Computereinsatz zugänglich erscheinen.
Wesentlich war - um das noch einmal zu betonen - bei unserem Vorgehen
der dauernde intensive und engagierte Dialog mit den Repräsentanten
des untersuchenden Systems, in diesem Fall den Ärzten des Verdener Kreises. Selbstverständlich enthält diese Tatsache die Gefahr einer Ver-
fälschungstendenz in Richtung der von dieser Gruppe vertretenen Interessen. Die Unterschiede zwischen dem was wir beobachtet haben und dem,
was landläufige, politische oder Lehrmeinung ist, sind aber zum Teil so
eklatant und andererseits doch durch umfangreiches Zahlenmaterial so
gut belegt, daß sie kaum als Ausdruck von Verfälschungstendenzen vor-
stellbar sind. Insgesamt dürfte also der Umfang des durch den engagierten Dialog erschlossenen Materials den möglichen Nachteil einer Bias
weit aufwiegen.

Literatur

1. STURM, E.: Möglichkeiten der Kooperation zwischen Allgemeinpraxis
   und klinischer Medizin. 7. Hannoversches Symposium "Allgemeinarzt,
   Fachpraxis, Klinik - Möglichkeiten der Kooperation. Hannover, 3.3.-
   4.3.1973.
2. STURM, E.: Dokumentation psychischer und sozialer Daten in der Allgemeinpraxis. Der praktische Arzt II , 93 - 98 (1974).
3. DREIBHOLZ, K.J., ROHDE, P.A.: Eine Diagnosenliste für die Allgemeinpraxis (Verdener Liste). Allg. Med. Int. 2, 94 - 96 (1973).
4. DREIBHOLZ, K.J., HAEHN, K.D., HILDEBRANDT, G.S., KOSSOW, K., STURM,
   E.: Ergebnisse, Probleme und Konsequenzen einer vergleichenden Dia-
   gnosenstatistik. Allg. Med. Int. 1, 103 - 110 (1972).
5. HAEHN, K.D., MÖHR, J.R., DREIBHOLZ, K.J.: Analyse und Standardisierung im Bereich der Allgemeinmedizin als Vorbereitung für ein compu-
   terorientiertes Informationssystem. Der praktische Arzt II, 1 - 6,
   (1974).
6. MÖHR, J.R., HAEHN, K.D., DREIBHOLZ, K.J.: Analysis and Standardiza-
   tion of the Activities of the General Practitioner in Preparation
   for a Computer Oriented Information System. MEDINFO 74, Stockholm,
   453 - 457 (1974).
7. MÖHR, J.R., HAEHN, K.D., HOLTHOFF, G.: Zeitanalyse in einer allgemeinmedizinischen Bestellpraxis. Der praktische Arzt 12, 454 - 470
   (1975).
8. DREIBHOLZ, J., FORSTMEYER, O., HAEHN, K.D., HILDEBRANDT, G.S.,
   HOLTHOFF, G., KOSSOW, K., MÖHR, J.R., STURM, E.: Allgemeinpraxis 74.
   In Vorbereitung.
9. ROSENKRANZ, K.O., REICHERTZ, P.L.: Prinzipien des Projektmanagements
   im Gesundheitswesen. In REICHERTZ, P.L., HOLTHOFF, G. (Hrsg.): Methoden der Informatik in der Medizin, 15 - 23 (1975).
10. DANIEL, GATES, ERBACH: Grundlagen der Systemanalyse. Köln (1971).
11. KAPPLER, E.: Systementwicklung. Wiesbaden (1972).

Untersuchungen zur Teilautomatisation der Erhebung einer Basisanamnese

J.R. Möhr, G. Holthoff

Die Verfügbarkeit der Methoden der Informatik hat in der Medizin zu einer Intensivierung der Anamneseforschung geführt.

Zur Unterstützung der konventionellen,frei erhobenen Anamnese, die sie weder ersetzen wollen noch können, befinden sich heute Fragebögen und mit diesen verwandte Instrumente in großer Zahl im Einsatz oder in Erprobung. Dabei ist es die allgemeine Erfahrung, daß die aus einer Hilfserwartung den Arzt konsultierenden Patienten in der Bearbeitung dieser Fragenkataloge erhebliche Mühen auf sich nehmen, während die Ärzte hinsichtlich der Verwendbarkeit der so gewonnenen Daten unterschiedlicher Meinung sind.

Offenbar sind die an das Instrument zu stellenden Forderungen hinsichtlich Ökonomie und Praktikabilität für den Patienten leichter zu erfüllen als die hinsichtlich Praktikabilität und Gültigkeit für den Arzt. Bezeichnenderweise sind in den letzten Jahren eine Reihe von überzeugenden Alternativen für das Trägersystem entwickelt worden, das ja die Eignung für den Patienten bestimmt, während nur wenig systematische An-

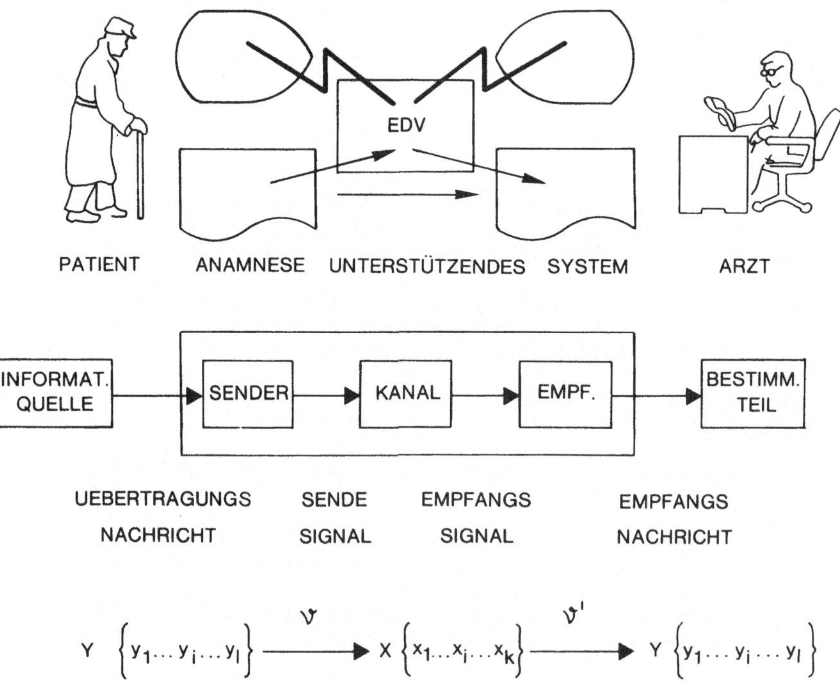

$$Y\left\{y_1 \ldots y_i \ldots y_l\right\} \xrightarrow{\;\nu\;} X\left\{x_1 \ldots x_i \ldots x_k\right\} \xrightarrow{\;\nu'\;} Y\left\{y_1 \ldots y_i \ldots y_l\right\}$$

Abb. 1. Nachrichtentechnisches Modell eines Systems zur Anamneseunterstützung

sätze für die Auswahl und Überprüfung des Inhalts, der vor allem die
Eignung für den Arzt bestimmt, vorliegen. Hier einen Beitrag zu leisten, war das Ziel der Arbeiten, die wir in der Folge zur Diskussion
stellen wollen.

Das Modell

Ein System zur Unterstützung der Anamneseerhebung kann als Nachrichten-
übertragungssystem aufgefaßt werden, das Information vom Patienten zum
Arzt überträgt (Abb. 1).

Die Symptome des Patienten sind nur als Entscheidungsgrundlage für den
Arzt bedeutungsvoll. Daraus ergibt sich bei dem Entwurf eines Anamnese-
systems, nicht von einem Katalog der Beschwerden auszugehen, die der Patient haben könnte, sondern von einem Katalog der Entscheidungen, die
der Arzt zu treffen hat. Dadurch brauchen danach nur Fragen nach Sachverhalten berücksichtigt werden, die zur Klärung bei diesen Entscheidungen beitragen.

Es ist zu betonen, daß wir von der herkömmlichen Unterscheidung zwischen
Symptomen und Diagnosen absehen, da die Zuordnung zu einer der Begriffs-
familien von der jeweiligen Entscheidungssituation abhängt. Was bei Beurteilung durch den Pathologen Diagnose ist, kann in der Klinik zum
Symptom werden oder umgekehrt. Statt dessen unterscheiden wir Entscheidungen, die zu treffen sind, und die als Probleme, Risiken, Diagnosen
bezeichnet werden können, von Antezedentien und Gesetzen, die diese Entscheidung begründen, wobei die Antezedentien wieder den Charakter von
Diagnosen, Symptomen und dergleichen haben können.

Für die inhaltliche Implementierung von Anamnesesystemen zur Unterstützung individual-medizinischer Behandlungsmaßnahmen schlagen wir daher
die Berücksichtigung der folgenden Punkte vor (1):

Vorgehen zur inhaltlichen Implementierung:
1.) Festlegen der Randbedingungen
    - zu unterstützende Arztpopulation
    - zu bearbeitende Patientenpopulation
    - ärztliche Zielsetzung
    - Umgebung und Umstände der Bearbeitung
    - verfügbare Trägersysteme
2.) Definition des Geltungsbereiches durch Katalog von Entscheidungen
    (z.B. Probleme, Risiken, Diagnosen)
3.) Selektion von Antezedentien zur Begründung jeder Entscheidung (Samm-
    lung von Fragen, Aufgaben, Items)
4.) Vereinigung der Antezedentien, Gruppierung, Formulierung, Ergänzung
    durch Identifikationsdaten u.ä.
5.) Präroutinetest, ggfs. Modifikation der Itemsammlung mit Wiederholung
    der Schritte 3 - 5
6.) Routineanwendung.

Am Anfang sollte Klarheit über die Randbedingungen herrschen, unter denen das Instrument angewandt werden soll. Darunter sind insbesondere
die Charakteristiken der Ärzte und Patienten, deren gemeinsame Zielsetzung, die Umgebung und Umstände der Erhebung, zeitliche Limitationen
für die Bearbeitung, Motivation und verfügbare Medien zu berücksichtigen. Ihre Konstellation hat Einfluß auf alle weiteren Schritte.

Als nächstes sind Breite und Tiefe des Geltungsbereiches festzulegen.
"Breite" steht dabei für die Zahl der Alternativen auf einer gegebenen
Ebene eines Entscheidungsbaumes, "Tiefe" für die Zahl der nachfolgenden
Ebenen bis zur befriedigenden Lösung der Entscheidungsaufgabe.

Da der behandelnde Arzt häufig durch Zeitmangel und infolge fachspezifischer Orientierung gezwungen ist, Konzessionen hinsichtlich der Breite
der berücksichtigten Alternativen zu machen, während seine gezielte,
problembezogene Datenerhebung außerordentlich effizient ist, sollte von
einem ergänzenden, unterstützenden Instrument im allgemeinen ein Gewinn
an Breite gefordert werden. Dieser kann dann und muß aus Gründen der
Praktikabilität auf Kosten der Tiefe gehen.

Der als Geltungsbereich definierte Katalog von Entscheidungen stellt die
Information dar, die vom fertigen Instrument erfaßt und zum Arzt übertragen werden soll. Diese Aufstellung kann als Prozeß der Diskretisie-
rung und Begrenzung aufgefaßt werden, durch den die unendliche, verän-
derliche und kontinuierliche Nachrichtenquelle, die der Patient darstellt, so verändert wird, daß sie als diskrete, endliche, konstante
aufgefaßt werden kann.

Anschließend können die Fragen, Aufgaben, Items formuliert werden, die
zur Entscheidung innerhalb des Geltungsbereiches beitragen. Schon aus
Gründen der Ökonomie und Praktikabilität ist es nicht sinnvoll, für je-
des Leitsymptom Vollständigkeit hinsichtlich seiner Ausprägungen und
Relationen, etwa zur Person, zur Zeit, Umständen usw. anzustreben (2).
Ziel ist es lediglich, den Geltungsbereich vollständig zu erfassen.

Auf das nachrichtentechnische Modell angewandt, haben die ausgewählten
Items den Charakter eines Alphabets von Zeichen, mit denen die Übertra-
gungsnachricht codiert wird. Dabei ist anzustreben, daß eine vollständige, möglichst eindeutige Abbildung erreicht und Verzerrung, Rauschen und
Redundanz vermieden werden.

Für den Präroutinetest folgt daraus, daß eine Gültigkeitsprüfung des Instrumentes sich nicht an der Frage orientieren sollte, ob ein bestimmtes
Item tatsächlich in der angegebenen Ausprägung vorhanden war. Entscheidend für seine Verwendbarkeit ist, daß das Antezedens in der angegebenen
Weise zur Entscheidung innerhalb des Geltungsbereichs beiträgt. Wenn ein
Fragebogen eine allergische Diathese erfassen soll, so ist wesentlich,
ob eine Frage nach allergischen Exanthemen zu dieser Entscheidung beiträgt oder ob andere ausreichen bzw. besser sind. Es erübrigt sich also,
bei jedem Patienten zu prüfen, ob die gegebenen Antworten im engeren
Sinne "wahr" sind, d.h. in diesem Beispiel, ob Patienten die "ja" geant-
wortet haben, tatsächlich allergische Exantheme hatten und ob der negativen Antwort tatsächlich ein Fehlen dieses Symptoms entsprochen hat.

Wesentlich ist dagegen, die Gültigkeit des Instruments an einer Population zu prüfen, die das gesamte Spektrum der Problemkategorien des Geltungsbereiches repräsentiert, weil die Entscheidung über den Wert eines
Items in Abhängigkeit vom in Betracht gezogenen Spektrum an Entscheidungen unterschiedlich ausfällt. So wird die Entscheidung über den Wert der
Frage nach allergischen Exanthemen anders ausfallen, wenn gleichzeitig
Hauterkrankungen mitberücksichtigt werden sollen, als wenn nur wenig
verwandte Problemkategorien wie Suicidgefahr oder Herzinfarkt mitberücksichtigt werden.

Die für den Präroutinetest auszuwählende Stichprobe muß also für jede
Entscheidungskategorie innerhalb des Geltungsbereiches eine ausreichend
große und repräsentative Stichprobe enthalten.

In Abhängigkeit vom Ergebnis des Tests müssen gegebenenfalls Items ge-
strichen, hinzugefügt oder modifiziert und anschließend wieder überprüft
werden. Für den Routineeinsatz steht aber jedenfalls ein Instrument mit
definierter Gültigkeit und Zuverlässigkeit zur Verfügung.

Zur Bestimmung der Gültigkeit

Zur Charakterisierung der Gütekriterien wie Trennschärfe, Gültigkeit und Zuverlässigkeit werden bei diskreten Tests mit 2 Ausgängen bisher vielfach Quotienten herangezogen, die sich aus der Vierfeldertafel ableiten zu lassen (Abb. 2). In der Vierfeldertafel wird dem Text (X) mit 2 Ausgängen (+ oder -) ein Außenkriterium (Y) mit ebenfalls 2 Ausgängen gegenübergestellt. In den Feldern werden die Fallzahlen für jede der vier möglichen Kombinationen von Ergebnissen des Tests und des Außenkriteriums angegeben.

(Außenkriterium)

	Y +	Y -	
(Test) X +	a	b	a + b
(Test) X -	c	d	c + d
	a + c	b + d	a + b + c + d

Bezeichnung	Index	Varianz
1. Sensitivität	$\dfrac{a}{a+c}$	$\dfrac{ac}{(a+c)^3}$
2. Spezifität	$\dfrac{d}{b+d}$	$\dfrac{bd}{(b+d)^3}$
3. Richtigkeit (+)	$\dfrac{a}{a+b}$	$\dfrac{ab}{(a+b)^3}$
4. Richtigkeit (-)	$\dfrac{d}{c+d}$	$\dfrac{cd}{(c+d)^3}$
5. Scheinbarer Fehler (+)	$\dfrac{b}{a+b}$	$\dfrac{ab}{(a+b)^3}$
6. Scheinbarer Fehler (-)	$\dfrac{c}{c+d}$	$\dfrac{cd}{(c+d)^3}$
7. Wahrer Fehler (+)	$\dfrac{c}{a+c}$	$\dfrac{ac}{(a+c)^3}$
8. Wahrer Fehler (-)	$\dfrac{b}{b+d}$	$\dfrac{bd}{(b+d)^3}$

Aus der Vierfeldertafel ableitbare Indices für Gütekriterien von Tests.

Abb. 2. Aus der Vierfeldertafel ableitbare Indices für Gütekriterien von Tests.

Aus diesen Fallzahlen und den zugehörigen Randsummen lassen sich 8 verschiedene Quotienten bilden, die jeweils unterschiedliche Aspekte der Beziehungen zwischen Test und Außenkriterium charakterisieren (3). Am bekanntesten ist die Verwendung der als Sensitivität (Se, $\frac{a}{a+c}$ in Abb. 2) und Spezifität (Sp, $\frac{d}{b+d}$ in Abb. 2) bezeichneten Quotienten zur Charakterisierung der Gültigkeit des Tests für das Außenkriterium. Die Sensitivität ist ein Maß für die Wahrscheinlichkeit eines korrekt positiven, die Spezifität ein Maß für die Wahrscheinlichkeit eines korrekt negativen Testergebnisses.

So wie in diesem Fall müssen immer 2 verschiedene Quotienten zur Charakterisierung eines Gütekriteriums herangezogen werden. Dabei ist man gezwungen, eine nicht genau begründbare Entscheidung zu treffen, von wann ab man einen Test als ausreichend valide akzeptieren will (Abb. 3).

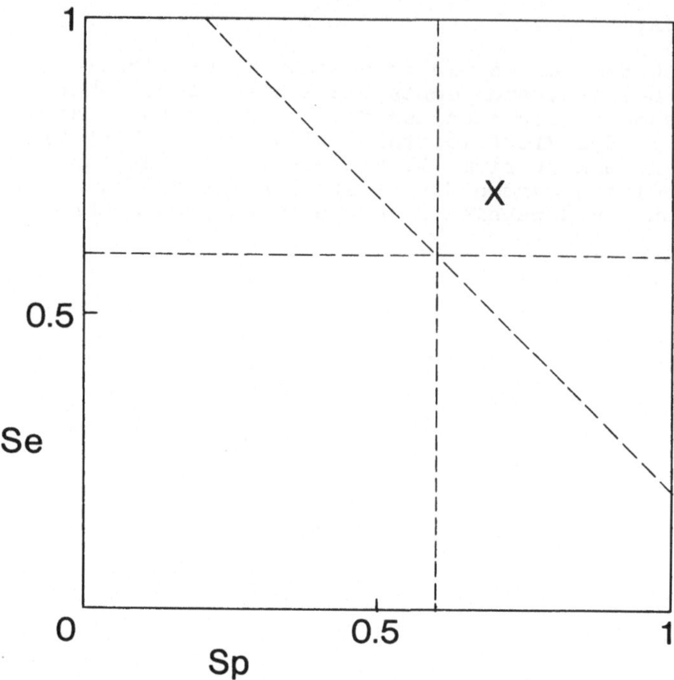

Abb. 3. Sensitivität (Se) und Spezifität (Sp) spannen eine Fläche auf,
auf der arbiträre Schwellenwerte für ausreichende Validität angegeben werden können (hierfür Se = Sp = .6 eingetragen).

Es wurden daher verschiedene Wege vorgeschlagen, die beiden unterschiedlichen Maße auf ein gemeinsames zurückzuführen bzw. durch ein
gemeinsames zu ersetzen (4, 5, 6, 7, 8, 9, 10).

Wir sind in letzter Zeit auf die Möglichkeit gestoßen, die aus der Vierfeldertafel ableitbaren Quotienten auf ein informations-theoretisch be-
gründbares Maß zurückzuführen. Dies Maß berücksichtigt auch die a priori
Wahrscheinlichkeiten für die unterschiedlichen Testergebnisse bzw. die
unterschiedliche Ausprägung des Außenkriteriums, für die sich aus den
Quotienten der Randsummen Schätzwerte ergeben.

Dieses Maß kann als der in bit gemessene Informationsgewinn bezeichnet
werden, der sich als Differenz der Entropie einer Nachrichtenquelle Y
mit k Ausgängen und der bedingten Entropie dieser Nachrichtenquelle bei
Anwendung eines Tests X mit k Ausgängen ergibt (11, 12, 13).

$$I(X) = H(Y) - H(Y/X) \; [bit]$$

$$H(Y) = -\sum_{i=1}^{k} p_{i.} \, log_2 \, p_{i.} \qquad \Big| \sum_{i=1}^{k} p_{i.} = 1, \; 1 < i < k$$

$$H(Y/X) = -\sum_{j=1}^{l} p_{.j} \, \sum_{i=1}^{k} \frac{p_{ij}}{p_{.j}} \, log_2 \, \frac{p_{ij}}{p_{.j}} \qquad \Big| \sum_{j=1}^{l} p_{.j} = \sum_{j=1}^{l} \sum_{i=1}^{k} p_{ij} = 1, \; 1 < j < l$$

Als Schätzwert für I gilt (12)

$$\hat{I}(X) = \frac{1}{N} \sum_{i=1}^{k} \sum_{j=1}^{l} n_{ij} \, log_e \; \frac{n_{ij}N}{n_{.j} \, n_{i.}} \qquad \left| \; \sum_{i=1}^{k} \sum_{j=1}^{l} n_{ij} = N \right.$$

Dadurch, daß die Größe   2NI(X)
für N -   mit (k-1)(l-1) Freiheitsgraden χ^2 verteilt ist, ergibt sich
eine Prüfgröße zur Abschätzung der Wahrscheinlichkeit, mit der I(X) zufällig entstanden ist (12).

Für den Fall der Nachrichtenquelle (= Außenkriterium) und des Tests mit
2 Ausgängen (k=l=2) läßt sich das Maß I anschaulich darstellen. Für die
Entropie H (Y) einer Nachrichtenquelle mit 2 Ausgängen ergibt sich die

bekannte Kurve (Abb. 4) mit einem Maximum von 1 bit bei $p(Y^+)=p(Y^-)=0.5$

und einem Minimum von O bit für den Fall, daß $p(Y^+)$ oder $p(Y^-)=1$ ist.
Für die bedingte Entropie H(Y/X) ergibt sich eine ähnliche Kurve. Sie

ist mit der von H(Y) identisch, wenn $p(X^+/Y^+)+p(X^-/Y^-)=1$ ist, d.h., wenn
die Summe aus Sensitivität und Spezifität Se + Sp = 1 ist, was dann gegeben ist, wenn Test und Außenkriterium voneinander statistisch unabhängig sind. In allen anderen Fällen verläuft die Kurve der bedingten

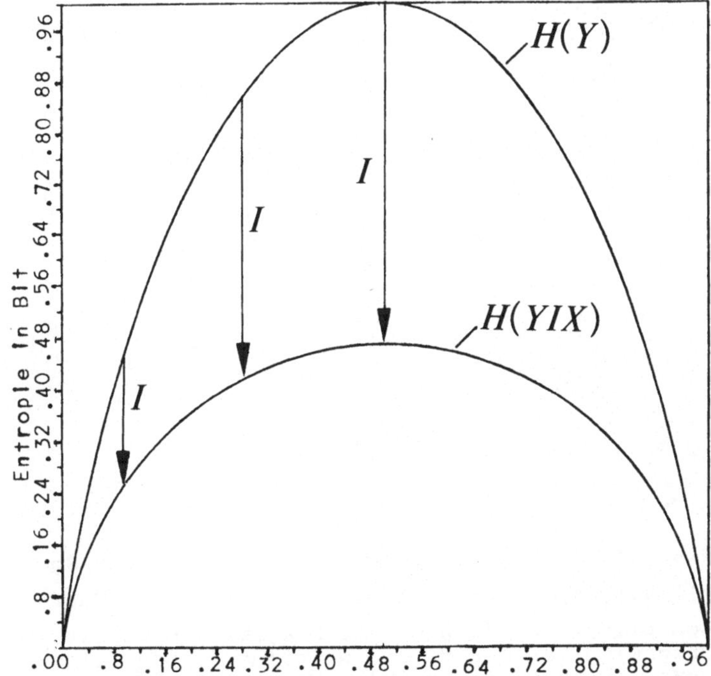

Abb. 4. Kurven für Entropie H(Y) und bedingte Entropie H(Y/X), wobei bedingte Wahrscheinlichkeiten für $p(X^+/Y^+)=p(X^-/Y^-)=0.9$ entsprechend Sensitivität und Spezifität von O.9 für die Berechnung der
bedingten Entropie vorgegeben wurden. Der Informationsgewinn I
ergibt sich als parallel zur Ordinate gemessener Abstand der
beiden Kurven.

Entropie H(Y/X) flacher als die der Entropie H(Y). Für den Fall von
Se = Sp = 1 verläuft sie auf der Abscisse. In Abb. 4 wurden Se = Sp =0.9
gesetzt. Der Informationsgewinn I ergibt sich nun als der parallel zur
Ordinate gemessene Abstand zwischen beiden Kurven. Dabei wird deutlich,
daß I bei konstanter Sensitivität und Spezifität von den a priori Wahrscheinlichkeiten p(Y$^+$) bzw. p(Y$^-$) abhängt, und maximal auf 1 bit anwach-
sen kann.

Auch eine Darstellungsweise analog Abb. 3 ist möglich (Abb. 5, 6, 7),
wobei für eine bestimmte a priori Wahrscheinlichkeit in den von Sensitivität und Spezifität aufgespannten Raum Kurven für gleichen Informationsgewinn I ("Isoinformationskurven") eingezeichnet werden können.
Bei einer a priori Wahrscheinlichkeit von .5 verlaufen diese symmetrisch
zur positiven Diagonalen (Abb. 5). Es sind 10 Kurven für 0 bit (negative
Diagonale) bis .9 bit in Abständen von .1 bit berechnet und eingezeichnet. Die elfte für 1 bit besteht aus einem Punkt und fällt mit Se=Sp=1
zusammen.

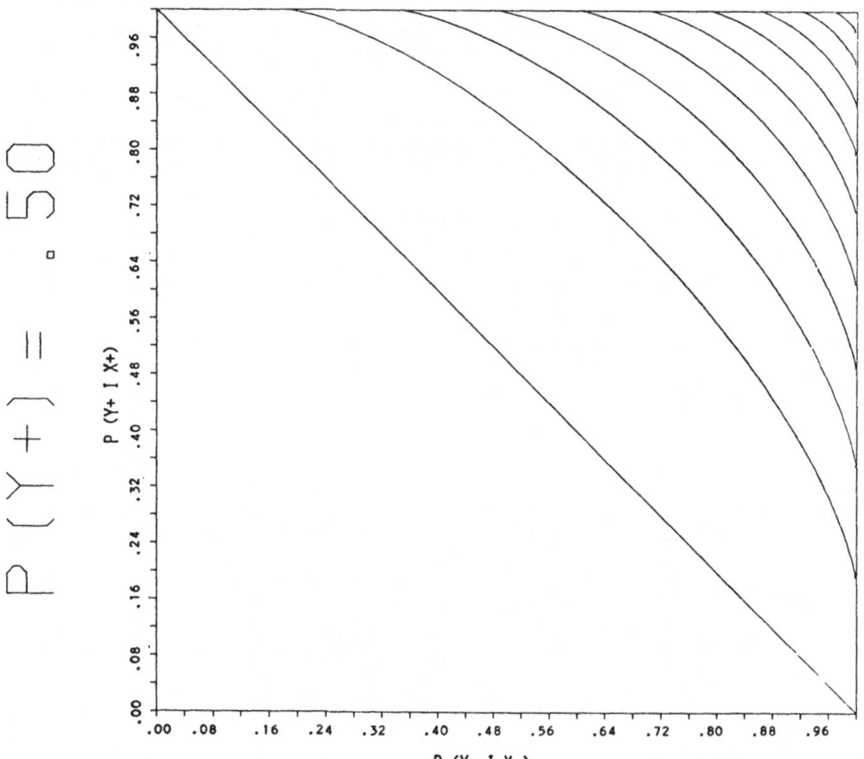

Abb. 5. "Isoinformationskurven" in von Sensitivität (P(X$^+$/Y$^+$)) und Spezifität (P(X$^-$/Y$^-$)) aufgespannten Raum bei einer a priori Wahrscheinlichkeit von p(Y$^+$)=.5. Die negative Diagonale entspricht
einem Informationsgewinn von 0 bit, die weiteren Kurven folgen
von innen nach außen in Abständen von 0.1 bit. Die letzte dar-
gestellte Kurve entspricht einem Informationszuwachs von 0.9 bit.
Die zur negativen Diagonalen spiegelbildlich symmetrischen Isoinformationskurven für Sensitivitäts- und Spezifitätswerte, deren Summe 1 ist, sind nicht eingezeichnet.

Für andere a priori Wahrscheinlichkeiten (Abb. 6 und 7) verlaufen die
Kurven nicht mehr symmetrisch zur positiven Diagonalen und entsprechend
den geringeren Werten für die Entropie H(Y) kann auch I nur geringere
Werte annehmen. (Etwas mehr als .4 bit im dargestellten Fall). Außerdem
zeigt sich, daß bei niedrigeren Werten von $p(Y^+)$ der Informationsgewinn
leichter durch hohe Spezifität erzielt wird, während umgekehrt bei hohen
Werten von $p(Y^+)$ der Informationsgewinn leichter durch hohe Sensitivität
erreicht wird.

Neben dem Vorteil, daß der Informationsgewinn I ein einziges Maß zur
Charakterisierung der Gütekriterien eines Tests darstellt, die aus der
Vierfeldertafel abgeleitet werden können, ist von Vorteil, daß dieses
Maß auf Fälle anwendbar ist, in denen Tests und Außenkriterien mehr als
zwei Ausgänge haben, daß es mit seiner Hilfe möglich ist, anzugeben,
wann der für eine Entscheidung verfügbare Informationsgewinn ausreichend
ist, und daß es sich für die Bewertung multipler Tests und optimaler
Testsequenzen eignet (11, 12).

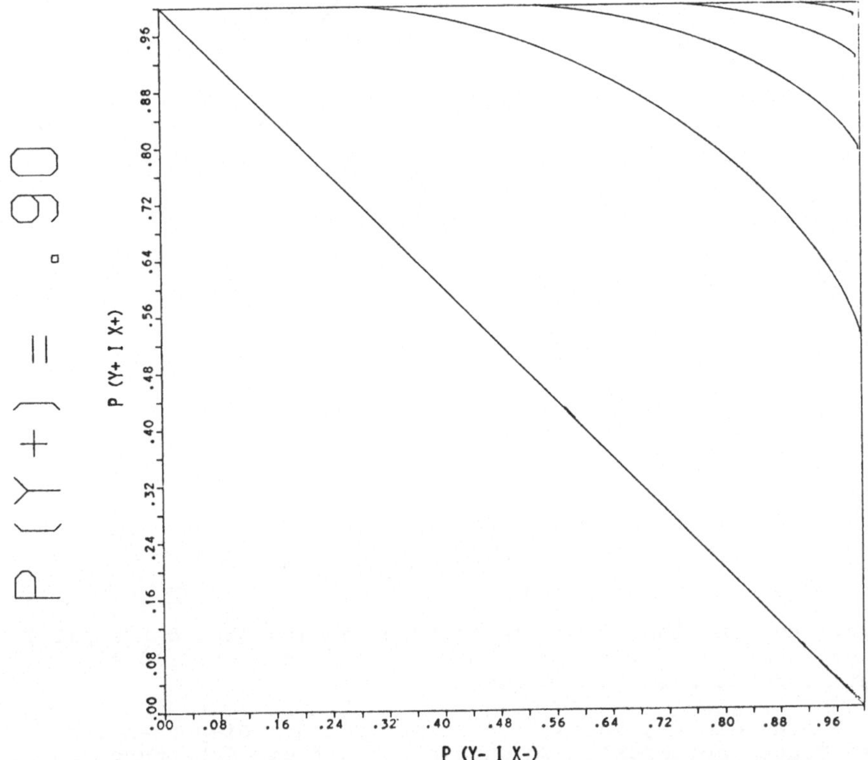

Abb. 6. Darstellung von "Isoinformationskurven" analog Abb. 5 für $p(Y^+)$
=.9. Der Informationsgewinn kann nur etwas mehr als .4 bit erreichen.

Mit Hilfe von I wurde ein experimenteller Anamnesefragebogen getestet.
Dabei wurde die Trennschärfe jeder Frage für einen Katalog diagnostischer Kategorien bestimmt. Dieser Katalog von Diagnosen stellt insofern
einen fingierten Geltungsbereich für das Anamneseinstrument dar, als
er nicht vor Entwicklung des Fragebogens bestimmt wurde, sondern sich
zufällig als eine Konsequenz der Patientenpopulation, die den Fragebogen bearbeitet hat, ergab. Die Ergebnisse haben also Modellcharakter
für den Fall, daß ein für einen speziellen Geltungsbereich entwickel-

ter Fragebogen an einer für diesen Geltungsbereich ausgewählten Population getestet wurde.

Die Antworten und Diagnosen von 525 Patienten wurden verwendet. Dabei
wurden 510 unterschiedliche diagnostische Begriffe, die von Internisten
an diesen Patienten gestellt worden waren, auf 13 Oberbegriffe mit bis
zu vier Unterbegriffen (insgesamt 37 diagnostische Klassen) reduziert.
Diese Zurückführung der verwendeten Begriffe auf 7,3 % entsprach allerdings nur einer Reduktion auf etwa 70 % der insgesamt gestellten Diagnosen (von 1472 auf 1016), so daß angenommen werden kann, daß insgesamt
valide Oberbegriffe gebildet wurden (14).

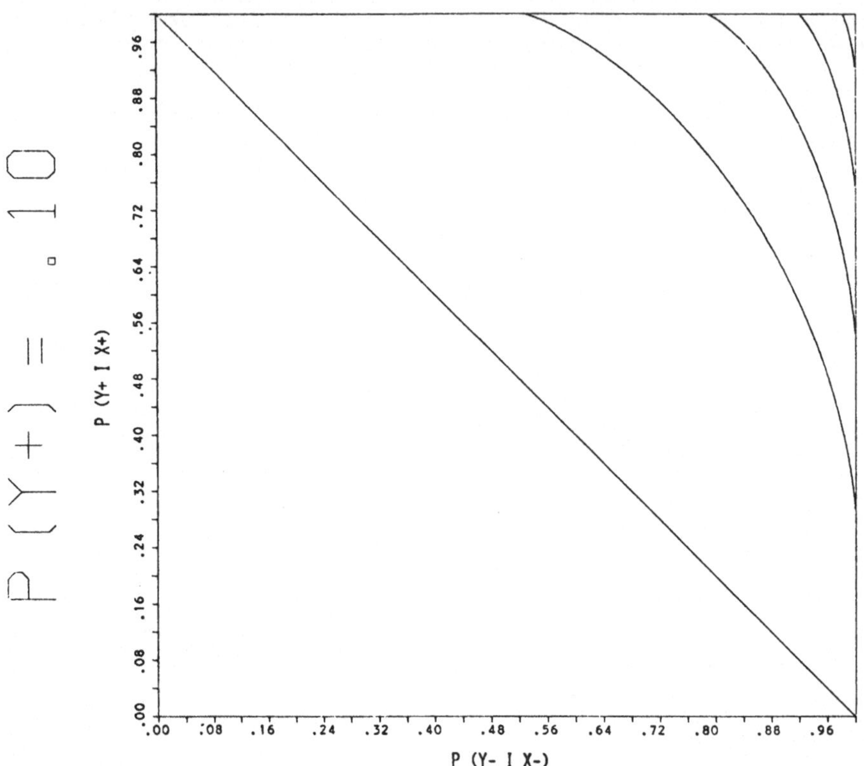

Abb. 7. Darstellung von "Isoinformationskurven" analog Abb. 5 für $p(Y^+)$
=.1. Gegenüber Abb. 6 ist der Kurvenverlauf spiegelbildlich
symmetrisch zur positiven Diagonalen.

In Abb. 8 und 9 sind die Ergebnisse für einen Teil der Diagnosen und
einen Teil der Fragen aufgeführt. Es wurden die auf die Erkennung von
Krankheiten des Herz-Kreislaufsystems und des Respirationstrakts abzielenden Fragen den Fragen für Erkrankungen des Abdominalbereiches gegenübergestellt und in Beziehung zu den entsprechenden Diagnosen gebracht.
Im Ganzen wurden 72 Fragen berücksichtigt, von denen je 36 für Herz-
Kreislauforgane und Respirationstrakt bzw. für den Abdominalbereich
gelten. In Abb. 8 sind die Ergebnisse quantitativ unter Darstellung des
I-Wertes angegeben, wobei nur Werte mit einer Irrtumswahrscheinlichkeit
< 0,05 berücksichtigt wurden.

In Abb. 9 sind die Ergebnisse semiquantitativ in Form einer Matrix zusammengefaßt, wobei mit angegeben ist, auf welche Fragen die Antworten
abzielten.

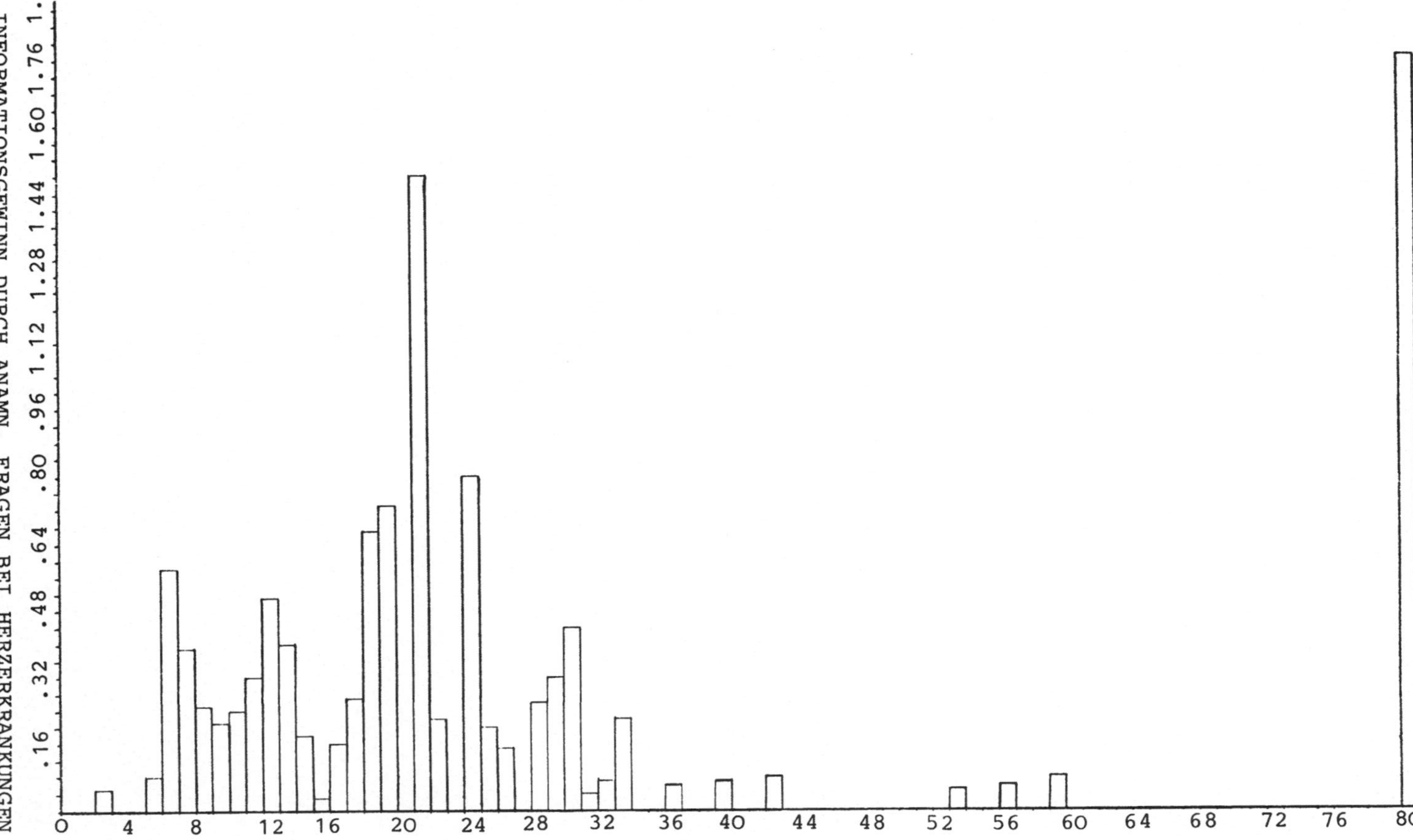

Abb.8. Informationsgewinn durch Anamnesefragen für diagnostische Entscheidungen. Dargestellt sind die Werte für I für jede von 72 Fragen. Die Fragen 1-36 zielen auf Erkrankungen aus dem Bereich der Thoraxorgane (Herz-Kreislauf-Respirationstrakt), die Fragen 37-72 auf Erkrankungen der Abdominal-organe. S.75:Informationsgewinn für Herzerkrankungen(Ð13), S.76 für Erkrankungen der Verdauungs-organe (D27) (siehe auch Legende zu Abb.9.)

INFORMATIONSGEW.D.ANAMN.FRAGEN B.ERKRANKUNGEN D.MA-DA-TRAKTS
Informationsgewinn in BIT   10⁻¹
FRAGE-NR

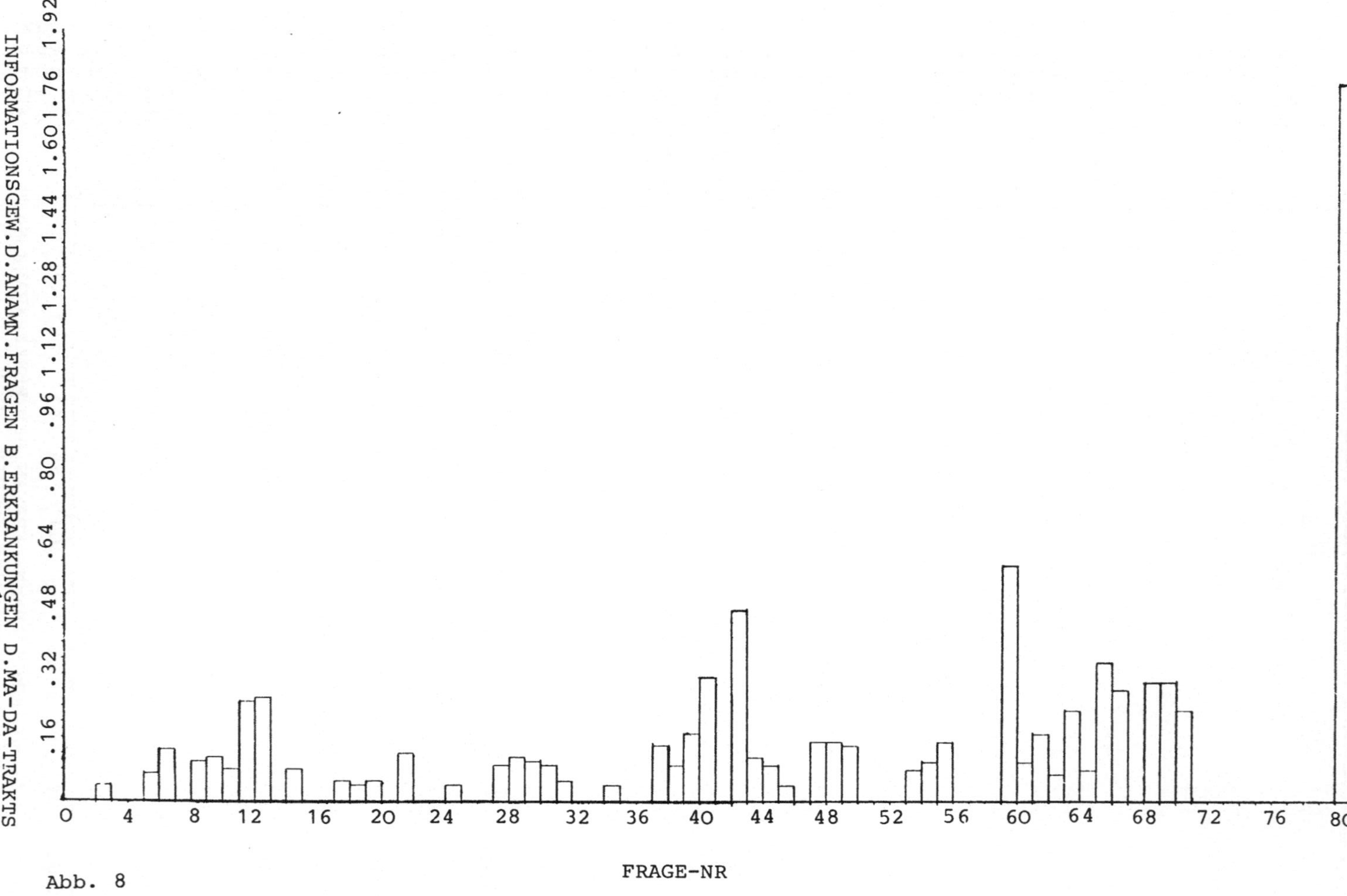

Abb. 8

Es zeigt sich, daß die auf die Erfassung von Erkrankungen der Herz-
Kreislauf-Respirationsorgane abzielenden Fragen zum Teil relativ hohen
Informationsgewinn für die zugehörigen diagnostischen Rubriken ergaben,
aber auch selten einen geringen Informationsgewinn für Erkrankungen der
Abdominalorgane. Die Fragen für den Abdominalbereich andererseits er-
brachten einen im allgemeinen geringeren Informationsgewinn für die zugehörigen Erkrankungen. Ähnliche Werte wurden zum Teil auch von den
Fragen zu Erkrankungen der Thoraxorgane erreicht. Darüberhinaus wird
deutlich, daß einige Diagnosegruppen mit den untersuchten Fragen praktisch gar nicht erfaßt wurden (z.B. Erkrankungen der Venen, Leberer-
krankungen) und andererseits, daß einige Fragen zu keiner der berücksichtigten Kategorien beitrugen. Wenn es sich hierbei um einen Katalog
von tatsächlich als medizinisch relevant angesehenen Entscheidungsalternativen einerseits und einen zu ihrer Erfassung konstruierten Fragenkatalog andererseits gehandelt hätte, könnte man aus diesen Ergebnissen
die Konsequenzen ziehen und versuchen, den Fragenkatalog im Sinne einer
Verbesserung zu modifizieren. Zumindest sollte es auf die geschilderte
Weise möglich werden, anzugeben, was der Fragenkatalog im Bezug auf
welche Problemkategorie leistet.

So sollte es zunächst einmal möglich werden, ein Instrument zu schaffen,
das für den behandelnden Arzt, der es neben seiner üblichen Tätigkeit
So sollte es zunächst einmal möglich werden, ein Instrument zu schaffen,
das für den behandelnden Arzt, der es neben seiner üblichen Tätigkeit
einsetzt, einen Informationsgewinn erzielt. Es sollte darüber hinaus
möglich werden, die gewonnene Information in geeigneter konzentrierter
Form darzubieten (15), so daß das Instrument für den behandelnden Arzt
akzeptabel wird.

KN.NR.	TEXT	D13	D14	D15	D16	D17	D18	D19	D20	D21	D22	D23	D24	D25	D26	D27	D28	D29	D30	D31
818	Husten		○									◉	◉		○					
819	Husten - seit länger als 4 Wochen		○												○					
825	Husten assoziiert mit Auswurf											◉	◉		○					
837	Husten verbunden mit Pfeiffen und Brummen											◉	◉							
4191	Asthma-Anfälle		○									●	●		○					
849	Luftnot - oft	◉	○	○	○							◉	●			○				
850	Luftnot beim schnellen Gehen oder Treppe	○	○	○								○	○							
854	Luftnot beim Gehen mit norm. Geschwindigkeit	○	○									○	○		○					
857	Luftnot beim langsamen Gehen	○	○									○	◉		○	○				
3231	Luftnot beim flachen Liegen	○	○	○																
3229	Luftnot - nachts	○	○										◉			○				
3230	Luftnot nachts verbunden mit Engeg.	◉	○									○	◉			○				
867	Herzschmerzen, Angina pectoris	○		○	○		○	○												
4229	Herzschmerzen, Auftreten nur in Ruhe	○		○	○															
4230	Herzschmerzen, Auftreten durch Schlucken																			
869	Herzschmerzen, Auftreten bei emotion.	○																		
870	Herzschmerzen, Auftreten bei schwerer kö.	○		○																
871	Herzschmerzen, Auftreten bei leichter kö.	◉	○	○																
887	Herzerkrankungen	◉	○	○																
3959	Herzerkrankungen angeb. Herzfehler		○																	
896	Herzerkrankungen, Herzinfarkt	●		○	●		○			○						○				
4535	Herzerkrankungen: Klappenfehler	○	○	○		○														
888	Herzerkrankungen rheumat. Fieber																			
3960	Herzerkrankungen, andere als abgefr.	◉	○	○	○								○							
4447	Erhöhter Blutdruck früher v. Arzt festg.	○			○			○	●											
952	Überwachung d. Blutdrucks wurde bei fr.	○		○				○	◉											
953	Behandlung gegen zu niedrigen Blutdruck								○											
954	Behandlung gegen zu hohen Blutdruck	○			○			◉	●				○							
4231	Für Pat. beunruhigende Herzfrequenzen	○	○		○		○									○				
4232	Für Pat. beängstigende Unregelmäßigk.	○	○	○	○								○			○				
911	Gelegentlich Anfälle sehr raschen Herzs.																			
948	Finger o. Zehen werden in Kälte wachsb.																			
924	Ödeme der Beine und Füße	○	○				○													
941	Thrombophlebitis Venenthrombose						○			○	●									
943	Arterieller Thrombus od. Embolie früh.						◉			○	◉									
949	Claudicatio intermittens						○				○									
959	Appetitsveränderungen							○								○		○	○	
962	Gewichtsveränd. von mehr als 5 Pfund																		○	
4233	Bestimmte Speisen verurs. Magenschmerz															○			○	
4234	Bestimmte Speisen verurs. Völlegefühl															○		○	○	
4235	Bestimmte Speisen verurs. Sodbrennen																			
4236	Bestimmte Speisen verurs. Schmerzen															○		○	○	
4237	Pat. muß wegen Magenschm. nachts essen															○			○	
4239	Häufiges Aufstoßen von Luft																		○	
4240	Häufiges Aufstoßen von Magensäure																		○	
4241	Häufiges Aufstoßen von Speiseresten																		○	
1032	Blähungsbeschwerden															○			○	
1010	Ulcus Magengeschwur v. Arzt diagnostiziert															○			○	○
3528	Gallenkolik															○		○		
1021	Gallensteine od. Gallenblasenerkrankung																	○		
1022	Anorektale Erkrankungen																			
1030	Pat. hat nach d. Stuhlgang das Gefühl																		○	
1031	Pat. hat das Gefühl, daß die Darmwand																		○	
3535	Ziehende Schmerzen beim Stuhlgang															○				
1040	Episoden v. Diarrhoe innerh. d. Vergangenh.									○				○		○		○		
1042	Stuhlinkontinenz innerh. d. Vergangenheit													◉						
1046	Obstipation																			
1051	Obstipation akute																			
1052	Veränderungen des Stuhls - Konsistenz															◉		○	○	
1055	Stuhl wie Oel - od. Fetteilchen im Wasser															○			○	
1056	Stuhl faul stinkend															○		○		
1057	Stuhl selbst im Wasser schwimmend																			
1058	Stuhl v. abnehmenden Durchmesser - Bleis.															○		○	○	
3206	Stuhl bestehend aus lauter kleinen Kugel.																			
1059	Stuhl breiig, schleimig oder flockig															○		○		
3533	Stuhl unverdaute Speiseartikel enthaltend															○		○		
3534	Stuhl Würmer enthaltend																			
1061	Blutbeimengungen im Stuhl															○		○		
1067	Teerstuhl innerh. der verg. 6 Monate															○		○	○	
1073	v. Arzt festgestellt Lebervergrößerung															○	○			
1075	v. Arzt festgestellt Milzvergrößerung																			
1074	v. Arzt festgestellt Tumor im Adomen																			

Abb. 9. Semiquantitative Darstellung des Informationsgewinns für diagnostische Unterscheidungen. Links sind die Antworten, auf die die Fragen abzielten, angegeben, oben Abkürzungen für diagnostische Klassen (D13 = Herzerkrankungen mit den Untergruppen: D14 = Insuffizienz, D15 = Rhythmusstörungen, D16 = Herzinfarkt, D17 = Herzklappen- und Herzmuskelschaden; D18 = Erkrankungen der Gefäße und des Kreislaufs mit den Untergruppen: D19 = Hypertonie, D20 = Hypotonie, D21 = Erkrankungen der Arterien, D22 = Erkrankungen der Venen; D23 = Erkrankungen des Respirationstraktes mit den Untergruppen: D24 = Emphysem, spastische Bronchitis, D25 = Pneumonie, Pleuritis, D26 = Tonsillitis, NNH-Erkrankungen; D27 = Erkrankungen der Verdauungsorgane mit den Untergruppen: D28 = Erkrankungen der Leber, D29 = Akuter Bauch, D30 = Magen-Darm-Erkrankungen, D31 = Unklare Abdominalbeschwerden). Bedeutung der Kennzeichnung der Felder: Solider Punkt: I O.1 bit Kreis Punkt: O.1 I O.05, Kreis: O.o5 I O.01, Leer: I O.01.

Darüberhinaus wird die Entwicklung derartiger Verfahren dazu beitragen,
uns das, was man bisher nur qualitativ erfahren konnte, quantifizierbar
zu machen. Die angegebene Entwicklungsstrategie sollte analog für andere Bereiche anwendbar sein, für die Testinstrumente entwickelt werden,
welche Beobachtungsdaten verwenden.

Literatur

1. MÖHR, J.R.: Methoden zur Konstruktion und Bewertung von Fragebögen
    zur Erfassung einer Basisanamnese. Verh. Dtsch. Ges. Inn. Med. 80,
    930 - 932 (1974)
2. FASSL, H.E.: Die Anamnese als Informationsprozeß. Habilitations-
    schrift, Mainz 1970.
3. YOUNG, D.W.: Assessment of Questions and Questionaries. Meth. Inform.
    Med. 10, 222 - 228 (1971).
4. YOUDEN, J.: Index for Rating Diagnostic Tests. Cancer 3, 32 - 35
    (1950).
5. MORENZ, J.: Zur Beurteilung serologischer Reaktionsergebnisse. 2.
    Immun. Forsch. 130, 339 - 353 (1966).
6. VECCHIO, T.J.: Predictive Value of a Single Diagnostic Test in Unse-
    lected Populations. New Eng. J. Med. 274, 1171 - 1173 (1966).
7. MAYNE, J.G., MARTIN, M.J., MORROW, G.W. jr., THORNER, R.M., HISEY,
    B.L.: A Health Questionnaire Based on Paper and Pencil Medium Indivi-
    dualized and Processed by Computer. I Technique. II Testing and Eva-
    luation. J. Amer. Med. Ass. 208, 2060 - 2068 (1969).
8. COLLEN, M.F., CUTLER, J.L., SIEGELAUB, M.A., CELLA, R.: Reliability
    of a Selfadministered Medical Questionnaire. Arch. Int. Med. 123,
    664 - 681 (1969).
9. GRÜNTZIG, A., GALLA, J.: Die Ergebnisse eines Fragebogens im Ver-
    gleich mit der ärztlichen Diagnose. Meth. Inform. Med. 9, 21 - 27
    (1970).
1o. FRICKE, R.: Testgütekriterien bei lehrzielorientierten Tests(ein
    Maß zur Bestimmung von Objektivität, Zuverlässigkeit, Gültigkeit und
    Trennschärfe bei lehrzielorientierten Tests). ZeF 3, 150 - 175
    (1972).
11. STERLING, T., GLESER, M., HABERMANN, S., POLLACK, S.: Robot Data
    Screening: A Solution to Multivariate Type Problems in Biological
    and Social Sciences. Comm. A.C.M. 9, 521 - 532 (1966).
12. GLESER, M.A., COLLEN, M.F.: Towards Automated Medical Decisions.
    Comp. Biomed. Res. 5, 180 - 189 (1972).
13. METZ, C.E., GOODENOUGH, D.J., ROSSMANN, K.: Evaluation of Receiver
    Operating Characteristic Curve Data in Terms of Information Theory
    with Applications in Radiography. Diagnostic Radiology 109, 297 -
    303 (1973).
14. HOLTHOFF, G., MÖHR, J.R.: Untersuchungen zur Bewertung anamnesti-
    scher Aussagen. Publikation in Vorbereitung.
15. TEMMERMANN, G.A.R.: Der Gebrauch des Computers für die Anamnese.
    Der praktische Arzt 4, 527 - 534 (1975).

Dynamisch interaktive Datenverarbeitung am
Beispiel physikalischer Experimente.

L.v.Lindern
Max-Planck-Institut für Psychiatrie
8 München-40, Kraepelinstr.10

1. Einleitung und Begriffserläuterung

Die interaktive Datenverarbeitung hat in den letzten Jahren besonders
im Zusammenhang mit graphischen Sichtgeräten Anwendung in den verschiedensten Gebieten und auch in der Medizin gefunden (1). Der
Benutzer steht dabei in Wechselwirkung mit einem angeschlossenen
Rechner, seinen Programmen und Daten.

Im Unterschied dazu soll von dynamisch interaktiver Datenverarbeitung
gesprochen werden, wenn die Wechselwirkung mit einem Prozess statt-
findet, der wiederum selbst vom Rechner gesteuert oder überwacht wird.

Als Beispiel stelle man sich einen Flugsimulator in einem zu testenden,
fliegenden Flugzeug vor. Er sei an die Prozessperipherie der Bordan-
lagen angeschlossen und in der Lage, sie zu steuern. Vor Einleitung
neuer Manöver schätzt der Simulator mögliche Gefahrenmomente ab; der
Pilot entscheidet, und die aktuelle Prozesssteuerung läuft ab. Durch
sie wiederum stehen neue und genauere Daten für zukünftige Simulationen
zur Verfügung.

Eine dynamisch interaktive Datenverarbeitung muss aber nicht an on-
line Prozessdatenaufnahme gebunden sein. Eine off-line Dateiverarbeitung würde z.B. dann dynamisch interaktiv sein, wenn der Benutzer
während eines komplexen und langwierigen Suchvorganges einzelne
Parameter on-line verändern und u.U. in Realzeit Trends in der Analyse
schneller steuern kann. In diesem Fall könnte man auch von einer
Prozessverarbeitung von Dateien sprechen, was an einem Beispiel
später näher erläutert werden soll.

Wie wir sehen, handelt es sich bei der dynamisch interaktiven Datenauswertung nicht allein um eine interfacing-Aufgabe zwischen Benutzer
und Rechner, sondern um eine double- (bzw. multi-)facing-Aufgabe
zwischen Benutzer und Rechner auf der einen Seite, sowie Rechner und
Datengewinnung bzw. -Behandlung auf der anderen. (Siehe Abb. 1).
Diese Aufgabe würde in der Regel einen wesentlich höheren Anteil an
central-processor-Zeit als die eigentliche Rechenverarbeitung erfordern, wenn ein einziger Rechner die dynamisch interaktive Datenverarbeitung übernehmen soll. Besonders, wenn ein Grossrechner für die
Rechenarbeit erforderlich ist, wäre seine Belastung mit z.B. Such-
vorgängen, die nur wenig Speicherplatz erfordern, zu unwirtschaftlich.
Deshalb ist in den meisten Fällen die dynamisch interaktive Datenverarbeitung gleichzeitig auch eine Frage des Rechner-Verbundbetriebs.

Im folgenden sollen einige Züge der dynamisch interaktiven Datenverarbeitung an zwei Beispielen aus der Physik näher erläutert und ihre Bedeutung bei medizinisch-biologischen Anwendungen kurz erörtert werden.

2. Dynamisch interaktive Datenverarbeitung an zwei Beispielen bei physikalischen Experimenten.

Als erstes Beispiel sei ein Experiment erwähnt, das am Brookhaven National Laboratory, Upton, New York, an dem dortigen Beschleuniger von einer größeren Kollaboration durchgeführt wurde (2). Seine Datenauswertung wurde z.T. on-line über das dort installierte BROOKNET Verbundsystem (3) abgewickelt.

Der für dieses Experiment engagierte Teil des BROOKNET Systems (ig. mehr als 10 Anlagen beteiligt) ist in Fig. 2 angegeben. Die von drei großen, magnetischen Spektrometern des Experiments voll automatisch kommenden, elektronischen Daten werden schubweise alle 2-4 Sekunden vom Satellitenrechner (PDP 9) aufgenommen. Es handelt sich dabei in der Hauptsache um räumliche Koordinaten von Vielteilchen-Reaktionen in Zylindergeometrie mit einer maximalen Rate von 1,5 Megabit/sec.

Das im Satellitenrechner laufende Realzeitprogramm-System Scoss (4) bediente neben seinen Überwachungs- und Vor-Auswertungsaufgaben den Datenaustausch mit einer zentralen Anlage (CDC 6600). Darin stehen jedem angeschlossenen Benutzer auf message transfer level jeweils max. 100 msec lange Zeitscheiben für den eigentlichen Datentransfer zur Verfügung. Die über Status-Wort gesteuerte message response Zeit beträgt je nach Priorität wenige msec bis zu Sekunden. Der schnelle Datentransfer (max. 6 MHz) fand über parallele Koaxialkabel statt. (Entf. 1 km).

Im Zentralrechner, der vom Satellitenrechner gesteuert und programmiert werden kann, wurden die geometrischen, räumlichen Rekonstruktionen berechnet und in display event files umgewandelt. Sie wurden zum on-line monitoring zum Satelliten auf Abruf zurückgeschickt. Auch standen sie für genauere off-line Analyse über ein zweites BROOKNET Link an einer Bildauswertungsanlage zur Verfügung, die normalerweise für die Analyse von Blasenkammerfilmen benutzt wird.

Da die speziell entwickelten Programme zur Mustererkennung von Ereignissen zu groß waren, mußten sie auf dem Zentralrechner laufen (5). Die als Satellitenrechner laufende Anlage (SIGMA 7) bediente die Bildinteraktion mit dem Benutzer via track ball, Fernschreiber und Tasten.

In den Abbildungen 3 und 4 stellen die stark ausgeprägten Punkte die automatisch registrierten und räumlich rekonstruierten Daten dar. Die räumliche Anordnung der Zylinderapparatur ist superponiert; und die jeweils vom Erkennungscode zu Teilchenspuren koordinierten Messwerte sind als (im Magnetfeld gekrümmte) Spuren dargestellt. Der Benutzer kann falsch erkannte Zuordnungen mit Hilfe des track balls korrigieren. Bei dieser Erkennung hilft ihm eine räumlich simulierte Drehung, wie sie in Fig. 4 wiedergegeben ist. Die Wechselwirkungszeiten zwischen Benutzer und data file lag in der Regel in der Grössenordnung Sekunden.

Die für dieses dynamisch interaktive System erreichbaren Interaktionszeiten waren für software + hardware + human interaction:

Experiment - Satellit   microsec - msec

Satellit   - Zentralrechner   sec   - min
                                             (reiner Datentransfer
                                                 msec - sec)
Satellit   - Satellit   15 - 20 min
                                             (via data files)

Die dabei jeweils erledigten Aufgaben waren:

Satellit (Experiment)   1. Parametereingabe
                                             2. Datenaufnahme und
    PDP 9   Zwischenspeicherung
                                             3. Überwachung d.Experim.
                                             4. Datenverkehr via BROOKNET
                                             5. Programmsteuerung des
                                                Zentralrechners

Zentralrechner   1. Organisation der data
                                                file
    CDC 6600   2. Überprüfung der Daten
                                             3. Geometr.Rekonstruktion
                                             4. Mustererkennung von
                                                Teilchenbahnen
                                             5. Gewinnung von Histogramm-
                                                und display-files für
                                                ausgewertete Grössen

Satellit (Event Monitor)   1. Darstellung von display
                                                files und deren Manipu-
    SIGMA 7   lation
                                             2. Bildauswertung und ggf.
                                                Korrektur der Muster-
                                                erkennung.

Von der Möglichkeit der automatischen Prozesssteuerung des Experiments
durch den Satelliten (PDP 9) wurde kein Gebrauch gemacht, da ein
festes Zeitschema durch den Beschleunigungszyklus des Teilchenbe-
schleunigers gegeben ist (2-4 sec).

Als zweites Beispiel sei weniger ausführlich auf Arbeiten hingewiesen,
die im Zusammenhang mit der Auswertung oben schon erwähnter Vielteilchen-Reaktionen am Stanford Linear Accelerator (SLAC) gemacht
wurden (6) (7) (8). Sie können in unserem Zusammenhang als ein Schritt
zur Prozess-Verarbeitung von off-line Dateien angesehen werden
("exploratory data analysis" (7)).

Mit der in Fig. 5 angegebenen Konfiguration werden, über ein Sichtge-
rät kontrolliert und gesteuert, Manipulationen an (in diesem Fall
hochdimensionalen) Datensätzen durchgeführt:

a) Maskieren
b) Isolieren
c) Rotieren
d) Statistische Analyse von Projektionen

Während Operationen wie Maskieren und Isolieren von Datenstrukturen
unmittelbar einleuchten, sei die Rotation an Fig. 6 veranschaulicht.
Die im Zentrum wiedergegebene Struktur kann durch dynamisch interaktiv
gesteuerte Rotation nach ausgeprägten, projizierten Strukturen

abgesucht werden. (Der dynamische Aspekt dieser Operation kommt in einem von der SLAC Gruppe aufgenommenen Film erst zum Ausdruck).

In Bezug auf unser voriges Beispiel könnte diese Aufgabe auch von dem in Fig. 2 links angegebenen Satellitenrechner übernommen werden.

3. <u>Abgrenzung und Bedeutung der dynamisch interaktiven Datenauswertung bei medizinisch-biologischen Anwendungen.</u>

Im Unterschied zur physikalischen Datenverarbeitung, die - soweit es die Kosten zulassen - von identisch reproduzierbaren Experimenten ausgehen, muß in der medizinisch-biologischen Datenverarbeitung häufig von komplexen und oft einmaligen Datenstrukturen ausgegangen werden, aus denen sich erst im Verlauf längerer Beobachtung signifikant und unabhängig parametrisierbare Grössen ableiten lassen. Es ist offensichtlich, daß gerade dabei die interaktive Datenverarbeitung von größtem Nutzen ist. Es sei dazu allgemein an die Sichtgerät-Anlage von Giloi im Institut für Medizinische Datenverarbeitung, München, oder die Szintigrafie-Auswertung am Deutschen Krebsforschungszentrum, Heidelberg und am Eppendorfer Universitätskrankenhaus, oder die EEG-Analyse in Hannover erinnert unter mehreren, hier unerwähnten Anwendungen.
Versuche zum dynamisch interaktiven Verkehr wurden unseres Wissens von BLOMER, DRECHSLER et al. (9) am Institut für Medizinische Datenverarbeitung, München unternommen in Anlehnung an die oben erwähnten Arbeiten (6)(7)(8).

Es ist unvermeidlich, daß für dynamisch interaktive Arbeiten größere Investitionen nötig sind als für Batch-Betrieb. Wenn aber Datenstruktur und zeitliche Anforderungen ähnlich wie im ersten Beispiel sind, erscheint ihre Einführung auch in diesem Gebiet sehr nützlich. Gerade bei zeitlich nicht identisch wiederholbaren Versuchen kann nur so eine effektive Anpassung der "Datenlieferung" an die Datenauswertung gewährleistet werden.

Wie eingangs schon allgemein erwähnt, erweist sich für die medizinisch-biologische Anwendung der dynamisch interaktiven Verfahren ein (Display) Prozessrechner-Verbund mit einem größeren Rechner als nützlich und aus Rentabilitäts- und Effektivitätsgründen notwendig.

Die angeführten Beispiele aus der Hochenergie-Physik sollten dabei nur als Anhaltspunkt einer möglichen Realisierung dienen.

Literatur:

(1) Second Ann. AEC Scient. Computer Information Exchange Meeting. Computer Graphics. Ed. Brookhaven Nat.Lab. 1974 Upton New York 11973
(2) ANDERSON E.W. et al. Nucl. Inst. Meth. 122, 587 (1974)
    ANDERSON E.W. et al. Nucl. Inst. Meth. 122, 479 (1974)

(3) DENES, J.E., BROOKNET - a network of computers. AMD 607 and BNL 15667 Appl. Math. Dept. BNL, Upton, N.Y. unpubl. (1971)
    BROOKNET-2: A Guide to Brookhaven Online Computer Network. By G. CAMPBELL, K. FUCHEL and L. PADWA. AMD 630 and BNL 27054 Appl. Math. Dept. BNL, Upton, N.Y., unpbul. (1972)

(4) DIMMLER, G., M. ROSENBLUM, N. GREENLAW, SCOSS User Manual. Instrumentation Div. BNL, Upton, N.Y., unpbul. (1972)

(5) GILBERT, D.R. et al. Nucl. Inst. Meth. 116, 501 (1974)

(6) FISHERKELLER, M., J.H. FRIEDMANN, J.W. TUKEY, Seiten 3 -ff in ref.1

(7) A Projection Pursuit Algorithm for Exploratory Data Analysis.
FRIEDMANN, J.H., J.W. TUKEY, SLAC Pub. 1313 (M)(Sept. 1973)

(8) FRIEDMANN, J.H., Lectures presented at the CERN School of Computing,
Godoysund, Norway, August 11-24, (1974)

(9) Private Mitteilung

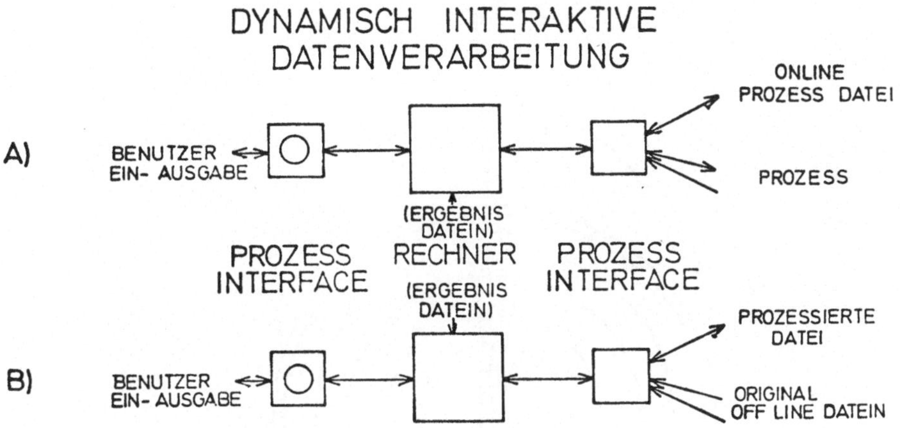

Abb. 1   Schema für dynamisch interaktive
          Datenverarbeitung

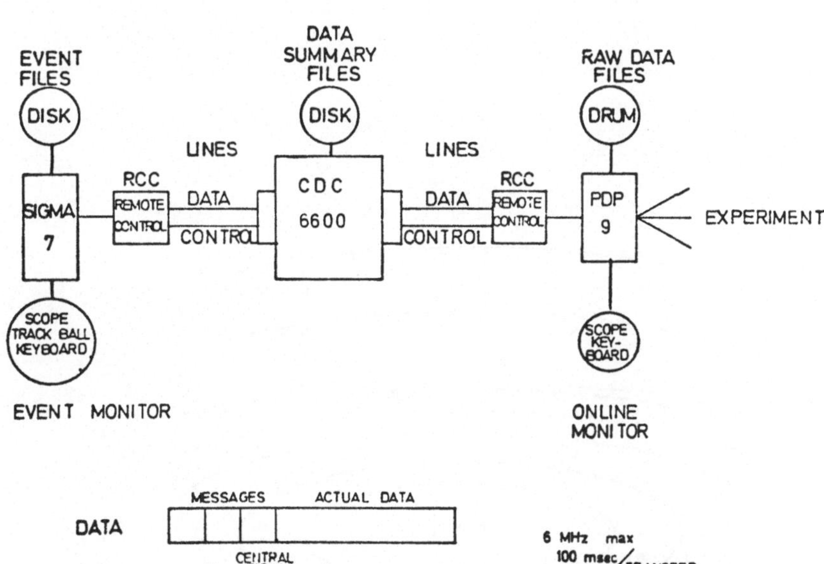

Abb. 2   Schema Rechnerverbund für BNL-VPI
          Experiment ref. 2

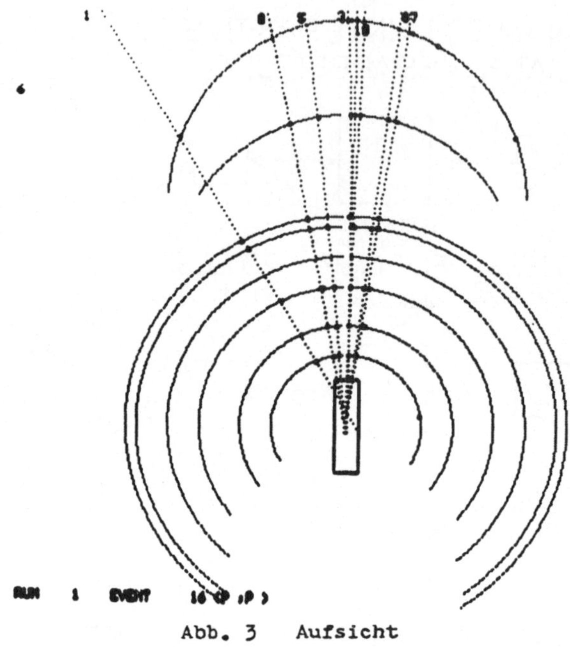

Abb. 3   Aufsicht

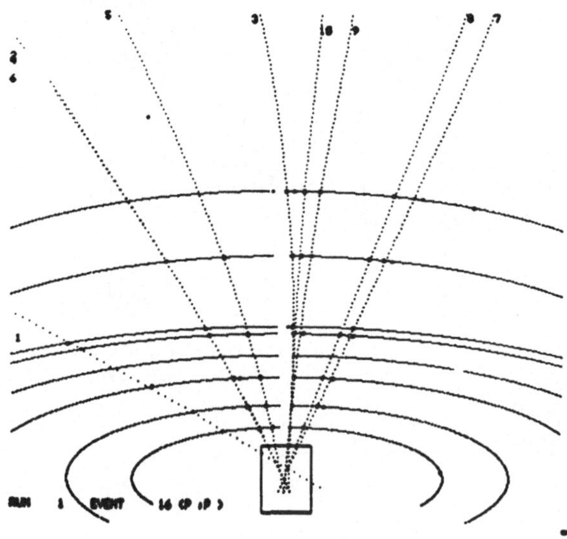

Abb. 4   Schrägsicht

Abb. 3,4 Sichtgerät-Darstellungen einer durch die Mustererkennung
         gelaufenen Datenanalyse

SLAC - PRIM 9

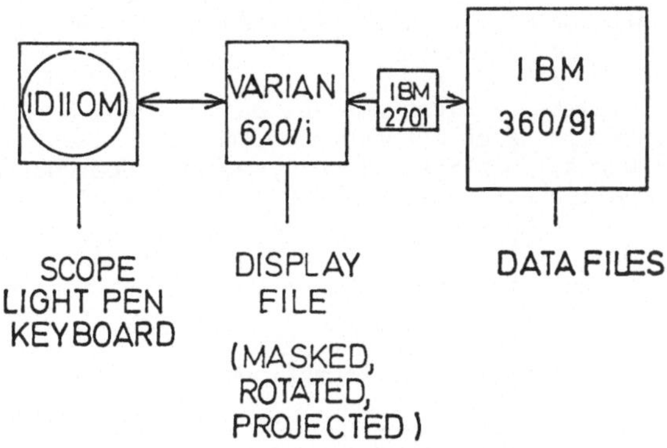

Abb. 5 Schema einer dynamisch interaktiven
Dateiverarbeitung (SLAC, ref. 6)

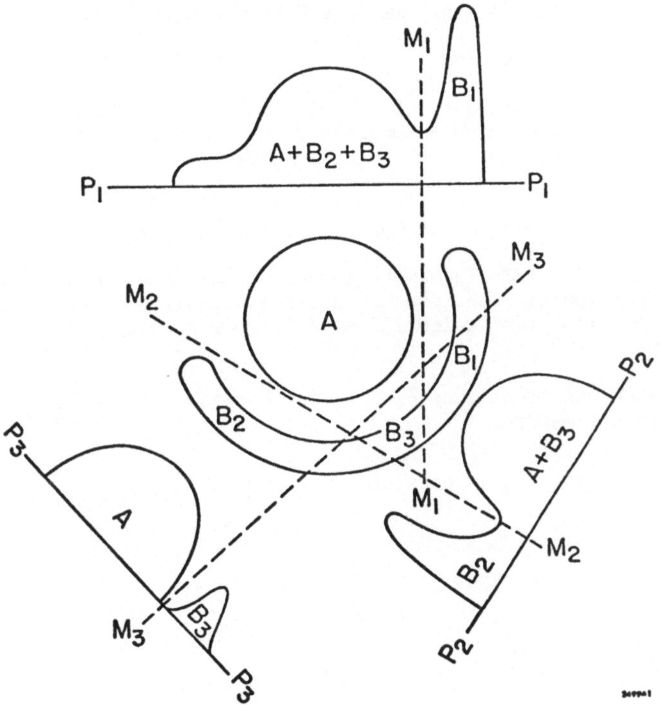

Abb. 6 Projektionen einer zweidimensionalen Datenstruktur
(Abb. 3 aus ref. 6)

<u>FINDES</u> - ein dateiunabhängiges Abfragesystem

K. Schadewaldt, G.Usterburg

Leistungen der Datenverarbeitung werden - insbesondere im medizinischen Bereich -
mehr und mehr an dem Kriterium 'Benutzerfreundlichkeit' gemessen. Es ist sicher
besser, dem Benutzer durch geeignete Hardware und bequem anzuwendende Software den
Computer ebenso vertraut zu machen wie ein Telefon oder andere alltägliche technische Einrichtungen, anstatt ihn mit für ihn unnötigen Spezialkenntnissen zu belasten.

Die zur Zeit verfügbare Software verdient nur selten das Prädikat 'benutzerfreund-
lich'. Zwangsläufig beschäftigen sich datenverarbeitende Institutionen überall in
der Welt mit der Entwicklung solcher Systeme, die natürlich darüber hinaus auch
andere Vorgaben - wie Schnelligkeit, Platzverbrauch usw. - erfüllen müssen.

Im folgenden wird ein solches im Institut für Dokumentation, Information und Statistik am Deutschen Krebsforschungszentrum entwickeltes, FINDES genanntes System vorgestellt.

FINDES[1] ist ein Programmsystem, dessen Hauptfunktionen sich in drei Klassen unterteilen:

1. Aufnahme von Daten/Updating von Dateien

2. Informationssuche

3. Ausgabe von Daten

wobei das Schwergewicht auf der Informationsrückgewinnung liegt.

Die Hauptmerkmale des Systems sind:

1. Die Bearbeitung von Dateien erfolgt mittels einer Dateibeschreibungssprache.
Hierdurch wird eine weitgehende Unabhängigkeit von speziellen Datei- und Datenstrukturen erreicht; insbesondere ist in keinem Fall eine Transformation der Datenbasis notwendig.

2. Die Funktionen des Systems werden über eine einfache Kommandosprache gesteuert.

3. FINDES wurde unter dem IBM-Dialogbetriebssystem TSS entwickelt und ist auf Benutzung im Dialogbetrieb hin konzipiert. Selbstverständlich ist auch eine Benutzung
im Batch-Betrieb möglich. (Teilweise TSS-spezifisch ist lediglich die Ein/Ausgabe
Verwaltungsroutine).

4. Die verschiedenen Funktionen von FINDES können - soweit sinnvoll - in beliebiger
Reihenfolge kombiniert werden.

[1]Ein Manual kann bei den Autoren angefordert werden

Hierdurch ergeben sich Möglichkeiten der Anwendung und Verarbeitung, die sich in
der Praxis als sehr wesentlich herausgestellt haben:

- Wiederverwendung von Suchergebnissen als Variable in neuen Anfragen (dadurch
'lernt' der Benutzer, abhängig von erzielten Suchergebnissen neue Anfragen zu formulieren und kann sich so schrittweise die Lösung seines Problems erarbeiten).

Derzeitige Anwendungen sind:

    Literaturrecherchen

    Serielles Durchsuchen beliebiger Dateien

    Fehlerprüfung

    Aufbau/Updating von Dateien

    Formatiertes Ausdrucken von Suchergebnissen, Dateien und Teildateien

Die größten Einheiten, auf die FINDES zugreifen kann, sind Dateien. Von FINDES
können sowohl komprimierte als auch nicht komprimierte Dateien bearbeitet werden.

Die Struktur jeder Datei wird in einer Dateibeschreibung definiert, die ebenfalls
im Dialog mit dem Computer erstellt wird. Hierzu wird angenommen, daß alle Sätze
einer Datei gleich aufgebaut sind, und sich ein Satz eindeutig in einzelne Felder
unterteilen läßt. Unterschieden wird zwischen Feldern mit festem bzw. variablen
Format. Sind alle Positionsangaben aller Felddefinitionen einer Datei fest, so handelt es sich um eine FORMATIERTE DATEI; in allen anderen Fällen nennen wir die Datei
UNFORMATIERT. Der Anwendungsbereich des Systems wird noch um 'directory-orientierte'
Satzformate erweitert, d.h. Formate, bei denen Position und Länge der einzelnen
Satzfelder durch einen Vorspann vor den eigentlichen Daten beschrieben wird.

Jedes Feld innerhalb eines Satzes wird im wesentlichen durch folgende Angaben gekennzeichnet:

- FELDNAME - eine vom Benutzer frei wählbare Zeichenkette zur Identifikation des
Feldes. Der Benutzer ist damit bei der Vergabe von Variablennamen vom Programmierer
völlig unabhängig;

- FELDPOSITION - definiert die Position des Feldes innerhalb des Satzes, falls das
Feld immer eine feste Position hat, oder

- FELDKENNUNG - eine dem Feld vorausgehende Zeichenkette, die die Lokalisation des
Feldes innerhalb des Satzes ermöglicht;

- DIMENSION - gibt die maximale Anzahl von Wiederholungen desselben Feldes an;

- FELDTYP - bezeichnet die Speicherart des Feldes (z.B. linksbündiger Text, rechts-
bündige Zahl, usw.).

Sucharten

Die Suchmethoden, nach denen FINDES Information sucht, werden in drei Gruppen unterteilt:

SUCHE MIT HILFSDATEIEN

Bei index-sequentiell organisierten Dateien besteht die Möglichkeit, mittels einer INDEXDATEI und eines zugehörigen SCHLAGWORTKATALOGS (Hilfsdateien) Suchen durchzuführen. Das Ergebnis einer solchen Suche ist eine Menge von Schlüsseln, die auf die gefundenen Sätze der zu durchsuchenden Datei (Hauptdatei) verweisen.

SUCHE OHNE HILFSDATEIEN

Sie kann mit sequentiell oder index-sequentiell organisierten Dateien durchgeführt werden. An jedem Satz wird in der Reihenfolge seiner physikalischen Position auf dem Datenträger die in einer Anfrage formulierte Suchbedingung nachgeprüft. Das Ergebnis einer solchen Suche ist im Fall sequentieller Dateien eine Menge von Satznummern, die die Position der Sätze innerhalb der Datei kennzeichnen, bei index-sequentiell organisierten Dateien eine Menge von Satzschlüsseln.

VERKNÜPFTE SUCHE

Sie tritt als Sonderform der sequentiellen Suche auf, und beinhaltet eine Suche in zwei Dateien derart, daß eine logische Verbindung zwischen Feldern in den beiden Dateien hergestellt wird. Wiederholt angewandt, gestattet dieser Suchmodus eine Verknüpfung zwischen mehreren Dateien.

Da die Ergebnismenge einer Anfrage dieselbe Struktur aufweist wie ein Element des 'inverted file', gestattet es das System, Schlagwortkatalog und 'inverted file' beliebig um neue Merkmale zu erweitern.

Anfragen werden nach den Regeln der BOOLE'schen Algebra aufgebaut. Die Zeichen * und # dienen zur Identifikation von Feldnamen.

Abb.1 zeigt ein Beispiel einer Index-Suche.
Das $-Zeichen steht für eine beliebige Zeichenkonfiguration und bewirkt, daß dem Benutzer alle die im Schlagwortkatalog enthaltenen Begriffe zur Auswahl vorgelegt werden, die mit der vor dem $ stehenden Zeichenkette beginnen und mit der nach dem $ stehenden Zeichenkette enden. Ausgewählte Begriffe werden durch logisch 'oder' verknüpft in die Anfrage eingeschlossen.

Abb.2 zeigt Beispiele für serielle Suchvorgänge.

Das Kommando SPEICHERN bewirkt, daß die Inhalte der angegebenen Felder abgespeichert werden, wenn ein Satz die Bedingungen einer Anfrage erfüllt.
Auf diese abgespeicherten Feldinhalte kann dann in späteren Anfragen zurückgegriffen werden.

Eine auf die Ergebnismenge der ersten Anfrage eingeschränkte Suche bringt hier zwar dasselbe Ergebnis wie die vorausgehende Speicher-Suche, läuft aber wesentlich langsamer ab als eine Speicher-Suche, da bei dieser keinerlei Leseoperationen mehr durchgeführt werden müssen.

Ein Beispiel für die Verknüpfung zweier Dateien zeigt Abb.3.
Die Datei 'Ortho1' enthält Angaben über Diagnosen, während in 'Ortho2' Angaben über Operationen abgespeichert sind.
Folgende Fragestellung wäre denkbar:

Bei welchen Patienten wurden bei den Diagnosen A, B und C die Operationsmethoden X oder Y angewandt?

Mit Hilfe von FINDES wird dieses Problem so gelöst:

In einer ersten Anfrage wird die Datei 'Ortho1' nach den entsprechenden Diagnosen durchsucht (siehe Abb.2).

In einem zweiten Schritt werden nun in der Datei 'Ortho2' alle die Sätze gesucht, die eine mit dem Ergebnis der vorhergehenden Anfrage übereinstimmende Krankenblatt- nummer aufweisen und zudem ganz bestimmte Operationscodes enthalten.

Auf diese Weise wird z.B. der 1. Satz der Datei 'Ortho2' dem 13. Satz der Datei 'Ortho1' zugeordnet.

Der Prozeß der Verknüpfung kann fortgesetzt werden und erlaubt so, Verbindungen zwischen beliebig vielen Dateien herzustellen.

Die Retrieval-Funktionen von FINDES sind seit nunmehr über 2 Jahren im Einsatz und in dieser Zeit mehrfach durch Benutzer-Feedback verbessert worden. Die Eingabe- Funktionen von FINDES sind unproblematisch. Die Druck-(Ausgabe-) Funktionen sind erst vor kurzem in die Praxis eingeführt worden. Wir haben bereits die ersten Be- nutzerrückmeldungen ausgewertet, um auch diese Programmfunktionen möglichst benutzer- freundlich auszugestalten.

```
                    INDEX - SUCHE

      BITTE ANFRAGE EINGEBEN
      haut($)&maus$
      WOLLEN SIE FOLGENDEN BEGRIFF (J),NEIN (N),KEINE (K),ALLE
      VERBLEIBENDEN (A)

      HAUT (T.SEK.)
      a
      WOLLEN SIE FOLGENDEN BEGRIFF (J),NEIN (N),KEINE (K),ALLE
      VERBLEIBENDEN (A)
      MAUS
      j
      MAUS HAARLOS
      n
      MAUS NZB
      j
      MAUS AKR
      j
      MAUS BALB C
      k
      ERGEBNIS:   TEST******************************************
       NUMMER FINDET Z DSNAME /RESTR  ANFRAGE
      STEP  2  119   N LITDA         (HAUT (T.SEK.)|HAUT
                                     (T))&(MAUS|MAUS NZB
                                     |MAUS AKR)@
      ***************************************************
```

Index Suche mit Schlagwortauswahl

Abb. 1

SERIELLE SUCHVORGAENGE

```
%suche sequentiell,ortho1
TITEL FUER PROTOKOLL DER ANFRAGE EINGEBEN
tf
BITTE ANFRAGE EINGEBEN
%speichern,*jahr,*krbl.nr
BITTE ANFRAGE EINGEBEN
*diag=92207|*diag=92208|*diag=966
ERGEBNIS:
TF*****************************************************
 NUMMER LIEST FINDET Z DSNAME  /RESTR ANFRAGE
 STEP 1    119      9  N ORTHO1          *DIAG=92207|*DIAG=
                                         92208|*DIAG=96611
 *********************************************************************


%suche eingeschraenkt,1
BITTE ANFRAGE EINGEBEN
*jahr=71
ERGEBNIS:
TF*************************************************************
   NUMMER   LIEST    FINDET  Z  DSNAME  /RESTR      ANFRAGE
 STEP   2      9        2    N ORTHO1  /STEP 1    *JAHR=71
 *************************************************************************

%suche speicher,1
BITTE ANFRAGE EINGEBEN
*jahr=71
ERGEBNIS:
TF*************************************************************
   NUMMER   LIEST    FINDET  Z  DSNAME  /RESTR      ANFRAGE
 STEP   3      9        2    N ORTHO1  /STEP 1    *JAHR=71
 *************************************************************************
```

Abb. 2

VERKNUEPFTE SUCHE

```
Datei 1 (Ortho1) :  Diagnosenschluessel
Datei 2 (Ortho2) :  Operationsschluessel

FRAGESTELLUNG:
   Bei welchen Patienten wurden bei Vorliegen der Diagnose A
   die Operationsmethode b angewandt?



%verknuepfe,ortho2,1
BITTE ANFRAGE EINGEBEN
*krbl.nr=#krbl.nr&-
(*operation=361582|*operation=361583|*operation=361780)
ERGEBNIS:   TF******************************************
NUMMER LIEST FINDET Z DSNAME /RESTR      ANFRAGE
STEP 4    136      5  N ORTHO2 /STEP 1    *KRBL.NR=#KRBL.NR&
                                          (*OPERATION=361582|
                                          *OPERATION=361583|
                                          *OPERATION=361780)

********************************************************
BITTE ANFRAGE EINGEBEN
%drucke
PROTOKOLL:  TF******************************************
NUMMER LIEST FINDET Z DSNAME /RESTR      ANFRAGE
STEP 4    136      5  N ORTHO2 /STEP 1    *KRBL.NR=#KRBL.NR&
                                          (*OPERATION=361582|
                                          *OPERATION=361583|
                                          *OPERATION=361780)

********************************************************
    NUMMER          NUMMER#      JAHR#    KRBL.NR#
         1             13         71       208587
         5             15         72       211184
         8             13         71       208587
         9              4         70       201056
         9             10         71       201056
```

Abb. 3

Retrospektive und prospektive Untersuchungen zur Mortalitätsstatistik mit Methoden der Klartextanalyse

W. Feigl, P. Röttger, W. Küsel, D. Köberl

1. Einleitung

Die aktuelle Mortalitätsstatistik in Österreich (Bericht über das Gesundheitswesen in Österreich 1973) basiert auf den Empfehlungen der WHO
(International Classification of Diseases 8. Rev.). Sie ist eine maßge-
bende Grundlage der Bevölkerungs- und Gesundheitsstatistik. Methodisch
beruht sie auf der Bestimmung eines Grundleidens und einer unmittelbaren
Todesursache. Statistisch zur Auswertung kommt das Grundleiden, definiert als "die Krankheit oder Verletzung, die den Ablauf der direkt zum
Tode führenden Krankheitszustände auslöste oder die Umstände des Unfalls
oder der Gewalteinwirkung, die den tödlichen Ausgang verursachten".

So wenig die Bedeutung dieser Statistik bestritten wird, so umstritten
ist jedoch die Art ihrer Erstellung. Diesbezüglich wurden und werden bereits seit langem erhebliche Bedenken geltend gemacht (5, 8, 12, 14).
Als wichtigste Mängel der WHO-Mortalitätsstatistik sind hervorzuheben:
1. Das Prinzip der Monokausalität: Es geht im Einzelfall jeweils nur
   eine Diagnose (Grundleiden) in die Statistik ein. Diese monokausale
   nosologische Betrachtungsweise geht auf Vorstellungen aus der Mitte
   des 19. Jahrhunderts zurück, sie ist in der modernen Medizin längst
   Vorstellungen gewichen, die von multikausalen, oft polyätiologischen
   Kausalketten ausgehen (8).
2. Der WHO-Schlüssel: Das empfohlene System erlaubt lediglich eine Grob-
   verschlüsselung, die nach wie vor erheblicher Kritik (7) ausgesetzt
   ist.
3. Die Inhomogenität des ausgewerteten Datenbestandes: In der zur Zeit
   erstellten Mortalitätsstatistik werden meist zwei heterogene Kollektive miteinander vermischt bzw. gemeinsam ausgewertet - nämlich
   einerseits Ablebensfälle, die durch Obduktion verifiziert werden und
   andererseits solche, deren Grundleiden lediglich im Leichenschau-Ver-
   fahren ermittelt worden ist. Letztere aber - wie durch jüngere Untersuchungen in Österreich nachgewiesen (2) - bringen eine hohe Rate an
   stereotypen Benennungen in die Auswertung ein, für die der Verdacht
   naheliegt, daß sie nicht viel mehr als die bevorzugte Begriffsbenen-
   nung der jeweiligen Leichenbeschauer beinhalten (6).

Als Zielvorstellung für die Weiterentwicklung der Mortalitätsstatistik
zeichnet sich demgegenüber ein Verfahren ab, das auf qualifizierten klinischen und morphologischen Daten beruht, ein differenziertes Auswertungsverfahren anwendet und dem Prinzip nach einer plurikausalen Krank-
heits- und Todesursachen-Betrachtung gerecht zu werden vermag. Einem solchen Idealverfahren stellten sich bislang zwei wesentliche Hindernisse
entgegen:
1. Zur Erfassung wie zur Auswertung differenzierter Informationen exi-
   stierte bisher keine praktikable Methodik. Vor allem am Engpaß der
   aufwendigen manuellen Verschlüsselung scheiterte bisher sowohl eine
   genügend feine Strukturierung der Einzeldiagnosen als auch die Auswertung mehrerer Diagnosen je Einzelfall.
2. Ein entsprechend großes, d.h. mit einem Minimum an Störfaktoren be-
   lastetes Auswertungskollektiv konnte bisher nicht erfaßt werden.
Das erste Problem erscheint mit der Klartextanalyse lösbar. Das patholo-
gisch-anatomische Institut der Universität Wien führt in der Arbeits-

gemeinschaft für Klartextanalyse (AGK) eine retrospektive Studie durch,
um ein optimales Klartextauswertungssystem für die Mortalitätsstatistik
zu erstellen. Dieses System soll in einer großangelegten Studie "Autop-
sie-Befunde Wien" zur Anwendung kommen, dessen Grundlagen für die Datenverarbeitung bereits in Angriff genommen worden sind. Mit diesem Anwendungsbereich soll auch das zweite oben aufgezeigte Problem einer
Lösung näher gebracht werden.

2. Retrospektive Studie

2.1. Datenaufnahme

Die Autopsiebefunde des pathologisch-anatomischen Institutes der Universität Wien werden seit 1971 auf Magnetband gespeichert. Wir verwenden dazu einen optisch lesbaren Klarschriftbeleg für die Niederschrift
des Obduktionsbefundes. Dieser Beleg wurde nach den Bedürfnissen der
Kommunikation zwischen Pathologie und Klinik entworfen, er wird mit
einem OCR-Kugelkopf (optical character reading) beschriftet. In der Beschreibung dieses Systems (3, 4) wird nachgewiesen, daß es im Hinblick
auf Kosten und Dezentralisierung der Datenverarbeitung eine echte Alternative zu Magnetbankschreibmaschine und Terminaleingabe darstellt.

2.2. Datenbestand

Von den erfaßten Jahrgängen 1971-1973 liegen 5311 Autopsiebefunde vor,
die in ihnen enthaltenen Abschnitte Grundleiden und Todesursache werden
für die Auswertung herangezogen.

2.3. Aufbereitung und Verarbeitung der Daten

2.3.1 Trennung und Umformatierung der Kopfdaten (Personalien), des
Grundleidens und der Todesursache vom Gesamtbefund (Abschnitte G und T).
2.3.2 Prüfung auf Vollständigkeit: Nicht exakt in die Lesebalken des
Belegs geschriebene Texte des formatierten Abschnittes werden vom Be-
legleser nicht erkannt und dementsprechend auch vom Einleseprogramm
nicht erfaßt. Von insgesamt 10622 Abschnitten(zwei je Proband) fehlten
250, d.h. 2,1 %, die über ein Korrekturprogramm nachgelesen worden sind.

2.4 Klartextverarbeitung

Die Klartextauswertung erfolgte über das AGK-System (10). Die Worte
in den Befundberichten werden mit dem Eingangswortregister des AGK-
Thesaurus verglichen, in die Standardbegriffe überführt und um die Facettennotationen ergänzt. Die Voraussetzung für ein optimales Retrieval ist nur durch eine komplette Standardisierung zu erreichen, deswegen mußte die Klartextverarbeitung phasenweise vor sich gehen:

Phase I: Prüfung auf (im Thesaurus) unbekannte Worte.

Insgesamt enthielten die untersuchten Abschnitte der Obduktionsberichte
34000 Worte, wobei 2890 verschiedene Begriffe im Standardwortregister
gefunden werden konnten. Dagegen waren 1230 Worte nicht im Eingangsregister des AGK-Thesaurus auffindbar. Die Fehlworte bestanden zu etwa
10 % (130 Worte) aus Schreibfehlern, der Rest von 1100 Worten mußte dem
Thesaurus hinzugefügt werden. Die Schreibfehlerrate war unerwartet niedrig, der Fehlbestand des Thesaurus erschien relativ hoch. Die Analyse
einer Stichprobe von 222 Begriffen - über das gesamte Alphabet verteilt,

im übrigen nicht systematisch selektiert - ergibt einen gewissen Aufschluß über den Inhalt und die Ursachen des Fehlbestandes: 30 % der Fehlbegriffe beruhen auf grammatikalischen Beugungsformen, die bisher nicht im Eingangsregister berücksichtigt waren; z.B. waren die Worte Sarcom, Sarcoms enthalten, nicht aber die Worte Sarcomes und Sarcoma. In Konsequenz dieses Fehlwortanfalles wurde das Eingangswortregister des AGK-Thesaurus weitgehend überarbeitet, um diese Sprachvarianten - Verwendung anderer Genitive, Gebrauch original lateinischer Wortformen - stärker zu berücksichtigen.

Für 70 % der Fehlbegriffe mußte das Standardbegriffs-Register des AGK-Thesaurus erweitert werden. 50 % von diesen Standardbegriffen waren ihrem Inhalt nach Befund-Benennungen (findings), von denen ein Fünftel auf stärkere Berücksichtigung von Obduktionen mit forensischer Fragestellung zurückzuführen waren. Die meisten findings waren problemlos, lediglich bei 2 % der gesamten Ergänzungen mußten komplexere Implikationen eingegeben werden.

Ein relativ hoher Prozentsatz (35 %) an modifiers ist angefallen. Dies scheint tatsächlich auf unterschiedliche Nomenklaturgewohnheiten der pathologischen Institute innerhalb der AGK zu beruhen. Diese modifiers oder Attribute verteilten sich dabei zu einen Drittel auf Begriffe mit Lokalisationsbenennungs-Inhalt und zu zwei Dritteln auf solche mit Befund-Inhalt. Echte modifiers waren nur ganz spärlich zu ergänzen. Lokalisationsbenennungen und Varia-Begriffe fielen lediglich zu jeweils 5 % des Standardbegriffs-Fehlbestandes an.

Phase II: Thesaurus-Ergänzung, Textergänzung und Textkorrektur.

Die Ergänzung des AGK-Thesaurus erfolgte an der Medizinischen Hochschule Hannover, Abteilung für Medizinische Informatik (Prof. Reichertz) im on-line-Verfahren mittels eines eigens dazu entwickelten Bildschirmprogrammes. Nach Korrektur der Berichte und Ergänzung des Thesaurus erfolgte die endgültige Standardisierung der Texte, ebenfalls an der Medizinischen Hochschule Hannover.

Phase III: Retrieval tests.

Um die Qualität und die Anwendbarkeit der verarbeiteten Daten zu überprüfen, wurden einige Abfragen (auf Häufigkeit von Lungencarcinom, Lebercirrhose, Tuberculose) durchgeführt, deren Resultate aufgrund früherer Auszählungen von Hand bereits bekannt war. Der Vergleich bestätigte die Zuverlässigkeit des Verfahrens, wobei auf Einzelheiten und Zählergebnisse an anderer Stelle eingegangen wird.

2.5. Zwischenbilanz

In unserer retrospektiven Studie sind wir derzeit mit drei Problemen beschäftigt, mit deren Lösung das Untersuchungsvorhaben abgeschlossen sein wird:

1. Die Analyse des in den Texten angefallenen Begriffsspektrums: Die standardisierten, d.h. nach dem AGK-Thesaurus klassifizierten und erschlossenen Texte sind bezüglich der Breite der Begriffsspektren am Gesamtkollektiv und an Teilkollektiven zu analysieren.

2. Die Erstellung eines WHO-analogen Retrieval-Programmes: Analog zu den bereits für das AGK-System existierenden Auswertungssystemprogrammen (9), die logische und/oder Verknüpfungen enthalten, ist

ein Programmsystem zu erstellen, das eine Einordnung von Diagnosen gemäß dem WHO-Schlüssel erlaubt, d.h. dessen Suchbegriffe den Definitionen dieses Schlüssels entsprechen.

3. Der Aufbau eines variablen Information-Retrieval-Programmes: Unter Nutzung der AGK-Systematik sind Befundkonstellationen unabhängig von der WHO-Systematik automatisch auf ihre Häufigkeit zu untersuchen, wobei auch die Unterdrückung von Redundanz im Verfahren zu berücksichtigen ist.

3. Prospektive Studie

3.1 Datenbestand

Im österreichischen Bundesland Wien (1,7 Mill. Einwohner) versterben jährlich 26500 Personen (Durchschnittszahl der letzten 3 Jahre), davon etwa die Hälfte in Krankenhäusern mit genereller Obduktionspflicht. Einschließlich der sanitätspolizeilichen und der forensischen Leichenöffnungen werden insgesamt etwa 14600 Obduktionen pro Jahr vorgenommen (1973), was einer Obduktionsrate von 57 % aller Verstorbenen entspricht. Die entsprechende Rate in der DDR liegt vergleichsweise bei 29 %, wobei noch hervorgehoben werden muß, daß diese in den sozialistisch regierten osteuropäischen Staaten wesentlich höher als in den westlichen Staaten ist. Der unvergleichlich hohe Prozentsatz an den Obduktionen in diesem österreichischen Bundesland läßt aufgrund allgemeiner Erfahrungen (11) erwarten, daß Störfaktoren auf dieses Obduktionskollektiv weitaus geringer einwirken als auf andere Kollektive von obduzierten Probanden bei geringerer Obduktionsfrequenz. Die zu erwartende Repräsentativität der Mortalitätsstatistik dürfte dementsprechend hoch sein.

3.2 Methodik

Die in der prospektiven Studie beschriebene Datenerfassungsmethode mit OCR-Belegen bietet die Möglichkeit, dieses große Material zu erfassen, da die Daten dezentral und im Vergleich zu anderen Eingabemedien wesentlich kostengünstiger erfaßt werden können.

Die Klartextverarbeitung zeigt bereits in ihrem derzeitigen Entwicklungsstand die Möglichkeit auf, dieses Material sowohl analog dem WHO-Verfahren, als auch in differenzierterer Form für die Mortalitätsstatistik auszuwerten.

3.3 Technische und finanzielle Voraussetzungen

Die finanziellen Voraussetzungen (Ankauf der OCR-Maschinen, Formular- und Einlesekosten, Programmentwicklung usw.) sind durch das österreichische Ministerium für Gesundheit und Umweltschutz gesichert. Die Anlaufzeiten für die Umstellung der herkömmlichen Kommunikation Pathologie/Klinik auf das neue Verfahren gestalten sich für die verschiedenen Wiener Prosekturen wegen struktureller Ungleichheiten unterschiedlich; mit dem 1.1.1976 soll die Umstellung jedoch abgeschlossen sein.

4. Schlußbemerkung

Unsere retrospektive Studie hat die Praktikabilität des AGK-Systems für den Anwendungsbereich der Mortalitätsstatistik erwiesen und zugleich die empirischen Grundlagen des AGK-Thesaurus weiter verbreitert.

Von unserer prospektiven Studie erwarten wir aufgrund des differenzierten und variablen Datenerfassungs- und Datenauswertungsverfahrens
sowie des in seiner statistischen Repräsentativität einzigartigen Datenbestandes einen richtunggebenden Beitrag für die Weiterentwicklung der
Mortalitätsstatistik.

Literatur

1. Bericht über das Gesundheitswesen in Österreich im Jahre 1973. Herausgeber: Bundesministerium für Gesundheit und Umweltschutz, in
   Zusammenarbeit mit dem Österreichischen Statistischen Zentralamt
   (1974).
2. BRAUN, R.N., KARRER, K., PROSENC, F.: Bemerkung zur Statistik der
   Todesfälle. Münch. Med. Wschr. 114, 1664-1666 (1972).
3. FEIGL, W.: Der Klarschriftbeleg zur Dokumentation medizinischer Daten. IBM-Nachrichten 213, 428-430 (1972).
4. FEIGL, W.: Die Erfassung von Obduktionsbefunden im Pathologisch-
   Anatomischen Institut der Universität Wien. Symposium über Klartextverarbeitung in der Medizin, Wien 23.6.1973, SIEMENS, Erlangen,
   100-105 (1974).
5. GROSSE, H.: Sind unsere sektionsstatistischen Methoden exakt?
   Virchows Arch. path. Anat. 330, 192-199 (1957).
6. GUERARD, H.W., LÖNNE, F.: Vorschläge zu einer Neuordnung der Todes-
   ursachenstatistik. Öffentl. Gesundh.-Dienst 11, 204 (1955).
7. IMMICH, H.: Klinischer Diagnosenschlüssel. F.K. Schattauer-Verlag,
   Stuttgart (1966)
8. KOLLER, S.: Die Aufgaben der Statistik und Dokumentation in der Medizin, Dtsch. Med. Wschr. 88, 1917-1924 (1963).
9. KÜSEL, W., RIES, P., WESTERMANN, H.: PAS, ein variables Auswertungssystem für Pathologiebefunde. Symposium über Klartextanalyse in der
   Medizin, München 22.6.1974, SIEMENS, Erlangen, 123-141 (1975).
10. RÖTTGER, P., WINGERT, F., FEIGL, W., GRAEPEL, P., GROSS, U.M.,
    RIES, P., MATAKAS, F.: Structure and Development of a Thesaurus for
    Accomodation of Autopsy and Biopsy Records to Automatic Free Text
    Evaluation. Acta Morph. Suppl. 14, 137 (1973).
11. RÜMKE, Chr.L.: Über die Gefahr falscher statistischer Schlußfolge-
    rungen aus Krankenblattdaten. (BERKSON'S Falla cy) Meth. Inf. Med.
    9, 249-252 (1970).
12. THIERBACH, R.: Erschließung der Information im pathologisch-anato-
    mischen Sektionsgut. Habilitationsschrift, Halle (1965).
13. WHO, World Health Organisation: International Classification of
    Diseases I, 8. Revision (1968).
14. ZSCHOCH, H.: Probleme der Sektionsstatistik. ZBL. Path. 108, 511-
    520 (1966).

<u>Konzeption einer off-line Version der Ergänzung des AGK-Thesaurus</u>

P.Ries, V.Loy, W.Küsel, W.Fabricius

Die Erstellung des Basisthesaurus unserer Arbeitsgemeinschaft (RÖTT-
GER et al.,1973a, RÖTTGER et al.,1973b) kann zum jetzigen Zeitpunkt
als weitgehend abgeschlossen gelten.

Bisher wurde der Thesaurus in einem on-line Verfahren erstellt, das
aus Abb.1 zu ersehen ist.

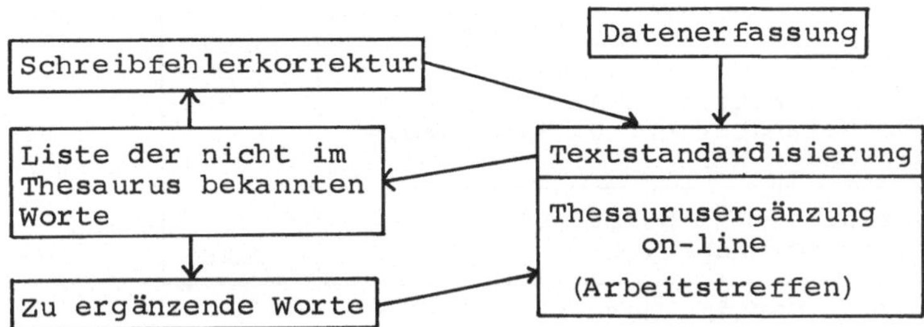

Abb. 1. Schema der bisherigen Erweiterungs-Methodik des AGK-Thesaurus

Die histologischen Befundberichte werden in den peripheren Instituten
erfaßt. Beteiligt sind die Pathologischen Institute Berlin, Frankfurt,
Hannover und Wien. Die gesammelten Daten der Befundberichte wurden
bisher in Hannover mit dem Thesaurus verglichen und Listen von nicht
im Thesaurus bekannten Worten erstellt.

In den letzten Monaten wurden diese Textvergleiche auch in Berlin
durchgeführt, wo eine Kopie des Arbeitsthesaurus zur Standardisierung
von Berliner Biopsie-Protokollen verwendet und dabei das System GOLEM
eingesetzt worden ist.

Die Liste der nicht im Thesaurus aufgefundenen Worte wurde regional
vorbearbeitet und Schreibfehler in den Befundberichten korrigiert. Die
im Thesaurus fehlenden Eingangsworte und Standardworte wurden gesammelt
und auf Wochenendsitzungen der Arbeitsgemeinschaft im on-line-Verfahren
eingegeben. Auf jeder dieser Sitzungen wurde der Thesaurus wesentlich,
d.h. in einem Bereich von etwa 1o - 15% seines Gesamtumfanges verändert
bzw erweitert.

Das von WINGERT konzipierte und programmierte Thesaurus-Updating-Pro-
gramm (RÖTTGER et al.,1973a, RÖTTGER et al.,1973b) erlaubt die Eingabe
am Bildschirm im Dialog-Verfahren. Diese Methodik hat entscheidend mit
zur Einheitlichkeit des Thesaurus beigetragen und hat die Eingabe,
Änderung, Verbesserung und überhaupt jede Manipulation am Thesaurus
- Eingangsworten, Standardworten und Facettennotationen-ermöglicht.
Diesen Vorteilen für die Erstellung des Thesaurus standen als stark
belastende und zeitweise auch verzögernde Momente der hohe Aufwand an

Personal, Zeit und Computerbeanspruchung entgegen, was aber in der nunmehr abgeschlossenen Aufbauphase wohl nicht zu umgehen war. Der Schwerpunkt dieser Arbeitstreffen lag jeweils auf der Eingabe möglichst vieler Einheiten in möglichst kurzer Zeit.

Aus unseren bisherigen Erfahrungen ergeben sich Konsequenzen für die künftigen Ergänzungen des Thesaurus.

<u>Analyse bisheriger Thesaurusergänzung</u>

Zunächst ist die Frage zu beantworten, wie groß der zu erwartende Umfang der laufenden Thesaurusergänzung ist und wie er sich nach Thesauruseinheiten aufgliedert. Das Ergebnis eines Standardisierungslaufes an histologischen Befundberichten des Pathologischen Institutes Hannover aus dem Jahr 1974 gibt hierüber Auskunft (siehe Tabelle 1).

Anzahl der Befundberichte	32079
Durchschnittliche Anzahl der pro Befundbericht zu standardisierenden Worte	8,5
Anzahl der nicht standardisierbaren Befundberichte	5185
Anzahl der im Thesaurus nicht gefundenen Worte	1998

Tab. 1. Ergebnis eines Standardisierungslaufes an histologischen Befundberichten des Pathologischen Institutes Hannover 1974

Von 32079 Befundberichten wurden 5185 (oder 16,2%) nicht standardisiert, d.h. in den nicht standardisierbaren Berichten (à 8-9 Worte) war wenigstens <u>ein</u> Wort im Thesaurus nicht aufgefunden worden. Insgesamt waren 1998 Worte nicht im Thesaurus bekannt. Wie sich diese Worte im einzelnen aufgliedern geht aus Tabelle 2 hervor. Bemerkenswert ist, daß runde 70%

Schreibfehler	1372 (68%)	
Zu ergänzen insgesamt	626 (32%)	
Standardworte		248 (12%)
Eingangsworte		378 (20%)
Summe	1998 (100%)	

Tab. 2. Aufschlüsselung der nicht im Thesaurus bekannten Worte

auf Schreibfehler zurückgehen. Die zu ergänzenden Worte sind zu einem Drittel Standardworte und zu zwei Dritteln Eingangsworte, die also schon im Thesaurus vorhandenen Standardworten zuzuordnen sind.

Aufschlussreich ist auch die Auszählung der Häufigkeit, mit der die
nicht erkannten Worte fehlen (siehe Abb. 2). Es stellt sich heraus,

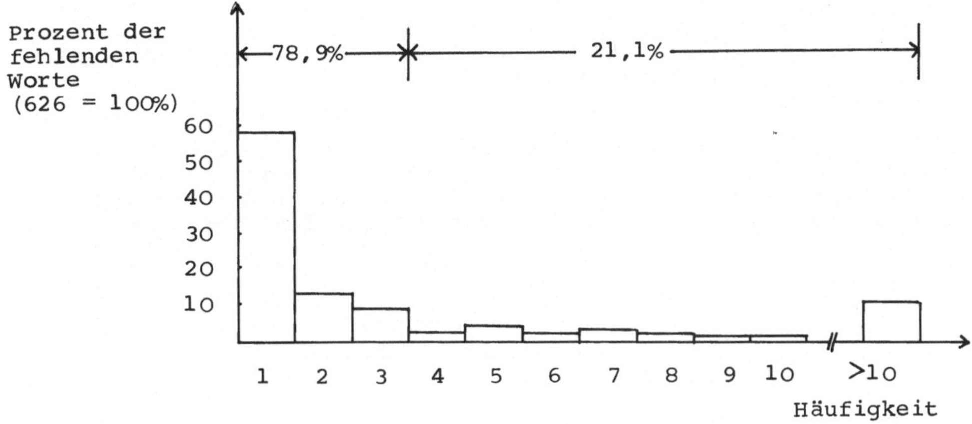

Abb. 2. Histogramm der echten Fehlworte, aufgeschlüsselt nach der
Häufigkeit ihres Auftretens

daß etwa 20% dieser Worte häufiger als dreimal vorkommen. Dieser Prozentsatz dürfte sich mit jedem Ergänzungslauf weiter reduzieren. Eine
Durchsicht der Worte, die seltener, also 1 - 3 mal nicht gefunden wurden, ergibt, daß sie auf die besonderen Formulierungsgewohnheiten der
Mediziner zurückzuführen sind. Nur ein kleiner Teil im Spektrum der
fehlenden Worte entstammt medizinischer Grundproblematik. Neue Verfahren in Diagnostik und Therapie und selten beobachtete Krankheitsbilder oder - was oft dasselbe ist - Eigennamen von klinischen Syn-
dromen sind hier in erster Linie zu nennen. Gerade die Syndrome erfor-
derten aber bei bisherigen Thesaurusergänzungen meist umfangreiche
Überlegungen, da sie über die Facettennotationen jeweils präzise
spezifiziert werden müssen.

Diese Ergebnisse lassen drei Folgerungen zu:

1. Nach dem jetzigen Stand des AGK-Thesaurus reduziert sich der Umfang
der Fehlwortliste bei zukünftigen Textstandardisierungen um 70%, wenn
Schreibfehler schon durch ein in die Routine eingebautes Verfahren
vorher eliminiert werden. Hier in Hannover ist dies dadurch möglich,
daß vor jedem Auslagern von der Magnetplatte ein Textvergleich der
Befundberichte mit dem Thesaurus durchgeführt wird. Die Schreibfehler
werden on-line noch verbessert, ehe die Befundberichte auf Magnetband
ausgelagert werden.

2. Von der Gesamtzahl der Befundberichte werden etwa 5% nicht standardisiert werden können, weil in ihnen enthaltene Worte nicht im
Thesaurus auffindbar sind.

3. Die Fehlwortliste wird bei 30.000 Protokollen etwa 450 Eingangsworte und Standardworte umfassen. Etwa 2 - 3% davon dürften Probleme
bei der Vorklassifizierung aufgeben.

Konsequenzen für die zukünftige Thesaurusergänzung

Bevor die zweite Frage angegangen wird, wie nämlich die laufende
Thesaurusergänzung in Zukunft zu organisieren ist, soll als leiten-
des Prinzip unserer Arbeit am Thesaurus herausgestellt werden, daß
die Vorbereitung der Thesaurusergänzungen weitestgehend _regional_ erfolgen soll, während die endgültige Eingabe aber _zentral integriert_
bleiben muß. Dies ist notwendig, um die Einheitlichkeit des Thesaurus
zu wahren.

Der Ablauf der künftigen Thesaurusergänzung ist in vier Phasen gegliedert, in denen sich in zeitlicher und örtlicher Distanz in den einzelnen Arbeitsgruppen ein Vorgang vollzieht, der früher während der
Arbeitstreffen im Dialog untereinander und mit dem Thesaurus erledigt
wurde (siehe Abb. 3a). In Phase 1 wird regional vorklassifiziert.

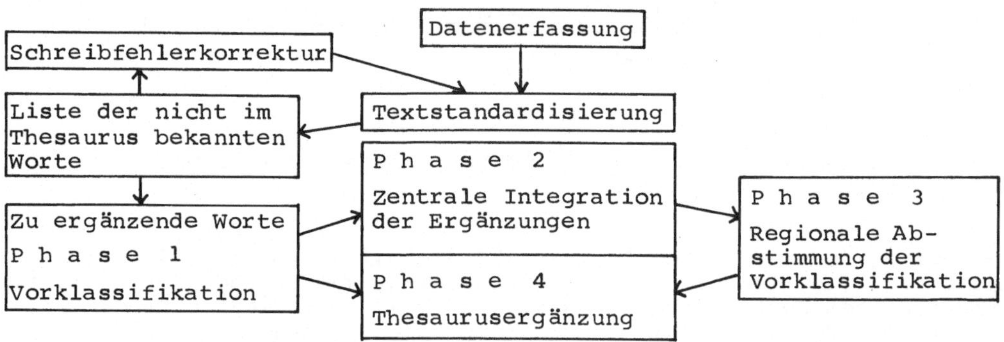

Abb. 3a. Ablauf der zukünftigen Thesaurusergänzung in vier Phasen

Phase 2 kennzeichnet die zentrale Integration der regionalen Ergänzungen, die in einer Gemeinschaftsliste gesammelt werden. In der
Phase 3 zirkuliert diese Gemeinschaftsliste und in Phase 4 erfolgt
die eigentliche Thesaurusergänzung.

Die _Textstandardisierung_ soll möglichst in den _regionalen_ Instituten
durchgeführt werden, wo jeweils Kopien des Thesaurus auf Magnetband
und als hardkopy bereitliegen. Die Schreibfehler werden in den Befundberichten korrigiert. Die Fehlwortliste wird vorklassifiziert
(Phase 1; siehe Abb. 3b). Dieser Vorgang beinhaltet, daß die vorge-

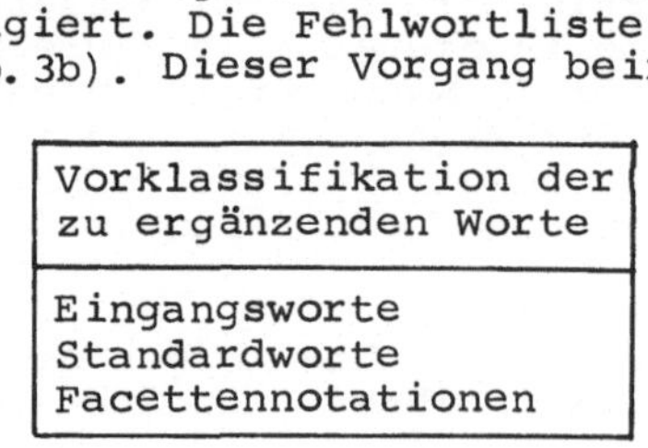

Abb. 3b. Phase 1 der zukünftigen Thesaurusergänzung

schlagenen neuen Eingangsworte durch Angabe der Schlüsselnummer den
entsprechenden Standardworten zugeordnet werden. Die Schlüsselnummer
ist dem jeweils aktuellen Thesaurusausdruck zu entnehmen. Die vorge-

sehenen neuen Standardworte müssen sowohl mit ihren zugehörigen Eingangsworten, als auch mit den Facettennotationen klassifiziert werden.

Die Liste der anfallenden Ergänzungsworte wird je nach regionaler Ausstattung auf verschiedenen Datenträgern (siehe Abb. 3c) vorliegen.

<table>
<tr><td colspan="3">Zentrale Integration
der Ergänzungen</td></tr>
<tr><td>B</td><td>Berlin:</td><td>Magnetband
Lochkarte</td></tr>
<tr><td>F</td><td>Frankfurt:</td><td>Lochstreifen</td></tr>
<tr><td>H</td><td>Hannover:</td><td>Magnetband</td></tr>
<tr><td>W</td><td>Wien:</td><td>OCR-Belegleser</td></tr>
<tr><td colspan="3">Gemeinsame Ergänzungsliste</td></tr>
</table>

Abb. 3c. Phase 2 der zukünftigen Thesaurusergänzung

Es wird die erste Aufgabe der <u>Zentralinstanz</u> in Phase 2 sein, aus diesen regionalen Listen eine zusammenfassende Liste zu erstellen. In dieser Liste sind die vorklassifizierten Eingangs- und Standardworte alphabetisch geordnet und ihrer Herkunft nach gekennzeichnet.

In Phase 3 zirkuliert diese Liste unter den beteiligten Instituten. Findet ein Vorschlag das Einverständnis aller Beteiligten, so kann das betreffende Eingangswort oder Standardwort von der <u>Zentralinstanz im Batch-Verfahren</u> eingegeben werden.

Für künftige Anwendungen des AGK-Systems erscheint wichtig, daß nach der Standardisierung eines kompletten Jahrgangs von Biopsieberichten eines größeren Pathologischen Institutes lediglich 10 bis 15 Begriffe anfallen, die einer eingehenden Erörterung vor ihrer Eingabe in den Thesaurus bedürfen. Hierfür sollte entsprechend den in Hannover bisher durchgeführten Sitzungen der Arbeitsgemeinschaft eine <u>Gemeinschaftskonferenz</u> am Ort der Zentralinstanz einberufen werden. Frei vom Ballast der Routineeingaben bestünde jetzt ausgiebige Gelegenheit zur Diskussion strittiger Begriffe und zur intensiven Befragung des Thesaurus, die on-line viel zeitsparender ist als am voluminösen Thesaurusausdruck. Solche Arbeitstreffen sind ohnehin notwendig, um Fragen der Thesaurus-Reorganisation und der Textauswertung abzuklären.

<u>Zusammenfassung</u>

Aus unseren bisherigen Erfahrungen bei der Arbeit mit dem AGK-Thesaurus ergab sich eine neue Konzeption der Thesaurusergänzung. Mit Hilfe von Kopien des Thesaurus werden regional Textstandardisierungen durchgeführt und Fehlworte im Thesaurus vorklassifiziert. Die zentrale Instanz erstellt daraus eine gemeinsame Ergänzungsliste, die unter den Arbeitsgruppen zirkuliert. Problemlose Begriffe werden dann zentral im Batch-Verfahren eingegeben, während strittige Begriffe auf Gemeinschaftssitzungen abgeklärt werden. Dieses Vorgehen sichert die Einheitlichkeit des Thesaurus, hält den Thesaurus jeweils auf dem neuesten Stand und führt zu einer Entlastung der Zentralinstanz.

<u>Literatur</u>

RÖTTGER, P., WINGERT, F., FEIGL, W., GRAEPEL, P., RIES, P., SCHALK, D.,
GROSS, U.M., MATAKAS, M.: Konzeption und Organisation des AGK-The-
saurus. In: Datenverarbeitung in der Medizin; Bericht über das
Symposion über Klartextanalyse in der Medizin (1). Wien, 22.6.1973
Hrsg. Fa. Siemens AG. S. 52-60. Erlangen 1973.
RÖTTGER, P., WINGERT, F., FEIGL, W., GRAEPEL, P., GROSS, U.M., RIES, P.,
MATAKAS, M.:Structure and Development of a Thesaurus for Accomodation
of Autopsy and Biopsy Records to Automatic Free Text Evaluation.
Vortrag; IV. Kongress der Europäischen Gesellschaft für Pathologie.
Budapest, 21.IX.1973.

Die Erstellung eines Link-Thesaurus zur differenzierten Implikations-
erschließung in der Medizinischen Klartextverarbeitung

P. Röttger, W. Küsel

Frühere Untersuchungen (3,5,6) sowie auch kürzlich durchgeführte Vergleiche (1) haben es zweckmäßig erscheinen lassen, daß medizinische
Routine-Befundtexte nicht nur ihrem Wortlaut nach mit dem AGK-Thesaurus
(8) verglichen und damit standardisiert werden. Aus Aspekten eines Re-
trievals, das sich an Bedürfnissen der Praxis orientiert, hat bereits
bei der Übertragung in die Speicherform eine gewisse Umstrukturierung
nach dem Wortsinn zu erfolgen. Dabei bleibt der Grundvorgang - der wort-
weise Abgleich mit dem Eingangswortregister des Thesaurus - weiterhin
der Ausgangspunkt jeder automatischen Textstandardisierung. Der im folgenden besprochene Link-Thesaurus - definierbar auch als "strukturierter
Thesaurus-Appendix" - gliedert sich in 5 Listen, die unterschiedliche
Funktionen haben und auf die in unterschiedlicher Weise zugegriffen wird.

LINK I
Korrektur-Erweiterung

Diese erste Liste dient dazu, den Schreibfehleranfall bzw. die bei Be-
wältigung des Schreibfehleranfalls einer Textmenge anstehenden Korrek-
turvorgänge für künftige Standardisierungen anderer Textmengen zu nutzen.
In diesem Zusammenhang muß man sich vor Augen führen, daß die Anwendung
des AGK-Thesaurus so erfolgt, daß immer wieder Berichtskollektive unterschiedlichen Inhalts, unterschiedlicher Länge und unterschiedlicher Herkunft standardisiert werden müssen. Bei jedem dieser Vorgänge wird eine
Schreibfehlerwortliste erstellt, die jeweils einem Gesamtkorrektur-Pool
- dem Link I - zugeführt wird. Bei allen folgenden Standardisierungsvor-
gängen wird ein Fehlwort - also ein wegen eines Schreibfehlers nicht in
der Eingangsliste des Thesaurus auffindbares Wort - zunächst auf sein
Vorkommen im Gesamtpool überprüft. Wird es dort aufgefunden, so kann
die Übertragung in den betreffenden Standardbegriff des Thesaurus erfolgen.
Die Funktion dieses ersten Link ist es, zu erreichen, daß gleiche Korrekturen nur einmal innerhalb des AGK-Systems vorgenommen werden müssen.
Wir gehen dabei von der Annahme aus, daß Schreibfehler meist keine zu-
fälligen Ereignisse sind, sondern daß sie sich aufgrund bestimmter Si-
tuationen im Routinebetrieb wiederholen.

Dieser Link kann und soll einen automatischen Korrekturvorgang für
Schreibfehler nicht ersetzen, seine Intention ist auf die "automatisch
nicht korrigierbaren" Schreibfehler ausgerichtet.

LINK II
Vervollständigung der Statement-Abgrenzung

Diese Wortliste besteht aus einer Untermenge von Begriffen aus der Fa-
cette 5 des AGK-Thesaurus ("Varia"). Sie enthält die sogenannten Satz-
Trennworte, bei denen es sich meist um Konjunktionen und Präpositionen
handelt ("und", "sowie", "ferner", "mit", "unter", "nach", usw.). Das
Ziel des Aufsuchens dieser Trennworte ist es, eine nicht immer optimale
Formulierung im Primärtext (sogenannte Schachtelsätze) so auszugleichen,
daß trennbare - i.e. logisch voneinander abgrenzbare - Sachverhalte voneinander auch formal abgetrennt werden. Fallen hierbei Teilsätze an, die
keine Lokalisations- oder Befund-Begriffe enthalten, so werden diese

tragenden Begriffe von dem vorangegangenen Teilsatz übernommen. Dieses
Verfahren entspricht im Prinzip dem Vorgehen bei Erschließung der Histologie - Befunde, bei denen diagnostische Begriffe immer wieder auf
einen - ˙den vorangestellten - Lokalisationsbegriff bezogen werden (7).
Eine ähnliche Problemlösung ist bereits 1973 von SCHALK, ARNDT und
GIERE (9) für Befundtexte aus dem Bereich der inneren Medizin angegeben
worden.

Das Verfahren läßt sich - die obigen Zusatzkorrekturen vorausgesetzt -
auf folgenden einfachen Nenner bringen: Logisch zusammengehörige medizinische Sachverhalte stehen als Statements zwischen Punkt und Punkt (4);
Trennworte werden analog dem Trennzeichen behandelt.

LINK III
Identifizierung der Mehrwortbegriffe (MWB)

In der medizinischen Fachsprache gibt es eine Reihe von Begriffen, die
sich meist aus zwei oder drei, gelegentlich auch aus mehr Einzelworten
zusammensetzen. Bei diesen Mehrwort-Begriffen (MWB) handelt es sich sowohl um Lokalisations- als auch um Befundbegriffe. Das Zusammenführen
der Wortelemente zur Begriffseinheit erfolgt im AGK-System zunächst
pragmatisch: Man nutzt eindeutige Wortelemente, die bei der Standardisierung als pars pro toto (pars pro MWB) behandelt werden (Beispiel:
Von dem 2-Wort-Begriff "Morbus Crohn" kann das Element "Crohn" als Ein-
wortbegriff behandelt werden, durch die Nichtberücksichtigung des Ele-
ments "Morbus" tritt kein Informationsverlust ein, gleiches gilt für
das Element "Choledochus" von "Ductus Choledochus", usw.). Dieses Verfahren ist bei fast 50 % der MWB möglich. Bei den übrigen MWB lassen
sich zwei Typen unterscheiden: 1. MWB, die den gleichen Sinn ergeben,
unabhängig von der Form, in der sie gebraucht werden - ob als komplexer
Einwort-Begriff (compound word) oder als String von Wortelementen (Beispiel: "Magencarcinom", facettiert mit "Magen", "Carcinom" und "Carcinom des Magens", standardisiert auf "Carcinom""Magen"). Dieser Typ der
MWB - etwa weitere 20 % - bedarf keiner differenzierteren Standardisierung, wohl aber 2. der verbleibende Rest von etwa 30 % der "echten MWB",
deren Erschließung mit diesem Thesaurus-Link erfolgt:
Die Einzelwortelemente dieser MWB sind sowohl im Thesaurus als auch im
MWB-Link aufgelistet. Im AGK-Thesaurus liegen sie als Strings von Facettennotationen vor, die zwei unterschiedlichen Typen von Standardisie-
rungsbegriffen zugeordnet sein können:
a) als fakultative MWB den komplexen Einwortbegriffen, d.h. den im Deutschen so beliebten Wortzusammensetzungen (Beispiel: die Wortelemente
   "ulcus" und "ventricel" - letzteres standardisiert aus "ventriculi"
   und wegen "Herzventrikel" und "Hirnventrikel" nicht mit "Magen" über-
   setzbar - mit dem zusammengesetzten Begriff "Magenulcus").
b) als obligate MWB den slash-terms des AGK-Thesaurus, d.h. Kunstworten,
   die aus Morphemen von Wortelementen zusammengesetzt sind, wobei diese Morpheme durch das slash-Zeichen ("/") voneinander abgegrenzt
   sind (Beispiel: "chronisch", "aggressiv" und "Hepatitis" zu dem
   slash-term "HEPATITIS/CHRON/AGGRESS").

Einzelelemente, Strings und Standardbegriffe der echten MWB sind im
MWB-Link aufgelistet.

Mit diesem Link wird das Übereinstimmen von Wortelementen-Strings in
den Diagnose-Sätzen der Befundtexte und im MWB-File geprüft. Wird ein
String gefunden, so erfolgt die Zuordnung des Standardbegriffes im AGK-
Thesaurus. Mit diesem Begriff ist die Schnittstelle für die komplette
Facettierung gegeben (Beispiele: a) zu "ulcus" und "ventricel" der Standardbegriff "Magenulcus" mit dem Lokalisationsbegriff "Magen", b) zu
"chronisch", "aggressiv" und "Hepatitis" der Standardbegriff"HEPATITIS/

CHRON/AGGRESS" mit dem Befund-Oberbegriff "INFLAM/AUTOIMMUN").

Diese Identifizierung und nachfolgende Standardisierung von Wort-Strings ist identisch mit der 2. Phase in der biphasischen Standardisierung der AGK-Konzeption (8). Sie schafft die Voraussetzungen für ein ökonomisches Retrieval, sie erbringt die Schnittstellen zu anderen Systemen wie ICD, SNOP bzw. SNOMED. Die Nutzung dieser Systeme erscheint andererseits auch möglich für die Vervollständigung dieses MWB-Link, wobei insbesondere die Lokalisationsbegriffe infrage kommen. Bei den Finding-Begriffen (z.B. bei MWB von Lymphomen, Glomerulonephritiden, Hepatitiden, Gefäßerkrankungen usw.) erscheint meist die Voraussetzung - eine hinreichende Aktualität dieser Systeme - nicht gegeben.

LINK IV
Statement-Gewichtung

In unserem ursprünglichen Konzept (4) sind wir davon ausgegangen, daß die Klartextverarbeitung sich nur auf "harte" positive Befunddaten erstrecken sollte (z.B. auf die Diagnose-Auflistung bei Sektionsprotokollen). Negationen und differentialdiagnostische Erwägungen sollten auf den in unstrukturiertem Freitext abgefaßten Abschnitt "Epikrise" beschränkt bleiben. Bei näherer Analyse der angewandten medizinischen Nomenklatur im Routine-Kommunikations-Bereich ließ sich diese Konzeption nicht halten. SCHALK (9) hat bei Befundtexten aus der inneren Medizin, GELL und BECKER (2) haben bei Auswertung von Biopsie-Befundtexten eine Berücksichtigung von Negationen vorgesehen. Unser jetziges Konzept mit diesem Link geht über diese Verfahren hinaus. Wir gehen davon aus, daß im Routine-Betrieb Befundtexte aus "harten" und "weichen" Statements bestehen. Bei den harten Statements gibt es die positive - unser konventionelles Textsubstrat - und die negative Feststellung von Sachverhalten. Bei den weichen Statements gibt es im wesentlichen zwei Abstufungen - einmal der Komplexbegriff "Wahrscheinlichkeit" einer Diagnose, der näher am positiven, zum anderen der Begriff "Möglichkeit", der zumindest ebenso nahe auch am negativen Statement liegt. Dieser Thesaurus-Link besteht aus einer Liste von Einzelworten und Wort-Strings, die eine Klassifikation von Statements im Sinne von positiv (keine Einschränkung), wahrscheinlich, möglich und negativ bedingen. Nach Erkennung in den Diagnosesätzen werden die Statements entsprechend dieser 4-Stufen-Skala markiert. Die daraus resultierende Möglichkeit einer differenzierten Behandlung von unterschiedlich gewichteten Statements im Rahmen eines Retrieval erscheint uns vor allem für retrospektive Studien über diagnostische Probleme bedeutsam.

LINK V
Quantifizierende Modifier

Ziel dieses Link ist die Normierung quantitativer Angaben über die Ausdehnung pathologischer Prozesse. Im medizinischen Routine-Betrieb werden diesbezüglich von den Befundern raum- oder flächenbezogene Angaben gemacht - teils numerisch (mm oder cm) über den Durchmesser oder über Höhe x Länge x Breite bzw. Länge x Breite, teils nichtnumerisch mit den Methoden des Bildvergleichs (Früchte, Kerne, Samen, Eier usw.). Ein reglementierender Eingriff in diese Benennungssystematik erscheint uns weder möglich noch notwendig, da die Genauigkeit beider Verfahren sich die Waage zu halten scheint. Um diese Informationen in ein einheitliches Dimensionsschema zu überführen, ist dieser Link in eine flächenbezogene F-Skala und in eine raumbezogene R-Skala unterteilt. Für praktische Bedürfnisse erscheint eine Unterteilung in 10 Stufen hinreichend, die bei Auswertungen auch zusammengefasst werden können. Beiden Skalen sind sowohl die numerischen als auch die nichtnumerischen quantifizierenden Mo-

difier als Listen zugeordnet. Durch Vergleich der Angaben in den Diagnosesätzen mit diesen Listen erfolgt die Klassifikation nach der F- bzw.
R-Kategorie. Bei einem Retrieval können dann aus größeren Befundkollek-
tiven Subkollektive von Befunden gleicher oder unterschiedlicher Größe
gebildet werden (z.B. gleichartige oder verschiedenartige Tumore), mit
dem Ziel, diese Subsets auf weitere Befunde (z.B. Metastasierungsten-
denzen) zu untersuchen bzw. zu vergleichen. Die bisher eingeführten
Informationssysteme für medizinische Befunde (ICD, SNOP, SNOMED) sehen
eine derartige Informationsauswertung nicht vor.

Zusammenfassend stellt sich der Ablauf der differenzierten Verarbeitung
medizinischer Befundtexte durch Kombination des AGK-Thesaurus mit diesem
Link-Thesaurus folgendermaßen dar: Als erstes erfolgt der Abgleich der
Einzelworte im Textkollektiv mit dem E-File des AGK-Thesaurus. Die an-
fallende Fehlwortliste wird über den LINK I auf bereits bekannte Korrekturen überprüft. Danach werden die unbekannten (neuen) Fehler korrigiert
und der Thesaurus wird um die neuen Eingangs- und Standardbegriffe ergänzt. Nachdem damit die Wortauffindung in den Texten abgeschlossen ist,
erfolgt über den LINK II die Verbesserung der Textstruktur durch Abgrenzung zusätzlich abgrenzbarer Sachverhalte. An diesen Diagnosesätzen
erfolgt über den LINK III die sekundäre Standardisierung, d.h. die Erschließung der echten Mehrwortbegriffe. Um Auswertungsfehler zu vermeiden und um zusätzliche Auswertungsmöglichkeiten zu erschließen, werden
die Diagnosesätze über den LINK IV hinsichtlich ihrer diagnostischen
Härte markiert, sofern negierende oder abschwächende Angaben vorliegen.
Abschließend erfolgt mittels des LINK V die Übertragung der quantifizierenden Angaben über die Krankheitsprozesse in einheitliche Dimensions-
schemata. Damit haben die Texte ihre Speicherform erhalten.

Literatur

1. FEIGL, W., RÖTTGER, P., KÜSEL, W., KÖBERL, D.: Retrospektive und pro-
   spektive Untersuchungen zur Mortalitätsstatistik mit Methoden der
   Klartextanalyse. Im gleichen Bd., s.o.
2. GELL, G., BECKER, H.: Klartextanalyse pathologischer Biopsiebefunde
   mit Bildschirmabfrage. Meth. Inf. Med. 12, 10 - 16 (1973).
3. LÜHR, M.: Möglichkeiten der Klartextanalyse mit elektronischen Rechenanlagen, aufgezeigt an malignen Tumoren von Uterus, Ovar und
   Mamma. Dissertation, Frankfurt a.M. (1972).
4. RÖTTGER, P., REUL, H., KLEIN, I., SUNKEL, H.: Die vollautomatische
   Dokumentation und statistische Auswertung pathologisch-anatomischer
   Befundberichte. Meth. Inf. Med. 8, 19 - 26 (1969).
5. RÖTTGER, P., REUL, H., SUNKEL, H., KLEIN, I.: Neue Auswertungsmöglichkeiten pathologisch-anatomischer Befundberichte. Klartextanalyse durch Elektronenrechner. Meth. Inf. Med. 9, 35 - 44 (1970).
6. RÖTTGER, P.: Die Klartextanalyse pathologisch-anatomischer Befundberichte durch Elektronenrechner. Verh. Dtsch. Ges. Path. 54, 582 -
   588 (1970).
7. RÖTTGER, P., KLEIN, I., HERRMANN, B., KÜSEL, W.: Die offline Erfassung von Autopsie-Berichten des Senckenbergischen Zentrums der Pathologie der Universität Frankfurt in Kooperation mit der Abteilung
   für Medizinsche Informatik der Medizinischen Hochschule Hannover.
   Symposium über Klartextanalyse in der Medizin, Wien 1973, Schriftenr.
   Fa. Siemens, Datenverarb. Med. 1, 106 - 118 (1974).
8. RÖTTGER, P., WINGERT, F., FEIGL, W., GRAEPEL, P., RIES, P., SCHALK,
   D., GROSS, U.M., MATAKAS, F.:
   a) Konzeption und Organisation des AGK-Thesaurus. Symposium über
      Klartextanalyse in der Medizin, Wien 1973, Schriftenr. Fa. Sie-
      mens, Datenverarb. Med. 1, 52 - 60 (1974).
   b) Structure and Development of a Thesaurus for Accommodation of

Autopsy and Biopsy Records to Automatic Free Text Evaluation.
IV. Congr. Europ. Soc. Path., Budapest (1973).
9. SCHALK, D., ARNDT, F.J., GIERE, W.: Erfahrungen bei der Anwendung
des AGK-Thesaurus im Bereich der inneren Medizin. Symposium über
Klartextanalyse in der Medizin, Wien 1973, Schriftenr. Fa. Siemens,
Datenverarb. Med. $\underline{1}$, 76 - 83 (1974).

Laufende Überwachung der Handverschlüsselung von Diagnosen mit Hilfe einer automatischen Nachverschlüsselung

THURMAYR, R., STRÖHLEIN, I. und OHNGEMACH, D.

Institut für Medizinische Datenverarbeitung der Gesellschaft für Strahlen- und Umweltforschung mbH, 8 München 81, Arabellastraße 4/I

1. Arbeitsweise des Klartextanalysenprogramms

Unserem Programm für Klartextanalyse liegt das Informationssystem ISIS zugrunde, das hierbei passiv aufgerufen wird. Das Klartextanalysenprogramm erkennt in einem eingelesenen Freitextsatz z.B. für Diagnosenbezeichnung die Wörter durch Suchen nach Trennzeichen. Trennzeichen sind Blank und Sonderzeichen. Im nächsten Schritt werden die nicht signifikanten Wörter aufgrund eines Negativkatalogs ausgesondert. Bei Einsatz des Programms für Diagnosenbezeichnung stehen im Negativkatalog Artikel, Stärke- (starke, erhebliche, totale usw.), Richtungs- und Seitenangaben (zentral, ventral, äußere usw.).

Nun wird mit indexsequentiellem Zugriff in der ISIS-Verweisdatei gesucht, in welchen Hauptdateisätzen das signifikante Wort vorkommt (Abb.1). Wird solch ein Hauptdateisatz gefunden, wird das nächste Wort des Freitextes mit dem Operator "Und" verknüpft, d.h. die Hauptdateisätze werden durch Adressenvergleich auf die Sätze reduziert, deren Adressen für beide Wörter gleich sind. Das Verfahren wird solange wiederholt, bis nur mehr ein Hauptdateisatz als Zielinformation vorliegt. Führt eine "Und"-Verknüpfung auf eine Zielinformationsmenge gleich leer, so wird diese "Und"-Verknüpfung ignoriert.

Bei dieser Suche gibt es dann folgende 4 Ausgänge:

1. Kein Hauptdateisatz gefunden

2. Ein Hauptdateisatz gefunden

3. Mehrere Hauptdateisätze nur in einem Zwischenschritt gefunden

4. Mehrere Hauptdateisätze endgültig gefunden.

Beim Einsatz des Freitextanalysenprogramms zur Verschlüsselung von Diagnosenbezeichnungen steht in einem Hauptdateisatz vor der Diagnosenbezeichnung die gesuchte Schlüsselnummer (Abb.2). Eine Schlüsselnummer kann in mehreren Hauptdateisätzen mit Synonymen für die Diagnosenbezeichnung sowie speziellen Kliniksausdrücken vorhanden sein. Wird _ein_ Hauptdateisatz bzw. _eine_ Schlüsselnummer gefunden, so wird ein eindeutiges Ergebnis erreicht. Ein falsch positives Ergebnis entsteht dann, wenn ein für diese Diagnosenbezeichnung insignifikantes Wort eine scheinbare Eindeutigkeit vorzeitig herbeiführt. Bei mehreren Hauptdateisätzen mit ungleicher Schlüsselnummer am Ende der Suche oder in einem Zwischenschritt werden wenigstens eine stark reduzierte Anzahl von Schlüsselnummern zur Verschlüsselung angeboten. Ein echt negativer Fall, d.h. es existiert keine Schlüsselnummer für die Diagnosenbezeichnung, dürfte bei einer aktuell geführten Datei selten vorkommen. Wurde also kein Hauptdateisatz gefunden, so zählt dies meist zu den falsch negativen Fällen, deren Häufigkeit von der Vollständigkeit der Hauptdatei abhängt. Die Relation Vollständigkeit und Umfang der Datei ist am Kriterium der Häufigkeit der Worte in den eingehenden Freitexten zu optimieren.

2. Einsatz der Klartextanalyse für die Kontrolle der Handverschlüsselung

Wegen dieser Schwierigkeiten wurde das Klartextanalysenprogramm in einem ersten Schritt für die automatische Kontrolle der Handverschlüsselung von Diagnosen eingesetzt. Bei der Erstellung des halbautomatischen Arztbriefes erhalten wir die Diagnosenbezeichnung des Arztes als Freitext und die dazugehörige Diagnosenschlüsselnummer entsprechend dem ICD/E von IMMICH, welche die Dokumentationsassistentin eingegeben hat. Das vorgehend beschriebene Programm führt die oben beschriebene Analyse des Diagnosen-Freitextes durch, wobei zusätzlich verglichen wird, ob die gefundenen Schlüsselnummern in den Hauptdateisätzen mit der eingegebenen Schlüsselnummer übereinstimmen (Abb.3). Wir haben hierbei folgende Ausgänge, wobei die Häufigkeit des Ausganges unter 2131 verschlüsselten Diagnosen in Klammern angegeben ist (Abb.1):

1. Keine Schlüsselnummer gefunden (21%)

2. Die eingegebene Schlüsselnummer stimmt mit der gefundenen Schlüsselnummer überein (54%)

3. Die eingegebene Schlüsselnummer stimmt in einem Zwischenschritt oder am Ende mit einer von mehreren gefundenen Diagnosennummern überein (12%)

4. Eingegebene und gefundene Schlüsselnummern sind ungleich (13%)

Diesem Ergebnis liegen 925 Hauptdateisätze zugrunde. Der Eingabefreitext stammt aus der halbautomatischen Erstellung von Arztbriefen in der Unfallchirurgie. Bei diesem Verfahren werden 66% der Diagnosen (Ausgang 2 und 3) automatisch kontrolliert. Die Fehler liegen im Bereich des Ausganges 4. Diese Fälle müssen optisch überprüft werden. Wir fanden 1,8% Fehler bezogen auf die 1437 überprüften Diagnosen.

Einige Sonderfälle bei der automatischen Verschlüsselung sollen angeführt werden:

1. Eine Diagnosenbezeichnung enthält 2 Diagnosen ("Cholelithiasis mit chronischer Cholecystitis")

   Lösung: Neubeginn der Suche in einem Diagnosenstatement, nach Erreichen einer eindeutigen Schlüsselnummer. Der Suchbeginn wird durch Hinweiswörter im Freitext erleichtert (z.B. gleichzeitig, zusammen mit, kompliziert durch, begleitet von).

2. In einer Diagnosenbezeichnung bezieht sich eine Pathikangabe auf 2 Lokalisationsangaben (oder umgekehrt). ("Platzwunden an Ober- und Unterschenkel" oder "Schürfwunden und Prellungen im Gesicht".) Diese Kombination ist durch Hinweise im Freitext - etwa nicht abdruckbare Zeichen - lösbar.

3. Nicht signifikante Wörter sind für bestimmte Diagnosen signifikant z.B. "rechts, links, beidseitig", da es Schlüsselnummern für einseitige und für beidseitige Rippenserienfrakturen gibt. Hier ist ein Eintrag im Negativkatalog nötig.

4. Eine medizinische Diagnose ergibt in der Dokumentationssprache 2 Schlüsselnummern, wie "Offene Fraktur"; dies kann durch Hinweise in der Hauptdatei abgefangen werden.

5. 2 medizinische Diagnosen fallen unter eine Schlüsselnummer, wie "Prellung und Haematom am Unterschenkel". Dieser Fall

führt bereits bei der jetzigen Programmstruktur zu einer Eindeutigkeit.

6. Der Arzt hat die Diagnose nicht genügend spezifiziert: Es
   wird keine Eindeutigkeit erreicht.

3. Vergleich der automatischen mit der optischen Kontrolle der Hand-verschlüsselung

Die Fehlerrate bei der Diagnosenverschlüsselung liegt mit 1,8% so
niedrig, da wir die Diagnosenverschlüsselung vorher optisch mit
Hilfe einer Decodierliste überprüfen (Abb.4). Die Decodierliste,
die von der EDVA ausgedruckt wird, enthält vergebene Schlüsselnummer, Vorzugsbezeichnung lt. Schlüssel und Freitext des Arztes. Der
kontrollierende Dokumentationsarzt hat darauf zu achten, ob die
Freitextbezeichnung innerhalb der Schlüsselnummer liegt und ob der
Schlüssel fein genug angewandt wurde. Durch diese optische Kontrolle fanden wir 146 Verschlüsselungsfehler bei 2131 Diagnosen; 26
weitere wurden durch die halbautomatische Kontrolle entdeckt. Da
ein Fünftel der Diagnosen automatisch nicht überprüft wurde (Ausgang 1), dürften unter Annahme der Gleichverteilung noch 5 Fehler
und damit insgesamt 177 im Diagnosenmaterial liegen. Durch die optische Kontrolle wurden also 82% der Fehler entdeckt.

Würde die maschinelle Verschlüsselung in halbautomatischer Form,
d.h. durch Nachkontrolle der auffällig ausgewiesenen Fälle (Ausgang 4) zuerst angewandt werden, so würden 1437 Diagnosen überprüft
und 119 Fehler gefunden, d.h. 68%. Die optische Kontrolle ist also
bei dem jetzigen Stand der Hauptdatei effektiver als die halbautomatische Kontrolle, wenn auch mit dem achtfachen Arbeitsaufwand.
Durch die Hintereinanderschaltung von optischer und halbautomatischer Kontrolle konnten 97% der Fehler aufgedeckt werden.

Die optische Kontrolle hat den zusätzlichen Vorteil, daß auch auf
Plausibilität zwischen Diagnosen, Operationen und postoperative
Komplikationen geachtet werden kann und Reihenfolgefehler sowie
Verstöße gegen die Zusatzschlüssel erkannt werden. Diese Funktion
hoffen wir durch ein Programm teilweise zu automatisieren, das in
der Basisdatenbank sucht, wieviele Patienten vorhanden sind, die
das gleiche Diagnosen- und Operationsmuster wie der zu prüfende
Patient haben. Findet man mehrere Patienten mit dem gleichen Muster,
so ist anzunehmen, daß solch eine Kombination von Diagnosen und
Operationen plausibel ist.

Der Einsatz des Klartextanalysenprogramms zur automatischen Verschlüsselung würde eine Trefferrate von 54% und in der halbautomatischen Form von 66% bringen. Demgegenüber hat die Handverschlüsselung eine Trefferrate richtig verschlüsselter Diagnosen von 91% bei
doppeltem Arbeitsaufwand.

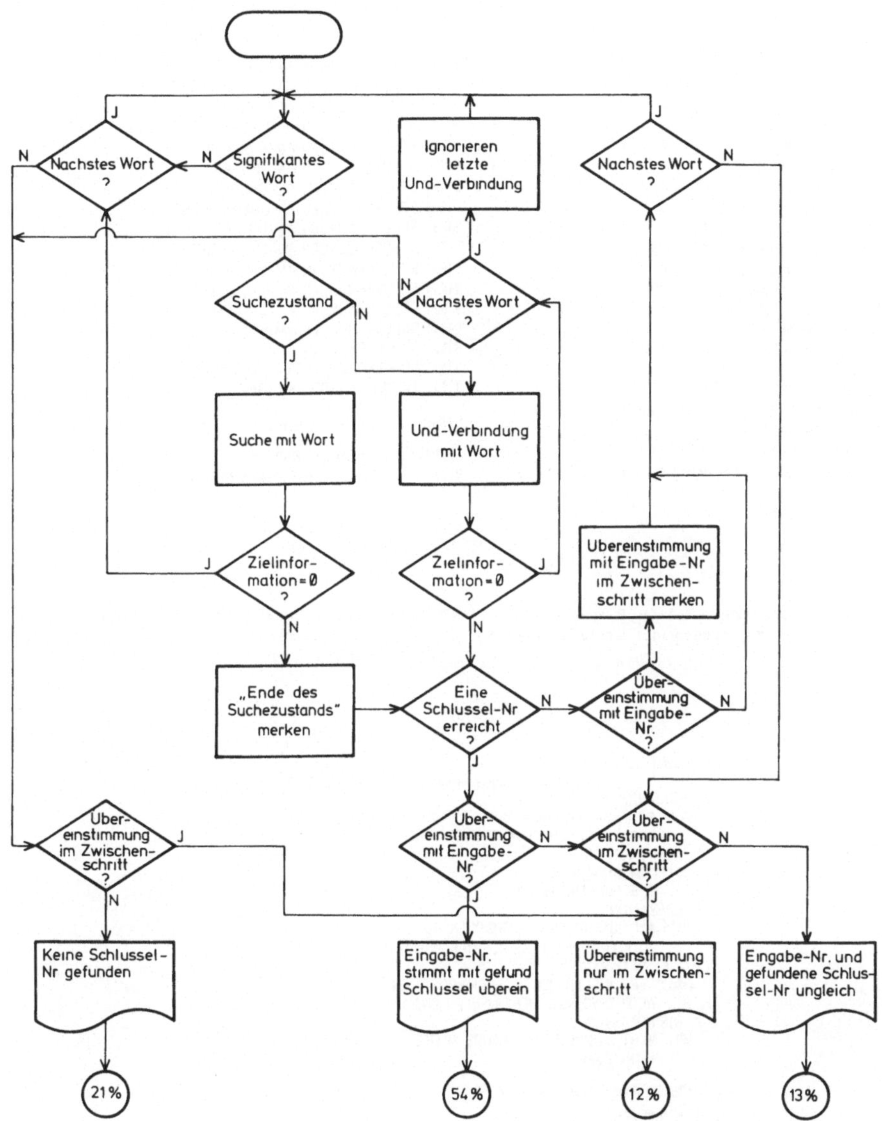

Abb. 1: Flußdiagramm der automatischen Verschlüsselungskontrolle

82311 UNTERSCHENKELBRUCH
82311 UNTERSCHENKEL-BRUCH
82311 UNTERSCHENKELFRAKTUR
82311 UNTERSCHENKEL-FRAKTUR
82311 UNTERSCHENKEL-DREHBRUCHFRAKTUR
82311 UNTERSCHENKEL-TRUEMMER-FRAKTUR
82311 UNTERSCHENKEL-TRUEMMERFRAKTUR
82311 UNTERSCHENKEL-STAUCHUNGSFRAKTUR
82311 TIBIA-UND FIBULA-FRAKTUR
82312 TIBIAKOPFFRAKTUR
82312 TIBIAKOPF-FRAKTUR
82321 TIBIA-FRAKTUR
82321 TIBIASCHAFTBRUCH
82321 INTRAATICULAERE TIBIASTAUCHUNGSFRAKTUR
82321 TIBIATRUEMMERFRAKTUR
82331 HOHE FIBULAFRAKTUR
82331 SUBCAPITALER FIBULA-TRUEMMERFRAKTUR
82331 FIBULAFRAKTUR
82331 FIBULASCHAFTFRAKTUR

91411 SCHUERFWUNDEN AM LINKEN HANDRUECKEN

SUCHFRAGE MIT WORT=SCHUERFWUNDEN

GEFUNDEN FOLGENDE 16 KAPITEL:
91011 SCHUERFWUNDEN AN DER SCHLAEFE
91011 SCHUERFWUNDEN IM GESICHT
91011 SCHUERFWUNDEN IN DER GESICHTSHAELFTE
91021 SCHUERFWUNDEN AM AUGENLID
91131 SCHUERFWUNDEN AM THORAX
91141 SCHUERFWUNDEN AM BAUCH
91211 SCHUERFWUNDEN AN DER SCHULTER
91231 SCHUERFWUNDEN AM OBERARM
91311 SCHUERFWUNDEN AM ELLENBOGEN
91411 SCHUERFWUNDEN AM HANDRUECKEN
91411 SCHUERFWUNDEN AN HAENDEN
91621 SCHUERFWUNDEN AM BECKENKAMM
91641 SCHUERFWUNDEN AM KNIE
91651 SCHUERFWUNDEN AM UNTERSCHENKEL
91661 SCHUERFWUNDEN AM INNENKNOECHEL
91711 SCHUERFWUNDEN AM FUSS

VERKNUEPFUNG MIT WORT=HANDRUECKEN

GEFUNDEN FOLGENDES KAPITEL:
91411 SCHUERFWUNDEN AM HANDRUECKEN

MANUELLE UND AUTOMATISCHE VERSCHLUESSELUNG STIMMEN UEBEREIN

Abb. 2: Auszug aus der Hauptdatei fur Diagnosenbezeichnungen mit zugehoriger Schlusselnummer

Abb. 3: Liste der automatischen Verschlusselung fur eine
Diagnosenbezeichnung mit Vergleich zur manuellen
Verschlusselung

PATIENT: GRABNER 19.12.74
                    C-ZAHL-FEHLER +++++++++++++++03104376755
1. DIAGNOSE
82021 SCHENKELHALSFRAKTUR
        MEDIALE SCHENKELHALSFRAKTUR RECHTS
1. KOMPLIKATION
45011 LUNGENEMBOLIE
        EINE LUNGENEMBOLIE
1. OPERATION
 3615 AM HUEFTGELENK, ARTHROPLASTIK
        TOTALENDOPROTHESE RECHTES HUEFTGELENK
1. RISIKOFAKTOR
43863 HERZ,INSUFFIZIENZ, DEKOMPENSATION
        ALTERSBEDINGTE HERZINSUFFIZIENZ
2. RISIKOFAKTOR
14011 BLUTGERINNUNGSHEMMENDE MITTEL
        MARCUMAR

PATIENT: BUCHMANN 19.12.74
1. DIAGNOSE
92241 BRUST HAEMATOM TRAUMATISCHES, BRUST BLUTERGUSS
        RIPPENPRELLUNG RECHTER THORAX
2. DIAGNOSE
80848 --------UNBEKANNTE DIAGNOSEN-NR.----------
        FRAKTUR RECHTES UND LINKES SITZBEIN
3. DIAGNOSE
78639 HARNABGANG UNWILLKUERLICHER
        HARNWEGSINFEKT

Abb.4. Decodierliste fur die optische Fehlerkontrolle

        Der Klartext neben der Schlusselnummer ist die Vorzugsbe-
        zeichnung des Schlussels, der Klartext in der Zeile darunter
        ist der vom Arzt diktierte Freitext.

Adaptationsprobleme beim Einsatz interaktiver Datenverarbeitungs-Systeme in der Medizin

Wolters, E., Böhme, G.

In den letzten Jahren hat es in der Medizinischen Informatik wie auch
auf anderen Gebieten der Datenverarbeitung einen zunehmenden Trend zur
Anwendung interaktiver Systeme gegeben. Diese Entwicklung, die durch die
fortschreitende Technologie der Hard- und Software ermöglicht wurde,
schuf für eine große Zahl von Datenverarbeitungsapplikationen in der
Medizin überhaupt die Voraussetzungen, da erst die interaktive Kommunikation des Anwenders mit dem Computersystem für eine adäquate Problemlösung sorgen kann. Davon unberührt bleibt die Tatsache, daß die bisher
vorhandenen technischen Möglichkeiten in vielen Fällen noch nicht befriedigend sind.

Interaktive Systeme wurden in der Medizin bisher eingesetzt für
- administrative Verfahren
    wie z.B. Aufnahmesysteme, Auskunftssysteme für Betriebsplanung und
    -abrechnung, Patientenverpflegung, Personalführung, Haushaltsführung
    und Lagerhaltung,
- Verfahren zur Unterstützung von Krankenpflege und Behandlung
    wie z.B. Patienteninformationssysteme, Systeme zur Unterstützung von
    Diagnostik und Therapie, Laborsysteme und Befundungsverfahren
- Verfahren im Bereich der Forschung und Wissenschaft
    wie z.B. Simulationssysteme, Lehrsysteme, Spezialsysteme für bestimmte
    Bereiche, Statistik- und Literatursysteme,
um nur einige Gebiete zu nennen. Die Erfahrungen bei der Routineanwendung waren aus mehreren Gründen oft negativ, und der Betrieb einer nicht
unbedeutenden Zahl der Systeme, die teilweise mit erheblichem Aufwand
entwickelt worden waren, mußte eingestellt werden (3).

Die Ursachen dieser Schwierigkeiten dürften im wesentlichen neben der
Verwendung nicht angemessener Hard- bzw. Softwaretechniken bedingt sein
durch die fehlende Übertragbarkeit der Systeme auf
- ein anderes Environment
- andere Benutzerstrukturen oder Änderung des Benutzerverhaltens
- veränderte Hard- oder Softwarebedingungen.

POOLE und WAITE (4) definieren die Begriffe der "Portabilität" und
"Adaptabilität". Portabilität soll ein Maß für den Schwierigkeitsgrad
der Übertragung eines Systems von einem Environment auf ein anderes und
Adaptabilität ein Maß für den erforderlichen Änderungsaufwand sein, um
veränderte oder unterschiedliche Benutzerbedürfnisse oder systembedingte
Einschränkungen zu erfüllen.

Legt man diese Maßstäbe an die existierenden Systeme, so ergibt sich bei
den meisten eine geringe Portabilität und Adaptabilität. Die Übertragbarkeit und Flexibilität interaktiver System ist aber die Voraussetzung
für den längerfristigen Einsatz, da nur auf diesem Weg die Anwender zu-
friedengestellt und ihre Bedürfnisse erfüllt werden können.

Bei der zunehmenden Anzahl der Einzelsysteme in einem Gesamtsystem ergibt sich binnen kurzer Zeit ein nicht mehr tragbarer Overhead durch Pa-
rallelarbeit bei ähnlichen Problemkreisen, da oft die Teilsysteme nicht
modular aufgebaut sind und dadurch eine Modularität auf höherer Ebene

unmöglich gemacht wird. Systeme mit ähnlichen Funktionen werden zwar
sinnvollerweise auseinander abgeleitet, um den Aufwand einer Neuentwicklung zu verkleinern, belasten aber wegen der fehlenden Modularität die
Funktion des Gesamtsystems durch
- Wahrnehmung gleicher Funktionen in verschiedenen Programmen bzw. Programmteilen
- getrennte Wartung (einschließlich Anpassung an Hardware- und Software-
  fortschritte)
- getrennte Dokumentation
- unterschiedliche Handhabung,
um nur die Hauptpunkte zu nennen.

Bei dem Versuch, eine Anzahl solcher Systeme in einem umfassenden medizinischen System zu integrieren, ergeben sich aus den vorgenannten Merk-
malen dieser spezialisierten Systeme erhebliche Schwierigkeiten. Dies
dürfte ein entscheidender Grund für die Stagnation der Entwicklung integrierter interaktiver Systeme in der letzten Zeit sein, da die vorhandenen Systeme nicht ohne weiteres als Teilsysteme eines integrierten
Gesamtsystems dienen können.

Hieraus folgt die Notwendigkeit, ausgehend von der Perspektive eines
Gesamtsystems, modulare Trägersysteme hoher Adaptabilität und Portabilität zu konzipieren, die für unterschiedliche Problembereiche gleichermaßen einsetzbar sind.

Die Nachteile eines hohen Initialaufwandes bei der Realisation eines
solchen Konzepts werden durch langfristige Vorteile bei
- der Erstellung neuer Teilsysteme
- der Vergleichbarkeit der Daten
- der einheitlichen und einfachen Handhabung unterschiedlicher Teilsysteme durch den Anwender
- der zentralen Wartung
- der Adaptation an neue Technologien
- der Adaptation an dynamisches Benutzerverhalten
- der Flexibilität der Teilsysteme
mehr als aufgewogen. Wesentlich ist dabei die mögliche Verbesserung des
Interfaces zwischen Mensch und Computersystem durch Anpassung der Systeme an den Benutzer und seine Arbeitsgewohnheiten anstelle von ausschließlich computergerechter Verarbeitung.

Diese Überlegungen führten im Rahmen des Medizinischen Systems Hannover
zur Konzeption von DADIMOPS (DAta DIrected Medically Oriented Processing
System), das die oben genannten Forderungen an die leichte Adaptierbarkeit und Flexibilität erfüllt. Erreicht wurde das durch die Technik, auf
das Trägersystem durch Steuerung der Programmlogik und des Programmab-
laufs mit Benutzerdaten das vom Anwender gewünschte Systemverhalten ab-
zubilden. Dies gibt ihm die Möglichkeit, das System leicht selbst ohne
aufwendige Umwege seinen Bedürfnissen anzupassen.

Diese Anpassung geschieht auf drei Ebenen. Der Benutzer formuliert nach
eigenem Ermessen die Darstellungsart seines Teilsystems, d.h. die Ein-
und Ausgabeframes, die Erklärungssequenzen, die je nach Art eines aufgetretenen Fehlers an das Terminal übertragen werden, und die Formate
für eine evtl. gewünschte Druckerausgabe. Weiterhin werden die einzu-
gebenden und die zu speichernden Daten beschrieben und die Kriterien
für deren formale und logische Prüfung und für die Aufbereitung festgelegt. Schließlich kann der Benutzer den Ablauf des Online-Programmes von
den Eingabedaten abhängig machen und so auch komplizierte Abläufe auf
dem Trägersystem abbilden, beispielsweise sein System wiederum in mehrere Teilsysteme aufgliedern. Eine Änderung der Steuerdaten kann jederzeit
erfolgen, ohne dabei die bereits vorhandenen gespeicherten Daten zu ver-
lieren oder umsetzen zu müssen, da die Daten einen Verweis auf den

Transaktionsmodus enthalten, mit dem sie zu verarbeiten sind. Die gespeicherten Daten werden vom Trägersystem so aufbereitet, daß ein Zugriff über mehrere Suchbegriffe möchlich ist (z.Zt. drei: Befundnummer, Patienten-I-Zahl und Patientenname).

Ein weiteres Designkriterium von DADIMOPS ist die einfache Handhabung durch den Benutzer. So wurde z.B. neben der Schlüsselworttechnik die wahlweise Verwendung von Positionsparametern bei der Spezifikation der Programmsteuerdaten ermöglicht, nachdem sich letztere für manche Anwendungsbereiche als leichter zu handhaben erwiesen hatte. Schließlich hielten wir es für wichtig, die Antwortzeiten des Systems am Terminal so gering wie möglich zu halten, was bei einem derart umfangreichen System nicht einfach zu erreichen ist. Dies geschah durch Auslegung der Datenstrukturen auf schnelle Verwendbarkeit im Online-Programm, wobei Kompromisse zu ungunsten von Datenkompressionstechniken unvermeidlich waren, sowie durch die Verwendung einer dynamisch veränderbaren Anzahl von Puffern. Bei der Generierung des Trägersystems kann angegeben werden, ob es auf einen geringen Kernspeicherbedarf oder auf eine schnellere Antwortzeit ausgelegt werden soll.

DADIMOPS ist relativ unabhängig vom jeweiligen Environment: Durch die Möglichkeit, zur Zeit acht verschiedene Gerätetypen handhaben zu können, ist die Unabhängigkeit von der verwendeten Hardware, durch die Verwendung von TIMS (Teleprocessing Interface Macro System, $\underline{5}$) die Unabhängigkeit von der benutzten Teleprocessing-Software gegeben. Dennoch erforderliche Programmänderungen zur Adaptation an geänderte Environmentverhältnisse sind durch die verwendete Technik der modularen Programmierung einfach zu bewerkstelligen.

Das Design des Systems DADIMOPS begann vor zwei Jahren. Der größere Teil der Programmierung ist inzwischen abgeschlossen, und wir befinden uns am Beginn der Phase des Pilottests. Wir hoffen, daß dieses System uns dem Ziel der Flexibilität und leichten Adaptierbarkeit von interaktiven Applikationsprogrammen einen wesentlichen Schritt näherbringt.

Literatur

1. BAKER, R.L.: An Adaptable Interactive System for Medical and Research Data Management. Meth. Inform. Med. Vol. 13, $\underline{4}$, 209 - 215 (1974).
2. DAVIS, L.S.: Data Processing Facilities. in COLLEN, M.F.: Hospital Computer Systems, New York, 1974.
3. KOEPPE, P., SCHÄFER, P., TREICHEL, J.: ORVID - Bericht über das Ende der Routine-Anwendung des Systems. 18. Jahrestagung der Dtsch. Gesellschaft für Medizinische Dokumentation und Statistik, Bielefeld, 30.9. - 3.10.1973.
4. POOLE, P.C., WAITE, W.M.: Portability and Adaptability. In BAUER, F.L.: Advanced Course on Software Engineering, Berlin, 1973.
5. REICHERTZ, P.L., WOLTERS, E., ENGELBRECHT, R.: A Teleprocessing Interface Macro System (TIMS). Meth. Inform. Med. Vol 12, $\underline{4}$, 193 - 204 (1973).
6. WASSERMAN, A.I.: Some User-Oriented Considerations in the Design of Medical Information Systems. Symposium on Medical Data Processing, Toulouse, März 1975.

CTIS - Clinical Text Inquiry System

P.R. Pocklington

1. On-line-Systeme im medizinischen Bereich

Im Routineeinsatz von Computersystemen spielen On-line-Systeme innerhalb
großer integrierter Informationssystem wie dem Medizinischen System
Hannover (MSH) (6) eine wesentliche Rolle. Bei ihrem Entwurf müssen bestimmte Voraussetzungen und limitierende Faktoren berücksichtigt werden:

- die meisten Teleprocessing-Monitore können nur eine begrenzte Anzahl
  von Systemen gleichzeitig steuern, d.h. es müssen allgemeine Systeme
  geschaffen werden, die verschiedene Funktionen gleichzeitig mehreren
  Benutzern zur Verfügung stellen,
- normalerweise ist der Speicherplatz, der für Teleprocessingsysteme zur
  Verfügung steht, begrenzt, so daß Speicherkontrolle und -verwaltung
  von großer Bedeutung sind,
- die Computersysteme haben die Aufgabe, Routineaufgaben der täglichen
  Praxis zu übernehmen und effizienter zu gestalten. Sie müssen daher
  an die Umgebung angepaßt werden. Hierbei ist es vom ersten Entwurf
  bis zur endgültigen Implementierung wichtig, die Benutzer des Systems
  in alle Phasen der Systementwicklung einzubeziehen,
- das System sollte selbsterklärend sein, um die Benutzung des Systems
  durch nicht-technisches Personal zu erleichtern,
- von großer Bedeutung ist die Bereitstellung adäquater Antwortzeiten
  oder informativer Meldungen, wenn eine längere Antwortzeit unvermeidlich ist.

2. CTIS Systementwurf

Das Clinical Text Inquiry System (CTIS) ist ein on-line, patientenorien-
tiertes Computersystem für die klinische Routineanwendung im Rahmen der
Patientenversorgung und Befunddokumentation. Die Routinefunktionen, die
zur Zeit bereitstehen, sind:

- problemorientierte Patientendokumentation,
- "medizinische Buchhaltung" und
- Klartextergänzungen zur standardisierten Befunddokumentation.

Die Teleprocessing-I/O wird kontrolliert durch das Teleprocessing Interface Macro System (TIMS) (7). Die Verarbeitung und Speicherverwaltung
wird von Assembler-Unterroutinen erfüllt, so daß eine optimale Speicher-
platzausnutzung bei hoher Verarbeitungsgeschwindigkeit gewährleistet ist.
Das System ist aus einer Menge hierarchischer Keys aufgebaut (Abb. 1),
denen klartextliche Informationen zugewiesen werden. Die Informationen,
aus denen die Keys generiert werden, sowie der diesen Keys zugewiesene
Freitext, wird on-line erfaßt.

Nachdem der Benutzer das System aufgerufen und sich ihm gegenüber durch
ein Kennwort identifiziert hat, hat er die Wahl zwischen drei Grundver-
arbeitungsmodi (Abb. 2):
- Input-Modus,
- Scan-Modus,
- Key-Modus.

```
Bytes
 1 -  2      Benutzer-ID           (binär verschlüsselt)
 3 - 12      Patienten-I-Zahl      TTMMJJNNGR (10stellig)
13 - 18      Datum                 (TTMMJJ)
19 - 20      Bitkey                (binär verschlüsselt)
```

Abb. 1. Key-Format

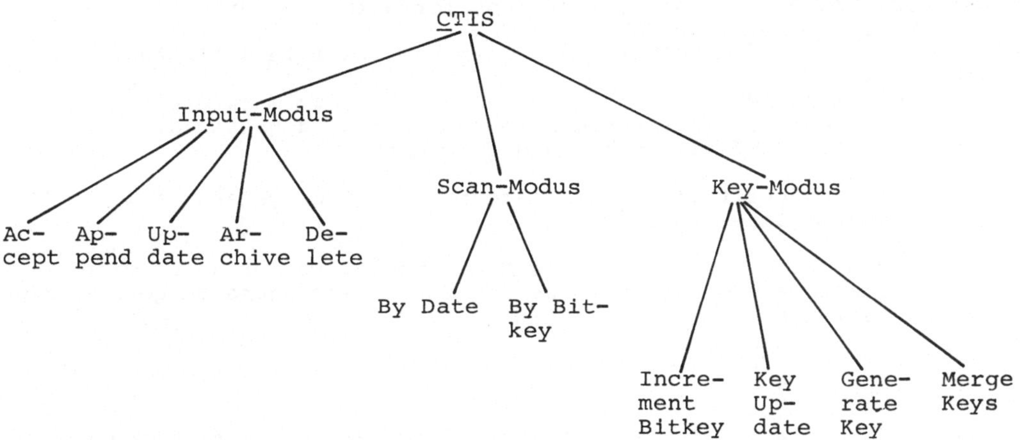

Abb. 2. CTIS modi operandi

Um die Antwortzeit zu verkürzen, werden die Texte, die in einer Sitzung
eingegeben werden, in einem reservierten Speicherplatz gehalten (z.Zt.
20 K Bytes groß). Erst wenn der letzte Benutzer die Dateneingabe beendet hat (oder wenn der reservierte Speicher voll ist), wird die relativ
langsame I/O-intensive Verarbeitung durchgeführt, d.h. dann, wenn kein
aktiver Benutzer mehr das System beansprucht.

Datenschutz und -integrität sind gewährleistet durch:
- Kennwortsicherung,
- Echoverifizierung der Schlüssel und Freitexteingaben,
- Möglichkeit einer On-line-Korrektur der fehlerhaft eingegebenen Daten zu jedem beliebigen Zeitpunkt und
- die Erstellung systemorientierter und terminalorientierter Logs (Abb.
  3).

3. Modi Operandi

3.1 Input-Modus

Nachdem der Benutzer den Input-Modus selektiert hat, wird das System zuerst Patienten-I-Zahl, Datum und Bitkey erfragen, um den Key zu generie-
ren. Durch zusätzliche Eingabe des Patientennamens kann eine invertierte

Datei aus Patientenname und I-Zahl generiert werden, um einen späteren Zugriff über den Patientennamen zu ermöglichen. Um die Eingabe für die Key-Generierung zu beschleunigen, hat der Benutzer die Möglichkeit anzugeben, daß sich entweder die Patienten-I-Zahl oder das Datum (oder beide) seit der vorhergehenden Eingabe nicht geändert haben.

Nach Generierung eines Keys und Echoverifizierung prüft das System, ob Informationen dazu schon eingegeben wurden und bringt entweder die Meldung "KEIN TEXT VORHANDEN" oder bringt die eingegebene Information auf den Bildschirm. Der Benutzer hat dann fünf Möglichkeiten:
- anhand einer Leereingabe den vorhandenen Text zu bestätigen,
- neuen Text einzugeben oder den vorhandenen Text zu korrigieren (Update/Korrektur),
- einen vorhandenen Text zu ergänzen und fortzuführen durch Kennzeichnung der Eingabe mit "APPEND*",
- mit der Einzeleingabe "DELETE" den Text vom Textfile vollständig zu löschen, dagegen
- mit der Eingabe "ARCHIVE" die Keys und den Text zu markieren, der archiviert werden soll. Mit einem Batchprogramm wird später der Text vom aktiven Testfile auf ein Archivband gebracht.

Hier ist eine Echoverifizierung als Schutz vor einer versehentlichen Löschung relevanter Daten eingebaut.

Ein weiterer Benutzerkomfort ist die Möglichkeit, vorher definierte Bildschirminhalte als Gedankenstütze für die Dateneingabe zu gewünschten Bitkeys zu verwenden.

3.2 Scan-Modus

Das Scan-Modus erlaubt ein Retrieval der Informationen über einen Patienten auf zwei verschiedene Arten, nachdem der gewünschte Patient durch Eingabe seiner I-Zahl oder seines Namens definiert wurde:
- "scan by date" ermöglicht ein Retrieval der unter einem bestimmten Bitkey gespeicherten Daten in umgekehrt chronologischer Reihenfolge. Der Arzt kann so den Verlauf eines Problems retrospektiv verfolgen.
- "scan by bitkey" ermöglicht eine Wiedergabe aller unter einem Bitkey gespeicherten Informationen für einen oder mehrere durch ihre I-Zahl identifizierte Patienten an einem bestimmten Tag.

Um die Antwortzeit im Scan-Modus zu verringern, enthält jeder Key die interne Verweisadresse des dem Patienten zugehörigen folgenden Keys. Für den Benutzer wird so ein schneller Zugriff zum nächsten Record realisiert.

3.3 Key-Modus

Für bestimmte Anwendungen ist es nützlich, Operationen mit den Keys durchführen zu können, ohne eine erneute Eingabe des Textes vornehmen zu müssen. Folgende Verfahren stehen zur Wahl:
- Bitkey-Incrementierung, wobei die Patienten-I-Zahl und das Datum konstant bleiben und der Bitkey durch einen konstanten Wert erhöht wird (default = 1),
- Key-Update, wobei ein gesamter Key neu definiert wird,
- Generate-Key, wobei ein Satz von Keys generiert wird, die einen Text identisch dem eines gegebenen Keys enthalten,
- Merge-Keys, wobei aus mehreren bestehenden Keys ein neuer Key definiert wird, in dem alle Informationen der einzelnen Keys verkettet werden.

4. CTIS Routinefunktionen

4.1 Problemorientierte Patientendokumentation

Das problemorientierte Krankenblatt (1, 2, 9) unterteilt den klinischen
Verlauf eines Patienten in bestimmte "Probleme" und dokumentiert den
Verlauf anhand solcher Probleme. Das System CTIS gibt dem Kliniker eine
einfache Möglichkeit, eine solche Dokumentation durchzuführen, indem
die 'Bitkeys' des CTIS als 'Probleme' interpretiert werden.

Die Vorteile der problemorientierten Methode der Patientendokumentation
liegen einerseits in der Erkennung gemeinsamer Faktoren zwischen Problemen, die zu einer Neu-Definition des 'Problemsatzes' führen, andererseits in der Möglichkeit, ein 'Problem' in verschiedene kleine 'Probleme' aufzugliedern. Die Anwendung der Optionen 'merge keys' und 'generate
keys' erlaubt eine solche Redefinition ohne großen Aufwand.

4.2 Medizinische Buchhaltung

Die Behandlung eines Patienten in einer bestimmten Klinik kann als eine
Folge von verschiedenen Status definiert werden. Zum Beispiel für einen
Patienten, von dem ein EEG abgeleitet wurde, kann der Status: (1) Patient bestellt, (2) EEG durchgeführt, (3) EEG interpretiert, (4) Befund
generiert, (5) Befund archiviert, unterschieden werden. Unter diesem
Aspekt ist medizinische Buchhaltung als eine effiziente Organisationsform zu sehen. Die Interpretation der Bitkeys des CTIS als 'Status' ermöglicht durch CTIS die Ausgabe u.a.:

- von Listen aller Patienten, die sich in einem bestimmten Status befinden,
- des jetzigen Status eines definierten Patienten.

4.3 Klartextergänzungen zu standardisierten Befunddokumentationen

Schnittstellen bestehen zwischen CTIS und den AMAP/DIES-Systemen (4, 5),
die Funktionen wie die Erstellung von Befund-Berichten und Arztbriefen
aus standardisierten Eingaben (Markierungsbögen usw.) beinhalten. Es
ist aber in der Medizin oft der Fall, daß die außergewöhnlichen Beobachtungen - die nicht im standardisierten Datenerhebungsmedium erfaßt werden - die höchste Aussagekraft haben und als solche im endgültigen Befund stehen müssen. In solchen Fällen hat der Benutzer die Möglichkeit,
in seinem standardisierten Befund Bitkeys zu definieren, unter denen Ergänzungen eingegeben werden können. Zur Zeit der Befundgenerierung werden die entsprechenden Texte der CTIS-Textfile entnommen und im Befundbericht ausgedruckt, sodaß die Vollständigkeit der Befunde auch
bei komplizierten Fällen gewährleistet ist.

4.4 Normwert-Definition

Eine weitere Verbindung mit den Systemen AMAP/DIES besteht in der Möglichkeit, Normwerte über CTIS einzugeben und diese im System AMAP/DIES
zu verwerten. Zum Beispiel könnte für eine bestimmte Studie eine theoretische Norm für einen Meßwert angenommen werden. Innerhalb einer umfangreichen Population können dann tatsächliche Meßwerte bestimmt und über
AMAP/DIES erfaßt werden. Die so gewonnenen realen statistischen Daten
werden gegen die theoretischen Werte getestet und so wird im Rahmen
eines Lernvorganges eine Einschachtelung der optimalen Normwerte für
eine andere definierte Patientengruppe erreicht.

5. Datenschutz und Systembewertung

In erster Linie wird Datenschutz gewährleistet durch die hierarchisch
organisierten Kennworte (bei log-on, Benutzererkennung, Optionsauswahl).
Ferner durch Echoverifizierung der Eingabetexte und Keys, sodaß die Möglichkeit der Eingabe fehlerhafter Daten und der Löschung relevanter Daten, verringert wird.

Außerdem werden als Ausgabe vom CTIS u.a. zwei Log-Files erstellt, die
zur Datensicherung dienen. Diese Log-Files sind (a) systemorientiert und
(b) terminal-(Benutzer) orientiert (Abb. 3). Sie stellen ferner eine optimale Kontrolle über die Anwendungsbereitschaft auf der Benutzerseite
dar. Sie machen das System transparenter und ermöglichen eine sachliche
Bewertung.

1. Datum
2. Benutzer-ID
3. Terminaladresse
4. Benutzername
5. Login-Zeit
6. Logout-Zeit
7. Option

Input-Modus	Scan-Modus	Key-modus
8. Anzahl der einge- gebenen I-Zahlen	8. Anzahl der Optionen "scans by bitkey"	8. Anzahl der Optionen "increment bitkey"
9. Anzahl der einge- gebenen Character	9. Anzahl der Optionen "scans by date"	9. Anzahl der Optionen "key update"
10. Anzahl der ge- löschten Infor- mation	10. leer	10. Anzahl der Optionen "generate key"
11. Anzahl der archi- vierten Infor- mation	11. leer	11. Anzahl der Optionen "merge keys"

12. Wie oft "Kein Text vorhanden"
13. Ende oder Repeat

Abb. 3a. Terminal-Log-File-Inhalt

1. Datum
2. System-Login-Zeit
3. System-Logout-Zeit
4. Maximal Anzahl aktiver Terminals
5. Wie oft Text voll gemeldet
6. Freie Textspeicher bei logout
7. Anzahl verschiedener Optionen
8. Maximal aktiv pro Option
9. Textfile Platzverbrauch
10. Anzahl der Keys
11. Anzahl der Patientennamen

Abb. 3b. System-Log-File-Inhalt

Mehrere Batchprogramme verarbeiten die Terminal-Log-Files, sodaß die
Kliniken sortierte Listen mit Informationen über die Systembenutzung
bekommen. Dieses erlaubt das Erkennen einer widerrechtlichen Systembenutzung und eine sorgfältige Nachrpüfung.

Das System Log enthält auch folgende Informationen zur Analyse von Systembenutzung, z.B.
- Definition Spitzenbelastungszeiten,
- Analyse des Speichergebrauchs für Eingabetexte,
- frühzeitige Erkennung von Fileüberläufen.

6. Forschungsaufgaben

Die Hauptaufgabe des Systems CTIS ist der Einsatz in der täglichen Kli-
nikroutine. Darüberhinaus kann das System, weil es auf Freitexteingaben
in der täglichen Routine basiert, auf Wunsch als ein Werkzeug dienen,
um eine Basis für Klartextanalyse (3, 10) (Inhaltsanalyse, Workhäufig-
keit und Workkombinationen) und einen generellen medizinischen Thesaurus (8) zu erstellen.

Literatur

1. HALL, P., MELLNER, Ch., DANIELSON, T.: J5 - A Data Processing System
   for Medical Information. Meth. Inform. Med. 6, 1 - 6 (1967).
2. KROSLAK, B., JACOBITZ, K., DICKMANN, P.: Das problemorientierte
   Krankenblatt. 16. Jahrestagung d. Dtsch. Gesellschaft für Med. Dokumentation und Statistik, Berlin, 3.-6. Oktober 1971.
3. KUESEL, W., RIES, P., WESTERMANN, H.: PAS - Ein variables Auswertungssystem für Pathologie-Befunde. SIEMENS, Symposium über Klartextanalyse in der Medizin II, München, 22. Juni 1974.
4. POCKLINGTON, P.: The Necessity for, Requirements of and Basic Design
   of a General Data Interpretation and Evaluation System (DIES).
   MEDINFO 1974. Stockholm, 5.-10. August 1974.
5. POCKLINGTON, P., GUTJAHR, L.: AMAP - A General Evaluation Program
   for Optical Mark Reader Forms and its Routine Clinical Usage. Vortrag, Medical Data Processing Symposium, Toulouse, 3.-8. März 1974.
6. REICHERTZ, P.L.: The Medical System Hannover. In Collen, M.: Hospital Computer Systems.
7. REICHERTZ, P.L., WOLTERS, E., ENGELBRECHT, R.: A Teleprocessing Interface Macro System (TIMS). Meth. Inform. Med. 12, 93 - 204 (1973).
8. ROETTGER, P., WINGERT, F., FEIGL, W., GRAEPEL, P., RIES, P., SCHALK,
   D., GROSS, W.M., MATAKAS, F.: Konzeption und Organisation des AGK-
   Thesaurus. SIEMENS, Symposium über Klartextanalyse in der Medizin,
   Wien, 23. Juni 1973.
9. WEECH, L.L.: Medical Records, Medical Education and Patient Care.
   The Press of Case Western Res. University (1969).
10. WINGERT, F.: Word Segmentation and Morpheme Dictionary for Patholo-
   gy Data Processing. MEDINFO 1974. Stockholm 5.-10. August 1974.

Das Informationssystem der Roten Liste - Erfahrungen und Perspektiven

K. O. ROSENKRANZ und H. HAAS, Bundesverband der Pharmazeutischen Industrie e.V., 6ooo Frankfurt (Main), Karlstraße 21

Die Rote Liste hat als Arzneimittelverzeichnis die Aufgabe, Ärzten und
Apothekern die Basisinformationen des Arzneimittelangebots der Mitgliedsfirmen des Bundesverbandes der Pharmazeutischen Industrie zu
vermitteln.

Die Öffentlichkeit fordert von der Pharmaindustrie Markt- und Preis-
transparenz. Transparenz läßt sich jedoch nur schaffen durch die Entwicklung geeigneter Ordnungsprinzipien für die Gliederung des Informationsangebots. Die Entwicklung dieser Ordnungsprinzipien wiederum
sollte sich an den Anforderungen der Adressaten und Benutzer der
transparent aufzubereitenden Information orientieren. Die Anforderungen, die der Benutzer an die Transparenz und damit an die Ordnungsprinzipien stellt, sind darüber hinaus abhängig von den Funktionen
der Benutzer. Die Funktionen der Benutzer der Roten Liste liegen im
Bereich des pharmakotherapeutischen Handelns.

Die Bemühungen der Pharmaindustrie um eine Verbesserung der Transparenz bestanden folgerichtig darin, neue Ordnungsprinzipien für die in
der Roten Liste dargebotenen Informationen zu entwickeln. Diese sollten einen möglichst guten Bezug zum pharmakotherapeutischen Handeln
herstellen (Abb. 1).

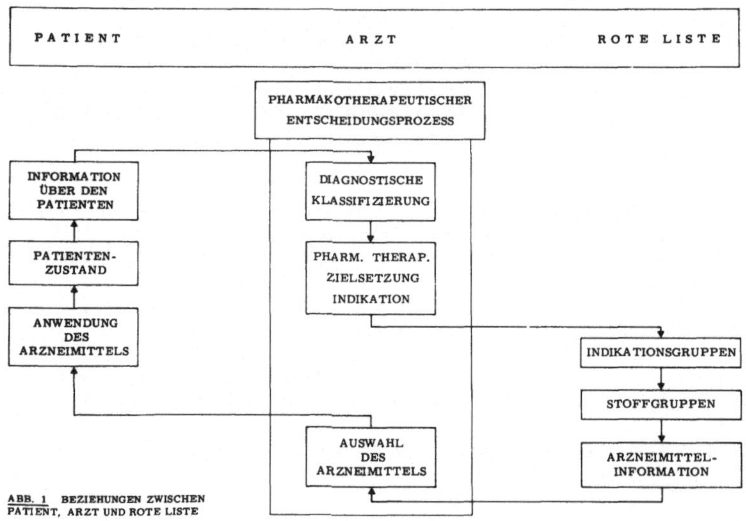

ABB. 1 BEZIEHUNGEN ZWISCHEN PATIENT, ARZT UND ROTE LISTE

Das pharmakotherapeutische Handeln wird bestimmt durch zwei Arten von
Informationen:

- Information über den Patienten und
- Arzneimittelinformation.

Die Information über den Patienten beschreibt den Krankheitszustand
des Patienten. Durch diagnostische Begriffe wird der Zustand des Patienten klassifiziert.

Die Arzneimittelinformation besteht in Aussagen über

>Wirksamkeit,
Unbedenklichkeit und
Wirtschaftlichkeit

von arzneilich wirksamen Substanzen und den daraus hergestellten Arzneispezialitäten.

Diese beiden Arten von Informationen werden für das pharmakotherapeutische Handeln in einem Entscheidungsprozeß folgenden Ablaufs verarbeitet:

- Ableitung der diagnostischen Begriffe aus
der Information über den Patienten,
- Aufstellung der pharmakotherapeutischen
Zielsetzung, der Indikation, aus den
diagnostischen Klassifizierungen des
Patientenzustandes,
- Auswahl des Arzneimittels entsprechend
der Indikation nach den Kriterien

-- Wirksamkeit,
-- Unbedenklichkeit und
-- Wirtschaftlichkeit.

Zwar laufen die ersten beiden Phasen dieses Prozesses beim Arzt unabhängig von der Arzneimittelinformation ab, sie liefern jedoch durch die Indikation die Vorgabe für den Auswahlprozeß der dritten Phase, in dem die Arzneimittelinformation in den Entscheidungsprozeß einbezogen wird.

Im Rahmen dieser Zusammenhänge wurde für die Neustrukturierung der Roten Liste in Buchform das folgende Gliederungsprinzip entwickelt:

- Indikationshaupt- und Untergruppen,

-- Stoffklassen,

--- Präparate.

Damit wurde eine vom Prinzip her optimale Anpassung der Strukturierung des Informationsangebots an den Prozeß der Verarbeitung der Arzneimittelinformation erzielt. Im einzelnen wurden 95 praxisbezogene Indikationshauptgruppen mit jeweils bis zu zehn Untergruppen festgelegt. Innerhalb dieser Indikationshaupt- und Untergruppen erfolgte die Differenzierung in bis zu acht Stoffklassen, so daß die Anzahl der Präparate in den aus der Kombination von Indikations- und Stoffklassenprinzip entstandenen Gruppen möglichst überschaubar bleibt.

Die Präparateinformation selbst (Abb. 2) ist gegliedert in

- BEZEICHNUNG,

- HERSTELLER,

- ARZNEILICH WIRKSAME BESTANDTEILE SOWIE
INSULINABHÄNGIG VERWERTETE KOHLENHYDRATE,

- INDIKATIONEN,

- KONTRAINDIKATIONEN,

- WARNHINWEISE MIT UNVERTRÄGLICHKEITEN UND
  NEBENWIRKUNGEN,

- DOSIERUNGSEMPFEHLUNGEN,

- PACKUNGSGRÖSSEN UND PREISE,

- REZEPTPFLICHT ETC.

Abb. 2: PRÄPARATE INFORMATION

Die Umsetzung dieser Konzeption in eine entsprechende Rote Liste wurde durch eine Reihe von Problemen belastet. Es mußten etwa 8.5oo Präparate in die entsprechenden Gruppierungen eingeordnet werden. Die Definitionen der Gruppeninhalte wurden mehrfach überarbeitet und die Einordnungen der Präparate angepaßt. Innerhalb der Gruppen waren formale Vereinheitlichungen und inhaltliche Abstimmungen der Arzneimittelinformationen erforderlich.

Schon zu Beginn der Planungen für die Realisierung der neugegliederten Roten Liste wurde deutlich, daß die zu erwartenden Umstrukturierungsarbeiten mit dem bislang verwendeten Bleisatz kaum zu bewältigen wären und enorme Kosten verursachen würden. Man entschloß sich daher zum Einsatz der EDV (Abb. 3).

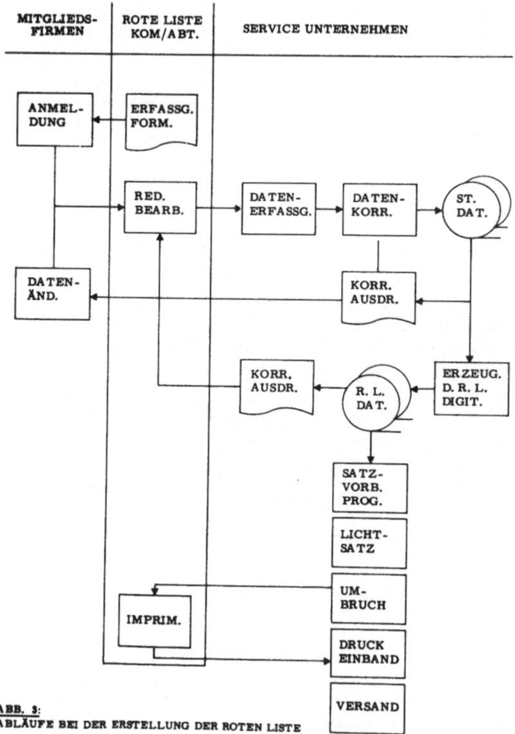

ABB. 3:
ABLÄUFE BEI DER ERSTELLUNG DER ROTEN LISTE

Planung, Durchführung und Kontrolle von

- Erfassung,
- Abspeicherung,
- Sortierung,
- Zusammenstellung,
- Korrektur und
- Satz

der zur Herausgabe der Roten Liste benötigten Daten erfolgte durch die Rote-Liste-Kommission und die Abteilung Rote Liste des Bundesverbandes sowie die Satz-Rechen-Zentrum Hartmann & Heenemann KG unter Beratung durch externe EDV-Sachverständige (HAAS, 1973).

Zunächst wurden die Stammdateien festgelegt für:

- Präparate,
- Gliederung,
- Firmen,
- sonstige Texte.

Nach Festlegung der Datenarten und der Erfassungsschemata erfolgte die Datenerfassung in OCR-Schrift durch den SCAN DATA 3oo. Es wurden rund 15 Mio alfanumerische und Sonderzeichen aufgenommen. Aus diesen Dateien wurden durch entsprechende Sort-Merge- Programme die einzelnen Teile der Roten Liste in digitalisierter Form erzeugt, durch Satzprogramme satztechnisch aufbereitet und anschließend mittels Lichtsatz auf dem Druckfilm in alfanumerischer Form abgesetzt.

Die einzelnen Stufen der Verarbeitung wurden durch Kontrollausdrucke überwacht. Die Stammdatei der Arzneimitteldaten ist so angelegt, daß man darüber hinaus in begrenztem Umfang Selektivausdrucke für spezielle Fragestellungen erzeugen kann.

Die Eingabe der Korrekturen erfolgt zur Zeit noch in der gleichen Weise wie die Dateneingabe.

Darüber hinaus ist die Datenbasis formal und besonders inhaltlich zum Teil noch sehr inhomogen, da die Angaben der Hersteller für die Rote Liste den Angaben entsprechen, die das Bundesgesundheitsamt bei der Registrierung akzeptiert hat, die entsprechenden gesetzlichen Bestimmungen jedoch nicht einheitlich waren. Insbesondere die Altspezialitäten stellen hier ein Problem dar. In diesem Zusammenhang werden weitere Verbesserungen angestrebt:

1. Bereinigung und Straffung der Indikationsangaben,

2. Verbesserung des Kontraindikationsverzeichnisses sowie die Vervollständigung und Vereinheitlichung der Nebenwirkungsangaben,

3. Vervollständigung und Harmonisierung der Warnhinweise,

4. Vereinheitlichung der Zusammensetzungsangaben,

5. Verbesserung des Satzes und Beseitigung der in den Präparateinformationen noch vorhandenen formellen Mängel,

6. Erweiterung des Stichwortverzeichnisses,

7.   Aufnahme eines INN-Registers in die Rote Liste.

Die Weiterentwicklung der EDV-Organisation konzentriert sich daher zunächst auf

- automatisierten Preisänderungsdienst in Zusammenarbeit mit der IFA (Informationsstelle für Arzneimittel bei der ABDA),
- automatisierten Umbruch und
- verbesserte Eingabe- und Abfragemöglichkeiten.

Diese Weiterentwicklungen der EDV sind im einzelnen verbunden mit

- inhaltlich gegebenen Neu- und Umstrukturierungen bei Dateneingabe und Dateiaufbau,
- verarbeitungstechnischen, formalen Strukturoptimierungen,
- Auswahl und Aufbau eines komfortablen Datenbank- und Abfragesystems.

Allgemein ist diese Entwicklung mit einem höheren Aufwand an formaler Standardisierung zugunsten einer Automatisierung verbunden.

Bei den inhaltlich bedingten Neu- und Umstrukturierungen von Datenerfassung und Dateiaufbau geht es um

- Strukturierung der Textangaben für

  -- Zusammensetzungen,
  -- Indikationen,
  -- Kontraindikationen,
  -- Besondere Hinweise, Nebenwirkungen, Warnhinweise,
  -- Dosierungen
  unter Wahrung der Flexibilität der Angaben,

- Entwicklung und Einspeicherung einer zentralen Pharma-I-Zahl zur Identifizierung der Arzneispezialitäten und der einzelnen Packungen.

Bei der Zusammensetzung werden in folgender Weise Einzelfelder definiert:

- Stoffname,
- Stoffcode,
- Mengenangabe,
- Dimension der Mengenangabe.

Bei den Indikationen und Besonderen Hinweisen werden für die einzelnen Aussagen - für jeweils eine Indikation bzw. einen Besonderen Hinweis - separate Sätze vorgesehen.

Bei den Dosierungen wird eine Strukturierung nach

- Darreichungsformen,
- Altersklassen,
- Initialdosis,
- Normaldosis,
- Besondere Hinweise

entwickelt.

Die Einspeicherung der Pharmazentralnummer ermöglicht den Zugriff auf die einzelnen Handelsformen eines Arzneimittels. Die jetzigen Angaben der unter den Datenarten 27o und 28o aufgeführten Packungsgrößen und Preise werden durch folgende Struktur ersetzt:

- Darreichungsform,
- Pharmazentralnummer,
- Handelsform,
- Preis in DM.

Diese Struktur wird für jede Darreichungsform der im vollsortierten Großhandel vorrätig gehaltenen Arzneimittel auf IBM-kompatiblem Magnetband von der IFA (Informationsstelle für Arzneimittel bei der ABDA) zu den gewünschten Terminen zur Verfügung gestellt werden.

Die verarbeitungstechnischen und formalen Strukturoptimierungen sind erforderlich für den

- automatisierten Umbruch und die
- Eingabe in ein komfortables Retrievalsystem.

Diese Strukturforschung kann in Zusammenarbeit mit einem Institut für Informatik durchgeführt werden.

Die Vorteile des automatisierten Umbruches liegen in:

- Wegfall der manuellen Eintragung des lebenden
  Kolumnentitels,
- automatischer Paginierung,
- Benutzung der Seitenzahlen in den Registern,
- Zeitgewinn durch Wegfall der manuellen Seiten-
  montage.

Die experimentellen Strukturarbeiten werden als Nebenprodukte außerdem die Eingabestrukturen und die Testfragen an die Datenpools in den jeweiligen Datenbanksystemen abwerfen.

Die Auswahl des Datenbanksystems wird in den nachstehenden Stufen erfolgen:

- Aufstellung der Anforderungen und der daraus
  abgeleiteten Testkriterien und Testfragen,
- Erzeugung der optimalen Datenstrukturen,
- Testläufe mit verschiedenen angebotenen Systemen.

Die Weiterentwicklung des Informationssystems wird bestimmt durch:

- die Erkenntnis, daß die Pharmainformation sich
  in ihrer zunehmenden Komplexizität nur mittels
  eines computergestützten Informationssystems erfassen und bewältigen läßt und
- den Kostendruck, der den innerhalb und außerhalb
  der Pharmaindustrie vorhandenen Informationsbe-
  dürfnissen nur im Rahmen eines integrierten Systems
  eine Erfüllung ermöglicht.

Bausteine eines solchen Rahmenkonzeptes sind innerhalb der Pharmaindustrie bereits vorhanden:

- Pharma-Dokumentationsring e.V.,
- Arzneimittelinformationszentrum der HOECHST AG,
- Dateien der Roten Liste,
- Projekt Klinische Forschung der SCHERING AG.

Außerhalb der Pharmaindustrie sind folgende mögliche Kooperations-
partner und Bausteine zu nennen:

- DIMDI   (Deutsches Institut für Medizinische
           Dokumentation und Information),
- ABDA   (Arbeitsgemeinschaft der Berufsver-
           tretungen Deutscher Apotheker),
- KBV   (Kassenärztliche Bundesvereinigung),
- AK   (Arzneimittelkommission der deutschen
           Ärzteschaft),
- BGA   (Bundesgesundheitsamt),
- Institute für medizinische Datenverarbeitung,
- HZD   (Hessische Zentrale für Datenverarbeitung),
- Rechenzentren in öffentlichen und privatwirt-
  schaftlichen Bereichen,
- Projektvorhaben der Bundesregierung und der
  CEE   (Kommission der Staaten der Europäischen
           Gemeinschaft),
- BIAM-Arzneimitteldatenbank der SNIP
           (Syndicat National de l'Industrie
           Pharmaceutique) am Hôpital Necker, Paris.

Der weitere Ausbau des Informationssystems hat sich dabei jedoch an
den Prioritäten der Serviceleistung für den Bundesverband und seine
Mitgliedsfirmen - wie zum Beispiel der Unterstützung einer eventuel-
len Nachzulassung nach dem 2. AMG durch das Informationssystem - und
der Transparenzforderung zu orientieren.

Diese Bemühungen um Transparenz der Pharmainformation sollten dem Benutzer den Entscheidungsprozeß nicht abnehmen. Sie sollten ihn im Ge-
genteil vertiefen und trotzdem durch optimale Vorverarbeitung der Information erleichtern und verkürzen.

Der Nutzen dieser Bemühungen liegt in einer wirksameren, sicheren und
wirtschaftlicheren Pharmakotherapie.

Literatur:

HAAS, H.: Das Informationssystem der Roten Liste. Therapiewoche 42
         (1973)

Notwendigkeit und Bedeutung von Methoden der Projektplanung beim Einsatz der ADV im Gesundheitswesen

Werner Scholz

Im Vorwort zur 3. Auflage seines Buches: "Computer verändern die Medizin" schreibt Manfred W. GALL 1971 (<u>1</u>): "Der Bemühungen, der Ansätze gibt es viele. Es gibt konkrete Pläne, auch langfristige Ziele. Und noch mehr als das. Es ist schon viel erreicht, viel umgesetzt worden. Hannover ist dafür ein Beispiel. Nur die Frage nach dem ausgleichenden Element, der Schwerpunkte und Ziele setzenden Größe; die Frage nach der Systematik und Koordination ist noch nicht befriedigend zu beantworten". Kann diese Frage heute - 4 Jahre später - und hier beantwortet werden? Im Rahmen des gestellten Themas sicher nur zum Teil; aber auch dann nicht erschöpfend und vollständig. M.W. GALL fragt, obwohl er seine Frage mit "nur" einleitet, eigentlich nach einem Gesamtsystem, das die Aufgaben
- der Zielplanung
- Programmplanung und
- Projektplanung
systematisch geordnet und funktionell aufeinander abgestimmt, gelöst hat. Dieses ist bis heute insgesamt nicht gelungen. Für die Projektplanung im engeren Sinne, die sich in
- die Planung der Projektdurchführung und
- die Planung der Projektsteuerung und -kontrolle
gliedern läßt, wird versucht, hier eine Antwort zu geben. Hierzu werden grob einige Methoden und Verfahren insbesondere der Systemplanung beschrieben; Notwendigkeit und Bedeutung werden am Einzelfall diskutiert.

1. Ansätze der Systemplanung

Ziel der Systemplanung ist es, organisatorische Modularkonzepte zur Planung integrierter ADV-Systeme zu entwickeln. Hierzu wird der Lebenslauf eines Projektes in Einzelphasen zerlegt. Am Ende jeder Phase ist ein bestimmter Meilenstein erreicht, an dem der Auftraggeber des Projektes aufgrund der Ergebnisse der Phase entscheiden kann, ob und unter welchen Bedingungen ein Projekt weitergeführt wird. Die Phasen selbst sind in Aktivitäten untergliedert, für die jeweils eine standardisierte Beschreibung vorliegt. Die Aktivitätsbeschreibung umfaßt dabei meist folgende Themengruppen:
- Beschreibung der Aufgaben, die in der Aktivität zu erledigen sind
- Organisationstechniken und -methoden sowie Methoden und Techniken
  der Softwareentwicklung, die zur Durchführung der Aktivität erforderlich sind
- Form und Inhalt der Ergebnisse
- Hintergrundinformationen für den ausführenden Mitarbeiter.

Drei Beispiele für geschlossene Ansätze der Systemplanung seien hier genannt:

1.1. ARDI (Philips)

Ein 1968 von der Fa. Philips-Electrologica (Apeldoorn/Holland) erstmals veröffentlichtes "Information systems handbook" mit dem Untertitel:

- Analysis
- Requirements determination
- Design and development
- Implementation and evaluation.

Dieses Handbuch ist ähnlich den erwähnten Phasen der Systemgestaltung in 6 Teile geteilt. Das ARDI-Konzept bedient sich eigener organisatorischer Modulartechniken zur Strukturierung von Gesamtsystemen und zur Einteilung in Subsysteme.

1.2. BISAD (Honeywell)

Über das zweite zu erwähnende Verfahren verfügt die Firma Honeywell. Es nennt sich
- Business
- Information
- System
- Analysis and
- Design.

Hier besteht eine Einteilung in 5 Phasen. Die Systemplanung erfolgt über ein Systemmodell, das aus verbalen Beschreibungen und grafischen Darstellungen besteht. Systemteile werden durch BISAD-eigene Symbole dargestellt und verknüpft.

1.3. SDM (Pandata)

Als drittes Beispiel sei noch die
- System
- Development
- Methodology
der holländischen Firma PANDATA genannt. Die SDM wurde 1970 entwickelt, nach mehreren praktischen Einsätzen fortgeschrieben und 1974 in Buchform (2) vorgestellt. Sie geht von 7 Entwicklungsphasen eines Systems aus. Bei der SDM werden keine eigenen Organisationstechniken der Systemplanung zugrunde gelegt.

Die Erfahrungen beim Einsatz dieser und hier nicht genannter ähnlicher Verfahren zeigen:
1. daß bei Anwendung der Systemplanung die Transparenz des Planungsprozesses (3) erhöht und Reibungsverluste bei der Realisierung weitgehend vermieden werden können,
2. daß organisatorische und technische Hilfsmittel der Projektsteuerung und -kontrolle wie z.B. Netzplantechnik erst bei systematischer Systemplanung wirtschaftlich vertretbar und praktisch nutzbar werden,
3. daß eine Koordinierung und fachliche Abstimmung mehrerer umfangreicher Projekte ohne Systemplanung nur unzulänglich erreicht werden kann.

2. Organisationstechniken

Bei der Beschreibung der Verfahren der Systemplanung wurde bereits ausgeführt, daß bestimmten Aktivitäten spezielle, geeignete Organisationstechniken zugeordnet werden. Ziel dieser Techniken ist es, den Zustand einer abgegrenzten organisatorischen Einheit im Ist bzw. im Soll normiert zu dokumentieren. Drei Beispiele stehen für viele.

2.1. SOP (IBM)

Der
- Study
- Organization
- Plan
der Firma IBM (<u>4</u>) wurde Mitte der sechziger Jahre vorgestellt. Es handelt sich im wesentlichen um eine hierarchisch gegliederte Formularkette. Für jedes Element auf der operationalen Ebene werden Eingabe, Ausgabe und Verarbeitung von Informationen sowie die Auslöser für die Verarbeitung für jede Tätigkeit erfaßt und die Kosten der Tätigkeit ermittelt. Nach Verdichten der Einzelinformationen über mehrere Formulare können auf der obersten Stufe der Formularkette Aufbauorganisation, Ablauforganisation und Kosten in übersichtlicher Form für die gesamte Organisationseinheit als Matrix dargestellt werden. Wenn im Einzelfall eine detaillierte Ist-Analyse erforderlich ist, so bietet insbesondere bei arbeitsteiliger Vorgehensweise die SOP-Technik ein sehr leistungsfähiges Werkzeug. Die Kosten für die Erhebung detaillierter Ist-Daten kann SOP jedoch nicht mindern, lediglich die Kosten für deren Dokumentation.

2.2. MIDAS (Sperry Rand-Univac)

Eine zweite Organisationstechnik, die sich insbesondere zur Darstellung der Soll-Organisation eignet, ist das
- Management
- Information
- Dataflow
- System
der Firma Sperry Rand-Univac (<u>5</u>). Das Ergebnis der Planungsarbeiten mit dieser Technik sind sog. MIDAS-Diagramme, die in folgende Spalten unterteilt sind:
1. Beschreibung der Arbeiten
2. Eingangsorganisation
3. Systemhinweise Eingabe
4. Dateien
5. Systemhinweise Ausgabe
6. Ausgangsorganisation.
Die Spalten sind entsprechend dem Einsatzzweck weiter unterteilt. Je nach dem Detaillierungsgrad wird für Aufgaben bzw. Teilaufgaben eine Zeile angelegt und durch Spalteneintragung MIDAS-eigener Symbole die Aufgabenerledigung dargestellt. Die MIDAS-Technik gestattet eine hardware-nahe Darstellung der Soll-Organisation. Dies ist zugleich Vor- und Nachteil dieser Technik.

2.3 HIPO (IBM)

Eine dritte Organisationstechnik stellt das in den letzten Jahren von IBM vorgestellte
- Hierarchy plus
- Input
- Process
- Output
an Implementation for Top Down Development

oder kurz HIPO-Verfahren (<u>6</u>) dar. Mit HIPO werden Aufgaben und ihre Teilaufgaben funktionsmäßig, d.h. hier ablauforientiert dargestellt. Zunächst wird das zu analysierende Problem hierarchisch gegliedert und sodann stufenweise die Eingabe-Verarbeitung-Ausgabe-Relationen detailliert festgelegt.

Durch den Einsatz derartiger Organisationstechniken können u. a.
1. unnötige Iteration des Planungsprozesses vermieden werden,
2. Ist-Analyse und Soll-Konzept jeweils arbeitsteilig entwickelt werden,
3. zusätzliche Dokumentationsaufgaben beim Zusammenführen von Einzelergebnissen entfallen und
4. in einem sehr frühen Entwicklungsstadium eines Projektes die inhaltliche Übertragbarkeit des neuen Systems überprüft werden.

3. Methoden und Techniken der Softwareentwicklung

Neben den Organisationstechniken sind in einer geschlossenen Systemplanung Methoden und Techniken der Softwareentwicklung den entsprechenden Phasen und Aktivitäten zuzuordnen. Dies erscheint unrealistisch, solange der Programmierer als elitärer Experte betrachtet wird, der allein und virtuos die verborgensten Möglichkeiten und Fähigkeiten eines Computers zur Entfaltung und vollen Wirkung bringen kann. Es ist unrealistisch, solange Programmieren als "Kunst" betrachtet wird. Es ist daher das Ziel einer modernen Softwaretechnologie, den Modellbildungsprozeß vom ersten problemorientierten Modell bis zum ADV-orientierten Modell und dessen Realisierung plan- und überschaubar zu machen und so für ein wirkungsvolles Projekt-Management aufzuschließen.

3.1 Hierarchische Strukturierung

Ohne zur Diskussion über die Hierarchien abstrakter, virtueller Maschinen (7) beitragen zu wollen, erscheint dieses Prinzip als leistungsfähige Entwurfsstrategie im Rahmen der Systemplanung. Hierbei wird auf der untersten Ebene von einer sogenannten Herstellermaschine ausgegangen, deren Schnittstelle durch die Dokumentation des Herstellers für Hard- und Software beschrieben ist. Auf ihr baut als nächsthöhere Schicht eine "Basismaschine" auf, die insbesondere die System-Managementfunktionen für
- Terminals
- Anwenderprogramme
- Dateien
- Fehler und
- Zeitgeber
unter weitgehender Benutzung vorhandener Betriebssystemteile usw. übernimmt. Der Übergang von und zur nächsthöheren Maschine erfolgt nur über eine definierte Schnittstelle, so daß Terminals, Anwenderprogramme, Dateien usw. in der Basismaschine unterschiedlich zu der auf ihr aufbauenden Benutzermaschine definiert werden können. Die Benutzermaschine kann - stark vereinfacht dargestellt - bei Stapel-Verarbeitung dann als Hauptsteuerleiste i.S. der normierten Programmierung und bei Echtzeit-Verarbeitung als Bedienungssprachen-Interpreter beschrieben werden. Bei Anwendung dieses Prinzips im Rahmen der Systemplanung ergeben sich eine Reihe von Vorteilen, von denen nur zwei hier erwähnt werden sollen:

1. Für das Projekt-Management ist der Übergang vom Programmentwurf zur Programmierung durch ein echtes Ereignis gekennzeichnet: Die Schnittstellen-Spezifikationen von Basismaschine zur Benutzermaschine und von Benutzermaschine zum Benutzer kann entsprechend dem Entwicklungsstand vollständig, wenn auch nicht immer detailliert, beschrieben werden. Dies gilt im Gegensatz zu einer Reihe mehr oder weniger fehlerhafter und detaillierter Programmvorgaben bei der herkömmlichen Programmierung.

2. Die Frage der Portabilität der Anwendersoftware, die durch die Schicht der Benutzermaschine realisiert ist, muß beim Übergang auf eine andere Herstellermaschine zumindest nicht mehr grundsätzlich verneint werden. Dies gilt nicht für die Basismaschine.

Praktische Erfahrungen stehen hier aus der Sicht des Projekt-Managements noch aus. Daher wird in diesem Zusammenhang auf weitere Ausführungen verzichtet.

3.2. Strukturierte Programmierung

Wird das oben beschriebene Prinzip der Schichtmaschine angewandt, so lassen sich viele Einwände (8), insbesondere gegen die strikte top-down-Methode der "Strukturierten Programmierung" (9), nicht weiter aufrecht-erhalten. Die strukturierte Programmierung der Anwenderprogramme geht von der Benutzerschnittstelle aus und endet bei der Basismaschine. In gleicher Weise wird von der Basismaschinenschnittstelle zur Hersteller-maschine entwickelt. So lassen sich insbesondere die Möglichkeiten der strukturierten Programmierung zur Reduzierung des Testaufwandes für Pro-grammbausteine und Programmsysteme nutzen. Im einzelnen muß hier auf die einschlägige Literatur verwiesen werden.

3.3. Generatoren und Vorübersetzer

Ein gutes Verkaufsargument für Systeme der normierten Programmierung lautet: Normierung ist gut, Generatoren sind besser. Sie ersparen die Überwachung der Einhaltung von Richtlinien durch unabhängige Programmie-rer und Fachabteilungen und entlasten den Programmierer von Routinear-beit. Generatoren für die "Normierte Programmierung" sind jedoch nicht generell einsetzbar. Der Normenausschuß hat dies durch die einschränken-de Bezeichnung "Programmablauf von Dateien nach Satzgruppen" deutlich gemacht. Demgegenüber sind die Methoden der Entscheidungstabellentechnik und die zugehörigen Vorübersetzer in weiten Bereichen der ADV anwendbar. Sie können als Hilfsmittel bei Analyse, Entwurf, Programmiervorgaben, Arbeitsanweisungen und Dokumentationen eingesetzt werden.

3.4. Richtlinien und Standards

Trotz all dieser Hilfsmittel ist es noch immer erforderlich, im Rahmen der Systemplanung Konventionen für Programmierung, Test und Dokumenta-tion festzulegen. Die Überwachung der Einhaltung von Richtlinien und Standards in der täglichen Routine der Projektarbeit ist nur bei einer Organisationsform möglich, die notwendige Verwaltungsarbeit von der kre-ativen Programmierarbeit trennt und zentral für ein Projekt durchführt (10).

4. Schlußbetrachtung

Die eingangs zitierte Frage von Manfred W. GALL nach der Systematik und Koordination läßt sich für den Bereich der Projektplanung beantworten. Die hier kurz aufgerissenen Methoden, Verfahren und Techniken der Sy-stemplanung, der Organisation und der Softwareentwicklung sind notwen-dige Voraussetzungen für eine systematische und koordinierbare System-entwicklung. Sie bilden gleichzeitig die Grundlage für eine arbeitsfähi-ge Projektsteuerung und deren Kontrolle. Dieser Teilbereich der Projekt-planung, der insbesondere auf der Grundlage der Netzplantechnik aufbaut, wurde hier zugunsten einer breiteren Darstellung der Systemplanung nicht weiter behandelt, da meines Erachtens die Ursache dafür, daß Methoden der Projektsteuerung und -kontrolle in nur wenigen Projekten eingesetzt werden, weniger in der Leistungsfähigkeit der Projektverfolgungsmethoden an sich als vielmehr in der mangelnden Vorbereitung, d.h. in einer feh-lenden Planung der Projektdurchführung zu suchen sind.

Literatur

1. GALL, M.W.: Computer verändern die Medizin, Stuttgart (1971)
2. HICE, G.F., TURNER, W.S., CASHWELL, L.F.: System Development Methodology, Amsterdam-Oxford-New York (1974)
3. Vgl. hierzu u.a.: V. OERTZEN, H.J.: Die Transparenz im Planungsprozeß der Regierung, in: KAISER, H.J. (Hrsg.): Planung VI, Baden-Baden (1972)
4. IBM (Hrsg.): Study Organisation Plan, Form-Nr.: C 20-8075-0
5. Sperry Rand AG-Univac (Hrsg.): Management Information Dataflow System, Form-Nr.: 150570/2000/CP/SB
6. IBM (Hrsg.): Methoden zur Problemlösung - Arbeitsmittel IBM-Form ZR 12-1324, IBM (Hrsg.): Methoden zur Problemlösung - Handbuch IBM-Form ZR 12-1325
7. Vgl. u.a. ZURCHER, F., RANDELL, B.: Iterative Multi-Level Modelling a Methodology for Computer System Design, IFIP Congress 68, Edinburgh (1968)
8. Vgl. u.a.: NAUR, P., RANDELL, B. (Ed.): Software Engineering, Nato Conference Garmisch 1968, Brüssel (1969)
9. Vgl. u.a.: DIJKSTRA, E.W.: Structured programming, in: BUXTON, J.N., RANDELL, B. (Ed.): Software Engineering Techniques, Nato Conference Rome 1969, Birmingham (1970)
10. So z.B.: BAKER, F.T.: Chief programmer team management of production programming, in: IBM System J. 11,1 (1972).

Leitideen für eine funktionsbezogene Ziel- und Programmplanung von ADV-Vorhaben im Gesundheitswesen

V. Kästner

Eine Diskussion über Ziele, Programme und Kosten bei ADV-Vorhaben im Gesundheitswesen ist in der Vergangenheit zu wenig geführt worden. Analysiert man die Gründe hierfür, so wird schnell erkannt, daß für die Grundsatzdiskussion weitgehend theoretische Ansätze, d.h. "Alternativen handlungs- und planungstheoretischer Ausgangspunkte", fehlen, um eine Bestandsaufnahme über Ziele und Kosten vorzunehmen (1). Konflikte sind bedauerlicherweise bei kontroversen Problemstellungen zwischen den einzelnen Meinungen nur graduell ausgetragen worden. Eine Transparenz für die tatsächlichen Probleme ist nur in begrenztem Umfang erzielbar gewesen. Wessen Auffassung eigentlich die "Wohlfahrt zum Bankrott" im Bereich der sozialen Kosten, insbesondere im Gesundheitswesen, bzw. eine etwaige "Mißwirtschaft" konstruktiv beeinflussen könnte, ist schwer zu beurteilen (2).

Mehr und mehr hat sich jedoch in vielen Bereichen des Gesundheitswesens ein gewisses Maß an Problembewußtsein und eine Versachlichung der Diskussionen gezeigt. Hierdurch werden fachspezifische Grundbedingungen, Sachargumente, Machtbestrebungen und Prestige bedacht und so weit wie möglich integriert in ein denkbares, ganzheitliches System, gleichsam ein Planungsmodell, in dem historische Randbedingungen, derzeitige Umweltfaktoren einschließlich der systembeeinflussenden Maßnahmen und zukunftsorientierte Wandlungsprozesse unter Berücksichtigung einer Funktionsdifferenzierung enthalten sind. Leistungssteigerung und qualitätsorientierte Rationalisierung im Gesundheitswesen - das ist weitgehend unbestritten - müssen konsequent erreicht werden, um die Kostenlawine in Grenzen zu halten. Dies wird aber nur mit einer entsprechenden Ziel- und Programmplanung erreichbar sein, an der die Planungsdurchführung bei ADV-Vorhaben zu orientieren ist und an der die erreichten Ergebnisse meßbar sind. Diese Ziel- und Programmplanung ist leider bisher nur umrissen erkennbar und kann lediglich aus Äußerungen der einzelnen zuständigen Stellen von Experten herausgefiltert werden. Dieses Herausfiltern beinhaltet erhebliche Unsicherheitsfaktoren, da sich zumeist kein Systemplaner so genau bindet bzw. seine Thesen, Ziele und Programme bei auftretenden Schwierigkeiten und Divergenzen gern durch Interpretationen relativiert. Hiergegen müssen zwar Bedenken erhoben werden, wenn alles nicht so funktioniert, wie es bei kooperativer Verbundarbeit eigentlich sein könnte, jedoch muß dies beim Zusammenwirken der einzelnen Kräfte im System Gesundheitswesen in Kauf genommen werden. Die Grenze des Vertretbaren wird jedoch dann erreicht sein, wenn nicht durch einigermaßen verläßliche Kosten-Nutzen-Analysen der Rationalisierungseffekt durch die Einführung der ADV im Gesundheitswesen verdeutlicht werden kann (3).

Da die ADV-Spezialisten bzw. Technokraten von den zuständigen Stellen, Planern und Fachleuten bisher noch nicht eine in sich geschlossene und abgestimmte Ziel- und Programmplanung für das Gesamtsystem Gesundheitswesen erhalten haben, bieten sich infolgedessen nur Entscheidungs- und Orientierungshilfen an, wie sie bei methodischer Vorgehensweise in dem Verfahrensmuster für Erläuterungen des Bundesministers der Finanzen (4) und im Planning-Programming-Budgeting-System (PPBS) (5) enthalten sind. Während das PPBS-System nicht unumstritten ist, wird im folgenden ein Ansatz aufgezeigt, wie mit Hilfe eines Verfahrensmusters von Nutzen-Kosten-Analysen denkbare Ausgangspunkte gegeben sind, um eine funktionsbezogene Ziel- und Programmplanung für ADV-Vorhaben im Gesundheitswesen aufzustellen.

Zunächst soll begrifflich verdeutlicht werden, was unter "funktions-
bezogener Ziel- und Programmplanung von ADV-Vorhaben im Gesundheitswesen" verstanden wird. Planung ist die systematische Vorbereitung
von Entscheidungen und Entscheidungsalternativen über mittel- oder längerfristige sachlich-politische Ziele und der darauf ausgerichteten Maßnahmen auf breiter Wissensbasis (6). Die Aufstellung einer Zielplanung
allein - beginnend mit dem Sammeln von Zielen für einen Zielkatalog und
der Zuordnung der gesammelten Ziele zu einem Zielsystem - löst die Probleme nicht, da normative Hauptziele erst zu operationalisieren sind.
Dieses Operationalisieren bedeutet, daß Entscheidungen zu treffen sind,
wann "was" und "wie" zeitlich und sachlich aufeinander abgestimmt zu realisieren ist. Die Vorgabe allzu globaler Ziele ist wenig hilfreich für
die Planung und Planungsdurchführung von ADV-Vorhaben im Gesundheitswesen. Im Rahmen des Entscheidungsprozesses ist deshalb gleichzeitig
eine Gewichtung der Teilziele vorzunehmen und damit auch die zeitliche
und fachspezifische Priorität sowie die Bereitstellung von Finanzmit-
teln festzulegen. In diesem iterativen Planungsprozeß sind einzelne Aktivitäten sowohl in der Zielplanung als auch in der Programmplanung zu
durchlaufen und nicht stets eindeutig zugeordnet. Um ein wenigstens in
Ansätzen weitgehend konsistentes Zielsystem aufstellen zu können, ist
es notwendig, das System "Gesundheitswesen" mit seinen Subsystemen mit
Hilfe der Systemanalyse eingehend zu untersuchen. Dabei muß eindeutig
zwischen Zielebenen und Maßnahmenebenen unterschieden werden. Ziele
sind hierbei Forderungen an das System "Gesundheitswesen", währenddes-
sen unter Maßnahmen Vorschläge verstanden werden, die der Unterstützung,
Verbesserung und Zukunftsplanung für das System dienen. Die Schwierigkeiten - wem ist das nicht bekannt - sind nicht unerheblich, um die
verschiedenen Elemente und die Beziehungen der Elemente im System "Gesundheitswesen" in Teilsysteme zu gliedern, die ermittelten Teilziele
in den Teilsystemen vorläufig zu gewichten und in einem Gesamtzielrah-
men hierarchisch gegliedert einzuordnen. Auch die zu isolierte Betrachtung von Komponenten der einzelnen Teilsysteme und das isolierte Aufstellen von Teilzielsystemen müssen vermieden werden, um keine Inkon-
sistenz des Gesamtzielrahmens zu erhalten.

Ein einheitliches Verfahren zur Zielfindung, Zielsetzung und zum Aufstellen eines Gesamtzielrahmens hat sich - soweit ersichtlich - noch
nicht eindeutig herausgebildet. Es wird weitgehend planerisches Neu-
land betreten. Infolgedessen werden die jeweils zuständigen Entscheidungsträger darüber zu befinden haben, nach welcher Vorgehensweise zu
verfahren ist, und zwar nach dem Systemansatz für ein Vorgehen von
Koelle und Zangemeister oder der morphologischen Methode von Zwicky.
Nicht unerwähnt soll das Vorgehen Mager bleiben (7). Für den Planer
und die ADV-Fachleute bedeutet dies ein Dilemma, zumal ohne einen Ge-
samtzielrahmen nur in beschränktem Umfange Nutzen-Kosten-Analysen durchgeführt werden können. Es wird deshalb eine Sonderaufgabe der Aufgaben-
träger für das Bundesforschungsprojekt DOMINIG sein, hier einen denkbaren, modellanalytischen Ansatz zu finden. Die DOMINIG-Partner haben
sich deshalb einvernehmlich dafür entschieden, das Verfahrensmuster in
den Vorläufigen Verwaltungsvorschriften zu § 7, Absatz 2, Bundeshaus-
haltsordnung zu verwenden (8).

Auf dieses Verfahrensmuster soll im Rahmen dieser Leitideen nicht mehr
eingegangen, sondern nur aufgezeigt werden, welcher denkbare Weg be-
schritten werden kann, der auch für andere ADV-Vorhaben im Gesundheitswesen verwendbar ist.

Im Rahmen der Zielplanung, die der Vorplanungsphase zuzuordnen ist, werden zunächst die entscheidungsrelevanten Ziele gesammelt und systemati-
siert erfaßt. Diese Ziele werden soweit wie möglich konkretisiert und
geordnet. Die Zuordnung der Ziele und Teilziele erfolgt nach dem Grundsatz der Zweck-Mittel-Relation bei gleichzeitiger Zuordnung zu Zielebenen.

Wegen des Fehlens des Gesamtzielrahmens für das System Gesundheitswesen und der Gefahr einer isolierten Betrachtung der ADV-Planung im Gesundheitswesen wird dabei empfohlen, von derzeit erkennbaren, kompati-
blen Teilzielen auszugehen. Dabei ist zwischen den erkennbaren Zielen
des Gesamtzielrahmens für das System Gesundheitswesen und den Teilzielen einer ADV-Planung für das Gesundheitswesen konsequent zu unterscheiden, um Zielkonflikte weitgehend zu vermeiden. Der Zielrahmen für die
ADV-Planung umfaßt jeweils das Hauptziel sowie Oberziele, Unterziele,
Teilziele und Aspekte. Ohne eine solche noch abzustimmende Teilziel-
planung ist eine zeit- und sachgerechte Durchführung von ADV-Vorhaben
im Gesundheitswesen mit gravierenden Mängeln behaftet. Zwangsläufig
werden isolierte Einzelergebnisse erreicht, die gesamtwirtschaftlich
und im System des Gesundheitswesens nur bedingt vertretbar und verwert-
bar sind. Für die Zielsetzung in Bezug auf Hauptziel, Oberziele, Unterziele, Teilziele und Aspekte sind naturgemäß unterschiedliche Ansatz-
punkte gegeben. Auch auf die Gefahr hin, daß nur ein kleinster gemeinsamer Nenner gefunden wird, soll für den Teilzielrahmen ADV-Planung im
Gesundheitswesen als Hauptziel die "Verbesserung der Informationsverarbeitung" zugrunde gelegt werden. Diese anzustrebende Effizienzver-
besserung wird sodann auszurichten sein auf die Oberziele "Verbesserung
der Qualität" und "Verbesserung der Wirtschaftlichkeit der benötigten
Informationen". Als Unterziele sollten sodann im qualitativen Bereich
die Verbesserung der Qualität des Informationsflusses mit den Teilzielen
Informationsgewinnung, Informationsübertragung, Informationsverarbeitung
und Datenorganisation gelten. Als Unterziele im wirtschaftlichen Bereich
könnten die Verbesserungen des Preis-/Leistungsverhältnisses mit entsprechenden Teilzielen im Bereich des Informationsflusses genannt werden. Auf Aspekte als der untersten Ebene und dem Übergang zu späteren
Maßnahmen wird hier nicht weiter eingegangen. Dies bleibt gesonderten
Ausführungen vorbehalten.

Folgt man diesen Leitideen, so kann nach Aufstellung eines derartigen
Teilzielrahmens für die ADV-Planung innerhalb des Gesamtzielrahmens
für das System Gesundheitswesen ein erster Schritt für die Durchführung
von Nutzen-Kosten-Analysen gemacht werden, wenn die Entscheidungsträger
dieses Teilsystems für den ADV-Bereich gewichten, sodaß der Stellenwert
einzelner ADV-Vorhaben verdeutlichbar ist. Natürlich ist dabei einer der
wichtigsten Vorgänge die Bewertung, da durch den Bewertungs- und Entscheidungsprozeß eine Zielhierarchie mit Prioritäten-Zuordnung erfolgt.

Zielkonflikte werden in einem frühen Stadium der Planung erkannt, ausgetragen und entschieden. Bei auftretenden Zielkonflikten werden im Wege eines Zielkompromisses bzw. einer Zielanpassung oder durch einen
Zielverzicht Lösungen zu entscheiden sein. Hier kann zwischen Sachzie-
len, Machtzielen und Prestigezielen unterschieden werden (9).

Eine in dieser oder in ähnlicher Art und Weise aufgestellte, funktionsbezogene Zielplanung für ADV-Vorhaben im Gesundheitswesen ist eine hinreichende Planungsgrundlage für die Aufstellung der Programm- bzw. Vor-
habenplanung dient dazu, für die einzelnen Maßnahmen bzw. Projekte
kurz-, mittel- und langfristige Planungen aufzustellen und diese im Wege
der Vorkalkulation kostenmäßig abzuschätzen. Die Programm- bzw. Vorha-
benplanung, die zwischen Planern und beplanten Bereichen abzustimmen
ist, bereitet bei entsprechender Transparenz derartig aufbereiteter Pla-
nungsunterlagen zwischen den einzelnen Planungsträgern, sei es zwischen
staatlichen und nichtstaatlichen Stellen, z.B. zwischen Stellen eines
Gesundheitsministeriums, den freien und gemeinnützigen Krankenhausträ-
gernoder niedergelassenen Ärzten bzw. den kassenärztlichen Vereinigungen
oder zentralen Stellen davon, nicht mehr wie bisher Verständigungsschwie-
rigkeiten. Auch wenn hinsichtlich der Ermittlung der gesamtwirtschaft-
lichen Effizienz und der Effizienz der einzelen ADV-Vorhaben unterschiedliche Auffassungen durchaus auftreten, zumal geeignete Methoden der Ko-

stenbewertung und der Beurteilung des Nutzeffektes unter Einbeziehung
entsprechender Indikatoren fehlen, so gilt es, ausgehend von einer weit-
sprechender Indikatoren fehlen, so gilt es, ausgehend von einer weitgehend fundierten Ziel- und Programmplanung den Stellenwert der einzelnen ADV-Vorhaben im Gesundheitswesen anhand von Nutzen-Kosten-Analysen
darzustellen und einen Beitrag für die Lösung der gestellten Aufgaben
im Gesundheitswesen zu leisten. Die Datenverarbeitung im Gesundheitswesen hat eine besondere Funktion, eine Brückenfunktion, die als Instrument zwischen den Funktionsträgern im Gesundheitswesen nützlich ist und
nutzbar gemacht werden sollte. Der Stellenwert von einzelnen Maßnahmen,
Vorhaben bzw. Programmen wird an einer funktionsbezogenen Ziel- und Programmplanung für die ADV-Vorhaben Gesundheitswesen insgesamt zu beurteilen sein.

Literatur

1. JOCHIMSEN, R.: Zum Aufbau und Ausbau eines integrierten Aufgabenpla-
   nungssystems und Koordinationssystem der Bundesregierung, Bulletin
   des Presse- und Informationsamtes der Bundesregierung, 97, 949 - 957.
2. PIEL, D.: Wohlfahrt bis zum Bankrott?, Die Zeit, 10, 26, (28.2.1975).
3. WOLTERS, H.G.: Ansätze zu einem "Gesundheits-Informations-System im
   Land Berlin", Computer: Aufgaben im Gesundheitswesen, Berlin-Heidel-
   berg-New York, (1973).
4. Erläuterungen zur Durchführung von Nutzen-Kosten-Untersuchungen, Anlage der Vorläufigen Verwaltungsvorschriften zu § 7, Absatz 2, BHO,
   MinBlFin, 190 ff, 194 ff, 293 ff, (1973).
5. REINERMANN, H.: Planning-Programming-Budgeting-Systeme und die integrierte Planung von Regierungs- und Verwaltungsorganisationen, Systemanalyse in Regierung und Verwaltung, Freiburg (1972).
6. Vorlage zur Kenntnisnahme über längerfristige Planungen des Senats,
   Mitteilung Nr. 55 des Präsidenten des Abgeordnetenhauses von Berlin
   5. Wahlperiode, 15 ff.
7. DIETRICH, C.: Verfahrensvergleich bei der Zielfindung und Zielsystem-
   erstellung, unveröffentlichte Stellungnahme für den Senator für Gesundheit und Umweltschutz, Berlin, von der Industrieanlagen-Be-
   triebsgesellschaft mbH, Ottobrunn, (1975).
8. KAREHNKE, H.: Ein Vorschlag für Nutzen-Kosten-Untersuchungen in der
   Verwaltung, Die öffentliche Verwaltung, 21, 737 - 741 mit weiteren
   Nachweisen, (1974).
9. VOSSBEIN, R.: Unternehmensplanung, Düsseldorf-Wien, (1974).

Entscheidungsfindung im medizinischen Bereich mit Hilfe von Nutzwert-
analysen

E. Fuchs

1. Einführung

Gerade in der heutigen Zeit, in der von der ständig wachsenden Ver-
schuldung des Staates, von der Finanznot der öffentlichen Verwaltung
usw. gesprochen wird, ist der Ruf nach neuzeitlichen Rationalisierungs-
verfahren besonders laut. Man hält Ausschau nach geeigneten Systemen
und Methoden, findet sie in der Privatwirtschaft, wo sie unstreitbar
Erfolge erzielt haben, überträgt sie auf die öffentliche Verwaltung und
erwartet von ihnen dann Wunderdinge. Eines wird dabei jedoch nicht bedacht: Obwohl viele der zu lösenden Probleme der Privatwirtschaft denen
der öffentlichen Hand ähnlich sind, lassen sich die in der Privatwirtschaft üblichen Verfahren nicht ohne weiteres auf den öffentlichen Sektor übertragen. Ein typisches Beispiel dafür ist die Nutzen-Kosten-Ana-
lyse.

Die meisten Entscheidungen der Privatwirtschaft sind solche, bei denen einer gewissen Investitionsmaßnahme eine monetär meßbare Folge von
Kosten und Gewinnen gegenübersteht, d.h. eine Handlung H läßt sich allgemein durch die Investitionskosten I, die auf den Investitionszeit-
punkt abgezinsten und dann aufsummierten Nutzen N und entstehenden
Folgekosten K charakterisieren:

$$H \quad (N, I, K)$$

Hat man die Auswahl zwischen mehreren derartigen Handlungsalternativen
H_1, H_2 ..., so kann man sich mit einer geeigneten Entscheidungsregel
die günstigste Alternative heraussuchen. Es läßt sich zeigen, daß je
nach Wahl dieser Entscheidungsregel sich eine andere Handlung als die
Beste erweisen kann. Daher wird man für einen objektiven Entscheidungsprozeß die Entscheidungsregel bereits vor einer Feststellung und Bewertung der Alternativen festlegen, um eine Manipulation zu vermeiden.

Bei einer ganzen Reihe von Entscheidungsproblemen lässt sich jedoch
allein durch monetäre Vergleiche keine zufriedenstellende Auswahl treffen. Das gilt insbesondere im öffentlichen Bereich, wo der Gewinn als
einziges Auswahlkriterium für eine Entscheidungsfindung häufig unzureichend ist, sofern er bei komplexen Vorhaben überhaupt angegeben werden kann. Gerade bei Projekten im Bereich des Gesundheitswesens sind
Folgewirkungen von Entscheidungen häufig nicht nur finanzieller Art
oder monetär meßbar, so daß rein ökonomische Wertanalysen als methodische Hilfsmittel für eine Entscheidungsfindung ausscheiden. Die dadurch entstehende Lücke läßt sich durch die Nutzwertanalyse schließen.

2. Definitionen

2.1 Ein Problem ist jede Tatsache oder Idee, die zielgerichtetes Denken
hervorzurufen geeignet ist. Dabei braucht (und wird in der Regel) ein
Zielsystem noch nicht konkret beschrieben zu sein, wenn ein Problem
festgestellt wird.

2.2 Um zu einem gefundenen Problem Lösungsalternativen zu finden, muß
ein Zielsystem existieren. Unter Ziel versteht man dabei eine erwünschte, erreichbar erscheinende Situation bzw. einen real möglichen zu-

künftigen und wünschenswerten Zustand. In der Praxis treten im allgemeinen keine monistischen Zielformulierungen, sondern multivariable
Zielsysteme (sogen. Zielkonzeptionen) auf. Dabei ist problematisch und
unter anderem bei der Nutzwertanalyse zu beachten, daß einzelne Zielvorstellungen im Rahmen einer Zielkonzeption sich völlig ausschließen,
sich partial überschneiden, völlig unabhängig voneinander oder substi-
tutional bzw. komplementär zueinander sein können (vgl. Jörg/Singer).

2.3 Die bewußte Wahl einer Denk- oder Verhaltensweise unter mehreren
möglichen nennt man eine <u>Entscheidung</u>. Sie ist durch drei Hauptkompo-
nente bestimmt, deren jeweiliger Anteil von Problem zu Problem variiert:
- <u>Daten</u>, das sind alle Tatsachen, Schätzwerte, Annahmen usw., die dem
  Problemlöser bei der Entscheidungsfindung zur Verfügung stehen;
- <u>analytische Methode</u>, das ist das Verfahren, das der Problemlöser anwendet, um die Daten zu ordnen und zueinander in Beziehung zu setzen;
- <u>Werte</u>, das sind alle Überzeugungen und Vorstellungen des Problemlö-
  sers hinsichtlich der Wichtigkeit der von der Entscheidung herrühren-
  den Güter, seien sie ethischer, wirtschaftlicher oder sonstiger Art
  (vgl. Stuhr, Management-Probleme und Entscheidungen).

2.4 Entscheidungshilfen sind einmal die auf dem wirtschaftstheoretischen
Ansatz beruhenden Ermittlungsmodelle (Investitionsrechnung im eigentlichen Sinn), die auf dem Operations Research-Ansatz beruhenden Opti-
mierungsmodelle sowie die häufig als entscheidungstheoretische Ansätze
bezeichneten Verfahren, die zur Lösung des Auswahlproblems bei multi-
dimensionalen Zielsystemen dienen. Zu diesen gehört die <u>Nutzwertanalyse</u>,
sie ist häufig das einzig anwendbare Hilfsmittel zur systematischen
Analyse einer Entscheidungssituation, wenn eine Vielzahl von entscheidungsrelevanten Zielkriterien zu beachten ist und/oder ein monetärer
Projektwert nicht bestimmt werden kann. Ihr besonderes Kennzeichen ist
darin zu sehen, daß die Bestimmung eines Projektwertes nicht allein
aufgrund sachlicher Objektinformationen über die Zielerträge der Pro-
jektalternativen erfolgt, sondern gleichermaßen subjektive Informationen
berücksichtigt werden (vgl. Zangemeister, Nutzwertanalyse von Projektal-
ternativen).

3. <u>Das Grundmodell der Nutzwertanalyse</u>

Grundlage der Nutzwertanalyse (im folgenden NWA) ist der subjektive
Wertbegriff. Sie ist daher streng von der sogen. Wertanalyse (value
analysis) zu unterscheiden, bei der es sich um eine Methode systematischer Kostensenkung und Produktgestaltung handelt, wobei vom Kosten-
wert ausgegangen wird. Nach Gablers Wirtschaftslexikon ist der Nutzwert
der subjektive, durch die Tauglichkeit zur Bedürfnisbefriedigung bestimmte Wert eines Gutes. Über den Wertinhalt und das Wertmaß sagt diese
Definition nichts aus. Beides muß individuell von Fall zu Fall festgelegt werden. Daher ist der Nutzwert auch nicht direkt als Ertragsgröße
zu verstehen, sondern stellt lediglich das Ergebnis einer Bewertung
verschiedener Zielerträge einer Alternative dar. Infolgedessen ist er
ein dimensionsloser Ordnungsindex, der verbal oder durch Zahlen ausge-
drückt werden kann. Infolgedessen kann mit ihm nicht in gleicher Weise
wie mit den normalen Zahlen gerechnet werden, sondern lediglich nach
den Rechenregeln, die sich aufgrund seiner Eigenschaft aus maßtheoretischen Überlegungen ergeben.

Um sicher zu stellen, daß durch das Verwenden subjektiver Maße bei der
Entscheidungsfindung diese nicht rein zufällig wird, ist es erforderlich, bei der NWA einen strengen Formalismus einzuhalten und bei der
Bewertung der Ergebnisse auch die Grenzen und Probleme des Verfahrens
zu beachten. Eine systematische NWA besteht aus folgenden Schritten:

3.1 Bestimmung der situationsrelevanten Ziele bzw. Zielkriterien K_{ij} (j = 1 (1) m).

3.2 Zusammenstellung von Alternativen A_i (i = 1 (1) n).

3.3 Beschreibung der Zielerträge k_{ij}, das sind die zielrelevanten Konsequenzen jeder Alternative A_i in Bezug auf jedes Zielkriterium K_j.

3.4 In Teilbewertungen werden für jedes Zielkriterium die Handlungsalternativen A_i bezüglich ihrer Zielerträge k_{ij} gegeneinander abgewogen und durch explizite Zuordnung von Zielwerten n_{ij} entsprechend geordnet.

3.5 Nach bestimmten Entscheidungsregeln wird für jede Alternative der Nutzwert als Gesamtheit der gewogenen Zielwerte festgestellt. Dadurch wird die relative Stellung einer Alternative im Hinblick auf die entscheidungsrelevanten Zielkriterien und den diesbezüglichen Präferenzen des Entscheidungsbefugten zum Ausdruck gebracht.

Die Logik der Nutzwertanalyse ergibt sich aus folgender Abbildung:

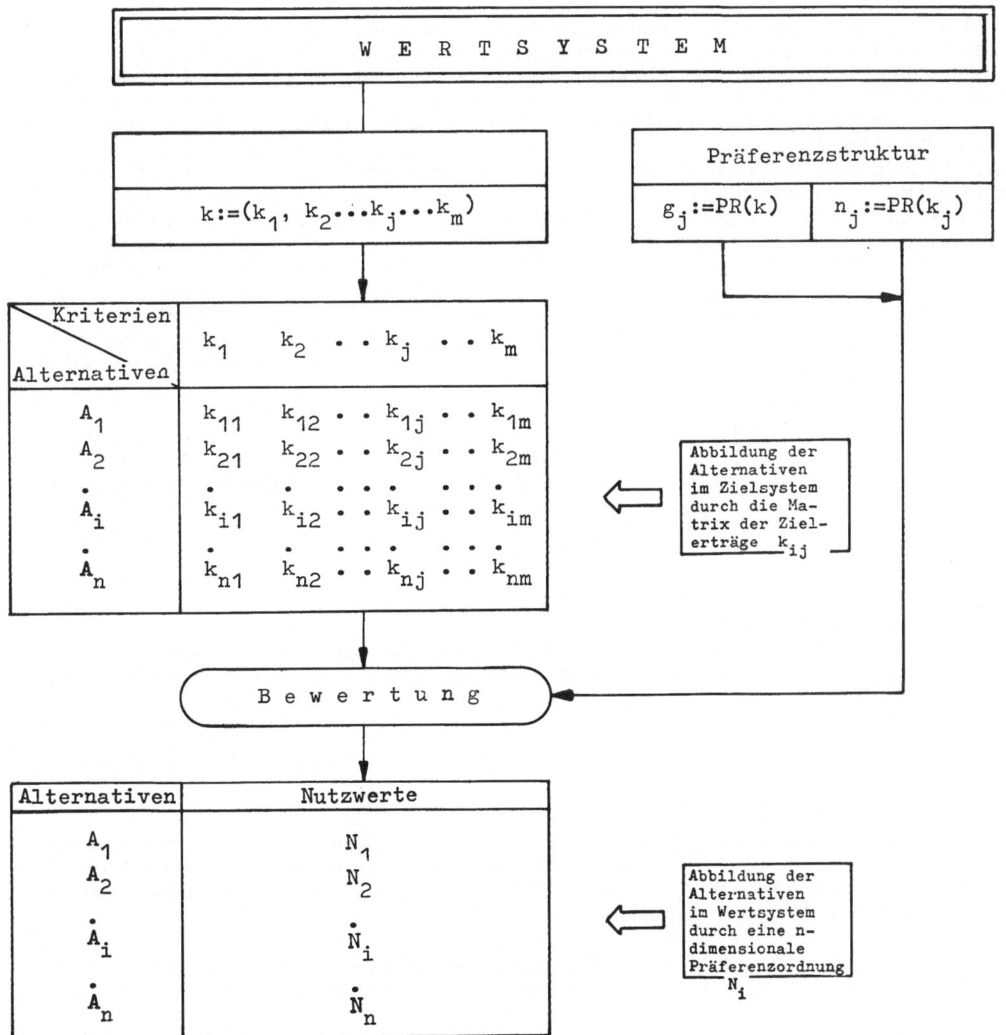

4. Probleme der Nutzwertanalyse

Aufgrund der Tatsache, daß die NWA auf subjektiven Werturteilen aufbaut,
ergeben sich eine Reihe spezifischer Probleme. Darüberhinaus ist die
Problematik zu beachten, die sich aus der Entscheidungstheorie allgemein ergibt.

Ein Hauptproblem der NWA ist es, auf die abgegebenen Werturteile die
geeigneten maßtheoretischen Operationen anzuwenden. Für die Werturteile
lassen sich im wesentlichen drei verschiedene Skalentypen unterscheiden:
Die Nominal-, Ordinal- und Kardinalskala.
Dabei ist die Nominalskalierung die schwächste und die Kardinalskalie-
rung die bestmögliche. Je nach zugrundegelegtem Skalentyp und nach der
Art der Ermittlung von Urteilsdaten sind verschiedene Skalierungsmetho-
den möglich. Welche dabei im Einzelfall zweckmäßigerweise anzuwenden
ist, kann nicht unabhängig von den speziellen Situationsgegebenheiten
festgelegt werden. Einmal bringt eine Skalierungsmethode mit höherem
Niveau eine grössere Operationalität der Bewertungsergebnisse bei der
Wertsynthese mit sich. Gleichzeitig erfordert sie aber auch einen hohen
Informationsgrad, grosse Urteilskraft und Erfahrungen der Urteilsperson.

Im allgemeinen kann von vornherein nicht festgelegt werden, welches
Skalenniveau zugrundegelegt werden kann. Deswegen ist es erforderlich,
die Urteilsergebnisse in mehreren aufeinanderfolgenden Urteilsfolgen
zu vergleichen. Sind sie annähernd wiederholungsstabil, so kann die
Anwendung der benutzten Skalierungsmethode als gerechtfertigt angesehen
werden. Treten dagegen Inkonsistenzen auf, dann sind die Bewertungsergebnisse mit besonderer Vorsicht zu interpretieren. Einmal kann die
Urteilsperson sachlich inkompetent sein. In diesem Fall empfiehlt sich
die Anwendung einer Skalierungsmethode mit niedrigerem Zahlenniveau,
ggfs. aber auch eine völlige Neuformulierung der Bewertungsaufgabe.
Zum anderen kann der zu bewertende Sachverhalt zu komplex sein. Auch in
diesem Fall kann man versuchen, mit einem niedrigeren Skalenniveau zu
einem Ergebnis zu kommen. Im allgemeinen wird man jedoch nicht darum
herumkommen, die Bewertungsaufgabe zu überarbeiten und durch eine geeignete Zerlegung des Sachverhaltes zu weniger komplexen Aussagen zu
kommen.

Neben der Skalierung liegt eine weitere Problematik in dem zugrundegelegten Zielsystem. Zur Anwendung der NWA sind die Ziele so zu suchen
und systematisch zu ordnen, daß der Bewertung ein situationsgerechtes
Zielsystem zugrunde liegt. Dabei ist die Zielfindung zwar ein kreativer
Prozeß, der an sich mit der NWA wenig zu tun hat. Dennoch ist folgendes
zu beachten:

4.1 Das Zielsystem soll vollständig sein und den Rahmen der zu behandelnden Aufgabe abdecken.
4.2 Die Menge der zu beachtenden Ziele muß überschaubar bleiben.
4.3 Die Situationsrelevanz der zugrundegelegten Ziele ist mehrfach zu
überprüfen.
4.4 Die gegenseitige Abhängigkeit der Ziele ist festzustellen und zu
berücksichtigen.
4.5 Die der Bewertung als Kriterien direkt zugrundegelegten Ziele
müssen operational überprüfbar sein.

In der Praxis wird nicht jede dieser Voraussetzungen in jedem Fall er-
füllbar sein. Derartige Schwächen im Entscheidungsfindungsprozeß müssen
bei der Anwendung der NWA unbedingt festgestellt und offengelegt werden,
wenn eine objektivierte Entscheidungshilfe erwartet wird.

Neben den Zielwerten sind die Lösungsalternativen Grundlage einer Nutzwertanalyse. Durch die Festlegung, welche Alternativen man einer NWA

unterziehen will, wird bereits eine Vorentscheidung getroffen. Wichtig
für die NWA ist es, die Alternativen hinsichtlich ihrer Auswirkungen
möglichst kurz und übersichtlich, aber auch vollständig zu beschreiben.
Selbst bei Fachleuten kann nicht unterstellt werden, daß im Rahmen einer NWA jeder Bewerter jede Auswirkung jeder Alternative auch zugrunde
legt, wenn er nicht durch eine geeignete Beschreibung dazu "gezwungen"
wird.

Schließlich ist für eine sinnvolle NWA die Lösung des Wertsynthesepro-
blems erforderlich. Formal gesehen ist dazu eine Regel notwendig, die
vorschreibt, wie aus den m-Spalten der Zielwertmatrix n_{ij} die Ein-
spaltige Nutzwertmatrix N_i ermittelt werden kann. Als Ziel dieser
Wertsynthese will man erreichen, daß unter vollständiger Ausschöpfung
der in der Zielwertmatrix enthaltenen Informationen auf operationale
und logisch befriedigende Weise eine widerspruchsfreie und vollständige
Präferenzordnung der Alternativen bestimmt wird.

Je nachdem, welches Skalenniveau den individuellen Präferenzordnungen
zugrunde liegt und wie die darin enthaltenen Informationen weiter verarbeitet werden, sind unterschiedliche Entscheidungsregeln zur Wertsynthese denkbar. Eine besondere Rolle spielt dabei grundsätzlich die Frage, wie die Präferenzaussagen in den einzelnen Wertdimensionen vergleichbar gemacht werden können. Je nach zugrundegelegtem Skalenniveau
lassen sich verschiedene Entscheidungsregeln anwenden. Dabei ist jedoch
zu beachten, daß genauso wie bei der ökonomisch orientierten Kosten-
Nutzen-Analyse je nach verwandter Entscheidungsregel unterschiedliche
Präferenzordnungen entstehen können. Dies kann wiederum zwangsläufig
zu einer Manipulation des Entscheiders führen, wenn nicht vor Beginn
der NWA die Entscheidungsregel eindeutig definiert und festgelegt worden ist.

Gerade in der Tatsache, daß durch unterschiedliche Entscheidungsregeln
unterschiedliche Präferenzordnungen entstehen können, entsteht eine
große Gefahr bei unsachgemäßer Anwendung der NWA. In der Praxis ergeben
sich immer wieder Fälle, in denen Entscheider oder an einer Entscheidung beteiligte Personengruppen versuchen, durch nachträgliche Änderung
der Entscheidungsregel ein für sie günstiges oder wünschenswertes Ergebnis zu erreichen. Man muß sich jedoch darüber im klaren sein, daß
gerade durch ein derartiges Vorgehen die NWA ihren Sinn verliert.

5. Verbesserung von Nutzwertanalysen

Der Wert einer NWA als Grundlage für eine Entscheidungsfindung hängt
insbesondere davon ab, wie stark sie von einer variablen Änderung abhängig ist. Dies kann man im Rahmen einer Sensibilitätsanalyse untersuchen, indem man feststellt, wie sich Änderungen an den Zielwerten und
an den Zielgewichten auf die Nutzwerte der zu vergleichenden Alternativen auswirken. Ein Ergebnis der NWA ist nur dann als signifikant zu
betrachten, wenn es aufgrund geringfügiger, vom Bewerter vertretbarer
Änderungen in den Zielwerten und in den Gewichten nicht zu einer Rang-
verschiebung der Alternativen kommt und auch keine Überlappung der Nutzwerte im Rahmen wahrscheinlicher Nutzwertspannen auftritt.

Derartige Sensibilitätsanalysen sind notwendiger Bestandteil einer NWA,
da sie fast ausschließlich auf Urteilsdaten aufbaut und diese naturgemäß keine eindeutig determinierten Grössen sind, sondern a priori als
variabel in gewissen Grenzen angesehen werden müssen. Darüberhinaus
liegt es im Wesen von Bewertungsprozessen, daß sich die individuellen
Datenkonstellationen als Ausdruck der Situationseinschätzung mit zunehmender Problemeinsicht verändern können.

Für die Untersuchung der Sensibilität einer NWA gibt es eine ganze Reihe von Analysen. Die wichtigsten davon sind:

5.1 Fehleranalyse
Im Rahmen dieser Analyse wird geprüft, wie sich Schätzfehler bei der Zielwertzuordnung auf den Nutzwert auswirken.

5.2 Risikoanalyse
Eine jede in die Zukunft hinein zu treffende Entscheidung ist von vornherein mit Unsicherheit behaftet. Daher ist es erforderlich, das mit der zu fällenden Entscheidung verbundene Risiko möglichst genau abzuschätzen. Man kann dies dadurch tun, daß man für die betreffenden Zielerträge einen optimistischen, einen mittleren und einen pessimistischen Zielwert je Alternative festsetzt und davon die Nutzwerte ermittelt. Mit Hilfe derartiger Risikospannen lassen sich Nutzwertverteilungen besser feststellen und mit diesen kann wiederum eine Aussage über das Entscheidungsrisiko getroffen werden.

5.3 Zielwertanalyse
Da bei komplexen Problemstellungen die Zielkriterien im allgemeinen verbal beschrieben werden und ihre Auslegung insofern einer gewissen Subjektivität unterliegt, sollte bei einer nicht eindeutig angebbaren Zielkonzeption immer geprüft werden, wie durch eine Änderung im Zielsystem eine Variation der Nutzwerte erfolgt. Durch eine derartige Analyse lassen sich einmal Inkompatibilitäten und Überschneidungen von Zielen feststellen und analysieren. Daneben ergibt sich daraus, wie der Beurteiler das Zielsystem sieht und für seine eigene Bewertung zugrundelegt. Schließlich lassen sich auf diese Art und Weise Mißverständnisse der Beurteilung bei der Auslegung der Zielkriterien feststellen.

6. <u>Erweiterung der Nutzwertanalyse</u>

Beim Grundmodell der Nutzwertanalyse wird von einer speziellen Entscheidungssituation ausgegangen, die dadurch gekennzeichnet ist, daß die zu vergleichenden Alternativen alle derselben Zwecksetzung dienen und infolgedessen nur eine von ihnen (die mit dem "höchsten" Nutzwert) realisiert werden soll. Die Bewertung der Alternativen dient in diesem Fall dazu, ein Auswahlproblem zu lösen.

Gerade in der öffentlichen Verwaltung sind jedoch bei weitem nicht alle Entscheidungssituationen Auswahlprobleme. Häufig ist einer derartigen Entscheidung die Beantwortung der Frage vorgelagert, in welchen Aktivitätsbereichen man angesichts eines beschränkten Mittelpotentials überhaupt und mit welchem relativen Mitteleinsatz tätig werden soll. Entscheidungssituationen dieser Art verlangen ebenfalls eine vergleichende Bewertung aller möglichen Aktivitäten; nur zielt die Bewertung in diesem Fall nicht darauf, ein Auswahlproblem, sondern ein Allokationsproblem zu lösen. Um derartige Entscheidungen mit Hilfe der NWA zu lösen, ist es erforderlich, das Grundmodell zu erweitern. Im Kern besteht diese Erweiterung darin, daß man nicht nur Zielaussagen stufenweise konkretisiert und sie in ihrem Zusammenhang in einem hierachisch strukturierten Zielsystem darstellt, sondern daß man auch das Aktionsfeld aller möglichen Maßnahmen in einer analogen Weise aufgrund von Mittel-Zweck-Beziehungen systematisch auffächert. Man erhält dann neben dem Zielsystem ein sogenanntes Maßnahmesystem, das aus mehr oder weniger weitgefaßten Aktivitätsbündel besteht. Durch eine mehrfache Folge von Bewertungen auf den einzelnen Stufen des Maßnahmesystems ermittelt man die relative Bedeutung jedes einzelnen Elementes (Maßnahme - Projekt - Programm usw.) im Systemzusammhang für die Lösung einer Gesamtaufgabe. Für jede Verzweigung im Maßnahmensystem wird dabei eine NWA durchgeführt. Als Ergebnis dieser mehrstufigen Bewertung (die häufig auch als

Relevanzbaum-Analyse bezeichnet wird) erhält man durch eine abgestufte Erfassung und Verknüpfung von Sach- und Werturteilen, eine Rangordnung aller betrachteten Maßnahmen, die quantitativ durch die Nutzwerte beschrieben ist. Durch einen Vergleich mit den zur Verfügung stehenden Kosten bzw. Resoucen erhält man eine Entscheidungsgrundlage dafür, welche Maßnahmen im Rahmen eines begrenzten Budgets optimal miteinander zu kombinieren sind.

<u>Methoden und Verfahren der Projektplanung und -kontrolle</u>

Dipl.-Kfm. Josef Nagel, Düsseldorf

<u>Gliederung</u>:

1.   Einführung

2.   Projektplanung
2.1   Methoden
2.2   Netzplantechnik (PERT, CPM, MPM)
2.2.1   Terminplanung
2.2.2   Kostenplanung
2.2.3   Kapazitätsplanung

3.   Durchführung und Kontrolle
3.1   Soll-Ist-Vergleich (Regelkreis)
3.2   Analyse der Abweichungen

4.   Verfahren
4.1   PPS
4.2   PMS
4.3   PROMPT
4.4   PAC I
4.5   PKS
4.6   SINETIK
4.7   PROMIS

1. Einführung

Bedingt durch die zunehmende Zergliederung von ehemals einheitlichen Arbeitsgängen, verbunden mit der Dezentralisierung der
einzelnen Planungs-, Steuerungs- und Kontrollfunktionen, wurde
die Zentralübersicht, die Planung und die Koordinierung in Richtung auf das Ziel eines Gesamtprojektes immer schwieriger.

Diese Zergliederung war einerseits durch Automation und Ratio-
nalisierungsmaßnahmen und andererseits durch die Zunahme der
Einflußgrößen notwendig geworden. Dadurch wuchsen auch die Schwie-
rigkeiten im Zusammenspiel aller Beteiligten, so daß Aus- und
Nebenwirkungen von "Pannen" nur schwer erkannt werden konnten.
Je komplexer ein Projekt wurde, um so weniger konnten sie durch
Improvisation aufgefangen werden.

In diesem Zusammenhang wurden Entscheidungen getroffen, einzelnen
Arbeitsgängen (Aktivitäten) Energien zuzuweisen, obwohl ihre Verzögerungen keinen Einfluß auf das Endziel des Projektes ausübten.
Man übersah also die technologische Abhängigkeit zwischen den
Aktivitäten. Auf der anderen Seite wurden Schwachstellen - in der
Terminologie der Netzplantechnik: kritische Aktivitäten - nicht
erkannt; ihre Vernachlässigungen beeinflußten das Projektziel
unmittelbar. Eine Verzögerung des Gesamtziels impliziert in den
meisten Fällen Kostenerhöhungen und Schwierigkeiten in der Kapazitätsplanung.

Zur Lösung dieser Probleme wurden Methoden und Verfahren entwickelt, die in der angelsächsischen Literatur mit PPT (Project
Planning Techniques) bezeichnet wurden und im deutschsprachigen
Raum mit NPT (Netzplantechnik) oder mit Netzwerktechnik übersetzt
wurden.

2. Projektplanung

Jede Projektplanung sollte nach folgenden allgemeingültigen Pla-
nungsgrundsätzen durchgeführt werden:

- Formulierung des Zieles bzw. der Zielvorstellungen für das Pro-
  jekt.
- Erfassen aller Randbedingungen und Beschränkungen.
- Simultane Berücksichtigung aller Parameter.
- Auswahl der Planungsmethode.
- Überprüfung der bestehenden Organisation.
- Berücksichtigung des bestehenden Informationswesens.
- Festlegung des Detaillierungsgrades der Planung.
- Klare, übersichtliche und eindeutige Dokumentation.
- Schulung der Projektmitglieder.

Das Ergebnis der Planung ist die Projektbeschreibung bzw. das
Pflichtenheft, das nachstehende Prinzipien berücksichtigen sollte:

- Klare Abgrenzung von Tätigkeiten und Verantwortlichkeiten
- Übereinstimmung von Tätigkeit und Eignung
- Übereinstimmung von Aufgabe, Kompetenz und Verantwortung
- Austauschbarkeit von Mitarbeitern
- Klare Abgrenzung der Verbindungswege
- Hinweis auf mögliche Schwachstellen.

Sofern es möglich ist, sollten die ausgewählten Projektmitglieder frühzeitig in die Planung einbezogen werden, so daß eine Verpflichtung und Identifikation erfolgen kann.

2.1 Methoden

Bezogen auf die anstehenden Probleme, die sich im Rahmen der Planung eines Projektes ergeben, wurden Methoden entwickelt und angewandt, die als Ziel hatten, das Projektziel so genau wie möglich zu erreichen. Da in der Praxis die Versuch-/Irrtum-Methode (Trial und Error) nicht allzu of durchgeführt werden kann, können in der Theorie Möglichkeiten und Alternativen durchgespielt und probiert werden. Entsprechende Hilfsmittel sind
- Planspiele
- Prognoseverfahren
- Simulationen
- Netzplantechnik
- Entscheidungsnetzwerke
- Modellrechnungen
- Abweichanalysen etc.

Bei allen diesen Methoden wird unter Berücksichtigung der zukünftigen Entwicklung der Versuch gemacht, den Fortgang des Projektes zu bestimmen. Je komplexer jedoch ein Projekt ist, desto größer werden die Abweichungen des Planes und der tatsächlichen Aktivitäten sein.

2.2 Netzplantechnik

Die bekanntesten Techniken sind
CPM   (Critical Path Method)
PERT   (Program Evaluation and Review Techniques) und
MPM   (Metra Potential Methode).

Daneben existieren eine Reihe von Verfahren, die letztendlich alle auf die Grundkonzeption von CPM, PERT und MPM zurückzuführen sind. Es handelt sich in der Regel um Verfeinerungen und/oder Erweiterungen.

Bei der Verwendung der Netzplantechnik nimmt die Planung eine zentrale Stellung ein. Als Definition für Planen soll gelten:
Planen bedeutet Gedankenarbeit auf ein vorbestimmtes Ziel in der Zukunft hingerichtet, unter Verwertung der heute bekannten

Elemente und unter Berücksichtigung von möglichen Entwicklungs-
tendenzen und anderen Gesichtspunkten (Schreiter und Stempell).
Der Grund dafür ist, daß die Strukturanalyse des Projektes in-
tensiver vollzogen werden muß, da eine detailliertere Aufgliederung gefordert wird. Dies impliziert ein exaktes vorheriges
Durchdenken des Vorhabens, wobei alle Prozesse (Aktivitäten,
Tätigkeiten) erfaßt werden müssen. Ein kombinatorischer Gedan-
kenprozess ist notwendig, um alle Abhängigkeiten zwischen den
Aktivitäten zu erkennen und aufzuzeigen. Da aber der erste Netzplan für ein Projekt meist noch nicht der optimale ist, sind
alternative Netzpläne auszuarbeiten. Für die Berechnung der Alter-
nativlösungen gelangen bei größeren Projekten elektronische Da-
tenverarbeitungsanlagen zum Einsatz. Entschließt sich ein Betrieb
mit Hilfe der Netzbandtechnik, das Projekt oder ein Projekt zu
planen und durchzuführen, müssen die Organisation entsprechend
umgestellt, die Mitarbeiter mit der Methode vertraut gemacht
und das Berichtswesen ausgebaut werden.

Die Methode CPM (Critical Path Method) - (Methode des kritischen
Weges) wurde 1957 von M.R. Walker, Mitarbeiter in der Abteilung
Integrated Engineering Control Group des Chemiekonzerns DuPont
des Nemours & Co. zusammen mit J.E. Kelley jr., Mitarbeiter
UNIVAC Military Department der Remington Rand Devision entwickelt.
CPM zeichnet sich durch besondere Anschaulichkeit in der Netzplan-
darstellung aus und gehört zu den einfachsten Verfahren der Netz-
plantechnik. In einem Netzplan nach CPM werden die Teilarbeiten
des Projektes, die sogenannten Tätigkeiten oder Aktivitäten, durch
Pfeile repräsentiert. Die zeitlichen Anfangs- und Endpunkte der
Tätigkeiten, die sogenannten Ergebnisse, werden durch Kästchen
oder Kreise am Anfang bzw. Ende des Tätigkeitsfeldes dargestellt.

Program Evaluation and Review Techniques - Verfahren zur Bewertung und Überwachung von Programmen - 1958 von W. Fazar im Spe-
cial Projects Office der US Navy in Zusammenarbeit mit der Beratungsfirma Booz, Allen and Hamilton und der Firma Lockheed
Missile Systems Devision entwickelt und auf Planungsvorhaben der
US Navy angewandt. PERT ist ein ereignis-orientiertes Netzwerk,
bei dem die Ereignisse genau beschrieben werden und das Netzwerk
wiedergeben, wobei die Aktivitäten unberücksichtigt werden.

Während CPM eine deterministische Zeitangabe fordert, sind bei
PERT drei Zeitschätzungen Voraussetzung:

- optimistische Zeit = a - optimistic time
- wahrscheinliche Zeit = m - most likely time
- pessimistische Zeit = b - pessimistic time.

Die optimistische Zeitschätzung stellt die kürzestmögliche Zeit
dar, in der eine Aktivität durchgeführt werden kann.

Die wahrscheinlichste Zeit ist die Zeit, die man angeben würde,
wenn nur eine Zeitdauer gefordert wäre. Diese Zeitdauer würde
dann auch bei Befragen von Fachleuten am häufigsten als Antwort
gegeben werden.

Die pessimistische Zeit ist die längste Zeit, die für eine Aktivität zum Einsatz gelangen kann, wenn schlechteste Bedingungen

vorlägen. Da PERT ein stochastisches Modell ist, unterliegen die
Zeitdauern der Aktivitäten bei einer Wahrscheinlichkeitsverteilung. Das Verfahren MPM (Metra-Potential-Methode) ist eine Entwicklung der SEMA (Société de 'Economie et de Mathematique Appli-
quées), ein Mitglied der Gruppe METRA POTENTIAL, der Beratungs-
und Forschungsgesellschaften aus sechs europäischen Ländern an-
gehören. Bei MPM werden die Tätigkeiten in Kästchen und die Anordnungsbeziehungen zwischen den Tätigkeiten in Pfeilen symboli-
siert. Es ist ein Vorteil dieser Darstellungsart, daß Tätigkeiten und Anordnungsbeziehungen verschiedene Zeitwerte erhalten
können, wodurch Überlappungen und Wartezeiten auf einfache Weise
zu erfassen sind. Im Gegensatz zu den üblichen sogenannten "positiven" Anordnungsbeziehungen, durch die zur Bedingung gemacht
wird, daß eine Tätigkeit frühestens dann beginnen kann, wenn eine
bestimmte Zeit nach Beginn einer anderen Tätigkeit verstrichen ist,
gibt es bei MPM als zusätzliche Anordnungsbeziehung noch die sogenannte "negative" Anordnungsbeziehung. Durch Kombination dieser beiden Arten von Anordnungsbeziehungen lassen sich auch solche
Bedingungen berücksichtigen, wie die lückenlose Aufeinanderfolge
von Tätigkeiten oder die parallele Ausführung von Tätigkeiten.

2.2.1 Terminplanung

Die Terminplanung war für die Entwicklung der ersten Netzplanver-
fahren der Entschluß, wurde aber bald als nicht ausreichend angesehen. Die Weiterentwicklungen schließen die Kosten- und/oder
die Kapazitätsplanungen mit ein. Die Terminplanung umfaßt die
Bestimmung der Dauer, die Errechnung der jeweils frühesten und
spätesten Ereigniszeitpunkte, die Ermittlung der Pufferzeiten,
die wahrscheinlichkeits-theoretische Interpretation der Termine
und natürlich die Ermittlung des kritischen Weges.

Die Dauer einer Aktivität (Laufzeit, Vorgabezeit, Prozessdauer,
Liefertermin) ist eine unmittelbare Funktion der vorgesehenen
Kapazität der täglichen Arbeitszeit, der Qualität der produktiven
Faktoren, der Effizienz der Betriebsgestaltung und weiterer exo-
gener Einflüsse. Die Bestimmung dieser Einflußgrößen stützt sich
auf genaue Fristen, bekannte Werte, Erfahrungswerte, statistische
Werte und Schätzungen. Aus der Vielzahl der Bestimmungsgrößen,
die im voraus nicht alle exakt definiert werden können, sondern
durchaus Schwankungen und Abweichungen unterliegen, läßt sich
ableiten, daß die Dauer einer Aktivität eine zufällige Variable
ist, die einer bestimmten Wahrscheinlichkeitsverteilung unterliegt. Ist die Varianz der Verteilung relativ klein, so spricht
man von einer bestimmten (deterministischen) Dauer; im anderen
Fall als unbestimmt (nicht deterministisch). Während CPM und MPM
die erste Form der Zeitschätzung fordert, läßt PERT drei Zeitschätzungen zu:
die optimistische,
die wahrscheinliche und
die pessimistische.

2.2.2 Kostenplanung

Die Planung eines Projektes und damit die Fixierung der Aktivitäten kann erst dann optimal werden, wenn neben der Zeitbestimmung
auch die Kostenberechnung in das Modell eingegliedert wird. Damit
ist man sich sehr schnell bewußt geworden, daß die Kostenschätzungen ebenfalls mit Fehlermöglichkeiten verbunden sind, da die
Zeitschätzungen selbst auch mit unsicheren Erwartungen behaftet
sind. Außerdem sieht man sich bei den Kostenüberlegungen der
Problematik der Kostenrechnung als solcher gegenüber, die in der
ursachgemäßen Zuordnung liegt, und zwar in der Zuordnung der Kosten zu einem bestimmten Prozess. Da außerdem die Kosten als
Funktion der Dauer einer Tätigkeit - und damit der Zeit - definiert werden müssen, kann es sich bei Lösungen mit Hilfe der
Netzplantechnik in der Regel selten um die optimale Lösung handeln, sondern um e i n e optimale Lösung.

Die Aufgabenstellungen, die mit der Kostenplanung in ihrer Beziehung zur Zeit zu lösen versucht werden, sind weitgehend mit
dem Ziel des Projektes selbst identisch, wenn man die Fälle aus-
schließt, bei denen es in erster Linie darum geht, die Zeit zu
minimieren, ohne Rücksicht auf die Kosten. In der Regel kann der
Kostenplanung die Aufgabe zugeteilt werden, Lösungsmöglichkeiten
aufzuzeigen, die zur Erreichung eines optimalen Ausgleiches zwischen der Verkürzung der Laufzeit und den daraus entstehenden
Kostenerhöhungen (zusätzlicher Kapazitätseinsatz, höherer Ver-
schleiß) und Gewinnen (Prämien, früherer Beginn der Produktion)
führt. Die zur Auffindung von kostenoptimalen Lösungen verwendeten Methoden fallen unter die Bezeichnung "Parametric Linear
Programming".

Der Bestimmung der Projekt-Kosten-Funktion liegen die direkten
Kosten der Aktivitäten zugrunde, deren Summe die Projekt-Kosten-
Kurve des gesamten Projektes ergibt. Der Verlauf der Kosten-
Kurve wird in den meisten Fällen steigend sein (ausgehend von
der Normalzeit auf die verkürzte Zeit), und zwar entweder stück-
weise linear oder konkav. In beiden Fällen wird der Verlauf durch
eine lineare Funktion vom kürzestmöglichen zum normalen Zeitpunkt
angenähert.

Die Projekt-Kosten-Funktion beinhaltet die direkten Kosten der
Aktivität. Daneben entstehen indirekte Kosten, die den einzelnen
Projekten nicht unmittelbar zugeordnet werden können, sondern
entweder für ein Teilprojekt oder für das Gesamtprojekt anfallen.
Die indirekten Kosten können sich wie folgt zusammensetzen:

- Zinsen
- Abschreibungen auf Gebäude, Maschinen und Anlagen
- Mieten
- Hilfslöhne und Gehälter
- Versicherungen u.a.m.

Dazu kommen die funktional von der Projektlaufzeit abhängigen Kosten:

- entgangene Gewinne durch Verzögerung des Projektes
  (Opportunitäts-Kosten)
- Stillstandskosten (bei Reparaturen) bei Wartezeiten.

Die Summe aller Partialkosten (direkte Kosten der Aktivitäten,
indirekte Kosten, Utility-Kosten, etc.) ergeben die Gesamtkosten
des Projektes.

2.2.3 Kapazitätsplanung

In den ursprünglichen Fassungen der Netzplantechnik, die sich
ausschließlich mit der Zeitplanung befaßten, ging man in bezug
auf die Kapazitätsplanung von drei Voraussetzungen aus:

- Kapazitäten (Arbeitskräfte, Betriebsmittel), die zur Erfüllung
  technologisch möglicher Prozesse notwendig sind, stehen in vol-
  lem Umfang zur Verfügung und können beschafft werden.
- Arbeitskräfte, die durch die Planung kurzfristig freigesetzt
  werden, können entlassen werden und bei Bedarf wieder eingestellt werden. Betriebsmittel wirken sich nur bei Überschreiten der Maximalkapazität auf die Zeitplanung aus.
- Vorhandene Kapazitäten besitzen eine weitgehende Flexibilität;
  Arbeitskräfte können bei beliebigen Arbeitsprozessen eingesetzt
  werden (gilt höchstens für sogenannte "Springer"). Betriebsmittel besitzen vielseitige Einsatz- und Verwendungsmöglichkeiten.

Es ist offensichtlich, daß unter derartigen Voraussetzungen keine
Optimallösungen zu erwarten waren. Damit wurde es notwendig, die
Kapazitätsplanung neben der Zeit- und Kostenplanung in die Gesamt-
planung einzubeziehen.

Die Kapazitätsplanung hat somit die Aufgabe, jeder Aktivität die
Kapazitäten zuzuordnen, die zur Vollendung des Prozesses notwendig
sind. Um für ein Projekt Optimallösungen zu erhalten, müssen jeder
Aktivität mehrere Arten von Kapazitäten zugeordnet werden, die in
Arbeitskräfte, Betriebsmittel und Betriebsstoffe gegliedert werden können. Während die Zeitbeschränkungen noch nicht behandelt
werden konnten, da sowohl die Kapazitäts-Planung als auch die
Kostengesichtspunkte in die Gesamtplanung integriert werden müssen, ist eine Kapazitätsplanung ohne Berücksichtigung der vorhandenen Gegebenheiten und Möglichkeiten undenkbar. Jedoch zeigt sich
erst in der Endplanung, in der die Terminierung der Grundfaktoren
Zeit, Kosten und Kapazitäten erfolgt, ob die Kapazitätsplanung
geringfügige Änderungen erfährt oder ob sie in der ermittelten
Form angenommen werden kann.

Das Prinzip der Resource Allocation (Betriebsmittelzuordnung)
basiert auf der Berücksichtigung von Kapazitätsbeschränkungen.
Die Zuordnung erfolgt in den meisten Fällen aufgrund von Prioritäten, die, je umfangreicher die Programme sind, desto vielsei-
tigere Unterscheidungen aufweisen.

Die Grundtendenz des Manpower Smoothing liegt darin, daß durch

Abgleich von Spitzen und Tälern des Kapazitätsbelastungs-Histogramms eine Nivellierung erfolgt und gleichmäßige Belastungspläne vorliegen. In Bezug auf die Arbeitskräfte würde dies bedeuten, daß man möglichst wenig Arbeiter beschäftigen will und/oder den Belegschaftsstand gleichmäßig auslasten möchte.

3. Durchführung und Kontrolle

Nach Abschluß der Planungsphase und nach der Annahme des endgültigen Netzplanes beginnen die eigentlichen Arbeiten am Projekt. Gleichzeitig setzt die Phase der Kontrolle und Überwachung und die daraus rekrutierende Analyse der Abweichungen ein. Die Fortschrittskontrolle wird notwendig, da in der Regel nicht angenommen werden kann, daß die geplanten und erwarteten Daten mit den tatsächlichen übereinstimmen. Während der Überwachung werden alle tatsächlichen Daten (Ist-Daten) für eine Kontrollperiode gesammelt und am Ende dieser Periode - dem Kontrolltermin - mit den erwarteten verglichen. Die sich im Soll/Ist-Vergleich ergebenden Differenzen werden analysiert und ihre Ursachen und Auswirkungen werden festgestellt. Die Gegenmaßnahmen, die sich in Änderungen oder Neuplanungen niederschlagen und die dem Erreichen der Soll-Werte dienen, werden für die nachfolgende Überwachungsperiode zu Beschränkungen. Nach der Übergabe neuer Soll-Werte für die weiteren Arbeiten am Projekt, beginnt die neue Kontrollperiode, in der wieder die Ist-Daten für den Vergleich am Ende dieser Periode gesammelt werden. Dieser Kreislauf setzt sich bis zur Vollendung des Projektes fort.

Die Hauptfragen, die sich während der Durchführungsphase stellen, beziehen sich auf die drei Grundfaktoren Zeit, Kapazitäten und Kosten. Da Unsicherheiten in bezug auf die planmäßige Durchführung des Projektes bestehen, sollten von der Projektleitung folgende Fragenkomplexe überlegt werden:

1. Wie kann gewährleistet werden, daß der Plan verwirklicht und das Projekt rechtzeitig realisiert werden kann?
Auf welche Aktivitäten und ihre Einhaltung ist dabei im besonderen zu achten?
Wann soll ein Kontrolltermin angesetzt und wie groß sollen die Kontrollperioden sein?

2. Was muß und kann getan werden, um die für das Projekt notwendigen Kapazitäten (Arbeitskräfte, Maschinen, Ausrüstungen, Betriebsstoffe usw.) rechtzeitig zur Verfügung zu stellen?
Wie kann plötzlich auftretenden Engpässen in der Kapazitäts-Versorgung begegnet werden?

3. Wie muß die Kostenkontrolle gestaltet sein, um die tatsächlichen Kosten des Projektes mit dem Projektbudget in Einklang bringen?

Es muß sichergestellt sein, daß das Berichts- und Informationswesen in bezug auf die Anforderung der Netzplantechnik organisiert ist und somit auch funktioniert. Dadurch wird sichergestellt, daß alle erforderlichen Ist-Daten, die bis zum Kontrolltermin angefallen sind, schnellstens zum Projekt-Management gelangen und dort ausgewertet werden können. Da es hierbei auf Schnelligkeit ankommt, werden in den meisten Fällen elektronische Rechenanlagen zur Berechnung und Überwachung herangezogen. Die Überwachung wird sinnlos, wenn der Soll/Ist-Vergleich so viel Zeit in Anspruch nimmt (z.B. aufgrund einer Verzögerung von Meldungen), daß der Stand des Projektes, an dem die neuen Planwerte vorgegeben werden, nicht mit dem Zeitpunkt des Soll/Ist-Vergleiches übereinstimmt.

Das Hauptaugenmerk bei der Terminverfolgung liegt auf den kritischen Aktivitäten und damit auf dem kritischen Weg, da eine Verzögerung einer kritischen Tätigkeit sich unmittelbar auf den Endtermin des Projektes auswirkt. Daneben dürfen die fast- oder nebenkritischen Aktivitäten bei der Kontrolle nicht vernachlässigt werden, da sie sehr schnell selbst kritisch werden können. Verzögerungen kritischer Tätigkeiten können meist nur durch erhöhten Kapazitätseinsatz kompensiert werden. Für Prozesse mit größerer Pufferzeit sollte bei Verzögerungen die geschickte Ausnutzung dieser verfügbaren Pufferzeiten ausreichen, die Verzögerungen aufzufangen.

Die Kostenberichte stellen nicht nur die geplanten und effektiven Kosten bis zum Kontrolltermin dar, sondern prognostizieren die Kostenentwicklung für das Gesamtprojekt über die gesamte Laufzeit hin. Sie zeigen auf, ob Kostenüber- oder -unterschreitungen zu erwarten sind, und darüberhinaus unter Berücksichtigung der Kosten-Zeit-Relationen, ob der Endtermin eingehalten werden kann oder nicht.

Bei der Kapazitätsplanung war in bezug auf die Kapazitäten davon ausgegangen worden, daß es sich um das Leistungsvermögen handelt, bei dem man normale Rüst- und Verlustzeiten absetzt. Es handelt sich nicht um die theoretisch mögliche Maximalkapazität, sondern um die Kapazität, die man auf lange Sicht gesehen, normalerweise einsetzen würde. Es ist jedoch denkbar, daß man für eine bestimmte Zeit die Normalkapazität überschreitet, wenn dies im Verlauf der Arbeiten am Projekt notwendig wird. Unter gewissen Voraussetzungen könnte die Zusammenbruchszeit (crash point) einer Aktivität als die Zeit angesehen werden, die für einen Prozess unter Einsatz der Maximalkapazität gerade noch zur Verfügung stehen muß.

3.1 Soll-/Ist-Vergleich

Die Ermittlung der Ist-Daten als Vorstufe des Soll-/Ist-Ver-
gleiches ist in weitem Maße von dem Berichts- und Informationswesen der Firma abhängig. Die Sammlung der Ist-Daten entspricht
einer Ex-post-Analyse, d. h., man ermittelt zum Kontrolltermin
alle Daten und Geschehnisse der entsprechenden vergangenen Kontrollperiode. Die Addition aller Daten liefert dann den Zustand
des Projektes im Betrachtungszeitraum, an dem der Vergleich
zwischen den tatsächlichen und den erwarteten Werten stattfin-
det. Die zu ermittelnden Ist-Daten beziehen sich in erster Linie
auf die drei Grundfaktoren Zeit, Kapazität und Kosten.

Da jedoch die Ergebnisse der Kontrolle zur Grundlage der folgenden Perioden, insbesondere der nächstfolgenden, genommen werden,
bietet sich auch eine Überwachung der technischen Entwicklung
aller für das Projekt relevanten technischen Anlagen an. Dadurch
kann unter Umständen erkannt werden, daß Neuerungen oder technische Verbesserungen für spätere Aktivitäten von großem Vorteil
sein können, so daß eine Verkürzung oder Neuplanung bestimmter
Tätigkeiten ohne große Kostenerhöhung möglich werden könnten.

Zur Ermittlung der Ist-Daten sollte auch die Überprüfung der
Liefertermine für die folgenden Perioden gehören. Dadurch, daß
man sich bei den zuständigen Lieferfirmen über die Einhaltung
der Liefertermine vergewissert, können Überraschungen und damit
Abweichungen verhindert werden. Werden dagegen Veränderungen
des Liefertermins frühzeitig erfaßt, so können diese Termine
noch rechtzeitig eingeplant und berücksichtigt werden.

Je detaillierter und realistischer die Ist-Daten-Ermittlung,
desto besser wird der Soll-/Ist-Vergleich und desto genauer die
Prognose für das Gesamtprojekt gestellt werden.

Der Soll-/Ist-Vergleich wird unter der Verwendung von elektronischen Rechenanlagen in den meisten Fällen anhand von Situ-
ationsberichten und graphischen Darstellungen vorgenommen. In
den Berichten und Darstellungen werden die geplanten Daten den
tatsächlichen gegenübergestellt und die Über- bzw. Unterschrei-
tungen ausgewiesen. Die Ausgabeberichte werden den entsprechenden Stellen, Abteilungen und Arbeitsbereichen zugesandt, so daß
diese aufgrund der ausgewiesenen Abweichungen ihre Entscheidungen
und Gegenmaßnahmen treffen können.

3.2 Analyse der Abweichungen

Die Ursachen der Abweichungen können mannigfaltigen Charakter
haben:

- Die Zeitschätzungen der Aktivitäten erweisen sich als falsch
  oder als zu ungenau.
- Es treten Kapazitäts- und Leistungsschwankungen auf.

Maschinen und Arbeitskräfte fallen aus. Material erweist sich als mangelhaft.
- Beim Erstellen der ersten Pläne sind die technischen Beschreibungen des Projektes in einigen Details noch mangelhaft.
- Lieferfristen werden von anderen Firmen überschritten oder eine Lieferfirma fällt aus und kann nicht mehr liefern.
- Der Kunde, für den das Projekt erstellt wird, ändert seine Wünsche, seine Zahlungszusagen, die Liefertermine etc.
- Wetterbedingungen verzögern den Arbeitsfortschritt.
- Der Projektleitung werden Meldungen über irgendwelche Änderungen zu spät, falsch oder gar nicht zugeleitet.
- Das Management (die Projektleitung) selbst trifft falsche oder nicht rechtzeitige Entscheidungen.

Abweichungen dieser oder anderer Art traten auch bei früheren Projekten auf, jedoch versuchte man dann mehr oder weniger durch Improvisation, die Abweichungen zu kompensieren. Die Netzplantechnik dagegen ermöglicht in Verbindung mit den vorhandenen Kontrollmöglichkeiten, diese Abweichungen frühzeitig zu erkennen, und schafft damit eine Grundlage für präventive Entscheidungen, deren Auswirkungen für den Rest des Projektes berechnet und dargelegt werden können.

4. Verfahren

4.1 PPS

Projekt-Planungs- und Steuerungssystem
PPS ist eine Entwicklung der Dornier GmbH, Friedrichshafen zur Planung und Überwachung von Projekten mit den Hauptelementen Netzplan, Meilenstein-Plan und Projektstrukturplan. Das sehr flexible System läßt Eingabedaten der verschiedenen Verfahren CPM, PERT und MPM zu und bedient sich der Tätigkeit als Träger der Basisinformationen. Zeit-, Kosten- und Kapazitätszuweisungen für jede Tätigkeit sind möglich. Die Aktivitätskosten werden nach den Spezifikationen des Projektstrukturplans akkumuliert, wobei die nicht direkt dem Vorgang zurechenbaren Kosten den einzelnen Stufen des Projektstrukturplans zugeordnet werden können. Das System läuft auf EDV-Anlagen und ist in FORTRAN IV geschrieben.

4.2 PMS

Projekt Management System
PMS ist eine Entwicklung der IBM und setzt sich aus Terminplanung (Basis CPM), der Kostenplanung (Prinzip PERT-COST), der Kapazitätsplanung und dem Berichtssystem zusammen. Die Gestaltung der Eingabeformulare und Definition des Kalenders sind weitgehend dem Benutzer überlassen. Projektaufgliederung in Teilprojekte

und die Zuordnung mehrerer Start- und Endereignisse zu Teil-
projekten ist möglich. Das Informationsvolumen in der Ausgabe
wird mit Hilfe der Meilenstein- und hammock-Technik gesteuert.
Entwickelt wurde das System für Anlagen der Serie /360.

4.3 PROMPT

Programm Monitoring and Planning Technique
PROMPT ist eine Entwicklung der GEMINI COMPUTER SYSTEMS und
kombiniert ein automatisiertes Überwachungs- und Berichtssystem
mit der Planung, den Kostenschätzungen und Produktionstechniken,
so daß sichergestellt ist, daß ein realistischer Terminplan ermittelt und die Projektkosten kontrolliert werden können.

In der Regel gelangt PROMPT bei Systementwicklungen und bei der
Erstellung von Anwendungssoftware zum Einsatz; es ist jedoch für
alle Projekte geeignet, bei denen der Faktor "Mensch" im Vordergrund steht.

In vielen Punkten mit PERT vergleichbar, ist PROMPT auf diejenigen Projekte zugeschnitten, bei denen es nicht so sehr auf die
Ereignisse ankommt, sondern vielmehr auf die detaillierten Aktivitäten der einzelnen Projektmitarbeiter.

In diesem Zusammenhang werden die für die direkte Überwachung
notwendigen Informationen und Details geliefert, zugleich werden
dem Management aggregierte bzw. selektive Informationen zur Verfügung gestellt.

PROMPT schreibt eine zyklische Kontrolle des Projektes vor, wobei Planung, Planänderungen, Berichtswesen, Zeitplanung etc.
überprüft und den Gegebenheiten angepaßt werden.

4.4 PAC I

Project Analysis and Control
PAC I wird in Deutschland von der Beratungsfirma Roland Berger &
Partner GmbH vertrieben. PAC I eignet sich für Planung und Ver-
folgung von Projekten, denen ein einheitliches Ablaufschema zugrundegelegt werden kann. Bezugspunkt ist der einzelne Mitarbeiter. Die Plandaten werden als die Stammdaten des Projektes definiert, so daß auf der Basis der wöchentlichen Berichterstattung
der Projektschritt dokumentiert wird. Nach Verarbeitung sind Berichte in mannigfaltiger Art möglich, die sich auf Projektfort-
schritte und Mitarbeiterauslastung beziehen:

- Projekt-Fortschritts-Bericht
- Projekt-Zeit-Analyse
- Detaillierte Programm-/Segement-Analyse
- Abschluß-Analyse

- Vergleichende Fertigstellungs-Analyse
- Programm-Historie
- Auslastungs-Bericht
- Projekt-Kosten-Analyse
- Ausgaben-Bericht.   1)

Das System arbeitet sowohl mit Zeit als auch Kostengrößen. Jedes
Projekt wird in "Segmente" gegliedert, die jeweils einer definierten "Phase" zugeordnet sind, wobei während der Projektdurchführung das Segment innerhalb der Phase vordefinierte "Tasks"
durchlaufen kann. Die Darstellung entspricht der von Projekt-
Strukturplänen.

4.5 PKS

Projektplanungs- und Kontrollsystem
PKS ist eine Entwicklung der Firma ADV/Orga, Wilhelmshaven. PKS
eignet sich für die Planung und Kontrolle von Projekten beliebiger Art und Größe, wobei die Faktoren Zeit, Kosten, feststehen-
de Termine und Mitarbeiter-Auslastung behandelt werden. Vom Prinzip wird auf den Plan-/Ist-Vergleich abgestellt, wobei der Benutzer den Grad der Abweichung bestimmen kann, ab dem sich die
Ergebnisse in den Auswertungen niederschlagen (Management by
Exception). Das System errechnet die voraussichtlich noch entstehenden Kosten und prognostiziert Fertigstellungstermine der
Tätigkeiten, Projektabschnitte und Projekte, entsprechend der geplanten Hierarchie. Bezüglich der Mitarbeiterauslastung werden
anhand von Graphiken Dispositionsvorschläge geschrieben, dabei
wird versucht, zwischen Planwerten und Arbeitszeit der entsprechenden Mitarbeiter zu optimieren.

4.6 SINETIK

Siemens Netzplantechnik
SINETIK ist eine Entwicklung der Firma Siemens. Das Programm-
System ist als ein komplexes System konzipiert, das sich aus den
drei Netzplantechniken CPM, MPM und PERT zusammensetzt:

Für CPM und MPM exitieren
- Terminplanung
- Kostenplanung
- Kapazitätsplanung
- Kostenoptimierung
- Kapazitätsoptimierung und
für PERT
- Terminplanung: die weiteren Bausteine sind analog zu CPM.

1) G. Waschek, Management von EDV-Projekten
   DGOR-Schrift Nr. 7, 1973

Mit größerer Zuordnung von Speicherkapazität kann auch die Anzahl der Tätigkeiten und Anordnungsbeziehungen erweitert werden.
Innerhalb der Kapazitätsgrenzen sind beliebig viele Teilnetze
möglich.

Die Zeitangaben können in Tagen, Wochen, Monaten oder einer Kombination davon eingegeben werden. Für Anordnungsbeziehungen (MPM)
sind auch relative Zeitangaben möglich. Entsprechend den Parametern wird ein Kalender erzeugt.

Beim ersten Durchlauf werden Fehlermeldungen protokolliert, die
sich auf formale Fehler, Vollständigkeit und Zyklen beziehen.
Die Ausgabeberichte können nach umfangreichen Kriterien sortiert
sein. Daneben sind einige Balkendiagramme sowohl als Drucker-
bwz. als Plotterausgaben möglich.

4.7 PROMIS

Projekt Management Information System
PROMIS ist eine Entwicklung der Firma Philips. Die verwendete
Methode der Netzplantechnik ist ein weiterentwickeltes CPM-
System. PROMIS ist modular aufgebaut, es setzt sich aus folgen-
den Teilfunktionen zusammen:

- Planung des Zeitablaufs
- Planung des Kapazitätsbedarfs
- Planung der Kosten
- Planung von bis zu 10 Projekten gleichzeitig
  (Multi-Projekt-Verfahren)
- Simulation von Alternativvorschlägen
- Angabe des Angebots- oder Auftragstatus eines Projektes
- Aufgliederung der Projekte in Teilprojekte
- Planungsumfang bis 100.000 Tätigkeiten
- Unterteilung der Tätigkeiten in bis zu 10 Unteraktivitäten,
  die sich teilweise oder vollständig überlappen können
- eine Tätigkeit kann mehrere Produktionsmittel beanspruchen
- einfache Änderung der Netzplanlogik durch Identifizierung der
  Tätigkeiten mit einem Tätigkeitscode
- Zeitplanung der Tätigkeiten mit proportionaler Aufteilung der
  Gesamtpufferzeiten (zugewiesene Puffer)
- Verplanung von Netzteilen ohne Gesamtpufferzeit über Fixtermine
- Terminsicherheit durch zusätzliche Zeitreserven für jedes Pro-
  jekt.

Diese Teilfunktionen beziehen sich auf die Planungsphase. Bezogen
auf die Fortschrittskontrolle liefert das System viele Berichte
und Diagramme, die sich auf den Fortgang der Arbeiten bzw. auf
entsprechende Termine beziehen.

Alle Planung - sei für Einzelprojekte oder für die Unternehmung -
geht von dem Wunsche aus, möglichst alles vorher zu wissen, d. h.,
es gibt keine Überraschungen. In der Planung schlägt sich Angst
vor dem Ungewissen, vor der Zukunft nieder und beflügelt damit

aber auch den Geist, Verfahren zu entwickeln, mit denen man mehr und mehr die zukünftigen Entwicklungen erfassen und vorausschauen kann.

Die Netzplantechnik und auch alle anderen Simulationsverfahren sind Hilfsmittel der Planung, d. h., sie sind Entscheidungshilfen. Sie haben Voraussetzungen und Rechenmethodiken, die fixiert sind und die unter der Bedingung, daß sie so eingesetzt werden, brauchbare Ergebnisse liefern.

Das Projekt zu erfassen, zu analysieren und durchzudenken, die technologischen Zusammenhänge aufzuzeigen, die optimalen Betriebsmittel vorzugeben und letzendlich die Entscheidungen zu treffen, bleiben Aufgaben des Menschen.

Projektplanung und Kontrolle eines Krankenhaus-Steuerungssystems

Dr. Ing. A Freybott, Dipl. Ing W.C. Kühnemund, Dipl.Volksw.J.-D.Oenicke

Die Einführung der elektronischen Datenverarbeitung in der medizinischen
Versorgung hat weitgehende Konsequenzen. Es werden Methoden und organisatorische Abläufe vorgegeben oder fixiert. Wegen des nicht unerheb-
lichen Aufwandes hierbei müssen Lösungen weitgehend verbindlichen
Charakter haben. Die Frage ist allerdings, ob heute überhaupt schon
verbindliche Lösungen für einen Zeitraum von mehreren Jahren fixiert
werden können.

Die Planung eines Krankenhaussteuerungssystems setzt ein mit der Analyse der Situation des Gesundheitswesens. Die Planung soll ein Konzept,
die Realisierungsstufen und Methoden vorgeben, die dieser Situation
gerecht werden.

Die Kontrolle muß mit Hilfe geeigneter Methoden nicht nur den Soll-Ist-
vergleich bei der Realisierung im Sinne eines Regelkreises feststellen;
sie muß darüber hinaus auch die Planung (Ziel, Teilziel) überprüfen
auf ihre Wirklichkeitsnähe und sie gegebenenfalls beeinflussen.

1. Das Gesundheitswesen als Rahmen für ein Krankenhaussteuerungssystem

Das Gesundheitswesen ist ein voll in Funktion befindliches System. Es
ist jedoch nicht starr sondern wird ständig angepaßt, oft mit örtlichen
Varianten. Die kleinen Anpassungen addieren sich schnell zu Änderungen
von beträchtlichen quantitativen und qualitativen Ausmaßen.

Solche Änderungen können ausgelöst werden durch:

- gesetzliche Vorschriften
- neue medizinische und technologische Verfahren
- organisatorische und wirtschaftliche Erkenntnisse
- Erfahrungszuwachs durch EDV

Die Datenverarbeitung muß in ein laufendes, in Funktion befindliches
System der Patientenversorgung eingebracht werden, das jedoch während
der Realisierung ständigen Anpassungen unterworfen ist. Dieser Situation muß das Konzept für eine DV-technische und organisatorische
Lösung Rechnung tragen.
Aus der Erfahrung bei der Planungs-, Einführungs- und Routinephase eines
KSS hat sich ergeben, daß eine dem System angepaßte Lösung nur in mehreren Iterationsschritten zu erreichen ist. Die Konsequenzen hieraus für
die Planung und Kontrolle sind sehr weitreichend.

2. Konzept für ein Krankenhaus-Steuerungssystem (KSS)

Die Planung setzt ein mit der Strukturierung und funktionellen Gliederung des Projektes. Dabei lassen sich für ein KSS im Akutkrankenhaus
drei Bereiche heraus kristallisieren:

- der Medizinisch-Technische Bereich (Leistungsstellen)
- der Verwaltungsbereich
- die Patientendatenverwaltung mit ihren Wechselbeziehungen zu den
  beiden anderen Bereichen:

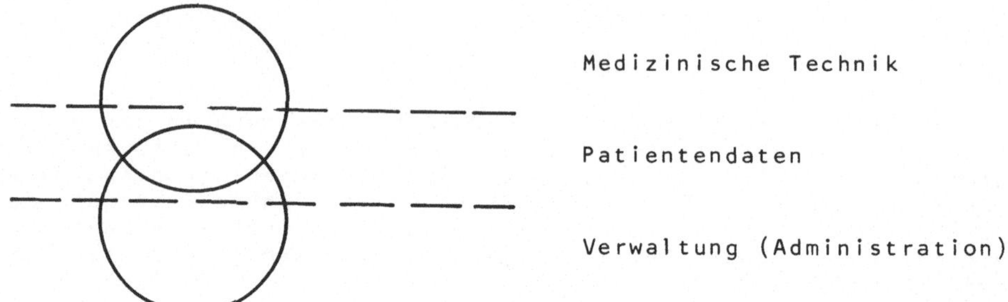

<u>Funktionsbereich eines Krankenhauses</u>

Der folgende Lösungsansatz geht davon aus, daß die genaue Anpassung des
DV-Systems an die jeweilige Teil-Aufgabe einer Gesamtlösung am besten
gerecht wird und die Berücksichtigung der jeweiligen Randbedingungen am
leichtesten ermöglicht.

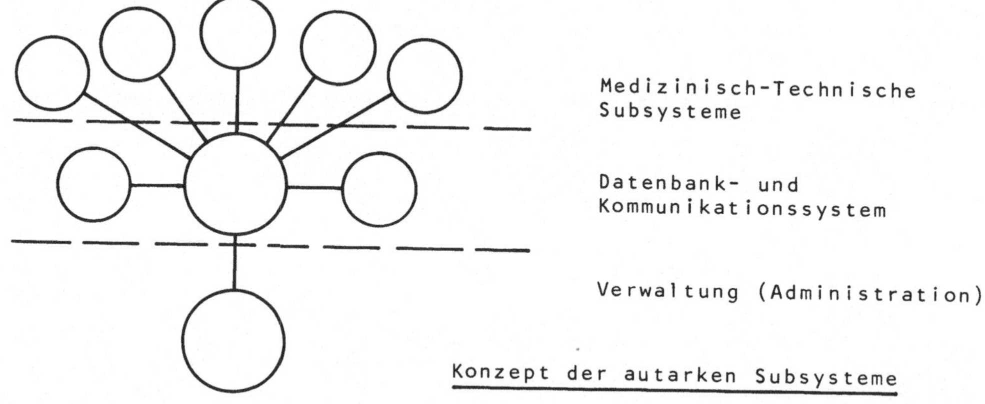

<u>Konzept der autarken Subsysteme</u>

Die DV-mäßige (technische und organisatorische) Trennung in Sub-Systeme
- d.h. in autarke Teile innerhalb eines KSS - erfährt seine Bestätigung
in der Praxis.

Für die Aufteilung des Gesamtkomplexes in diese autarken Subsysteme
sprechen:

- physische Zuordnung des DV-Systems zum Funktionsbereich
  = Verantwortung für das System liegt beim Benutzer
  = Optimierung im Hinblick auf die Aufgabe (angepaßte Lösung)
  = Erhöhte Verfügbarkeit der Teilsysteme.

- Organisatorische Zuordnung zum Funktionsbereich
  (Verantwortung für Anforderung, Datenerfassung, Ergebnisbericht)

- Wirtschaftliche Verantwortung beim Funktionsbereich

- Möglichkeit einer stufenweisen Inbetriebnahme des Gesamtsystems

- Möglichkeit der leichteren Anpassung an die sich ändernde Aufgabenstellung.

Mit dieser Aufteilung wird außerdem das Gesamtproblem der sich ändern-
den Zielsetzung verringert.

3. Kontrolle von Planung und Realisierung

Die Ablaufplanung und Kontrolle erfolgt mit Hilfsmitteln wie

- Strukturplan
  (Strukturierung des Gesamtprojektes in hierarchisch gegliederter Form)
- Netzplan
  (Auffinden von Abhängigkeiten und Darstellung des Gesamtprojektes)
- Balkendiagramm
  (Aufgabeneinteilung und Kapazitätsbelegung)

Diese Techniken, ihre Möglichkeiten und Grenzen sind allgemein bekannt.

Hervorgehoben werden muß die Tatsache, daß nur in einem iterativen
Prozeß unter einem ständigen Vergleich von Aufgabenstellung und Lösungsansatz ein funktionsgerechtes System erarbeitet werden kann. Es
werden drei zu beachtende Aspekte erläutert, die als Maßstäbe herangezogen werden, nämlich:

- Änderung der Zielsetzung
- Einführung in die Routine
- Übertragbarkeit.

Aufgrund der Gesamtsituation des Gesundheitswesens ist es schwierig
ein Gesamtziel für ein KSS zu formulieren.
Es ist hilfreich, zunächst Teilziele zu formulieren. Überdies
werden durch notwendige Anpassungen ständig neue Teilziele vorgegeben.
Letztere gilt es rechtzeitig zu registrieren und in den Realisierungs-
prozeß einzubringen. Selbstverständlich muß auch der Lösungsansatz
daraufhin überprüft werden, ob er noch mit diesen Zielen konform ist.

Die Einführung in der Routine stellt ein weiteres wichtiges Hilfsmittel
der Kontrolle dar. Eine DV-Lösung soll die Routine unterstützen. Sie
muß von dem anwendenden Personal verstanden und akzeptiert werden. Es
hat sich gezeigt, daß der Nutzen eines Konzeptes und einer Lösung primär an der Anwenderfreundlichkeit in der Routine gemessen werden
muß. Die Beurteilung durch den Anwender stellt einen sehr guten Sensor
für die Qualität einer DV-Lösung dar. Dies wird besondern deutlich, wenn
man sich bewußt macht, daß ein DV-System nur einen Bruchteil der Kommunikation und Information in einem Krankenhaus realisieren kann. (Ein
Computer kann die "Nicht-Computer-Ebene" nicht ersetzen.)

Die Übertragbarkeit des Konzeptes und der Lösung auf andere Krankenhäu-
ser und Bereiche stellt eine weitere gute Kontrollmöglichkeit dar.
Die Übertragbarkeit muß aus wirtschaftlichen Gründen gefordert werden.
Dennoch können leicht Lösungen für ein spezifisches Problem entstehen,
wenn die Zielvorgabe nicht umfassend genug formuliert wurde.
Auch hierfür ist die Aufteilung des Gesamtzieles in Teilziele und eine
Realisierung in autarken Subsystemen ein realistischer Lösungsweg.

4. Zusammenfassung

Die Datenverarbeitung wird in das bestehende Gesundheitssystem eingebracht. Dieses System unterliegt jedoch ständigen Änderungen.

Als möglicher Weg, ein System planen und realisieren zu können, wurde die Aufteilung in autarke Subsysteme vorgeschlagen.

Planung, Realisierung und Kontrolle können nur stufenweise, in einem iterativen Prozeß und in Zusammenarbeit aller am Projekt Beteiligten erfolgen.

Anschrift der Authoren:
C.H.F. MÜLLER
Unternehmensbereich der Philips GmbH
Hauptabteilung medizinische Datenverarbeitung
2000 Hamburg 1
Alexanderstraße 1

Die Steuerung von Leistungsstellen eines Krankenhauses mit Hilfe von operationsana-
lytischen Verfahren. Dargestellt am Krankenhaus Kulmbach innerhalb des Projektes
DEPAK

Ing. Hartmut LUTZ, Siemens AG Erlangen, DVV2, Hartmannstr. 52

1. Zusammenfassung

Das Finden von betriebswirtschaftlichen Zielkriterien im Krankenhaus steht am Anfang.
Genauso wenig ist bekannt, ob deterministische oder stochastische Planungstechniquen
zur Durchlaufsteuerung von Patienten angewendet werden sollen.

Es soll die Möglichkeit vorgestellt werden, die Simulation als stochastischen Ab-
laufplanungsalgorithmus einzusetzen. Ein Simulationsmodell wurde entwickelt und
verfeinert. Von der Möglichkeit des Einbindens von Benutzerroutinen in das SIAS
wurde Gebrauch gemacht. Die Benutzerroutinen waren nötig, um das Modell dem jeweiligen Planungstag anzupassen.

Das Modell wurde an einem praktischen Fall auf Tauglichkeit getestet. Irgendein
Suboptimum wird erreicht.

Die Simulation ist ein taugliches Verfahren, komplizierte Maschinenbelegungen plan-
mäßig durchzuführen.

2. Problemstellung

Die Anwendung von OR-Verfahren setzt im allgemeinen voraus, daß es Kriterien gibt,
bei denen eine Zielvorstellung formuliert werden kann.

Das Finden von betriebswirtschaftlichen Zielkriterien war bis heute in einem Krankenhaus nicht relevant. Nach dem neuen Krankenhausfinanzierungsgesetz ist es notwendig geworden, ein kaufmännisches Rechnungswesen aufzulegen. Um ein kaufmännisches
Rechnungswesen auflegen zu können, müssen die Kosten bekannt sein. Für die Kostener-
mittlung ist es unter anderem notwendig, Aussagen über vorhandene Leistungsstellen-
kapazitäten zu machen.

Das Finden der monitären "Normalkapazität" über das optimale Produktionsprogramm,
etwa über LP, ist aus verständlichen Gründen nicht möglich. Genauso wenig läßt sich
für einen langfristigen Planungshorizont (langfristiger Planungshorizont ist gleich
ein Planungshorizont länger als ein Tag) eine Voraussage über ein zu erwartendes
Leistungsspektrum machen.

Aus all diesen ungewissen Einflüssen sei eine Zielfunktion zu formulieren.

Gelingt das Formulieren einer Zielfunktion, so können Planungstechniquen eingesetzt werden, die aus der Fertigungsindustrie bekannt sind und dort auch zufriedenstellend arbeiten. Es sei mir deshalb erlaubt, ein Krankenhaus auf ein Modell eines Fertigungsbetriebes mit auftragsgebundener Einzelfertigung zurückzuführen. Dabei soll untersucht werden, welche Methoden der Fertigungssteuerung eines derartigen Industriebetriebes auf das allgemeine Krankenhaus, bzw. auf das Krankenhaus allgemein übertragbar sind.

Der Betriebswirtschaftler Guttenberg spricht von dem "Dilemma der Arbeitsablaufplanung", welches auf das Krankenhaus abgewandelt darin besteht, "die Aufenthaltsdauer eines Patienten im Krankenhaus sei zu minimieren und dabei die Kapazitätsauslastung der verschiedenen Leistungsstellen zu maximieren!" Sind im industriellen Bereich Zielfunktion (z.B. Gewinnmaximierung) und zu deren Lösung Algorithmen bekannt, so müssen die Zielvorstellungen in einem Krankenhaus erst gefunden werden. Ist es möglich, im Krankenhaus Zielvorstellungen zu formulieren (möglich wären: Kostenminimierung, minimale Patientenaufenthaltsdauer, optimale Auslastung der Leistungsstellen), so lassen sich die vorhandenen Algorithmen nicht ohne weiteres adaptieren. In der industriellen Fertigung werden wenige Aufträge auf vielen Maschinen gefertigt. Ausweicharbeitsplätze sind im allgemeinen vorhanden. Im Krankenhaus dagegen wollen viele Aufträge (Leistungsanforderungen) durch wenige Maschinen (Leistungsstellen) bedient werden. Ausweicharbeitsplätze sind in der Regel nicht vorhanden. Weiter ist bei der Fertigung industrieller Güter der Einsatz bestimmter Fertigungsverfahren und deren Einfluß auf das Produkt bekannt und deshalb vorherbestimmbar. Im medizinischen Bereich ist der Großteil der Einflüsse zwar bekannt, aber oft noch nicht quantifiziert oder quantifizierbar. Sind im industriellen Bereich Fertigungszeiten überwiegend deterministisch oder auf solche überführbar, so finden wir im medizinischen Leistungswesen im allgemeinen stochastische Bedienungszeiten.

Ein Vergleich der Optimierungskriterien zwischen Industrie und Krankenhaus führt m.E. zu folgenden Ergebnissen:

	Industrie	Krankenhaus
Gewinn	+	?
Kosten	+	+
Durchlaufzeit	+	+
Auslastung	+	+
Personal	+	+

Die überwiegende Übereinstimmung der Kriterien läßt den Schluß zu, ein Krankenhaus modellmäßig auf einen Industriebetrieb mit auftragsgebundener Einzelfertigung zurückzuführen.

Daraus läßt sich für die Auslastung der Leistungsstellen z.B. folgende Aufgabenstellung formulieren:

Aus einem Leistungsverordnungs-Pool sind die Leistungsanforderungen "Röntgen" so auf die Leistungsstelle zu verplanen, daß ein kontinuierliches Bedienen der Patienten durch die Leistungsstelle gewährleistet ist. Notfälle sollen die Planzeiten möglichst wenig beeinflussen oder stören. Das Entstehen von ungewollten Warteschlangen soll vermieden werden.

3. Grundlagen zur Problemlösung

3.1 Bestimmung der Eingabedaten

Für alle Einzelleistungen wurden die Dichtefunktionen erstellt, da zum Zeitpunkt der Untersuchung mit einer stochastischen Planung gerechnet werden mußte.

Die Dichtefunktion

$$f(x) = \frac{1}{\sigma \sqrt{2\pi}} \cdot e^{-\frac{(x-\mu)^2}{2\sigma^2}}$$

als Kurve dargestellt:

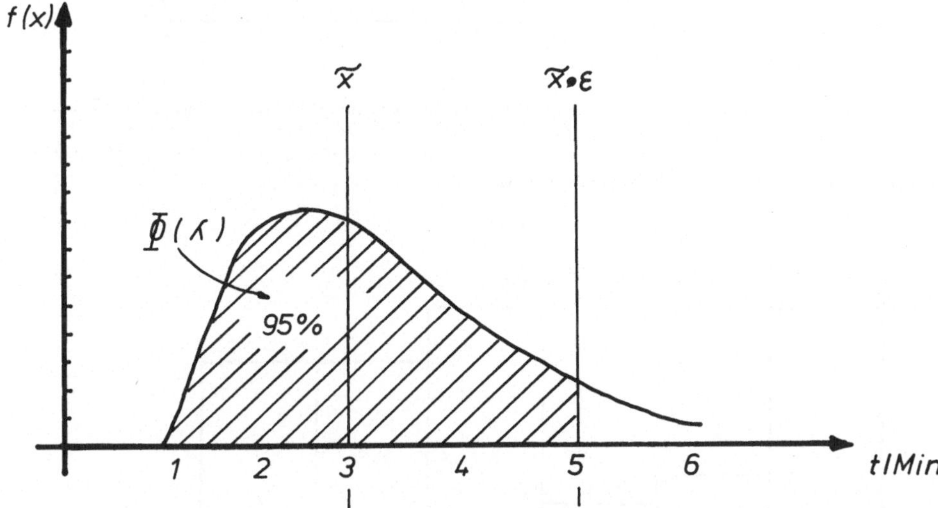

zeigt die Verteilung der Bedienungsdauer eines "Röntgen-Schusses". Der Zeitwert der Bedienungsdauer wurde nun so festgelegt, daß sein Wert 95 % der Fläche unter der Verteilungskurve entspricht.

Erkennt man die Ermittlung des Zeitwertes an, wird es ab hier möglich, von stochastischen Werten auf deterministische überzugehen. Es wurden die komplizierten mathematischen Verfahren zur Errechnung der Dichtefunktionen durch graphische Lösungen ersetzt.

3.2 Schwierigkeiten bei der Erfassung der Daten

Die Bedienungsdauer wurde durch Selbstaufschreibung der einzelnen Mitarbeiter in den Leistungsstellen durchgeführt. Das dabei entstandene Zahlenmaterial hielt den gängigen stat. Tests (; F; t;) nicht stand und wurde deshalb verworfen. Auf Grund dieses Ergebnisses wurden die Mitarbeiter in den Leistungsstellen über den Zweck der Erhebung unterrichtet und die Leistungsdauer erneut ermittelt. Dabei war es zweckmäßig, mit Hilfe von Multimomentaufnahmen Eichgrößen für das entstehende Zahlenmaterial zu beschaffen.

Die stat. Auswertung der Menge der Einzelleistungen ergab folgendes Bild:

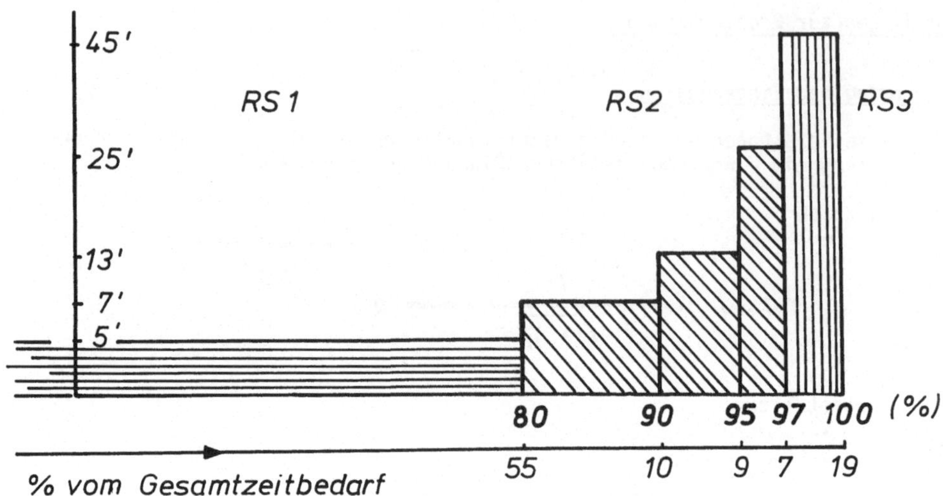

Um den Einfluß der Notfälle auf die Leistungsstelle zu ermitteln, wurden 25 Wochen über das Jahr verteilt aus dem Röntgenbuch zufällig (Zufallszahlen) ausgewählt und auf die Anzahl der Notfälle und deren Verteilung über die Woche untersucht sowie in das Modell als relevantes Datum eingebracht.

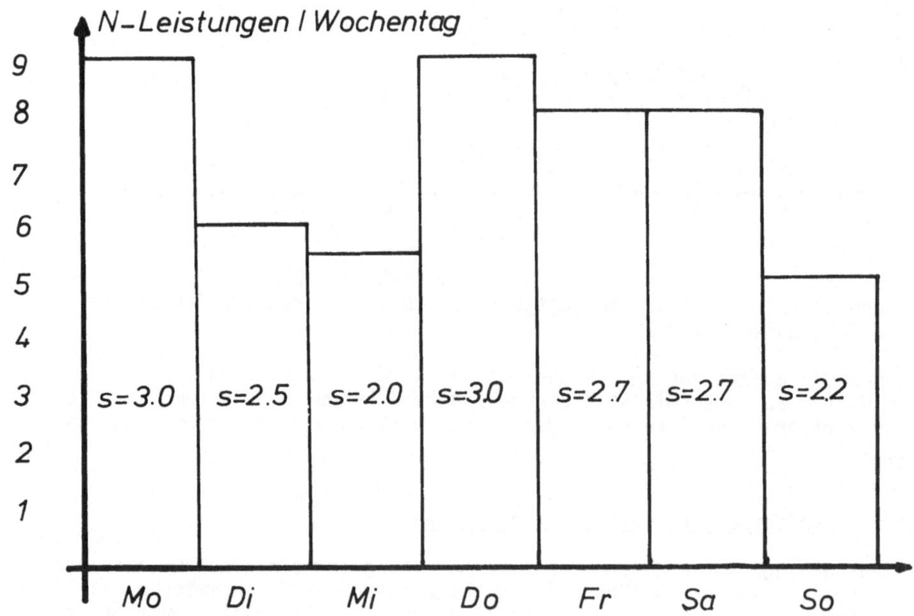

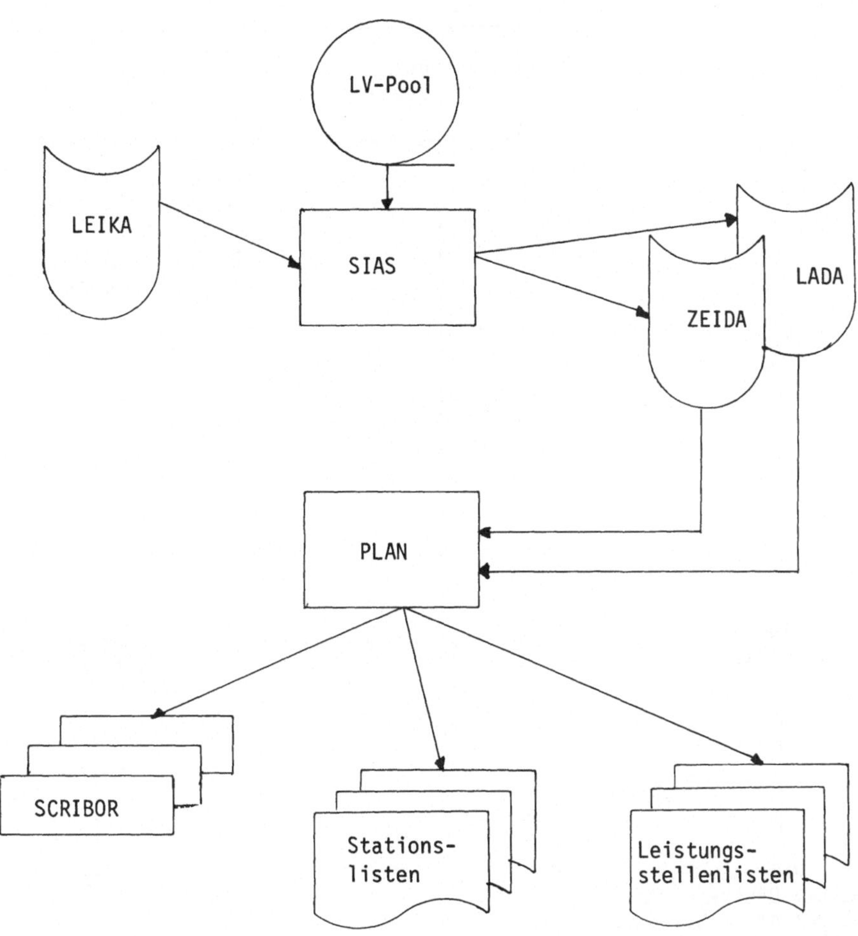

In einem Leistungsverordnungs-Pool werden alle bei der Visite entstehenden Leistungen
bzw. Leistungsverordnungen seriell und ungeordnet abgespeichert. In einem Leistungs-
katalog stehen alle im Krankenhaus Kulmbach durchzuführenden Leistungen, deren Schlüssel, Zeitwerte und die verbale Beschreibung der Leistungsausführung. Die Untersuchung
der Bedienungsdauern (Zeitwerte) in den verschiedenen Leistungsstellen hat ergeben,
daß die Zeitwerte in Zeitschritte von 5 Minuten eingeteilt werden können.

4. Modell

4.1 Modellbeschreibung

Die Menge der Röntgenleistungen ist in Kulmbach durch das nachstehende historisch
gewachsene Schema festgelegt:

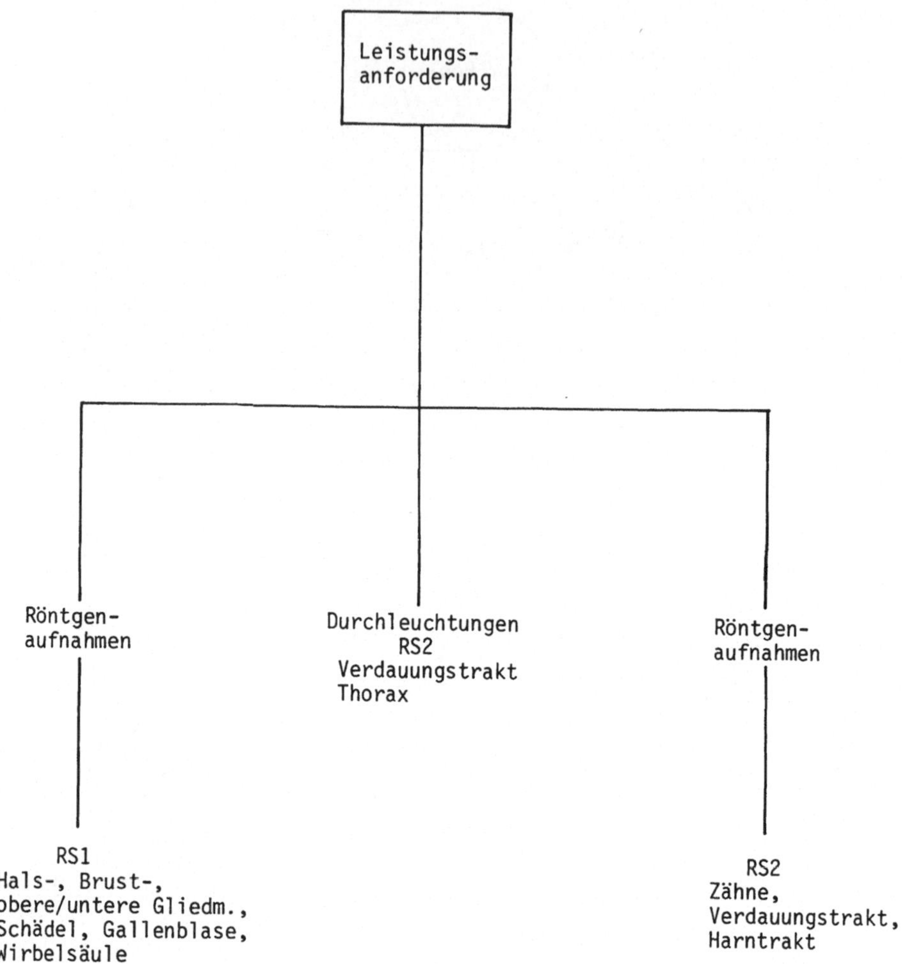

Es wurde festgestellt, daß sich die Anzahl der Notfälle bezogen auf die zu planen-
den Wochentage nicht signifikant unterscheiden. Es wurde deshalb im Modell die
Größe "Notfall" für jeden Planungstag gleich angesetzt. Eine weitere kulmbachspezi-
fische Einschränkung ist dadurch gegeben, daß 60 % der Thoraxdurchleuchtungen anschließend auf einem anderen Röntgenschirm "geschossen" werden.

Aus diesen Daten kann nun ein Simulationsmodell erstellt werden, das alle für ein
"Kulmbachmodell" relevanten Beziehungen berücksichtigt. Ein Teil des Simulations-
ablaufplans sei hier dargestellt.

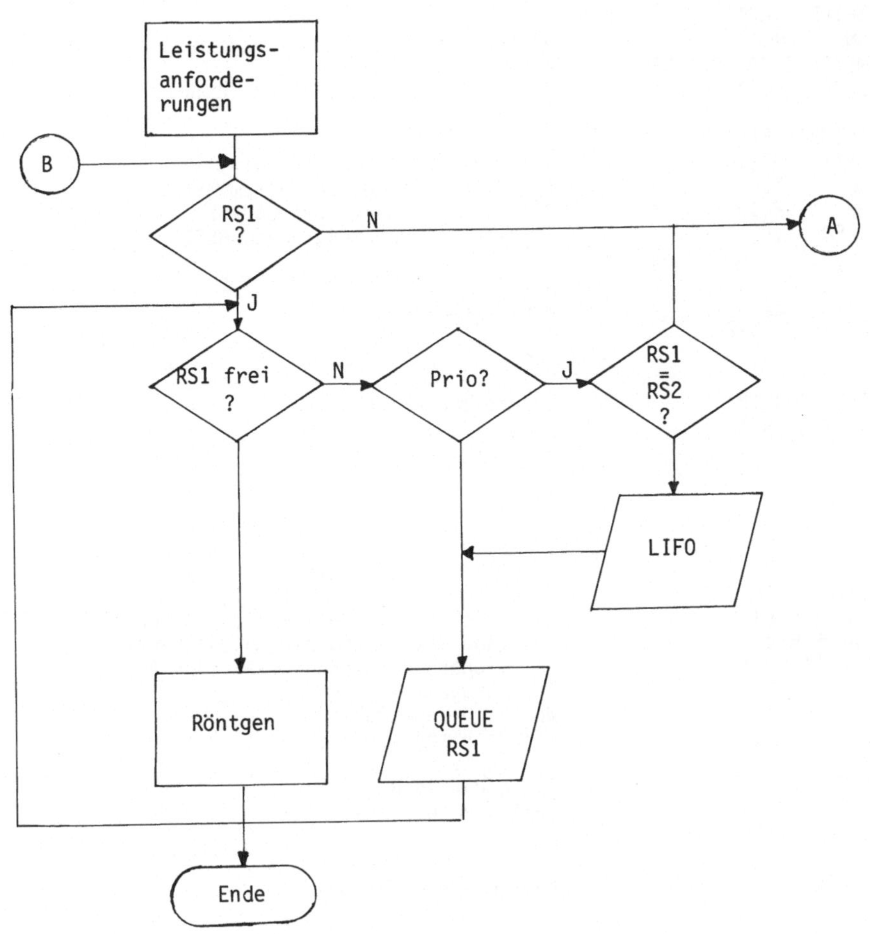

4.2 Modellerstellung

Das Simulationsmodell in Kulmbach stellt sich wie folgt dar:

```
        JOB SIAS
+ ERMITTLUNG DER GENERATEPARAMETER XN=MITTELWERT IN GAFO1
+
        GENERATE O,,,1                  Ermittlung der Anzahl Schüsse, Durchleuch-
                                        tungen und Langzeituntersuchungen
        PERFORM GAFO1,XH1          und  UEBERGABE DER SAVEVALUES
        TERMINATE                            X1 BIS X4
+ SAVEVALUE1 = XQUER RS1
               .
               .
               .
+ SAVEVALUE10 = RS3INDIKATOR
+
+       RS1                            Schüsse
        GENERATE XH1,1                 Dienstzeit: Anzahl d.Leist. = Ankunftszeit/
                                       Streuung = 1 für Notfälle - Zeit-
                                       reserve
```

```
+           PARAMETER 1=ART
            ASSIGN      1,1             Art der Leistung nach Parameter 1
+           PARAMETER 2=PRIORITAET      Priorität nach Parameter 2
            TRANSFER    ,RST1           Transaktion verzweigt nach RST1
+
+           RS1 PRIORITAET
            GENERATE    85,20           alle 85 + 20 kommt ein Notfall
            ASSIGN      1,1             Art der Leistung nach Parameter 1
            ASSIGN      2,10            Priorität 10 nach Parameter 2
            TRANSFER    ,RST1           Transaktion verzweigt nach RST1
+
+           RS2
            GENERATE XH2,4              Durchleuchtungen
            TRANSFER    ,RST2
+
+           RS3
            GENERATE XH3,10             Langzeituntersuchungen
            TRANSFER    ,RST3
+
+++



RST1        PRIORITY    P2              Priorität nach Parameter 2
            TABULATE    TAB1            Tabellieren der Ankunftszeit
            SAVEVALUE 5,C1              Kennzeichnen der Herkunft der Ankunftszeit
            SAVEVALUE 6,1              Übergabe des Wertes der Ankunftszeit
            PERFORM GAFO2,X5            Abspeichern der Ankunftszeit und Aufrufen
                                       Unterprogramme
            QUEUE       RST1            Warteschlange RS1
            SEIZE       RST1            Warteschlangeausgang RS1
            DEPART      RST1            Belegen der RS1
            ADVANCE XH4,1               Bedienung in RS1
            RELEASE     RST1            Verlassen der RS1
            TABULATE    TAB4

            TERMINATE   0               Rücksprung nach RS1
+
+++



RST2        TRANSFER    .001,RST21,RST22   999 Leistungen normal nach RST21, 1 Leistung
                                           Notfall nach RST22
RST21       PRIORITY    P2
            TABULATE    TAB2
            SAVEVALUE 7,C1
            SAVEVALUE 8,2
            PERFORM GAFO2,X7
            QUEUE       RST2
            SEIZE       RST2
            DEPART      RST2
            ADVANCE     FN$RST"         Bedienungsdauer d. Durchleuchtung nach Funktion
                                        FN$RST2
            RELEASE     RST2
            TRANSFER    .600,RST23,RST24   60 % werden nach d. Durchleuchtung geschossen
                                           und gehen nach RST24
RST23       TABULATE    TAB5
            TERMINATE   0
RST22       QUEUE       RST22           Notfalldurchleuchtung Warteschlange
            PREEMPT     RST2
```

```
          DEPART      RST22
          ADVANCE     FNSRST2
          RETURN      RST2              Rücksprung nach RST2
          TERMINATE   0
RST24     GATE U      RST3,RST25        ROENTGEN=? Schuß auf RST3 wenn frei, wenn
          ASSIGN      2,8               nicht, Priorität 8 für RST1
          TRANSFER    ,RST1
+++


RST3      PRIORITY    P2
          SAVEVALUE   9,C1
          SAVEVALUE   10,3
          PERFORM     GAFO2,X9          Ankunftszeit des Patienten in RST3
          TABULATE    TAB3
          QUEUE       RST3
          GATE NU     RST31
          SEIZE       RST31
          TRANSFER    BOTH,RST31,RST32  RST1 oder RST2 frei?
RST31     GATE NUR    RST1              Durch RST1 nach RST3
          TRANSFER    ,RST33
RST32     GATE NU     RST2              Durch RST2 nach RST3
RST33     DEPART      RST3
          SEIZE       RST3
          ADVANCE     P4,P5             Festgelegte Bedienungsdauer aus Leistungs-
                                        katalog in P4,P5 = Streuung
          RELEASE     RST3
          RELEASE     RST31
          TABULATE    TAB6
          TERMINATE   0
+
+
RST25     ASSIGN      2,18              Priorität 18 nach Parameter 2
          TRANSFER    ,RST3
+
+
++
          GENERATE    420,,,1           Beendigung der Planungszeit nach 420 Minuten
          PERFORM     GAFO3,XH1
          TERMINATE   1
```

Wird das Simulationsmodell auf sämtliche Leistungsstellen erweitert, regelt man die
medizinischen Inkompatibilitäten durch eine Incidenzmatrix:

	RO	KR	KCL	NUK	END	PT
RO	0	1	1	1(0)	1	1
KR	1	0	1	1	1	1
KCL	1	1	0	1	1	1
NUK	1	0	0	0	1	1
END	0	0	0	0	0	0
PT	1	0	1	1	1	0

LEISTUNGSSTELLE ROENTGEN   ARBEITSRAUM RS1
---08.11.74-----BLATT   2

UHRZ.	NAME		AUFN.NR.	STAT.	GEB.-DAT.	LEISTUNGSVERORDNUNG		BEMERKUNGEN
10.44	KIENBAUM	PETER	19	40	17. 7.15	KNIESCHEIBE	LI	
10.50	ALBERS	HUBERTUS	18	3B	16. 4.14	KNIEGELENK	RE	
10.51	BOSCH	SWORD	88	3B	25. 7.93	KIEFERGELENK		
10.57	PROGNOS	KLAUS	20	5D	18. 8.16	OBERSCHENKEL	RE	
10.03	GRIEM	NIKOLAUS	21	6A	19. 9.17	ZAEHNE OBEN		NASENBLUTER
11.10	ADAM	RUDOLF	16	1A	14. 4.12	SKY-LINE	RE	IST ZIGARETTENMUFFEL
11.17	LINDNER	JOSEF	15	7A	13. 3.11	SPRUNGGELENK	LI	MUSS GEFAHREN WERDEN
11.23	KREGELON	EDMUND	14	6D	12. 2.10	GANZER FUSS	RE	KOMMT INS BETT
11.30	MUELLER	KARL OTTO	3	1	1. 3. 0	GANZE HAND	RE	PATIENT IST ARBEITSSCHEU
11.32	FORSCHUNG	FRIEDRICH	80	20	17. 8.46	BECKENKAMM		
11.35	MEYER	BULL	68	40	5. 8.34	HALSWIRBELSAEULE		
11.41	FEHR	GERT	67	30	4. 7.33	OS NAVICULARE		
11.46	DINELBACH	PETER	30	1A	28. 6.26	UNTERKIEFER		
11.53	BECKMANN	LUDWIG	25	3B	23. 1.21	KIEFERGELENK	LI	RENITENT
11.58	WERTMANN	GUENTER	69	5A	6. 9.35	FERSENBEIN		
12.04	QUELLE	GUENTER	85	7B	22. 1. 4	KIEFERGELENK		
12.10	SCHAICH	BERNHARD	66	2A	3. 6.32	MITTELHAND		
12.16	SPYLCHOS	HANS MART	10	2B	8.10. 6	ZEHEN	HR	NACH LEISTUNG SCHNAPS GEB
12.22	BOEHM	WOLFGANG	26	40	24. 2.22	NASENNEBENHOEHLE	LI	
12.26	HOFMANN	RAND	65	10	2. 5.31	MITTELHAND		
12.27	SPRINGER	JUERGEN	22	7B	20.10.18	ZAEHNE UNTEN		ACHTUNG VIP
12.33	BONGRATZ	HORST	27	5A	25. 3.23	JOCHBEIN		NICHTS BESONDERES
12.38	QUELLICHER	FRED	76	5B	13. 4.42	MITTELFUSS		
12.45	ANGERMANN	RUDOLF	23	10	21.11.19	GANZER SCHAEDEL		
16.02	PESCHANEL	RUDI	61	4B	28. 1.27	OS NAVICULARE	LI	

Kostenaufwand bei dem Einsatz eines Auskunftssystems für Basisdaten
in einem Klinikum

M. Schnabel, R. Thurmayr, R. Schulze

1. Einleitung

Das bestehende Auskunftssystem wird bisher in der Toxikologischen Abteilung der II. Medizinischen Klinik (Leiter: Dr. med von Clarmann)
- im weiteren Text nennen wir sie abkürzend Toxikologische Abteilung -
der Chirurgischen Klinik (Direktor: Prof. Dr. med. G. Maurer) und der
Dermatologischen Klinik (Direktor: Prof. Dr. med; Dr. phil. S. Borelli)
des Klinikums rechts der Isar der Technischen Universität München eingesetzt. In der bisherigen Laufzeit des Auskunftssystems (seit 1971)
wurden 35.000 Fälle erfaßt. Von diesem Auskunftssystem wird für den
Routineeinsatz der jährliche finanzielle Aufwand angegeben. Dabei sind
sowohl die Kosten für das Rechensystem als auch für das Personal berücksichtigt. Hieraus werden die Kosten pro Fall berechnet, die eine
Vorhersage über das Ansteigen der notwendigen Mittel bei einer Erweiterung dieses Auskunftssystems gestatten.

2. Das Auskunftssystem

Um die Kosten angeben zu können, müssen wir zunächst die Einflußgrößen
kennenlernen:

2.1 Umfang der Datenerfassung und -präsentation

Wir erfassen Basisdaten nach dem Vorschlag der Deutschen Gesellschaft
für Medizinische Dokumentation. Zu den Basisdaten gehören: Personaldaten, Aufnahme-/Entlassungsdatum, Entlassungsdiagnosen und Behandlungs-
ergebnis.

Wir haben eine erweiterte Basisdokumentation eingeführt, die zusätzlich
u.a. folgende Daten umfaßt: Risikofaktoren, operative Maßnahmen, histo-
logisches Untersuchungsergebnis, bakteriologisches Untersuchungsergebnis, TNM-Schlüssel und Operateur.

Von den zu erfassenden Personal- (über Aufnahmedialog) und medizinischen
Daten (über Krankenblatt, Arztbrief, Operationsbericht, Allergietest)
gehört nur eine Untermenge zu den Basisdaten. Bei dem Abspeichern der
medizinischen Daten aus den halbautomatischen Berichten (Daten des
Krankenblattinneren) werden die Basisdaten extrahiert und in die Aktuelle Datenbank übernommen. Aus dem Krankenblatt und dem Allergietest
werden ebenfalls nur die Basisdaten in der Aktuellen Datenbank gespeichert. Die zu erfassenden Personaldaten werden insgesamt in die Aktuelle Datenbank aufgenommen. Bei der Überführung dieser Daten aus der
Aktuellen in die Archiv-Datenbank - nach der Entlassung des Patienten -
wird nur ein Teil von ihnen übernommen. Die Aktuelle und die Archiv-
Datenbank zusammen bilden die Basisdatenbank.

Auf die gespeicherten Personal- und medizinischen Daten können Online-
Zugriffe mit verschiedenem Ziel ausgeführt werden (Abb. 1):

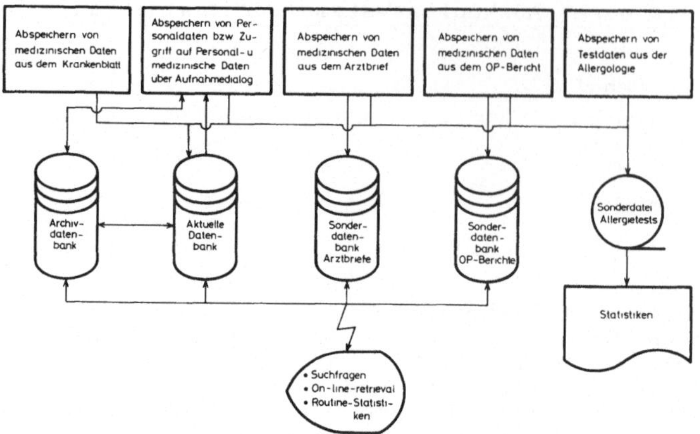

Abb 1 Datenfluß im Auskunftssystem

- personenbezogene Auskünfte (vorwiegend über Aufnahmedialog)
- statistikbezogene Auskünfte
  . Suchfragen auf alle gespeicherten Aspekte
  . Erstellung von Routinestatistiken
  . Suchfragen zur Einengung der Menge der Krankengeschichten, auf die
    bei wissenschaftlichen Auswertungen, welche sich auf das Kranken-
    blattinnere beziehen, zugegriffen werden muß.

Die primären Einflußgrößen für die Kosten sind die zu erfassenden Fallzahlen. Sie sind nach Kliniken getrennt für jeweils 1 Jahr angegeben
(Tab. 1). Die zweite Einflußgröße ist die Datenmenge pro Fall. Dafür
werden in der Archivdatenbank durchschnittlich 1000 Byte Speicherplatz,
in der Sonderdatenbank etwa 2000 Byte benötigt. In der Aktuellen Datenbank brauchen wir im jährlichen Durchschnitt 700 Byte. Dabei setzen wir
voraus, daß dauernd die Hälfte der jährlichen Fälle in der Aktuellen
Datenbank gespeichert ist. Ausgehend von diesen Angaben wurde der Speicherplatz für das gesamte Auskunftssystem errechnet.

Erfassung Klinik	Personaldaten	Medizinische Daten			
	Aufnahmedialog	Krankenblatt-Dokumentation	halbautomat. Arztbrief	halbautomat. OP-Bericht	Allergietest
Toxikologische Abteilung der II. Medizin. Klinik	1 500	—	1 500	—	—
Chirurgische Klinik	6 000	4 500	1 500	1 400	—
Dermatologische Klinik	10 000	10 000	—	—	1700

Tab. 1: Anzahl der zu erfassenden Fälle pro Jahr

2.2 Kontrollen bei der Erfassung der Basisdaten

Die Effektivität des Auskunftssystems ist wesentlich abhängig von der
Qualität der Datenerfassung, d.h. vom Umfang der Kontrollen und der
daraus resultierenden Korrekturen. Sie beziehen sich auf formale und
inhaltliche Fehler bei Erfassung der Personaldaten während des Aufnahmedialoges, Arztbrief- und OP-Bericht-Diktat, Krankenblattdokumentation,
Arztbrief- und OP-Berichterstellung, Plausibilitätsprüfungen und medical record linkage. Aus allen diesen Angaben leiten sich die eigentlich

kostenverursachenden sekundären Einflußgrößen ab (Geräteausstattung, Materialien, Personal).

3. Realisierung des Auskunftssystems

3.1 Hardware

Es werden sechs Datensichtgeräte betrieben, die an der SIEMENS-Anlage 4004/151 (Betriebssystem BS 2000) des IMD angeschlossen sind. Die Datenstationen sind gemietet; die notwendige Rechenzeit und der Speicherplatz werden vom Betreiber der erwähnten Datenverarbeitungsanlage gekauft. Für das Auskunftssystem benötigen wir 80 Stunden CPU-Zeit und 40 Mio. Byte Speicherplatz pro Jahr. Die für die Realisierung aufzuwendenden Leistungen (Geräte, Materialien, Service) werden kliniksweise angegeben (Tab. 2, 3, 4). Der Speicherplatz in der Aktuellen Datenbank ist unter dem Aufnahmedialog, derjenige in der Archivdatenbank unter der Datenverarbeitung und derjenige in der Sonderdatenbank unter dem jeweiligen Bericht aufgeführt.

Erfassung / Leistung	Aufnahme-dialog	Krankenbl.-Dokument.	halbautom. Arztbrief	halbautom. OP-Bericht	Allergie-test	Daten-verarbeitg.	Summe
Datenstation	1/2	–	1/2	–	–	–	1
Loch-u.Prufgerat	–	–	–	–	–	–	–
Papier (Adressetten, Spezialpapier)	1500	–	12000	–	–	–	–
Rechenzeit (in CPU-Stunden)	1,3	–	1,4	–	–	3,8	6,5
Anschlußzeit (in Stunden)	32,5	–	35	–	–	95	162,5
Speicherplatz Platte (in Mio Byte)	1,05	–	3	–	–	1,5	5,55

Tab. 2: Sachleistungen für das Auskunftssystem in der Toxikologischen Abteilung 1974

Erfassung / Leistung	Aufnahme-dialog	Krankenbl.-Dokument.	halbautom. Arztbrief	halbautom. OP-Bericht	Allergie-test	Daten-verarbeitg.	Summe
Datenstation	2	–	1/2	1/2	–	–	3
Loch-u.Prufgerat	–	1	–	–	–	–	1
Papier (Adressetten, Lochkarten, Spezialpapier)	6000	30000	12000	30000	–	–	–
Rechenzeit (in CPU-Stunden)	2,5	7	16	27	–	7,5	60
Anschlußzeit (in Stunden)	62,5	175	400	675	–	187,5	1500
Speicherplatz Platte (in Mio Byte)	4,2	–	3	2,8	–	6	16

Tab. 3: Sachleistungen für das Auskunftssystem in der Chirurgischen Klinik 1974

Leistung \ Erfassung	Aufnahme-dialog	Krankenbl.-Dokument.	halbautom. Arztbrief	halbautom. OP-Bericht	Allergie-test	Daten-verarbeitg.	Summe
Datenstation	2	—	—	—	—	—	2
Loch - u. Prufgerat	—	9/10	—	—	1/10	—	1
Papier (Adressetten, Lochkarten.)	10 000	100 000	—	—	10 000	—	—
Rechenzeit (in CPU - Stunden)	1,5	3	—	—	—	5	9,5
Anschlußzeit (in Stunden)	37,5	75	—	—	—	125	237,5
Speicherplatz Platte (in Mio Byte)	7	—	—	—	—	10	17

Tab. 4: Sachleistungen fur das Auskunftssystem in der Dermatologischen Klinik 1974

3.2 Software

Die dem Auskunftssystem zugrunde liegenden Programmentwicklungen wurden aus dem 2. DV-Förderungsprogramm der Bundesregierung finanziert. Diese Programmpakete (Aufnahmedialog, halbautomatische Erstellung von Arztbriefen und Operationsberichten, Index-Sequentielles-Informationssystem (ISIS; es wurde vom IMD in Zusammenarbeit mit der Firma SIEMENS entwickelt), Anwenderanschlußprogramme für den Aufbau der Basisdatenbank) hat der Fachbereich Medizin der Technischen Universität München übernommen. Diese Entwicklungskosten wurden in den folgenden Berechnungen nicht berücksichtigt.

3.3 Personal

Entsprechend ihrer Größe und dem erreichten Stand der Datenverarbeitung schwankt die Zahl des Personals bei den von uns betrachteten Kliniken (Tab. 5). Insgesamt arbeiten z.Zt. 25 Kräfte für das Auskunftssystem: 4 für die Toxikologische Abteilung, 11 für die Chirurgische Klinik und 10 für die Dermatologische Klinik.

Klinik \ Erfassung	Aufnahme-dialog	Krankenbl.-Dokument.		halbautomat. Arztbrief		halbautomat. OP-Bericht		Allergietest		Datenver-arbeitung	
	Verw.-Pers.	Arzt	Assist.	Arzt	Assist.	Arzt	Assist.	Arzt	Assist.	Program.	Assist.
Toxikologische Abteilung der II. Medizinischen Klinik	1/2	—		1/2	2	—		—			
Chirurgische Klinik	2	1	1	1/2	2	1/2	2	—		2	3
Dermatologische Klinik	2	1	3	—		—		1	1		

Tab. 5: Personaleinsatz fur das Auskunftssystem (25 Krafte)

4. Finanzielle Aufwendungen

Für die Basisdokumentation hat der Fachbereich Medizin bisher folgende
Investitionen geleistet:
Für 1 Kartenlocher 24.000 DM, für 1 Prüfgerät 16.000 DM.
Diese einmaligen Ausgaben wurden für die aufzuwendenden Mittel in Miet-
kosten umgerechnet (bezogen auf fünf Jahre).

Wir sind nun in der Lage, die Gesamtkosten (Sach- und Personalmittel)
pro Jahr anzugeben (Tab. 6). Dabei wurden folgende Preise verwendet:

Personalmittel: Jährlich 24.000 DM für die Dokumentations-Assistenten
und das Verwaltungspersonal, 54.000 DM für die Ärzte sowie 48.000 DM
für die Programmierer.

Sachmittel:

1 Datensichtstation (Miete/Jahr):	11.172,00 DM
1000 Adressetten:	500,00 DM
1000 Lochkarten:	5,00 DM
1000 Arztbriefbögen:	65,00 DM
1000 OP-Berichtbögen:	65,00 DM
1 CPU-Stunde:	2.000,00 DM
1 Anschlußstunde:	75,00 DM
10 Mio. Byte Plattenspeicher (Miete/Jahr):	8.000,00 DM

Insgesamt werden für das Auskunftssystem 1,2 Mio DM aufgewendet. Davon
entfallen auf die Toxikologische Abteilung 185.000 DM, auf die Chirurgische Klinik 625.000 DM und auf die Dermatologische Klinik 390.000 DM.
Bei diesen Angaben ist zu berücksichtigen, daß für die Aufnahme von Patienten unabhängig vom Verfahren (EDV oder nicht) immer gleichviel Personal eingesetzt werden muß.

Klinik	Erfassung	Aufnahme-dialog	Krankenbl.-Dokument.	halbautom. Arztbrief	halbautom. OP-Bericht	Allergie-test	Daten-verarbeitg.	Summe
Toxikolog. Abteilung	Personalmittel	12 000	—	75 000	—	—	56 000	143 000
	Sachmittel	12 213	—	14 191	—	—	15 925	42 329
Chirurg. Klinik	Personalmittel	48 000	78 000	75 000	75 000	—	56 000	332 000
	Sachmittel	38 391	35 275	70 766	114 401	—	33 863	292 696
Dermatol. Klinik	Personalmittel	48 000	126 000	—	—	78 000	56 000	308 000
	Sachmittel	38 756	20 063	—	—	932	27 375	87 126

Tab. 6: Jährlicher Kostenaufwand (1,2 Mio DM)

5. Vergleich der angewandten Datenerfassungsverfahren

Mit Hilfe der jährlichen Fallzahlen errechnen wir die Kosten pro Fall
nach Klinik und Erfassungsart getrennt (Tab. 7). Für den Vergleich der
Aufnahmedialoge dürfen wir in der Dermatologischen Klinik nicht mit
der Fallzahl 10.000 arbeiten. Das hat folgenden Grund: in etwa 70 %
aller Fälle kommen die Patienten zum wiederholten Mal in die Klinik.
Zu diesem Zweck gibt es eine verkürzte Aufnahmeprozedur. Diese dauert

etwa die halbe Zeit gegenüber der normalen Aufnahme, die auch in den
anderen Kliniken durchgeführt wird. Deshalb rechnen wir für den Aufnahmedialog in der Dermatologischen Klinik mit 6.500 Fällen (normale Aufnahme).

Klinik \ Erfassung		Aufnahme-dialog	Krankenbl.-Dokument.	halbautom. Arztbrief	halbautom. OP-Bericht	Allergie-test	Daten-verarbeitg.	Summe
Toxikolog. Abteilung	Personalmittel	8	–	50	–	–	37,33	95,33
	Sachmittel	8,14	–	9,46	–	–	10,61	28,21
Chirurg. Klinik	Personalmittel	8	17,33	50	53,57	–	22,39	151,29
	Sachmittel	6,39	7,83	47,17	81,71	–	13,54	156,64
Dermatol. Klinik	Personalmittel	7,38	12,6	–	–	45,88	14,38	80,24
	Sachmittel	5,96	2	–	–	0,54	2,73	11,23

Tab. 7: Jährlicher Kostenaufwand pro Fall (in DM)

5.1 Aufnahmedialog in den drei Kliniken

Die aufzuwendenden Personalmittel pro Fall stimmen weitgehend überein.
Die höheren Sachkosten in der Toxikologischen Abteilung werden durch
einen höheren Rechenzeitbedarf verursacht. Er ist darin begründet, daß
bei der geringeren Fallzahl die Systemverwaltungszeit stärker ins Gewicht fällt.

5.2 Halbautomatischer Arztbrief in der Toxikologischen Abteilung und der Chirurgischen Klinik

Die Personalmittel sind identisch, da es sich bei beiden Arztbriefen
um den gleichen Umfang und die gleichen Funktionen handelt. Die Frage,
warum die Sachmittel in der Toxikologischen Abteilung erheblich geringer sind, reduziert sich auf die Frage, warum die Rechenzeit es ist.
Dafür lassen sich zwei Gründe angeben:
- die Arztbriefprogramme sind in einer ASSEMBLER-Sprache geschrieben
  (diejenigen der Chirurgischen Klinik in FORTRAN),
- der Umfang der Fehlerkontrollen ist geringer als in der Chirurgischen Klinik.

5.3 Krankenblatt-Dokumentation in der Chirurgischen und Dermatologi-schen Klinik

Die geringeren Personalkosten in der Dermatologischen Klinik erklären
sich aus dem Fehlen der Angaben über operative Eingriffe und deren Komplikationen bei den Basisdaten. Außerdem werden die Risikofaktoren mit
Hilfe eines EDV-Verfahrens aus den Allergietestergebnissen in die Aktuelle Datenbank überführt.

Die Aufwendungen für Sachmittel liegen in der Chirurgischen Klinik höher, weil wesentlich mehr Fehlerkontrollen notwendig und bereits zwei
Jahrgänge in die Archivdatenbank überführt worden sind.

5.4 Krankenblatt-Dokumentation und halbautomatischer Arztbrief in der Chirurgischen Klinik

Die beiden Erfassungsarten sind zunächst nicht direkt vergleichbar: Die jeweils zu erfassenden medizinischen Daten sind von unterschiedlichem Umfang. Wir schätzen, daß die Basisdaten ein Drittel der gesamten Arztbriefdaten ausmachen. Entsprechend müssen wir die Mittel für den halbautomatischen Arztbrief - bezogen auf die Basisdaten - dritteln.

Die Mittel für den Personaleinsatz sind bei beiden Verfahren etwa gleich. Der Unterschied in den Sachkosten wird durch die Rechenzeit hervorgerufen. Das ist auch zu erwarten, da die Verarbeitung von Lochkarten nicht so rechenintensiv ist wie Abarbeitung eines Fragebogens in Verbindung mit einem Textvorrat. Der Vorteil des halbautomatisch erstellten Arztbriefes liegt in einer höheren Qualität der Basisdaten.

5.5 Erfassung von Personal- und medizinischen Daten in den drei Kliniken

Wir vergleichen zunächst die Personalmittel: Sie sind bei der Erfassung der medizinischen Daten mindestens doppelt so hoch wie bei der Erfassung der Personaldaten. Das liegt daran, daß bei der Erfassung medizinischer Daten ärztliches Personal erforderlich ist.

Die Sachmittel sind bei beiden Datenarten gleich, soweit nicht ein besonderer Aufwand für Fehlerkontrollen geleistet und eine ASSEMBLER-Sprache verwendet wird (siehe halbautomatischer Arztbrief in der Chirurgischen Klinik und Toxikologischen Abteilung). Dieser Sachverhalt wird durch die Personal- und Sachmittel für den halbautomatischen OP-Bericht bestätigt. Der OP-Bericht wurde in die Kostenaufstellung einbezogen, da er Kontrolldaten für die operativen Eingriffe liefert.

5.6 Folgerungen

Wir haben gesehen, daß die Fallzahl und die Datenmenge pro Fall als primäre Einflußgrößen evtl. zu modifizieren sind (Anzahl der Wiederholer in einer Klinik ist groß), und daß zu ihnen noch andere Faktoren hinzukommen:
- Systemverwaltungszeit
- Programmiersprache
- Qualität der Datenerfassung
- Methode der Datenerfassung
- Einsatz von Dokumentationsärzten

Für die Kosten pro Fall schätzen wir durchschnittlich:
- Aufnahmedialog   14,00 DM
- Krankenblatt-Dokumentation   20,00 DM
- halbautomatischer Arztbrief   80,00 DM
- Datenverarbeitung   14,00 DM

Bei einer Liegedauer von 18 Tagen ergäben sich als Kosten pro Fall und Liegetag:
- Aufnahmedialog   0,78 DM
- Krankenblatt-Dokumentation   1,11 DM
- halbautomatischer Arztbrief   4,44 DM
- Datenverarbeitung   0,78 DM

Damit kostet ein Fall pro Liegetag 1,5 % - 3,3 % vom Pflegesatz (180,00 DM).

6. Erweiterung des Auskunftssystems

Soll das Auskunftssystem auf alle Kliniken des Klinikums rechts der
Isar erweitert werden, so sind jährlich weitere 15.000 Fälle zu erfassen. Wird die Basisdokumentation über den Aufnahmedialog und die Krankenblattdokumentation durchgeführt, so müssen jährlich 720.000 DM zusätzlich bereitgestellt werden. Wird sie dagegen mit Hilfe des Aufnahmedialoges und des halbautomatischen Arztbriefes durchgeführt, so sind
es jährlich 1,62 Mio. DM.

Da die Datenerfassung in vielen Fällen eine Mischform aus beiden Verfahren sein wird, kann man mit 1,2 Mio. DM Mehrkosten pro Jahr rechnen.

Für das Klinikum rechts der Isar ergäben sich damit 2,4 Mio. DM pro Jahr
für ein Auskunftssystem (alle Kliniken), das von dem bestehenden ausgeht. Ziehen wir davon die Mittel für den halbautomatischen OP-Bericht
ab, sind es 2,21 Mio. DM. Ohne die Personalmittel für den Aufnahmedialog, die auch bei konventioneller Aufnahme eingesetzt werden müssen,
sind es 1,99 Mio. DM. Das sind 1,7 % der Gesamtausgaben des Klinikums.

Literatur

ARBEITSAUSSCHUSS MEDIZIN IN DER DEUTSCHEN GESELLSCHAFT FÜR DOKUMENTATION
(Hrsgb.): Ein dokumentationsgerechter Krankenblattkopf für stationäre Patienten aller klinischen Fächer (sog. Allgemeiner Krankenblattkopf). Med. Dok. 5, 57 - 70 (1961).

<u>ANWENDUNGSSIMULATION AM BILDSCHIRM</u>

<u>Mit den interaktiven Schulungssystemen COURSEWRITER und ITS</u>

E. Fassbinder, IBM Bad Godesberg

1. <u>METHODIK DER ANWENDUNGSSIMULATION</u>

Die Anwendungssimulation ist eine Methode. Sie erlaubt es, Anwendungen an den Datensichtstationen so zu präsentieren, wie sie
der Benutzer später einmal nach der Programmierung erleben wird.
Es handelt sich dabei um eine Technik, bei der die Ein-/Ausgaben
der Daten an den Datenstationen sowie die Plausibilitätsprüfungen
der transferierten Daten simuliert werden. Der Endbenutzer er-
lebt also den Teil der Anwendung real, mit dem er später in der
Routine ständig zu tun haben wird. Zur Anwendungssimulation werden die interaktiven Schulungssysteme COURSEWRITER oder ITS (Interactive Training System) eingesetzt. Diese Lizenzprogramme der
IBM gestatten eine schnelle, interaktive Entwicklung der Bild-
schirmformate sowie deren Modifikationen. Die Sprache wird im
Kapitel 3 näher erläutert.

Die Vorgehensweise bei der Anwendungssimulation gestaltet sich
folgendermaßen:

Die Anwender umreißen ein Grobkonzept der jeweiligen Anwendung,
insbesondere der Ein- und Ausgabeformate der Bildschirminhalte
sowie der zu durchlaufenden Plausibilitätsprüfungen. Das Konzept
wird einem COURSEWRITER- bzw. ITS-erfahrenen Mitarbeiter vorgestellt. Dieser schreibt ein Simulationsprogramm, das er anschließend an der Datenstation eingibt.

Danach wird die Anwendung zum ersten Mal präsentiert. Jetzt kann
sich der Anwender entscheiden, ob das von ihm vorgeschlagene Modell Gültigkeit behalten soll. Wird dabei festgestellt, daß bestimmte Eingabefelder vergessen wurden oder weitere Plausibilitätsprüfungen erforderlich sind, lassen sich kleinere Änderungen
sofort interaktiv am Bildschirmgerät durchführen, so daß der Anwender die Verbesserung gleich beurteilen kann. Handelt es sich
um umfangreiche Änderungswünsche, so wird die korrigierte Version
zu einem späteren Zeitpunkt präsentiert. Erneut können die Anwender Verbesserungsvorschläge unterbreiten. In diesem iterativen
Prozeß nähert man sich schließlich einer endgültigen Version, die
dann verabschiedet und zur Programmierung weitergeleitet werden
kann.

Die frühe Präsentationsmöglichkeit bringt zwei entscheidende Vorteile:

-       Der Anwendungsnutzen kann leichter überprüft werden, denn
        die einzelnen Fachabteilungen haben die Möglichkeit, sich
        die Bildschirm-Anwendungen plastisch anzusehen und auszupro-
        bieren sowie Modifikationen vorzunehmen. Hierbei ist es zu-
        nächst einmal unerheblich, ob die Anwendungen von anderen

Krankenhäusern oder aus den eigenen Fachabteilungen stammen.
Entscheidend ist der Nachweis, wie die Anwendungen sinnvoll
und nutzbringend eingesetzt werden können. Mit der Anwendungssimulation ist eine schnelle Überprüfbarkeit gegeben.

Die frühe Präsentationsmöglichkeit der Anwendungen vor der
Programmierung bringt noch einen weiteren Vorteil. Die Endanwender werden stärker motiviert, während der Konzeptphase
in den Projektgruppen mitzuarbeiten, da sie ja "ihre" Anwendungen von Anfang an wirkungstreu erleben. Dadurch wird die
Anwendungssimulation zu einer wichtigen Implementierungshilfe
im Projekt.

2.   ANWENDUNGSSIMULATION - EINE IMPLEMENTIERUNGSHILFE

Wenn heute der Entschluß gefaßt wird, ein Datenbank/Datenkommuni-
kationssystem aufzubauen, kann man dieses Vorhaben in mehrere zeitlich aufeinander folgende Phasen einteilen.

In der Übersichtsphase werden die Anwendungen definiert, die mit
der EDV gelöst werden sollen. Die Ist-Analyse beschreibt den derzeitigen Zustand und Ablauf der Anwendungen. Während der Konzeptphase werden die Soll-Vorstellungen erarbeitet, u. a. das sogenannte Anwendungsdesign. Darunter sind die Ein-/Ausgabe-Formate
an den Bildschirmen und der Programmablauf zu verstehen, so wie
ihn der Anwender später in der fertigen Version erleben wird.
Fehlermeldungen sind zu vereinbaren, Plausibilitätsprüfungen festzulegen. Die Voraussetzungen müssen erfüllt sein, bevor während
der Realisierungsphase mit der Programmierung begonnen wird.

Der Anwender ist nun in unterschiedlicher Weise an diesen Phasen
beteiligt. Zu Projektbeginn definiert er seine Wünsche, die ja die
Grundlage für die Entscheidung darstellen, "seine" Anwendung mit
der EDV zu realisieren. Während der Ist-Analyse nimmt er zwangsläufig durch Interviews, in denen er zu dem derzeitigen Zustand
aussagen machen muß, am Geschehen teil. Doch während der Konzeptphase ist der Anwender meist nur mangelhaft in die Projektgruppe
integriert, obwohl in dieser wichtigen Phase entschieden wird,
wie die Anwendungen aussehen sollen. Dies ist sehr bedauerlich,
da ja schließlich der Endanwender später die Datenstationen benutzen wird, mit denen er seine Anwendungen durchführt.

Der Anwender, meist kein EDV-Spezialist, befindet sich in einer
schwierigen Situation. Zwar hat er meistens eine klare Vorstellung
von dem gewünschten Ergebnis. Er kommt jedoch nur selten mit dem
strengen, ihm nicht vertrauten Formalismus zurecht, wie er in der
Datenverarbeitung üblich ist. Die fehlende Lebendigkeit der "Pa-
pierentwürfe" ist ein weiterer Grund, der den Endanwender oft ab-
hält, bei der Konzeption mitzuwirken.

Die Mitarbeit der Anwender ist jedoch unbedingt erforderlich,
wenn man vermeiden will, daß Konzepte entworfen werden, die an
den Realitäten vorbeigehen und die Benutzerwünsche ungenügend berücksichtigen. Viele Beispiele bestätigen das. Bisher bekam der
Sachbearbeiter die Anwendung erst nach der Programmierung zu sehen
(siehe Abb. 1). Er stellt dann oft fest, daß ihm dies und jenes
nicht gefällt, daß die Eingabeformate schlecht zu handhaben sind
usw. Modifikationswünschen wurden von der EDV-Abteilung nur ungern

Rechnung getragen, da der Änderungsaufwand meist erheblich ist.
Konfrontation zwischen Fach- und EDV-Abteilung und Ressentiments
gegenüber den neuen Methoden waren unausweichliche Folgen.

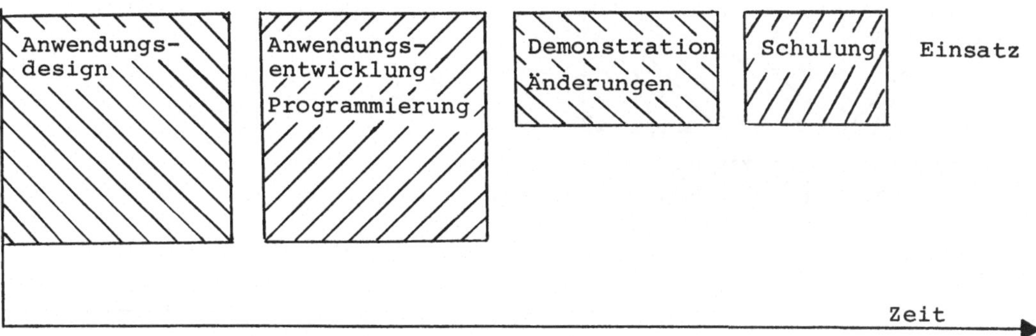

Abb.1: Zeitlicher Ablauf von der Konzeptphase bis zur
       Implementierung bisher.

Die Projektleitung ist deshalb gut beraten, wenn sie versucht
die Erfahrungen der Endbenutzer während der Konzeptphase der jeweiligen Projektgruppe nutzbar zu machen. Ziel ist es hier, An-
wendungskonzepte zu verabschieden und an die Programmierung wei-
terzuleiten, die von allen Anwendern akzeptiert werden.
Das ist durch die Anwendungssimulation auf einfache Weise möglich
geworden.

Der Endanwender wird in die Überlegungen, insbesondere die der
Ein-/Ausgabe von Bildschirminhalten und die formalen und logischen
Prüfungen, einbezogen. Er nimmt aktiv an dem dynamischen Entwick-
lungsprozeß teil, der schließlich zu den endgültigen Ein-/Ausgabe-
Formaten und den zu durchlaufenden Plausibilitätsprüfungen führt.
Anwendungsdesign und Präsentation sowie Modifikation der Anwendungen am Bildschirmgerät fallen heute zeitlich zusammen (siehe
Abb. 2), so daß von den Anwendern gewünschte Änderungen während
der Konzeptphase vorgenommen werden können. Der definitive Zustand
kann auch allen am Design nicht beteiligten Sachbearbeitern, die
später diese Anwendungen benutzen, vorgeführt werden. Zustimmung
oder Ablehnung der vorgetragenen Version werden somit auch diesem
Anwenderkreis leichter fallen.

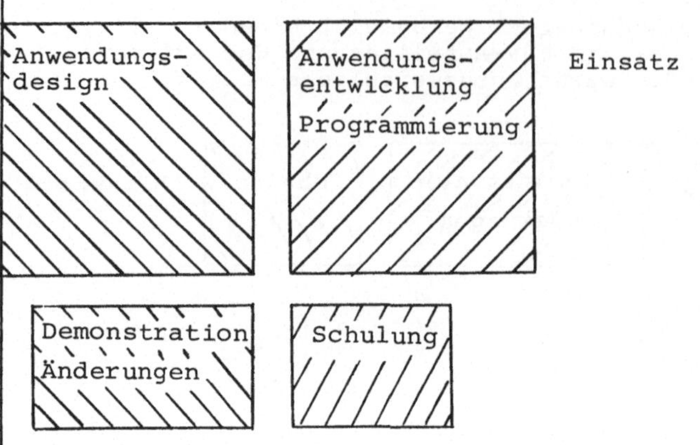

Abb. 2: Zeitlicher Ablauf von der Konzeptphase bis zur Implementierung bei Verwendung der Anwendungssimulation.

Das Ergebnis dieser Prozedur wird sein, daß eine mehrfache Umstellung der Formate vermieden wird. Um- bzw. Neuprogrammierung, Ab-
stimmungsgespräche, Ärger und Ressentiments der Anwender entfallen.

Eine frühzeitige Schulung der späteren Benutzer ist bereits möglich, wenn die Programmentwicklung und Implementierung dieser Anwendung noch im vollen Gange ist.

3.   INTERAKTIVE SCHULUNGSSYSTEME COURSEWRITER UND ITS

Die Lizenzprogramme, die zur Anwendungssimulation eingesetzt werden können, heißen COURSEWRITER und ITS. Diese interaktiven Schulungssysteme der IBM haben viele Gemeinsamkeiten mit einem Time-
Sharing-System. An verschiedenen Datenstationen können unabhängige
Anwendungssimulationen entwickelt oder demonstriert werden.

Ein weiteres Charakteristikum von Time-Sharing-Systemen ist die
interaktive Programmentwicklung, die sogenannte On-line-Program-
mierung. COURSEWRITER und ITS verfügen ebenfalls über Befehle,
mit denen das eigentliche Simulationsprogramm an der Datenstation
eingegeben, geändert, angelistet werden kann usw. Es handelt sich
dabei um die Autorenbefehle (Abb. 3). Während der Programmerstel-
lung bzw. -änderung befindet sich das System im Autorenstatus.
Das Simulationsprogramm selbst besteht aus den Operationsschlüsseln
(Abb. 4). Während der Präsentation der Anwendung werden diese
Operationsschlüssel durchlaufen. Das System befindet sich dann
im Schülerstatus.

Typisch für die Anwendungssimulation ist der ständige Wechsel
zwischen Autorenstatus (Programmverbesserung) und Schülerstatus
(Anwendungspräsentation). COURSEWRITER bzw- ITS sind interpreta-
tive Systeme. Änderungen werden sofort nach der Eingabe wirksam.

Insert after | Sequentielle Eingabe des gesamten Programmes.
Ergänzungen eines vorhandenen Programmes.

Delete | Entfernen von Programmteilen

Replace | Ersetzen von Programmteilen

Type | Auflisten des Programmes oder von Programmabschnitten

Go to | Versetzen in den Schülerstatus, um die Anwendung zu testen oder zu präsentieren. Das Programm beginnt an der Adresse, die im Go to-Befehl angegeben wurde.

Author | Rückversetzen in den Autorenstatus, um Programmänderungen vorzunehmen.

Abbildung 3   **Einige Autorenbefehle**

QU | Question
Ausgabe eines Bildschirmformates

FM | Format
Lokalisation des Ausgabefeldes auf die gewünschte Spalte und Zeile

EP | Enter and proceed
Es wird eine Eingabe erwartet.
Lokalisation des gewünschten Eingabefeldes.

CA | Correct answer
Die Eingabe ist korrekt. Sprung zum nächsten Feld bzw. zum nächsten Format.

WA | Wrong answer
Die Eingabe ist erwartet falsch. Ausgabe einer Fehlermeldung.

UN | Unanticipated
Die Eingabe ist unerwartet falsch. Auch hier Ausgabe einer Fehlermeldung.

TY | Type
Ausgabe einer Bildschirmzeile. Dieser Befehl wird z.B. nach WA benutzt, um den Anwender die falsche Eingabe näher zu erläutern.

BR | Branch
Bedingte oder unbedingte Verzweigung zu einer definierten Sprungadresse.
Der implizite Programmablauf wird dadurch unterbrochen.

PR | Problem
Ein Befehl, der für die Steuerung des Programmablaufes wichtig ist.

DE | Display erase
Löschen des Bildschirmformates oder einer Zeile. Dieser Befehl ist besonders wichtig bei Simulationsprogrammen. Vor Ausgabe einer neuen Bildschirm-maske sollte der vorherige Bildschirm komplett gelöscht werden.

Abbildung 4 Auswahl der wichtigsten Operationsschlüssel.
Es soll hier weniger der sematische Inhalt der Befehle erläutert werden. Die Syntax der Sprache ist in den Handbüchern genau beschrieben. Bei dieser Darstellung steht die Verwendung der Operationsschlüssel in einem Programm für die Anwendungssimulation im Vordergrund.

Die beiden Befehle

```
    pr
    de
```

löschen den Bildschirminhalt. Dann wird das Ausgabeformular aufbereitet.

```
    qu
    fm 3,5
        name:
    fm 5,5
        geburtstag:
    fm 7,5
        geschlecht:
    fm 3,60
        fehler:
```

Die Ziffer hinter den FM-Befehlen lokalisieren die Ausgabefelder
an die gewünschten Bildschirmstellen (Zeile, Spalte).

Mit den Befehlen

```
    ep 3,17//30
    ep 5,17//8
```

liest das Programm Eingabedaten in das Namens- bzw. Geburtstags-
feld ein. Auch diese Eingabefelder können genau lokalisiert werden. Falls diese Felder z. B. lichtstiftempfindlich sind oder mit
höherer Helligkeit angezeigt werden sollten, könnte eine solche
Vereinbarung durch ein Steuerzeichen zwischen beiden // getroffen
werden. Die letzte Ziffer in dem EP-Befehl kennzeichnet die maximale Eingabelänge des Feldes.

Das dritte Eingabefeld dieses Bildschirmformates wird einer Plau-
sibilitätsprüfung unterzogen:

```
    qu
    ep 7,17//8
    ca (w) m w
```

Bei dem Geschlecht, um das es sich hier handelt, wird nur die
Eingabe "m" oder "w" als korrekt akzeptiert. In diesem Fall springt
das Programm zu dem nächsten PR-Befehle (implizierte COURSEWRITER-
Logik). Weicht die Eingabe jedoch von "m" oder "w" ab, so werden
folgende Befehle durchlaufen:

```
    un
    fm 7,59/h
        bitte m oder w
```

Das führt zur Ausgabe einer intensiv angezeigten Fehlermeldung
(vereinbart durch /h im FM-Befehl). Die Eingabe kann dann wiederholt werden. Damit ist dieses Format beendet.

Das Ziel der letzten beiden Kapitel bestand darin, dem Leser einen
Eindruck von der Sprache zu vermitteln, die zur Anwendungssimulation benutzt wird. Die Entwicklung eines Simulationsprogrammes
ist für einen Mitarbeitet, der Erfahrung in COURSEWRITER oder ITS
hat, denkbar einfach. Das Schreiben dieses kurzen Beispielprogram-
mes dauert weniger als fünf Minuten.

4. <u>BEISPIELPROGRAMM</u>

Ein kleines Beispiel soll verdeutlichen, wie einfach die Technik
der Anwendungssimulation zu erlernen ist.

Das kurze Programm (Abb. 5) präsentiert zunächst ein Bildschirm-
format (Abb. 6), liest zwei Felder ein (Abb. 7) und gibt nach
Eingabe des dritten Feldes eine Fehlermeldung (Abb. 8). Das Programm sei kurz erläutert:

```
type prog
  prog
    1-  0 pr
    1-  1 de
    2-  0 qu
    2-  1 fm 3,5
    2-  2    name:
    2-  3 fm 5,5
    2-  4    geburtstag:
    2-  5 fm 7,5
    2-  6    geschlecht:
    2-  7 fm 3,60
    2-  8    fehler:
    2-  9 ep 3,17//30
    2- 10 ep 5,17//8
    3-  0 qu
    3-  1 ep 7,17//8
    3-  2 ca (w) m w
    3-  3 de 7,59/21
    3-  4 un
    3-  5 fm 7,59/h
    3-  6    bitte m oder w
    4-  0 pr
    4-  1 de
  end
```

Abb. 5: Aufgelistetes Programm des Simulationsbeispiels (s. Text).
Die Ziffern links werdem vom System automatisch eingefügt und dienen der Zeilenlokalisation bei Programm-Modifikationen.

	Fehler			Fehler			Fehler
Name:			Name:	Müller, Karl		Name:	Müller. Karl
Geburtstag:			Geburtstag:	20.12.18		Geburtstag:	20.12.18
Geschlecht:			Geschlecht:			Geschlecht: X Bitte M oder W	

Abb. 6

**AUSGABE DES
BILDSCHIRM—
FORMATES**

Abb. 7

**KORREKTE EINGABE
VON NAMEN UND
GEBURTSTAG**

Abb. 8

**FEHLERMELDUNG
NACH FALSCHER
EINGABE**

Wegen des geringen Aufwandes erweist sich die Anwendungssimulation
als ein geeignetes Hilfsmittel für die Überprüfung des Anwendungs-
nutzens und für die rasche Implementierung von Anwendungen.

LITERATUR

COURSEWRITER III   Author's Guide   IBM-Form SH 20-1009
COURSEWRITER III   Student Text   IBM-Form GC 20-1744
COURSEWRITER III   Student/Monitor
                    User's Guide   IBM-Form SH 20-1010

<u>Die Konzeption eines Datenverbund-Systems DATALINE und DIV</u>

JOSEF NIEDERMAIR, 8 München 71, Becker-Gundahl-Str. 3

Grundlagen zum Datenverbund-System DATALINE

Als Grundlage für die Konzeption eines Datenverbund-Systems DATALINE standen uns nach umfangreichen Vorüberlegungen Anfang 1970

a) das Gesetz über Fernmeldeanlagen aus dem Jahre 1928 und dann später noch die Ergänzungen vom 5.5. und 1.7.1971,

b) die Fernmeldeordnung (Fo) über das Fernsprechnetz der Deutschen Bundespost

c) eine Reihe Erfahrungen aus dem Bereich der Datenübertragung aus aller Welt

d) die im Juli 1974 erlassene Verordnung über das öffentliche Direktrufnetz für die Übertragung digitaler Nachrichten (DirRufV), die wir unter Fachleuten während des Internationalen Kongresses für Datenverarbeitung (IKD) in Berlin anläßlich eines Vortrages mit dem Untertitel –die Schrankenordnung - diskutieren konnten und

e) die im Februar 1975 erlassenen Verwaltungsanweisungen zur Verordnung über das öffentliche Direktrufnetz für die Übertragung digitaler Nachrichten (DirRufV) zur Verfügung.

Die 1970 angesprochenen in- und ausländischen Hersteller von Großcomputern und Minirechner-Systemen konnten n u r ihre Erfahrungen und Kenntnisse aus dem kommerziellen Gebiet der Datenfern- Ü b e r t r a g u n g anbieten, wenn sie überhaupt Kenntnisse hierüber hatten.

Das bedeutete für uns - im Bereich der Daten- und Informationskommunikation müssen in allen Bereichen der Wirtschaft und der Öffentlichen Hand völlige Umstrukturierungen der bisherigen Methoden und Techniken bewältigt werden. Der in diesem Bereich Beschäftigte wird einen Gang in eine neue, vollkommen andere EDV-Welt gehen, als wir sie bisher kennen. Einen Weg in neue, noch unvorstellbare EDV-Dimensionen und in eine Integrationstiefe der Datenverarbeitung, die sämtliche Vorgänge unseres gesamten Geschehens auf den Gebieten der Technik, des Rechts, der Wirtschafts- und der Gesellschaftspolitik umfaßt. -

Der notwendige Rahmen zum Datenverbund-System DATALINE

Zunächst hatten wir bei der Konzeptionierung auch an das werdende Europa gedacht und daran, daß langfristig die einzelnen Staaten der Europäischen Gemeinschaft einen überregionalen Datenverbund haben werden müssen.

Eine eigene Interessengemeinschaft DATALINE wurde gebildet, um die Voraussetzungen für diese sehr wichtige Aufgabe, auf breitester Basis zu schaffen.

Dann haben wir auch die neuesten Entwicklungen der Deutschen Bundespost auf dem Gebiet der Vermittlungs-Systeme in unsere Überlegungen mit einbezogen. Hier sind besonders das

- Elektronische Datenvermittlungs-System (EDS) - für die Übertragung digitaler Daten und das - elektronische Wähl-System (EWS) - für die Übertragung analoger Daten und Gespräche, zu nennen. Beide Systeme vereinigen wir über die Verbindung von den Rechenanlagen zu den Nebenstellenanlagen.

Die Konzeption von DATALINE

Das Datenverbund-System DATALINE ist ein knotenpunktgesteuertes System, dessen Hauptaufgabe, die Steuerung des Datenaustausches und die Überwachung des Datentransportes zwischen Rechner-Systemen und Terminal-Systemen ist.

Ein besonderes Politikum ist hierbei, die Nachrichtenvermittlung, ein kleines Element des Teilablaufes zur Steuerung des Datenaustausches, das sich höchstens auf 2‰ bis 2 % des - Steuerungsaufkommens - beläuft und umfaßt nur das - Parameter-Wachablösungs-Zeremoniell -, das zur Überwachung der Nachrichtenvermittlung, die ja die DBP ausführt, erforderlich ist.

In diesem Zeremoniell wollen wir von vorneherein gewährleisten, daß alle erforderlichen Datenschutzmaßnahmen abgedeckt werden, die den Datentransport innerhalb des Postnetzes betreffen!

Der Umfang, den die einzelnen Ablauf-Elemente annehmen, ist abhängig vom Umfang der einzelnen Teilaufgaben des Systems.

Aufgrund der Verfügungen in den Verwaltungsanweisungen zur DirRufV ist exakt abgegrenzt, daß die Datennetzkonzeption DATALINE nur zum Zwecke der Datenfern v e r arbeitung und nicht unter einer Carrierfunktion eingesetzt werden kann.

Aufgaben des Systems

Zu den Aufgaben des Systems zählen wir die Steuerung des Datenaustausches zwischen Rechner-Systemen und Terminal- Systemen. Sie wird vom Kommunikations-Rechner, der zwischen beiden Systemgruppen in übergeordneter Weise, die Kommunikation ausführt, gesteuert.

Aufgrund dieser Kommunikationstechnik lassen sich dann ein Lastverbund (das zugreifen auf Rechnerleistung), ein Funktionsverbund (ein zugreifen auf die Funktionen anderer Betriebssysteme), ein Rechnerersatz (bei Rechnerausfall), ein Datenbankverbund (zugreifen auf Daten unterschiedlicher Datenbanken) und über alle Funktionen schließlich ein Datenverbund vornehmen.

Hier ergeben sich vor allem durch die Möglichkeit, großräumiger Organisationsformen, gute Rationalisierungsaussichten für alle diejenigen Organisationsstrukturen, die eine gemeinsame Systementwicklung, Programmentwicklung, Programmwartung und dergleichen ermöglichen. Hier lassen sich auch bei der Einsatzsteuerung des technischen Wartungspersonals außerordentlich günstige Integrationseffekte erzielen, die besonders die Systemverfügbarkeit erhöhen. Ein besonderes Ziel ist hierbei die Möglichkeit einer Ferndiagnose, die ganz besonders im Zusammenhang mit den Datenleitungen bedeutsam ist.

Hardware - Komponenten des Systems

Die Hardware-Komponenten des Datenverbund-Systems DATALINE gliedern sich in drei Gruppen, die in der folgenden Konfigurations-Übersicht dargestellt sind, die entsprechend dieser Gruppierung in ihrem Zusammenhang aufgezeigt werden:

1. Die Teilnehmer- Computer- Systeme, die wir in unserer Terminologie nur mehr als Processoren bezeichnen,
2. die Terminals, die wir als DIV- Systeme (Dynamisch- integrierte- Verbundkommunikations- Systeme) bezeichnen und
3. das übergeordnete, steuernde Kommunikations-System.

DATALINE — Konfigurations- Schema

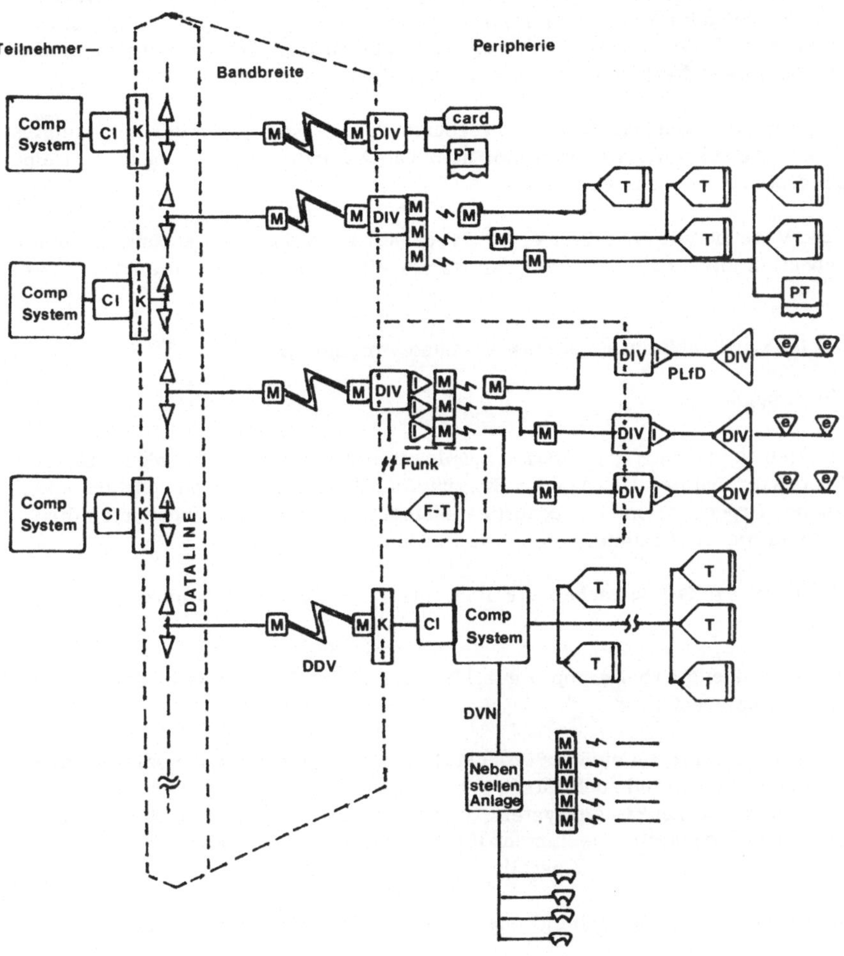

a) Teilnehmer-Computer-Systeme

Die anregenden artunterschiedlichen Teilnehmer-Computer-Systeme (nach unserer neuen Denkweise Processoren) wickeln ihren Prozeß wie bisher ab!

Das übliche Betriebssystem des Processors bleibt unverändert! Die zusätzlich erforderlichen Primär-Anpassungen für Kommunikationsaufgaben (Primärschnittstellen) werden in das Teilnehmer-Processor-System eingefügt! Es sind dies entsprechende Steuereinheiten mit der dazugehörigen Software.

Beim Nichtvorhandensein von arteigenen Primärschnittstellen, sind entweder artfremde Schnittstellen (Adapter) oder Vermittler (Anpassungssoftware) zu verwenden. Die Steuerung dieser Adapter und Vermittler wird vom Kommunikations- System vorgenommen; sie sind adaptierte Bestandteile des Kommunikations-Systems.

Zur Ausführung des Lastverbundes (Rechnerverbund) wird entsprechend der aufgezeigten Konfiguration der eine ausgewählte Processor über das Kommunikations-System mit einem anderen ausgewählten Processor verbunden.

Beim Datenbank-Verbund wird die über einen Processor angewählte Datenbank mit einer anderen Datenbank in gleicher Weise über das Kommunikations-System miteinander verbunden.

In ähnlicher Weise wird auch ein Funktions-Verbund vorgenommen.

b) Terminals (DIV - Systeme)

Auf der Terminalseite bestehen grundsätzlich, spiegelbildlich die gleichen Möglichkeiten wie auf der Processorenseite. Die Art der Systemvielfalt ist hier aber wesentlich reichhaltiger als auf der Processorenseite, denn hier können die einzelnen Komponenten direkt in den Arbeitsablauf der Teilnehmer integriert werden.

Entsprechend dieser Vielfalt sprechen wir nicht mehr einfach von Terminals, sondern von DIV-Systemen.

Hier haben wir eine eigene Arbeitsgruppe gebildet, die sich mit der Entwicklung von entsprechenden Systemen beschäftigt.

Die vorliegenden Anforderungen sind außerordentlich hoch, da wir auch spezielle Hardware-Komponenten anpassen und auch Hardware-Schnittstellen entwickeln und anfertigen. Das Ziel ist ein modulares Baukasten-System, das es uns erlaubt, die einzelnen Komponenten und Baugruppen derartig zusammenzufügen, wie man zum Beispiel auch in der eigenen Wohnung, die Möbel zusammenstellt.

Nach unserem Konfigurations-Beispiel gliedert sich die Teilnehmer-Peripherie in:

1. Die Teilnehmer-Computersysteme, an die eigene Online-Systeme und entsprechende, den integrierten Arbeitsabläufen erforderlichen DIV-Systeme über das Kommunikations-System angeschlossen werden, wobei beim DirRuf (DDV) noch grundsätzlich Modems (M) erforderlich sind (während diese beim künftigen EDS überflüssig sind, weshalb wir raten möchten, künftig die Modems von der Post zu beziehen).

2. Als angeschlossenes DIV-System könnte, wie hier dargestellt, ein RJE mit Lochkartenleser infrage kommen.

3. Oder/ und ein Vorrechner-Realtime-System mit einer entsprechenden Netzaufgliederung, bestückt mit entsprechend notwendigen z. B. unintelligenten Terminals und wie
hier mit einem zusätzlichen Printer-Terminal (PT).

4. Oder/ und einem Vorrechner-Realtime-System in vielfacher Netzaufgliederung und
Analogdatenerfassung (e) und eventuell sogar einer zusätzlichen Analogdatenausgabe.

Hier ist auch auf die Verwendungsmöglichkeit von "privaten Leitungen für Direktruf"
(PLfD), auf das Einbinden von Funkterminals (F-T) und auf die Anwendung von Schnitt-
stellen-Interfaces (I) hingewiesen.

5. Oder/ und ein peripheres Teilnehmer-System mit einem artfremden Kommunikations-
Adapter-Interface (CI), eigener Online-Peripherie (hier artgleiche Terminals) und
der Verbindung zu einer Nebenstellenanlage mit einer Datenverbund-Leitung (DVN).

Die Systemvielfalt läßt sich beliebig fortsetzen und variieren! Es besteht im Rahmen eines
notwendigen Normschemas kein Zwang zur Bindung an bestimmte oder vorgegebene Hersteller von Hard- und Software.

Von den DIV- Systemen aus werden die einzelnen Aktivitäten angeregt und die einzelnen
Funktionen zum Lastverbund, Funktionsverbund, Datenbankverbund und schließlich der
Datenverbund selbst aktiviert. Eventuell vorhandene periphere interaktive oder Hilfsda-
tenbanken werden zur Einbindung von den DIV-Systemen her, dem steuernden Kommuni-
kations-System zugeordnet und nicht etwa vom DIV-System selbst in den überregionalen
Steuerungsprozeß eingebunden.

Beim Anschluß von Nebenstellenanlagen zur Einbindung des EWS wird eine Datenverbund-
leitung zur Nebenstellenanlage verwendet, über die eine Verbindung von digitalen Datennetzen zu analogen Datennetzen möglich ist.

Diese Komponente wird vor allem bei einem DIV-System gebraucht, bei dem ein Video-
Kommunikations- Untersystem zur Anwendung kommt.

c) Das steuernde Kommunikations-System

Das steuernde Kommunikations-System DATALINE ist der gesamten Teilnehmerperiphe-
rie übergeordnet. Sämtliche Teilnehmer-Computersysteme und Terminals (DIV-
Systeme) sind diesem Kommunikations- System untergeordnet.

Die untergeordneten Systeme regen den Datenaustausch an und übergeben dem Kommunikations-System DATALINE die gesamte Steuerung des Datenaustausches.

1. Zunächst werden entweder vom Teilnehmer-Processor oder vom Terminal die Pri-
märparameter von DATALINE übernommen und der Gesamtsumme der Parameter
des Kommunikations-Netzes angepaßt. Sie umfassen die gesamte Hardware- und
Softwareanpassung der gesamten Teilnehmer- Peripherie.

2. Dann werden die Sekundärparameter aufgebaut, die Voraussetzungen für die eigentliche Steuerung des Gesamtsystems geschaffen und die Gesamtabwicklung vorgenommen. Sie umfassen die gesamten Abwicklungsaufgaben, die Datensicherheit, den Datenschutz und den technischen Service des Gesamtsystems, der zusammen mit der
Gesamtsteuerung in der Zentrale zentralisiert ist.

Parallel hierzu wird ein Ferndiagnose-System aktiviert, das die Leitungen und deren

Endstellen überprüft und eventuell reparaturunterstützende Umschaltungen vornimmt und
im Rahmen des Wartungsaufkommens, wartungsvorbeugende Zeichen setzt. Da zur Zeit
aber diese technischen Möglichkeiten noch nicht voll verfügbar gemacht werden können,
ist es in der nächsten Zukunft unser Ziel, den Wartungs-Service der Deutschen Bundespost durch geeignete vorläufige Diagnoseverfahren aus dem außerdienstlichen Einsatz-
zeitraum in den dienstlichen Serviceablauf zu transferieren.

Die Entwicklung der DIV-Systeme

Bei der Konzeption von DATALINE sind wir von unserer Philisophie der integrierten Datenverarbeitung ausgegangen, die Daten-und Informationskommunikation mit dem Verwaltungsablauf einer Aktivität zu verbinden.

Das Ziel: Vollkommene Integration aller Informationen in den Verwaltungsablauf einer Aktivität.

DIV - die dynamisch-integrierte Verbundkommunikation für die Teilnehmer am Datenver-
bund- System DATALINE erfordert, wenn diese Philosophie Wirklichkeit werden soll, das
hierfür notwendige System, das DIV - System!

Das notwendige Gerät, das die Voraussetzungen erfüllt, muß aus modularen Elementen bestehen, sehr stabil und unter Berücksichtigung auch ungünstiger Wirtschaftslagen, Element
für Element, jeweils so weit, so weit die Mark reicht, ausbaubar sein.

Eine entsprechende Ausstellung hierüber haben wir bei der 19. Jahrestagung der GMDS in
Mainz ausgeführt und sowohl unseren Arbeitstisch als auch unsere Konzeption dargestellt.

Das Bild 1 dieser Ausstellung zeigt
eine Übersicht des Arbeitstisches
und eine Darstellung der Konzeption
des Systems DATALINE und DIV.

Das Bild 2 zeigt einen Ausschnitt aus
dem Arbeitstisch und hier speziell die
Art der Verbindung zur Verkettung
der Arbeitsplätze

Die Maschinen und Geräte werden aufgereiht in optimaler Sicht-und Griffweite zum Benutzer und angeschlossen an unsichtbare Steckdosen und Kabel, die im Tisch, in einem eigens hierfür vorgesehenen Kabelkanal untergebracht werden, wodurch die üblichen Stolperdrähte entfallen können und ein Doppelboden zur Unterbringung der Kabel überflüssig ist.

Die Geräte werden entweder aufgesetzt, aufgesteckt oder eingehängt. Ihr Einsatz ist unabhängig vom Format, der Form und der Farbe.

Die Maschinen- und Gerätevielfalt ist unbegrenzt und kann ganz auf die Integrationstiefe der jeweiligen Organisationsstruktur ausgelegt werden.

1) Eine Vielzahl von Einzelgeräten zur Datenerfassung, -anzeige oder -vorverarbeitung, sowohl für digitale als auch für analoge Daten, sind je nach dem Verwendungszweck anschließbar.

2) Aber auch Gerätesysteme können integriert werden:
   a)   Zur Videokommunikation das Televit
   b)   oder zur Kommunikation auf dem Funkwege das Telestar
   c)   oder eine integrierte Personensuchanlage
   und vieles andere mehr.

3) Auch Offlinegeräte zum Schreiben, Diktieren und zur Wiederauffindung von Dokumenten und, und, und können in den Arbeitsplatz integriert werden.

4) Selbst die für den postalischen Wählverkehr zur Zeit noch notwendigen Modems können als Einbaugruppe im Tisch untergebracht werden.

5) Und die Datenverbundleitungen zu Rechen- und Nebenstellenanlagen können den Arbeitsplatz als DIV-Terminal in ein innerbetriebliches Gesamt-Kommunikations-System einbinden.

   Durch das Einbinden von privaten Datenverbundleitungen und eventuell auch Modems, können entfernte Ein-und Ausgabegeräte mit dem Kommunikationstisch verbunden werden.

6) Durch den Anschluß dieses innerbetrieblichen Kommunikations-System an DATALINE ist ein optimaler Datenaustausch mit kommunizierenden Teilnehmern möglich.

7) Das vorher nur kurz erwähnte Videokommunikations-System Televit wird über eine Nebenstellenanlage mit einer Datenverbund-Leitung zur Nebenstellenanlage mit dem digitalen Übertragungs-System verbunden. Hierbei ist es möglich, ein Bildsprechgerät in der unterschiedlichsten Variation anzuwenden und dies über die Nebenstellenanlage und über das EWS-Netz, oder auch betriebsintern mit unterschiedlichen Einzelgeräte-Systemen zu verbinden.

   Als Einzelgeräte-Systeme kommen hier adressierbare Videorecorder, Fernsehkameras, Fernsehantennenanschlüsse, CCTV-Anlagen, Mikrofilmspeicher und Mikrofilmlesegeräte infrage.

   Über einen Rechneranschluß läßt sich ein mehrfunktioneller EDV-Dialog realisieren.

   Als zusätzliche Einrichtungen sind Ausweiskarten, Schlüsselgeräte und auch Telescheckanlagen möglich.

   Das nun folgende Bild zeigt die schematische Darstellung der Funktions-Bereiche.

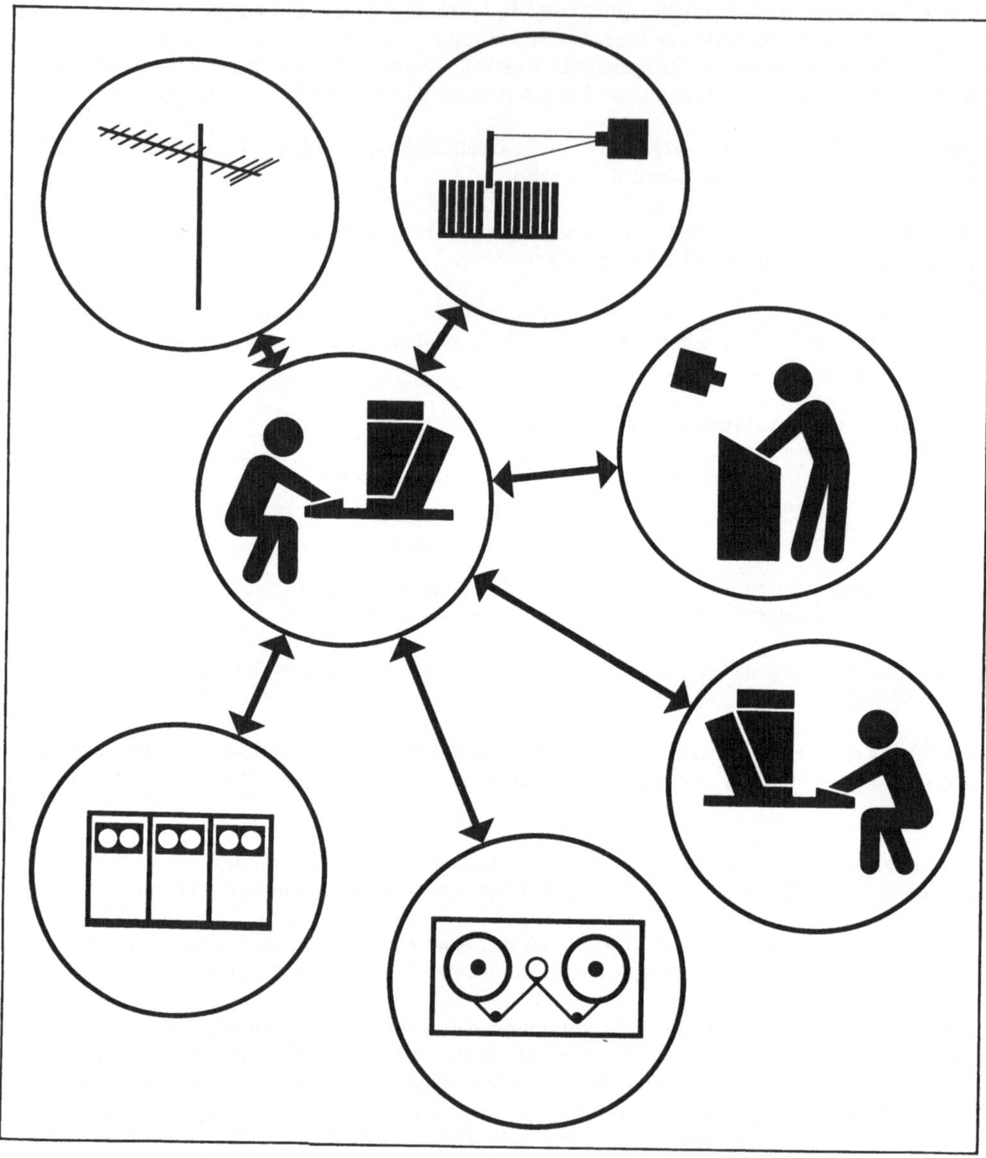

Die zur Abwicklung der Rechen- und Steuerungsaufgaben notwendigen Minirechner (je nach Wunsch des Anwenders) und auch die Fernwirkeinrichtungen werden im Kommunikations-tisch untergebracht.

Eine Vielzahl von Accessoirs, von der Telefonschale über das Magnettafeltableau, die Lampe, bis hin zum Aschenbecher und Raumelementen aller Art stehen dem Planer der Umgebungseinrichtungen zur Verfügung.

ORGANISATION UND DATENVERARBEITUNG IM KLINISCH-CHEMISCHEN LABORATORIUM
DES CENTRO DIAGNOSTICO ITALIANO

I. MIETH, A. FERRARI , E. GUIDOTTI, B. FORCINA

Das Centro Diagnostico Italiano (CDI), das in diesen Tagen eroeffnet
wird, ist ein Zentrum fuer medizinisch-technische Dienstleistungen
soweit sie die Diagnostik betreffen. Der Service fuer den Patienten
umfasst folgende Abteilungen : (1)

- Praeventivmedizin (check-up)
- Radiologie
- Nuklear-Medizin
- Klinisch-Chemisches Laboratorium
- Poliambulatorium (etwas Aenliches wie Gruppenpraxis)

Das Klinisch-Chemische Laboratorium bietet seine Dienstleitungen folgenden Patientengruppen an :

- den Patienten des Check-up
- ambulanten Patienten
- den Patienten des Poliambulatoriums
- Einsendungen

Organisatorisch ergeben sich somit zwei Gruppen:

- vorgemerkte Patienten,
- nicht vorgemerkte Patienten,

wonach sich der Patienten-aufnahmemodus richtet.

I.   Patientenaufnahme und Probenannahme

I.1.   Vorgemerkte Patienten

Bei der Terminvereinbarung gibt der Patient seine Personaldaten und
die Untersuchungsanforderungen an. Somit sind alle Daten bekannt,um
das Identifizierungsmaterial fuer die Probe im Voraus zu erstellen.
Es werden entsprechende Behaelter vorbereitet, um das Probengut aufzunehmen, das nach der Entnahme umgehend ins Labor geschickt wird.

I.2.   Nicht vorgemerkte Patienten

Abb.1 zeigt den schematisierten Organisationsverlauf. Der Patient
kommt zur Annahmestelle, fuellt den Anforderungsbogen aus soweit es
sich um seine Personaldaten handelt. Die Testanforderungen werden
von der Empfangsdame entsprechend den Angaben des Arztes oder des
Patienten angekreuzt. Aus einer bereitliegenden Mappe mit dem vorge-
fertigten Identifizierungsmaterial (Etiketten und eine Lochkarte)
werden zwei Label entnommen und auf die beiden ausgefuellten Kopien
des Anforderungsbogens geklebt. Somit erhaelt der Patient seine Zuordnung zur Computer-Identifizierung. Das Original des Anforderungsbogens
wird in der Mappe zusammen mit dem ID-Material zur Locherstation der
Annahmestelle geschickt. Die Kopie wird mit einem Aufzug zur Verwaltung
im 1. Stock gesandt, wo die Daten ueber Bildschirm eingegeben werden
und die Rechnung erstellt wird.
Waehrenddessen werden in der Locherstation die Probenbegleitkarten
erstellt, indem die Identifizierung aus der vorbereiteten Masterkarte
in die entspr. Folgekarten gedoppelt wird. Die nun vollstaendige Iden-
tifizierungsmappe wird ueber eine Gleitschiene der Probenannahmestel-
le zugefuehrt, von wo man den Patienten zur Blutentnahme aufruft.
Bevor der Patient das CDI verlaesst, wird ihm die Rechnung ueberreicht.

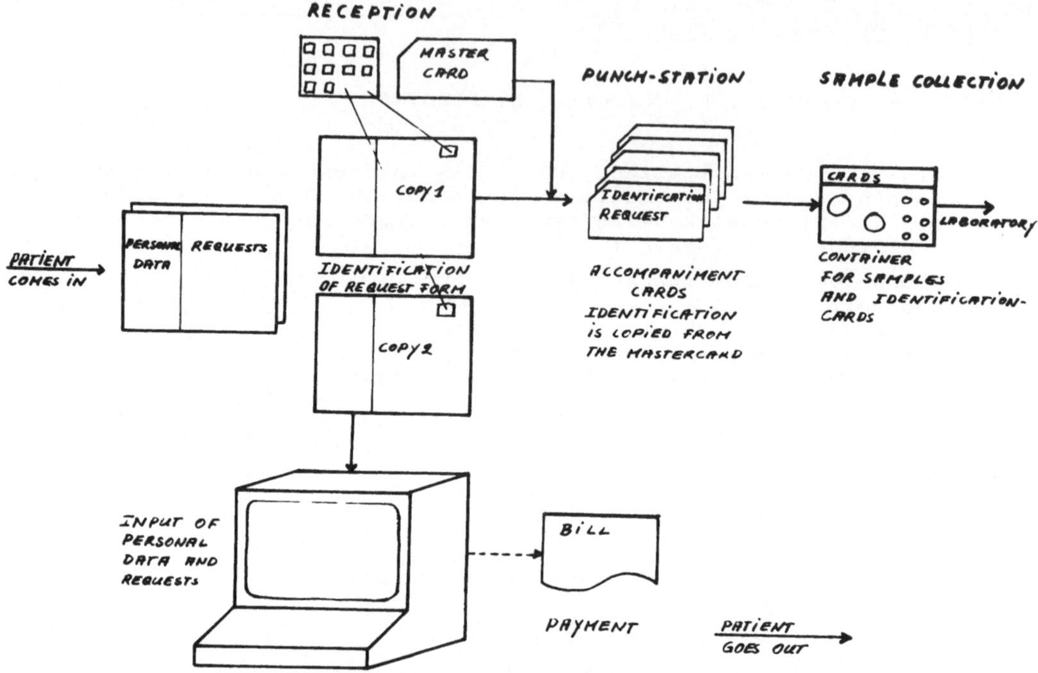

Abb. 1   Aufnahmeverfahren fuer nicht vorgemerkte Patienten

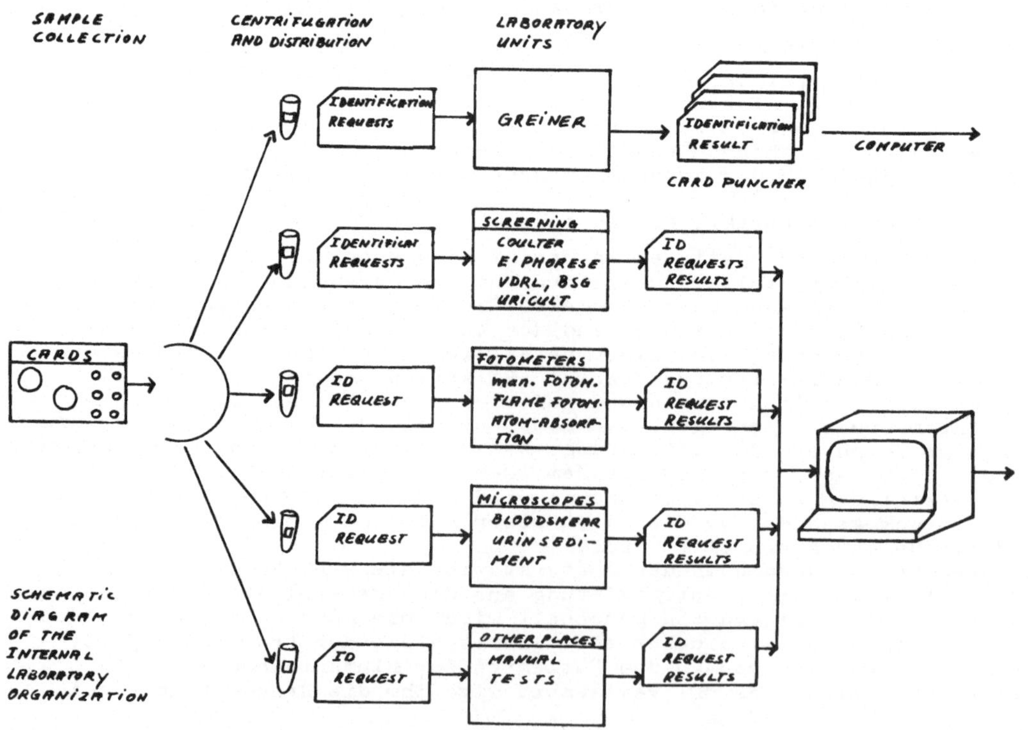

Abb. 2   Schematische Darstellung der internen Labororganisation

I.3.   Identifizierung

Als Identifizierung dient eine fuenfstellige Patientennummer, deren erste Ziffer zur Kennzeichnung des Patiententypes dient, ferner ein Name, der bis zu 8 Schreibstellen lang sein kann. Fuer vorgemerkte Patienten werden die ersten 8 Buchstaben des Nachnames verwendet; fuer nicht vorgemerkte Patienten wurden Dummy-Namen zusammengestellt, die eindeutig dem Patiententyp und den letzten drei Ziffern der Patientennummer zugeordnet sind. Diese Kombination von Nummern-und Textcode wurde urspruenglich eingefuehrt, um die Arbeit der Laborassistenten beim Vergleich von Label - und Begleitkarten-Identifizierung zu erleichtern. Inzwichen hat sie sich auch als ausgezeichnetes Kontrollmittel im interaktiven Datenverkehr erwiesen. Auf die Lochkarte als Identifizierungstraeger wurde bereits im lezten Jahre ausfuehrlich eingegangen. (2)

II. Interne Labor-Organisation (Abb.2)

Im Zentrifugenraum kommen die Behaelter mit den Patientenproben und den Begleitkarten an. Die Proben werden, soweit nicht zentrifugiert werden muss, umgehend in die entsprechenden Laboreinheiten gesandt. Grundsaetzlich gibt es fuer jede Laboreinheit und jeden Probentyp (specimen) eine Probe und eine Begleitkarte.

In der Laboreinheit wandert die Probe von Platz zu Platz, falls Anforderungen fuer mehrere Plaetze bestehen. (2).

Nach Durchfuehrung der Messungen wird das Testergebnis in die Probenbegleitkarte eingetragen. Der GREINER-Analyzer stanzt fuer jedes Resultat eine Karte, wobei alle vorgelochten Daten aus der Masterkarte mituebertragen werden.

Die Resultateingabe erfolgt ueber den Bildschirm des Laboratoriums, bzw. einen speziellen Kartenleser im Rechneraum. wo auch der GREINER-**stanzer** steht. Als Testcode benutzen wir eine Modifikation des von RICHTERICH entwickelten Code (3), der mnemotechnisch, leicht erlernbar ist und somit den Datenverkehr innerhalb des Laboratoriums und den Dialog mittels Bildschirm sehr erleichtert.
Beispiel fuer den Testcode:

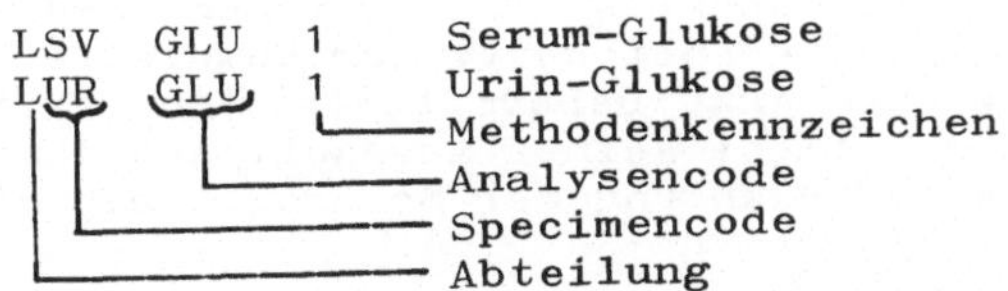

Die Verwendung dieses mnemotechnischen Codes laesst sich beim GREINER-Selectiv-Analyzer geschickt ausnutzen. Dem GREINER wird eine Anforderungskarte zugefuehrt, die ausser der Patientenidentifizierung auch den Specimencode enthaelt. (Gemaess dem obigen Beispiel LSV bzw. LUR). Das GREINER -Interface generiert den Analysencode aufgrund der Anforderung und stanzt alle Informationen gemeinsam mit dem Resultat ab.

Waehrend der Dateneingabe wird der Laborarzt laufend ueber den Labordrucker ueber pathologische Werte, Grenzwerte usw. informiert.
Sind die gemeldeten Werte gueltig, wird dies ueber ein entsprechendes Programm bestaetigt, ansonsten werden sie beim abendlichen Sortierungvorgang ausgesteuert. Das System gestattet es, auch fuer Resultate, die normalerweise ein numerisches Ergebnis haben, ein Klartexttresultat einzugeben, das vom Arzt bestaetigt werden muss, ehe es vom Rechner als vollgueltig akzeptiert wird.

III. Datenverarbeitung

Zur Verfuegung steht die IBM 370/125 des Centro Diagnostico,die mit
DOS/VS, CICS/VS und entsprechenden Terminalen ausgeruestet ist (Bildschirmen, Kleindruckern, Kartenleser). Dieser Rechner bearbeitet vorwiegend andere Aufgaben des CDI (4). Das Laborsystem bildet ein relativ autonomes Untersystem.

Waehrend des Tages werden die Testanforderungen des Laboratoriums
laufend ueber Bildschirm und Kartenleser eingegeben. Auf diese Weise
ermoeglichen wir dem Arzt der Check-up-Abteilung, auf Anforderung
einen aktuellen Befundbericht fuer die Abschlussvisite des Patienten
zu erhalten.

Die Datenerfassung wird im wesentlichen von einem einzigen Programm
betrieben, dem je nach Eingabemodus (Bildschirm oder Kartenleser) ein
Identifizierungkontrollprogramm vorgelagert ist. Das Karteneinleser-
programm simmuliert fuer das Erfassunsprogramm eine Bildschirmeingabe.
Auf diese Weise konnte unnoetiger Programmieraufwand vermieden werden.

Die notwendigen Informationen fuer den Aufbau des Resultatdatensatzes
bezieht das Erfassungprogramm aus einer Daten-Handlings-Tabelle auf
der Platte (5). Den Zugriff ermoeglicht eine Indextabelle im Kernspeicher, die den Testcode und die zugehoerige Adresse des Datensatzes enthaelt. Die Adresse ist gleichzeitig der Sortierbegriff fuer die Reihen-
enfolge der Testergebnisse im Befundbericht. Diese Doppelfunktion der
Adresse und die gleichzeitige Verwendung von mnemotechnischen Testcodes
gibt dem System eine ausserordentliche Flexibilitaet gegenueber Aende-
rungen, wie Einfuegen von neuen Tests, Variation von Messwerteinheiten,
Formaten usw. Die Datenhandlingstabelle kann im Allgemeinen modifiziert
werden, ohne Programmaenderungen nach sich zu ziehen.

Abends werden die Resultate im Batchmode sortiert, gefiltert (Ausschei-
dung von Doppelwerten etc.), komplettiert mit den Daten aus den Vorta-
gen und den letzten Ergebnissen, die auf Lochkarten eingegeben werden,

Abschliesend erscheint der Befundbericht. Sind alle Testergebnisse
eingegangen, erscheint ein vollstaendiger Bericht mit anschliessender
Archivierung der Daten. Stehen noch Testanforderungen aus, wird ein
Vorbericht der Ergbnisse ausgegeben, der zusaetzlich die fehlenden
Untersuchungen auflistet. Die bereits eingegangenen Resultate werden
fuer den naechsten Tag zwichengespeichert. Nur komplette Berichte
werden dem Patienten bzw. dem Arzt uebermittelt. (In Italien ist es
ueblich, dass Befunde vom Patient selbst abgeholt und dem Arzt ueber-
geben werden. Selbst die Aufbewahrung der Befunde liegt oft in Haenden
des Patienten).

Fuer die Zukunft ist eine on-line Version mit einem Satellittenrechner
geplant. DA das Labor des Centro Diagnostico sich in der einmaligen
Lage defindet bei Null anzufangen, ist das schrittweise Vorgehen, mit
Uebergang von off-line zu on-line angemessen, zumal auf dem Sektor
der Datenerfassung in naechster Zeit Änderungen zu erwarten sind.
Ausserdem bietet eine gut funktionierende off-line Version den Vorteil eines permanenten back up und erleichtert die Uebergangsphase
zum on-line Betrieb, was dem Personal zugute kommt.

IV. Diskussion

Das soeben vorgestellte System wurde vorwiegend unter dem Aspekt entwickelt, dass der Patient und seine Untersuchungsanforderungen im
Regelfall nicht bekannt sind. Bisher entwickelte Laborsysteme sind
normalerweise in ein Krankenhaus integriert und gehen davon aus, dass
im Regelfall der Patient bekannt ist und die Untersuchunsanforderungen

am Vortag erstellt werden. Spaetestens bei der Einfuehrung der Am-
bulanz werden die Vorschriften unterlaufen und die Ausnahme wird zur
Regel, was organisatorisch oft schwer ru verkraften ist. Gehen wir
davon aus dass jeder stationaere Patient einen Vorrat von Etiketten
und Begleitkarten fuer die Untersuchungsanforderungen erhaelt, so
ist das soeben beschriebene System durchaus auf ein Krankenhauslabor
uebertragbar.

Nach der anfaenglichen Euphorie und den mehr oder weniger spektakulären
Erfolgen in der on-line Laborautomation nimmt sich das oben beschriebene System sehr bescheiden aus. Es funktioniert mit wenig Reibung,
der organisatorische Aufwand ist relativ gering und nicht zuletzt ist
es vergleichweise billig. Es gibt viele Laboratorien, deren Instru-
mentierung eine on-line Datenverarbeitung erschwert, wenn nicht gar
unmeoglich macht, so dass off-line Loesungen auch fuer die weitere
Zukunft durchaus sinnvoll sind.

Literatur

(1) CAMPARI M., CHIAPPA S.   "Una realizzazione nel campo della dia-
                                     gnosi medica:IL CENTRO DIAGNOSTICO ITA-
                                     LIANO"
                                     Vortrag auf der Arbeitstagung:
                                     "La medicina preventiva come strumento
                                     di progresso sociale" Roma 6-7 Giugno
                                     1974

(2) MIETH I., FERRARI AM.   Ueberlegungen zur Organisation eines
                                     Klinisch-Chemischen Laboratoriums im
                                     Himblick auf die Zusammenarbeit mit der
                                     elektronischen Datenverarbeitung
                                     Arbeitstagung Medizinische Informatik
                                     1974 Hannover

(3) RICHTERICH R.   Klinische Chemie, Theorie und Praxis
                                     Basel 1971

(4) GUIDOTTI E.   Il ruolo dell'elaboratore elettronico
                                     nella gestione di un centro diagnosi
                                     Rom 25.11.1974 Tagung ueber die Auto-
                                     mation von Krankenhaussystemen auf re-
                                     gionaler Basis

(5) MIETH I.   The structure of a Result Data Record
                                     of Clinical Chemistry
                                     MEDINFO 1974, pp.979-982

Erfahrungen bei der Einführung des Eppendorf-Identifizierungs-Systems (E.I.S.)

W. GRÄSER

Als im Jahre 1969 das Diagnostik-Informations-System der Medizinischen Universitätsklinik
Tübingen aufgebaut war und den Organisations- und Informationsfluß der Krankenstationen
und des klinisch-chemischen Laboratoriums steuerte und unterstützte, waren wir - wie auch
noch heute alle nachfolgenden EDV-Installationen - auf zwei Verfahren der Probenidentifikation angewiesen: die sequentielle und die direkte (letztere damals noch positive genannt).

Im Bereich der direkten Probenidentifikation hat es zu dieser Zeit nur das 1084-System - eine
Co-Produktion der Firmen IBM und Technicon - auf der Basis von sogenannten Kurzkarten ge-
geben; das sind abtrennbare Abschnitte normaler Standardlochkarten, die aber nur bei Technicon-
Geräten (wie AutoAnalyzer und SMA's) einsetzbar waren. Alle anderen Analysengeräte des
Laboratoriums mußten daher notgedrungen mit der sequentiellen Probenidentifizierung auskommen;
d.h. in der gleichen Reihenfolge, wie die Untersuchungsproben durch das Analysengerät geschickt werden, muß ein Kartenstapel - bestehend aus Lochkarten, die bei der Aufbereitung der
Untersuchungsanforderungen der Stationen per Computer gestanzt worden sind - separat und zeitlich getrennt über Kartenleser, die den Arbeitsplätzen zugeordnet sind, eingelesen werden.
Darunter fielen also auch sämtliche Arbeitsplätze, die mit Geräten der Firma Eppendorf ausgerüstet waren, wie da sind: manuelle Photometer, Photometer mit Wechselautomatik, Flammen-
photometer und auch die Enzymautomaten ("Enzymstrassen"). Die Nachteile dieses Identifizier-
ungs-Verfahrens, jetzt in Bezug auf die Enzymautomaten, waren folgende:

1) Vertauschung von Patientenkarten in der Reihenfolge des Kartenstapels
2) Auslassung von Karten beim Lesen
3) pro Karte waren beim 1082-Kartenleser ca. 1o-12 sec. für den Lese-
   Durchlauf notwendig. Bei üblichen Kettenlängen von 50 - 60 Proben
   immerhin 10 Minuten stumpfsinniges "Kartenschieben".

Um diese Mängel und mögliche Fehlerquellen aufzufangen, mußte ein erhöhter Aufwand in der
Programmierung und Organisation bestehen. So mußte es also möglich sein, eine einmal in falscher Reihenfolge identifizierte Meßserie nachträglich neu zu identifizieren (und das dann auch
noch mehrmals), bzw. um den Zeitaufwand des Kartenlesens gering zu halten, wurden auf allen
drei Enzymautomaten identische Probenketten (zumindest für das Hauptkontingent der Anforderungen) durchgeschickt, damit die Identifizierungs-Karten nur einmal manuell einzulesen waren.

Die Firma Eppendorf hat dieses Manko wohl ungefähr zum gleichen Zeitpunkt erkannt (aber auch
die Hersteller anderer Identifizierungs-Systeme, die da sind: IDee-System von Technicon, SILAB
von Siemens, und neuerdings BAR-Code-Lesung) und in den Jahren 1969/70 eine erste Version
eines direkten Identifizierungs-Systems vorgestellt, bei dem die notwendigen Daten auf das
Probengefäß geritzt waren. Diese Ur-Version des heutigen E.I.S. wurde - meines Wissens - hier
in Hannover getestet, verschwand aber bald wieder in der Versenkung.

Im Jahre 1972 wurde dann eine andere Version mit aus Metallfolie aufgeprägten Informationsstellen herausgebracht. Ende 1972 führten wir erste Gespräche, bei denen die Modalitäten des
für uns möglichen E.I.S. festgelegt wurden; Anfang 1973 erteilten wir den Auftrag und erhiel-
ten Anfang 1974 die ersten Einheiten. Eine kurzfristige Rücknahme des Codierers bis zur Jahres-
mitte, sowie die Umrüstung der schon vorhandenen drei Enzymautomaten und die Bestellung eines
vierten, ergaben dann Mitte des Jahres 1974 ein vollausgerüstetes Eppendorf-Identifizierungs-
System.

Es umfaßt folgende Bausteine: die Eingabetastatur 5620, den Gefäß-Codierer 5610 und die
Adapter 6427 an den einzelnen Enzymautomaten.

Zur Eingabetastatur 5620:

Dieses Terminal besitzt eine 12-stellige Anzeige, von der beliebig viele Stellen als Festwert in
einem memory programmiert werden können (z.B. Datum, Testnummer oder Verdünnung); weiterhin können Stellen für einen setzbaren Zähler definiert werden, der nach dem Codiervorgang
zur jeweilig nächsten Ziffer weiterschaltet.

Zum Codierer 5610:

Die eingegebene Ziffernfolge wird durch thermische Folienprägung über einen speziellen Präge-
kopf, bei dem jede Ziffer in Klarschrift und in dem dazugehörigen 2-aus5 - Code auf das übliche Eppendorf-Probengefäß gebracht. Es handelt sich um den bekannten Rechencode. Dieser
Code ist wegen des gleichen Gewichtes aller Codewörter prüfbar.

Zu den Adaptern 6427:

Z.Zt. sind vier Adapter 6427 über ein Bus-System mit dem Prozeßrechner IBM 1800 gekoppelt,
wobei hier die Vorteile der DV 5000-Schnittstelle erwähnt werden sollten.

Dazu kommt bei uns ein zur Tastatur parallelgeschalteter Kurzkartenleser 5622, der zusätzlich
mit einem einstellbaren Numerator für die Verdünnung und einem Wahlschalter für die Gefäß-
anzahl, sowie einer Verdrehsicherung gegen falsches Einschieben der Lochkarte ausgestattet ist.

Diese Zusatzausstattung hat mehrere Gründe:

1) neben dem schon bestehenden Kurzkarten-Identifizierungssystem sollte kein weiteres
   andersartiges, direktes Identifizierungs-System eingeführt werden,
2) da bei uns kein zentraler Laborverteiler ankommendes Untersuchungsmaterial an die
   jeweiligen Arbeitsplätze verteilt, sondern die einzelnen Proben schon vom Krankenbett her identifiziert und nach Arbeitsplätzen gesplittet eintreffen, war diese primäre
   Probenidentifizierung mit Kurzkarte bekannt und eingefahren, so daß sich durch die
   Erweiterung auf die Enzymarbeitsplätze keine Umstellungsprobleme für das Stations-
   personal ergaben.
3) ausschalten der persönlichen Fehlerquote beim Übertragen von Identifizierungs-Daten
   per Hand in die Tastatur,
4) aus der Kurzkarte werden Patientennummer, Testnummer, Tag des Datums sowie Anzahl
   der zu codierenden Gefäße abgetastet, auf der Anzeige der Tastatur sichtbar gemacht
   und an den Codierer weitergegeben,
5) das Einschieben der Karte erfordert weniger Zeit als die Eingabe der gleichen Infor-

mation über die Tastatur (und ist auch bei den MTA´s weitaus beliebter),
6) durch das Anbringen einer eigens entworfenen Gefäßhalterung an der Frontplatte
   des Kartenlesers ist ein gleichzeitiges Abpipettieren währens des Codiervorganges
   ermöglicht.

Testphase

In der zweiten Hälfte des Jahres 1974 führten wir eine Reihe von Testversuchen durch. Dabei
wurden in dem neuinstallierten "Enzym"-Bereich die einzelnen Teilstrecken der Informations –
Übertragung überprüft:

1) Kurzkartenleser   ⟶   Anzeige der Tastatur
   (Tastatur   ⟶   Anzeige der Tastatur)
   Hier traten anfangs vereinzelt "Kontaktschwierigkeiten" des eigentlichen Leseteils
   (ein Osthoff-Kartenleser) auf, die aber durch verbesserte Kontaktstifte behoben wer-
   den konnten. Z. Zt. besteht ein Problem: die Verschmutzung der Abtaststifte durch
   Blut, das über verschmierte Kurzkarten in den Leser gelangt ist. Die Anregung der
   Firma Eppendorf, mit Aceton-benetzten (o.ä.) Kurzkarten zu reinigen, ist wegen der
   Eiweiß-Koagulation nicht ratsam, besser ist eine Alkohol-Wasser-Mischung.

2) Anzeige der Tastatur   ⟶   Codierer
   Hier lagen die Probleme ganz auf der Seite des Codierers: Schlechte Gefäßzuführung
   wurde eigenhändig verbessert, einwandfreie Gefäßtrennung im Magazin durch den
   Einbau stärkerer Trennkeile erzielt. Kleine mechanische Unzulänglichkeiten - wie
   das "Nicht-Mit-Drehen" von Gefäßen unter dem Prägezylinder - ergaben Fehlco-
   dierungen. Heute so gut wie problemlos, nachdem einige unserer Anregungen und
   auch Eppendorf-eigene Erkenntnisse berücksichtigt worden sind.

3) Lesen   ⟶   Rechner
   Zum Lesevorgang ist folgendes zu sagen: Die Gefäße werden kurz vor der Absaug-
   position gelesen, der 2-aus5 - Code dem Adapter zugeleitet, der diesen in einen
   4-stelligen BCD-Code umwandelt. Den maximal 12 Informationsstellen des Proben-
   gefäßes werden 3 Stellen aus einem am Adapter befindlichen Codierschalter vorange-
   stellt. Dieser Datenblock wird über eine DV 5000-Schnittstelle im "hand-shake-
   Verfahren" dem Rechner übermittelt.

Diese Informationsübertragung war naturgemäß die interessanteste für den Test- und Versuchs-
betrieb:
- Wir testeten Eppendorff-Gefäße mit allen möglichen Metall-Folien (grün, blau, rot).
  Keine Unterschiede in der Güte der Lesbarkeit!
- Wir testeten Probengefäße von anderen Plastik-Herstellern (Sarstedt, Greiner) und
  stellten Mängel in der Lesung fest, die durch die Form der Gefäße (Verhältnis der
  Länge des zylindrischen Teils zum konischen Unterteil) bedingt waren. Nach Änderung
  der jeweiligen Herstellungswerkzeuge ergaben sich auch hier keine Unterschiede mehr!
- In Langzeittests prüften wir die Möglichkeit, wie häufig ein einmal codiertes Gefäß
  fehlerfrei gelesen wird; hierbei spielt die mechanische Belastung durch das Heraus-
  und Hineinschieben in die Kettenglieder beim Lesevorgang eine Rolle.
  Nach ca. 15 - 20maligem Lesen war ein Anstieg der Fehllesungsrate zu verzeichnen.

Routinebetrieb

Aus dem 15-stelligen Datenblock werden folgende Informationsstellen benutzt:

1	Geräte-Nummer	} aus dem Codierschalter des
2-3	Verfahren-Kennzeichen	} Adapters
4	frei	
5-9	Patienten-Nummer	auf dem Gefäß
10-12	Test-Nummer (z.Zt. unbenutzt)	(aus Tastatur bzw. Karte)
13-14	Datum	
15	Verdünnung	

die dann in 4 Computerworten zusammengefaßt werden:

a) Geräte-/Verfahrensnummer
   Damit ist es möglich, an jedem Enzymautomaten jede Methode zu fahren.
b) Patientennummer
c) Datum (Tag)
d) Verdünnung

Hinzu kommt die Uhrzeit des Lesevorganges, über die bei der Auswertung der Meßwerte die direkte Probenidentifizierung vorgenommen wird.
Werden beim Lesevorgang Fehler festgestellt, so kann durch die zeichenserielle Übertragung auch die Position der fehlerhaften Informationsstelle im Datenblock bestimmt werden. Diese Position wird als Potenz von 2 festgehalten und in das Verdünnungskennzeichen (mit negativem) Vorzeichen) eingespeichert.
Zur Fehleranalyse entstand ein eigenes Programm, mit dem diese fehlerhaften Positionen aufgezeigt werden. In der Testphase eine wichtige Diskussionsgrundlage für Gespräche mit Eppendorf!

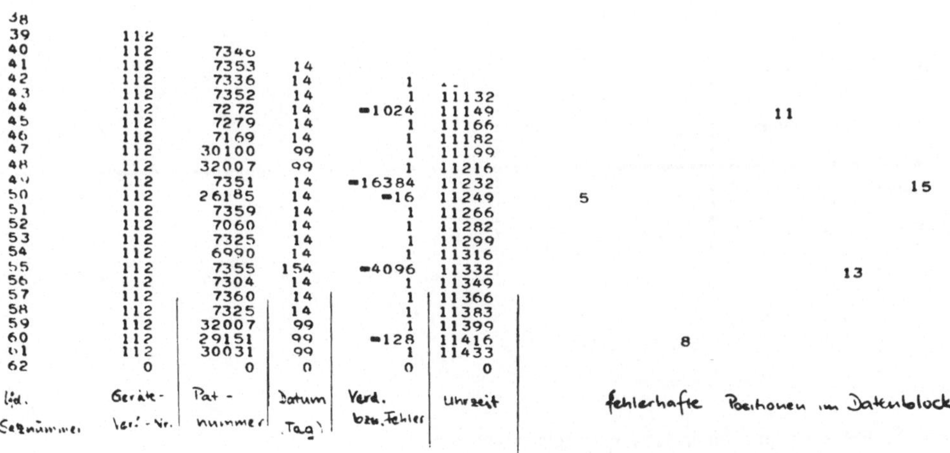

Abb. 1: Ausschnitt aus dem Ausdruck des Fehleranalysierungsprogramms

Im Routinebetrieb werden die auftretenden Fehler weitergehend differenziert, und zwar nach der Wichtigkeit der Informationsstelle.
Wir unterscheiden zwischen

a)	uncodierten Gefäßen	OC
b)	fehlerhafter Patientennummer (gravierender Fehler)	PN
c)	fehlerhaftem Datum (halbgewichtig) (neues Datum = Tagesdatum)	DT
d)	fehlerhafter Verdünnung (halbgewichtig)	VD
e)	fehlerhafter, aber unbenutzter Positionen (leichtgewichtig)	UN

Diese Art der Fehler werden dem Laborpersonal auf dem Laborbefundbericht in einer "Fehlerspalte" angezeigt.
Für eine geräteüberwachende Prophylaxe wird am Ende des Arbeitstages eine Fehlerbilanz aller Enzymautomaten ausgewertet (Abb. 2).

```
FEHLERBILANZ BEI E.I.S.-ENZYMAUTOMATEN
=======================================

14.03.75                      11.29
```

ART DES FEHLERS	STR.1	STR.2	STR.3	STR.4	UNDEF.	INSGESAMT
OHNE CODIERUNG	0	0	0	0	0	0
PATIENTEN-NR.	3	1	1	0	0	5
DATUM	1	1	2	0	0	4
VERDUENNUNG	1	0	0	0	0	1
UNBENUTZTE DIGITS	1	0	1	0	0	2
NICHT DEFINIERBAR	0	0	0	0	0	0
SUMME	6	2	4	0	0	12
PROZENT. ANTEIL	9.8 %	2.9 %	6.6 %	0.0 %	0.0 %	6.3 %
GESAMTLESUNGEN	61	67	60	0	0	188

Abb. 2: Fehlerbilanz der E.I.S. – Enzymautomaten

<u>Zusammenfassung</u>

1) Die Justage aller am Entstehen der Information beteiligten System-Einheiten muß noch
    exakter und für den Service-Techniker handlicher werden.
2) Die echte direkte Probenidentifizierung ist nur dann gewährleistet, wenn keine sonstigen
    technischen Defekte am Enzymautomaten – Verklemmen von Gefäßen, u.ä. – auftreten.
3) Ein pultartiger Aufbau der Tastatur-Anzeige wäre für die Bedienungsperson eine Erleich-
    terung, ebenso eine wählbare Blockung der Ziffernanzeige (farblich oder positionell).
    Die erwähnte Gefäßhalterung sollte ohne eigene Handbedienung (wie es unser erster Vor-
    schlag vorsah) funktionieren.
4) Wenn Probenaufbereitung und Pipettierung in den Codier-Ablauf integriert werden, ergibt
    sich keine zeitliche Verzögerung, da beim Codieren schon pipettiert und mit kurzen An-
    fangsketten (ca. 20 Proben), die dann ständig verlängert werden, angefahren werden
    kann (= Annäherung an ein "floating-system").
5) Dieses Identifizierungs-System ist, nachdem alle genannten Anfangsschwierigkeiten be –
    hoben waren und noch werden – und da ist die Firma Eppendorf ein sehr kooperativer
    Partner – eine echte Alternative zu anderen Identifizierungs-Systemen.

Das Eppendorf-Identifikationssystem (EIS) im Krankenhaus Oststadt

R. PIGORS, Labordatenverarbeitung der Medizinischen Hochschule Hannover

Die Einführung der Labordatenverarbeitung im Krankenhaus Oststadt beruht auf einem Ende der Sechzigerjahre entwickelten Konzept mit inzwischen ziemlich alter Hardware. Das System wurde in den wesentlichen
Grundelementen seit 1971 aufgebaut und ist seit etwa 2 1/2 Jahren mit
einem Teilprogramm im Routineeinsatz, das im wesentlichen in der Erfassung der SMA 12 - Daten, der Elektrophoreseauswertung und dem Ausdruck dieser beiden Ergebnisgruppen auf Selbstklebeetiketten besteht.
Nach einigen technischen Ergänzungen, z.B. dem Einbau des EIS, und
nach der Neuentwicklung eines on-line Betriebssystems wird es z.Z.
schrittweise erweitert mit dem Ziel, in absehbarer Zeit täglich kumulative Patientenbefunde mit dem Computer zu erzeugen.

Das Eppendorf-Identifikationssystem wurde 1970/71 schon in der mechanischen Version im Krankenhaus Oststadt getestet und damals für
nicht gut befunden. Die Installation des neuen (optischen) Systems
ist noch nicht ganz abgeschlossen, aber erste Erfahrungen liegen inzwischen vor.

Der Rechner IBM 1130 ist mit der Labor-Peripherie über das zentrale
WDV-Interface verbunden, das ihm praktisch einige Prozeßrechnereigen-
schaften verleiht. Die on-line angeschlossenen Geräte sind: 1 Technicon SMA 12/60, 1 Technicon AA2, 2 Eppendorf Enzymstraßen, 2 Eppendorf Photometer mit Wechselautomatik und ein Eppendorf Elektrophorese-
schreiber. Die ersten 4 dieser Geräte sind mit einem Eppendorf Probentisch mit automatischem Identifikationsleser ausgerüstet, für die
übrigen 3 steht ein gemeinsamer Einzelleser zur Verfügung, mit dem
außerdem jeder automatische Leser simuliert werden kann (Steuercode).

Zum Erfassungsbetrieb ist folgendes zu sagen: Der Rechner kontrolliert
im 20-ms-Rhythmus den Status aller angeschlossenen Laborgeräte und
Eppendorf-Leser. Die Analysenwerte werden nur in Analogform übertragen.
Die Daten von den Eppendorf-Lesern werden unmittelbar während der Lesung BCD-zeichenweise übernommen. Dabei ist die 50-Hz-Abfragefrequenz
ohne weiteres ausreichend, da der Lesevorgang, je nach Lesekopf, 30
bis 38 ms/Ziffer dauert.

Das Programm zur Kontrolle aller Leser hat übrigens einen Umfang von
nur 104 16-Bit-Worten, wobei der Output in einen Pufferbereich aus je
4 BCD-Zeichen pro Computerwort besteht und jede Probennummer mit einem Uhrzeitwort abgeschlossen wird.

Die Probennummer besteht in dem System aus 6 Ziffern: 2 Ziffern für
den Tag, 3 Ziffern laufende Tagesnummer, 1 Ziffer Verdünnungskennzeichen.

Die Zuordnung der Meßwerte zu den Probennummern geschieht in geräte-
spezifischen Auswerteprogrammen. Intern handelt es sich dabei in erster Linie um eine sequentielle Zuordnung, obwohl natürlich bei stö-
rungsfreier Funktion der Technik äußerlich durchaus eine direkte Probenidentifikation vorliegt. Zum Ausgleich von Störungen in der Über-
tragungssequenz stehen der Software zwei Möglichkeiten offen:

1. Die Meßwert-Sequenz wird mit der Probennummer-Sequenz synchronisiert durch ein erkennbares Proben-Muster, z.B. 'Wasser - Standard'.
2. Die Zuordnung des Meßwerts zur Probennummer orientiert sich an den zugehörigen Uhrzeitworten.

Bei fehlerhafter Identifikation oder Zuordnung erlaubt ein Korrekturprogramm sowohl die Korrektur einzelner Probennummern als auch die Verschiebung der Sequenzen (Probennummern, Ergebnisse) gegeneinander.

Erfahrungen:
Seit etwa 2 Wochen (Anfang März 1975) ist der Eppendorf Codierer voll in der Routine eingesetzt und hat sich als praktikabel erwiesen. Positive Erfahrungen konnten auch mit dem Eppendorf-Probenleser am Technicon SMA 12/60 gemacht werden, der bisher störungsfrei in der Routine arbeitet. Gute Ergebnisse brachte ferner der (manuelle) Einzelgefäßleser. An den Lesern der Enzymautomaten treten noch Störsignale auf, die aber in nächster Zeit zu beheben sein sollten.

Aus allen Testlesungen und den Beobachtungen aus der Routine läßt sich folgendes zusammenfassen:
1. Der Codier-Vorgang ist nach wie vor zeitaufwendig und wird wahrscheinlich vorläufig das schwächste Glied im EIS bleiben.
2. Die Handhabung der codierten Gefäße ist unproblematisch und wurde vom Laborpersonal geradezu freudig übernommen.
3. Die Lesesicherheit ist hinreichend hoch, d.h. Lesefehler treten bei etwa 1% auf und können in fast allen Fällen erkannt werden. Man beobachtet entweder sehr gute Ergebnisse oder Totalausfall des Lesers. Fehllesungen sind in den meisten Fällen auf schlechte Markierungen zurückzuführen.
4. Ein einziger entscheidender Mangel soll am Schluß erwähnt werden, in der Hoffnung, daß er nachträglich behoben werden kann: Bei uncodierten Gefäßen sendet der Eppendorf-Leser kein Ausgangssignal, so daß in der Sequenz der Probennummern eine unerkennbare Lücke entsteht, die höchstens durch einen der erwähnten Synchronisationsmechanismen ausgeglichen werden kann.

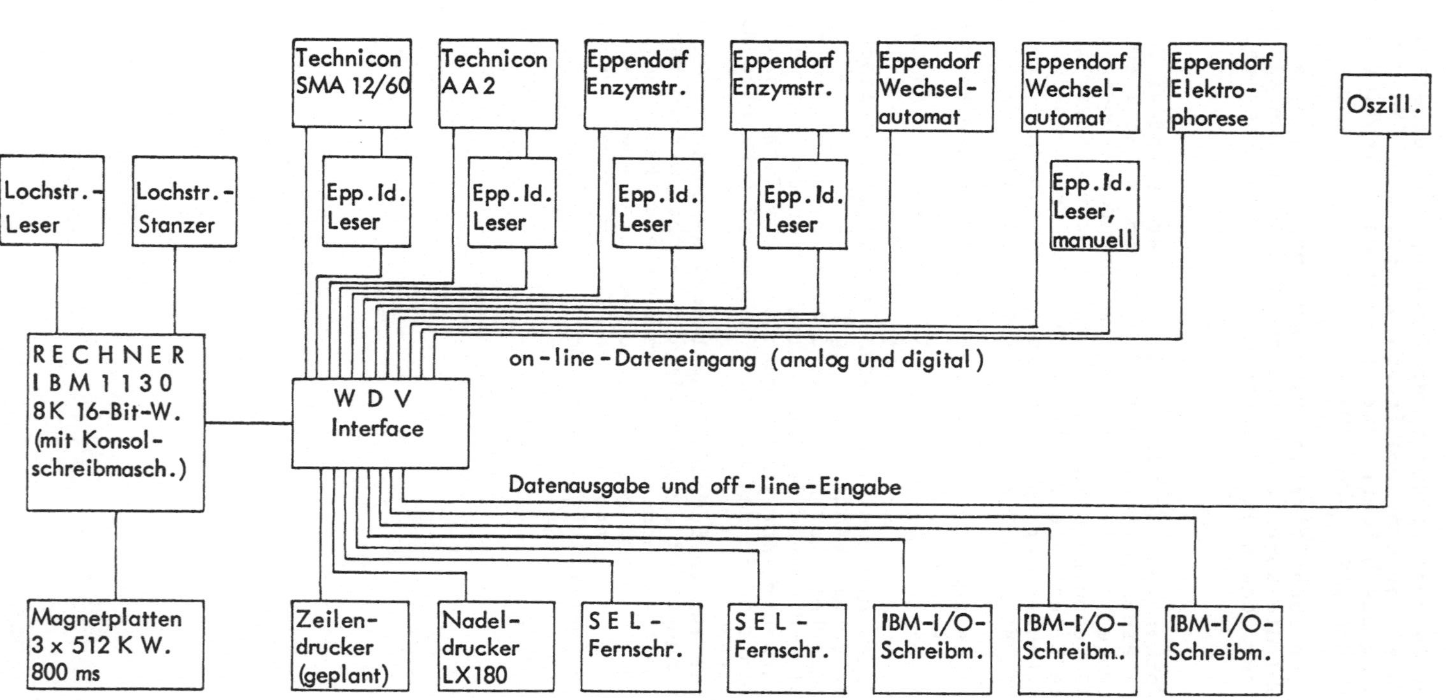

MEDIZINISCHE HOCHSCHULE HANNOVER
ZENTRALLABOR IM KRANKENHAUS OSTSTADT
Lochstr.-Leser
Lochstr.-Stanzer
Technicon SMA 12/60
Technicon AA 2
Eppendorf Enzymstr.
Eppendorf Enzymstr.
Eppendorf Wechsel-automat
Eppendorf Wechsel-automat
Eppendorf Elektro-phorese
Oszill.
Epp.Id. Leser
Epp.Id. Leser
Epp.Id. Leser
Epp.Id. Leser
Epp.Id. Leser, manuell
RECHNER IBM 1130 8K 16-Bit-W. (mit Konsol-schreibmasch.)
WDV Interface
on-line-Dateneingang (analog und digital)
Datenausgabe und off-line-Eingabe
Magnetplatten 3 x 512 K W. 800 ms
Zeilen-drucker (geplant)
Nadel-drucker LX180
SEL-Fernschr.
SEL-Fernschr.
IBM-I/O-Schreibm.
IBM-I/O-Schreibm.
IBM-I/O-Schreibm.
HARDWARE ZUR LABOR-EDV

Versuche mit dem Eppendorf-Identifikationssystem (EIS) an der Medizinischen Hochschule Hannover

A. NOWAK, Labordatenverarbeitung der Medizinischen Hochschule Hannover

Das Labordatenerfassungssystem im Zentrallaboratorium des Zentralklinikums der Medizinischen Hochschule Hannover dessen Hardware im wesentlichen aus dem Rechner IBM 1130 und dem System MISDAS besteht, verwendet zur Probenidentifikation die Kurzlochkarte. Die manuellen Meßplätze verfügen über optische Kurzlochkartenleser; die Automaten sind mit einer zusätzlichen Einheit - dem Kurzlochkartenspeicher (memory) - ausgestattet.

Über Vor- und Nachteile der Probenidentifikation mit Kurzlochkarten soll hier nichts gesagt werden; dazu wurden bereits von W. GRAESER Ausführungen gemacht.

Auf der Suche nach einer anderen Form der Probenidentifikation unter den vorhandenen Systemen haben wir uns u.a. mit dem Eppendorf Identifikationssystem befaßt. Die Untersuchungen erstreckten sich auf die Anschlußprobleme des EIS an das vorhandene MISDAS-System, sowie auf Lesegenauigkeit und -störanfälligkeit. Etwa erforderliche Änderungen in der Organisation des Laboratoriums wurden zunächst außer Betracht gelassen.

Die Fa. Eppendorf Gerätebau, Hamburg, stellte uns einen Codierer 5610 mit Eingabe-Tastatur 5620 (für 6-stellige Ziffercodierung) und einen Probentisch mit Leseeinheit, der in einen Enzymautomaten 5010 eingebaut wurde, zur Verfügung . Ein Eppendorf Einzelgefäßleser 5660 haben wir leihweise vom Zentrallabor des Krankenhauses Oststadt bekommen.

Den Anschluß der Eppendorf Leseeinheit an das MISDAS-System haben wir selbst realisiert, wobei zu beachten war, daß die bisherige Arbeitsweise und Funktion der MISDAS Module nicht geändert sondern nur ergänzt werden durfte. Die Abbildung zeigt eine schematische Darstellung des Anschlusses.

Folgende Ergebnisse unserer Studie sind herauszustellen:
1. In technischer Hinsicht:
1.1 Das Eppendorf-Identifikationssystem kann mit geringem technischen
    und finanziellen Aufwand an das MISDAS-System adaptiert werden.
1.2 Die Eppendorf-Schnittstelle DV 5640-V am Ausgang des Probentisches
    mit Leseeinheit zeigt Störungen, die nur mit zusätzlichen Schaltungsaufwand abgefangen werden können.
1.3 Der Eppendorf-Einzelgefäßleser verfügt über eine störungsfreie
    Schnittstelle, die mit der Probentischschnittstelle voll kompatibel ist.

2. Hinsichtlich der Lesesicherheit:
2.1 Die Lesefehlerquote lag unter 1%. Die aufgetretenen Lesefehler
    sind zu 75% auf fehlerhafte Codierung zurückzuführen. 25% der Lesefehler wurden durch Dejustage des Lesekopfes verursacht.
2.2 Der Einzelgefäßleser zeichnet sich durch eine höhere Lesesicherheit aus.

2.3 Es ergibt sich eine gute Reproduzierbarkeit bei den Lese-Ergebnissen. Beim mehrmaligen Lesen derselben Reaktionsgefäße (einige Ketten wurden bis zu 10 mal wiederholt gelesen) waren keine neuen Lesefehler festzustellen.

2.4 Eine Abnutzung der Codierung war nicht zu ermitteln, was im Routinebetrieb mehrmaliges Lesen des Gefäßes an verschiedenen Arbeitsplätzen erlaubt.

Unsere vorgelegten Ergebnisse beziehen sich nur auf die Eppendorf-Reaktionsgefäße. Darüber hinaus haben wir auch Gefäße der Firmen Sarstaedt, Braun und Medico Plast getestet. Diese Untersuchungen haben wesentlich höhere Lesefehlerquoten gezeigt (teilweise bis zu 20%). In einigen Fällen haben die Gefäße sogar das Klemmen des Codierers verursacht.

Abschließend läßt sich hervorheben, daß nach den bisherigen Erfahrungen das EIS zumindest in technischer Hinsicht ohne weiteres geeignet sein dürfte, das bisherige Kurzlochkartensystem bei uns zu ergänzen oder abzulösen.

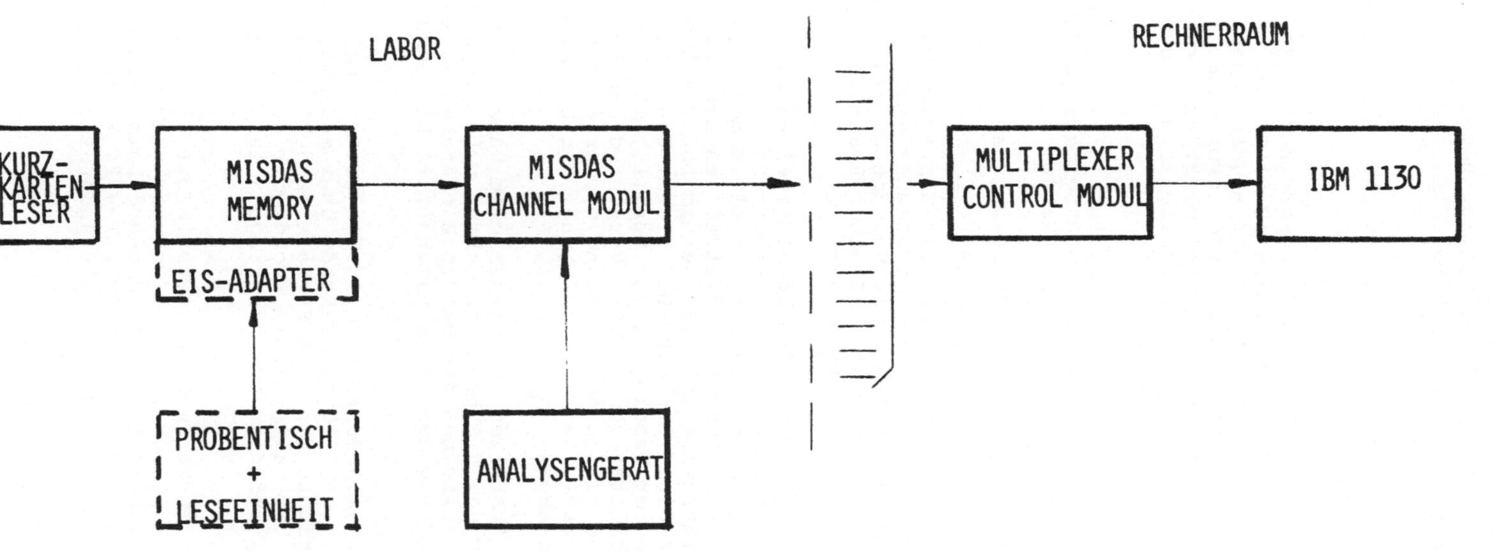

ANSCHLUSS DES EPPENDORF IDENTIFIKATIONSSYSTEMS AN DAS MISDAS-SYSTEM DER MEDIZINISCHEN HOCHSCHULE HANNOVER

<u>Empfehlungen zu Hardware-Schnittstellen und Datenübertragungsverfahren
für den on-line Anschluß von Geräten im klinisch-chemischen Labor an
DV-Anlagen</u>

H. PANGRITZ, Hahn-Meitner-Institut für Kernforschung Berlin GmbH

Bei der Einführung der on-line Datenerfassung im klinisch-chemischen
Labor treten üblicherweise die ersten größeren Schwierigkeiten auf,
wenn die verschiedenen Geräte des Labors an den Rechner angeschlossen
werden sollen. Die meisten modernen Laborgeräte besitzen zwar einen
"EDV-Anschluß", doch diese Schnittstellen sind oft von Gerät zu Gerät
unterschiedlich, so daß individuelle Anpassungen hergestellt werden
müssen.

Um bei diesem speziellen technischen Problem eine Vereinheitlichung zu
erreichen, hat die Sektion Labordatenverarbeitung der Arbeitsgruppe Medizinische Informatik in der GMDS eine Empfehlung für Hardware-Schnittstellen bei Geräten der klinisch-chemischen Laboratorien erarbeitet.
Darüber hinaus umfaßt die Empfehlung noch Datenübertragungsverfahren in
zwei aufeinander aufbauenden Stufen.

Es ist besonders zu betonen, daß die jetzt vorliegenden Empfehlungen in
gemeinsamer Arbeit mit einem Beirat der Industrie entstanden sind, wofür den beteiligten Herren sehr zu danken ist. Aufgrund dieser engen Zusammenarbeit mit der Industrie ist zu erwarten, daß einer Realisierung
der Empfehlungen durch die Industrie nichts im Wege steht.

Es lag nahe, bei der Auswahl der zu empfehlenden Schnittstellen auf
solche zurückzugreifen, die im Bereich der Datenverarbeitung und insbesondere der Prozeßdatenverarbeitung schon eingeführt sind. Dementsprechend basieren die jetzt empfohlenen Hardware-Schnittstellen auf der
TTY-, der V.24- oder RS 232-Schnittstelle bzw. auf der im Labor schon
eingesetzten SL-Schnittstelle der Firma Siemens. Bei diesen Grundlagen
bestand die wesentliche Arbeit in der Festlegung der Details, die Voraussetzung sind für eine Kompatibilität von Geräten verschiedener Hersteller. Jeder Praktiker weiß, daß z.B. die Verbindung zweier Geräte
mit TTY-Nahtstellen an der Steckerart, der Stiftbelegung, der Stromein-
speisung, dem Code usw. scheitern kann.

Die Empfehlung enthält zwei Schnittstellen für bitserielle Datenübertra-
gungen, die die Bezeichnungen C_S und V_S erhalten haben, wobei in der
praktischen Ausführung der Strich zwischen den beiden Buchstaben zu ersetzen ist durch die gewählte Übertragungsgeschwindigkeit in Bit/Sekun-
de.

C_S ist eine stromgesteuerte, serielle Schnittstelle mit einer bevor-
zugten Übertragungsgeschwindigkeit von 110 Bit/Sekunde über zusammen 4
Leitungen für beide Übertragungsrichtungen. Die Signale sind Einfach-
stromsignale (Ruhestrom von 20mA bzw. kein Strom), wobei die Sende- und
Empfangsstufen im Meßgerät <u>keinen</u> Strom in die Übertragungsleitungen
einspeisen.

V_S ist eine spannungsgesteuerte, serielle Schnittstelle mit einer be-
vorzugten Übertragungsgeschwindigkeit von 2400 Bit/Sekunde über zusammen 8 Leitungen für beide Übertragungsrichtungen. Diese 8 Leitungen sind
eine Untermenge der Schnittstellenleitungen gemäß CCITT-V.24 (nach DIN
66020: E1, E2, D1, D2, S2, M2, M1, S1.2). Die Signalstandards entsprechen den in DIN 66020 angegebenen Werten.

Die beiden seriellen Schnittstellen C_S und V_S haben folgende gemeinsame Merkmale:

- Die Zeichenübertragung erfolgt asynchron. Für Schrift- und Steuerzeichen ist der 7-Bit-Code nach DIN 66003 (ASCII) zu verwenden, beliebige
Binärmuster sind auf 6 Bit begrenzt und enthalten Bit 7 = 1. Alle Zeichen sind durch ein Bit entsprechend der geraden Parität (siehe DIN
66022: Prüfbit bei Start-Stop-Übertragung) gesichert.

- Im Meßgerät ist eine Potentialtrennung zwischen Starkstromkreis,
Elektronikkreis und Fernmeldekreis gemäß VDE 0804 vorzusehen.

- Als Steckverbindung wird an den Geräten ein 25poliger Stecker mit
Stiften (DB-25P) verwendet. Die Stiftbelegung der Schnittstelle V_S entspricht den Angaben in DIN 66020. Die 4 Leitungen der Schnittstelle C_S
belegen solche Stifte des 25poligen Steckers, die in DIN 66020 nicht
anderen Signalen zugeordnet sind. Dadurch werden auch bei irrtümlicher
Kopplung von Geräten mit unterschiedlichen Schnittstellen Beschädigun-
gen verhindert. Für den mechanischen Einbau der Steckverbindung in das
Gerät und die Sicherung des Kabelsteckers gelten genaue Vorschriften.

Die Schnittstelle V1000P überträgt die Daten bitparallel, byteseriell
und entspricht der SL-Schnittstelle der Firma Siemens bei Vollausbau
für beide Übertragungsrichtungen, wobei allerdings ein Teilausbau für
nur eine Richtung zugelassen ist. Die Übertragungsgeschwindigkeit wird
durch die zusammengeschalteten Geräte mit Anforderung/Rückmeldung-Sig-
nalen gesteuert und liegt typischerweise bei 1000 Zeichen/Sekunde.

Auch für diese Schnittstelle ist der 25polige Stecker vorgeschrieben,
der für die bitseriellen Schnittstellen verwendet wird, allerdings ist
es wegen der begrenzten Stiftzahl jetzt nicht mehr möglich, die Signal-
leitungen aller drei Schnittstellen auf verschiedene Stifte zu legen.

Die Potentialtrennung im Laborgerät gemäß der VDE-Vorschrift 0804 ist
auch bei dieser Schnittstelle vorgesehen.

Entsprechend den Anforderungen des klinisch-chemischen Labors und unterstützt durch die Entwicklung auf dem Gebiet der digitalen Elektronik
mit ihren hochintegrierten Schaltkreisen besteht nach allgemeiner Auffassung eine Entwicklungstendenz zum autonomen Meßplatz mit z.B. eigener Protokollierung und Datenvorverarbeitung. Wegen dieser wachsenden
"Intelligenz" der Laborgeräte wurden in Ergänzung der drei verschiedenen Hardware-Schnittstellen noch Datenübertragungsverfahren in zwei
aufeinander aufbauenden Stufen A und B in die Empfehlung aufgenommen.
Diese Datenübertragungsverfahren sind höchst erwünschte, aber nicht unbedingt notwendige Ergänzungen der Hardware-Schnittstellen.

Grundlage der Empfehlung ist die Blockstruktur sämtlicher Übertragungen,
d.h. jede Übertragung besteht aus einem Anfangszeichen, einem variablen
Teil und einem Endezeichen. Alle Zeichen sind durch ein Bit entsprechend der geraden Parität gesichert. Während die Stufe A keine weiteren
Festlegungen umfaßt und damit besonders für alle einfachen Geräte geeignet ist, die durch einen größeren Elektronikteil unverhältnismäßig
verteuert würden, wird in der Stufe B der Block zusätzlich durch ein Pa-
ritätsbyte gesichert, dessen Bits die ungerade Längsparität über den
Bitpositionen 1 bis 6 der Zeichen des Blocks repräsentieren. Weiterhin
wird in Stufe B eine sehr einfache Prozedur mit drei verschiedenen
Rückmeldungen vom Empfänger zum Sender vorgeschrieben.

Für die Inhalte der variablen Teile innerhalb der Datenblöcke werden
keinerlei Vorschriften gemacht. Es erschien der Arbeitsgruppe, die die

vorliegenden Empfehlungen ausgearbeitet hat, weder erreichbar noch
sinnvoll, hier starre Strukturen für den Informationsaufbau vorzu-
schreiben. Allerdings wird von der Herstellern erwartet, daß die genaue Angabe von Aufbau und Inhalt des Datenblockes in Zukunft fester
Bestandteil einer Gerätebeschreibung ist.

Die Veröffentlichung des Entwurfs der Empfehlungen hat ein großes und
bis jetzt durchweg positives Echo gefunden. Dabei ist festzustellen,
daß vergleichbare Empfehlungen im internationalen Bereich nicht bekannt
sind.

Die Realisierung dieser genau spezifizierten Schnittstellen bei Geräten
des klinisch-chemischen Labors muß durch die Industrie erfolgen. Die
notwendigen Anregungen dafür können durch entsprechende Forderungen der
Anwender gegeben werden.

Befund-Präsentation von Laboratoriums-Ergebnissen mit Hilfe der EDV.
(Ein Bericht aus der Arbeit der Sektion Labordatenverarbeitung)
von Klaus Borner
(Institut für Klinische Chemie und Klinische Biochemie der Freien
Universität Berlin, Klinikum Steglitz)

1. Einleitung
1.1 Definition, Fragestellungen

Unter der Kurzformel "Befund-Präsentation" werden die technischen,
organisatorischen und inhaltlichen Aspekte der optimalen Darstellung
von Patienten-orientierten Laborergebnissen mit Hilfe der EDV für den
"Verbraucher" zusammengefaßt. Der vorliegende Bericht befaßt sich mit
3 Teilaspekten der Befund-Präsentation, die sich mit nachstehenden
Fragen kurz beschreiben lassen:
1. Welche technischen Möglichkeiten bietet die EDV im Vergleich zur
   konventionellen Technik? Und welche einschränkenden Bedingungen
   ergeben sich?
2. Welche organisatorischen Formen der Befund-Präsentation werden
   derzeit praktiziert, werden geplant oder gewünscht?
3. Welche Daten sollen zusätzlich zum Ergebnis dargestellt werden?

1.2 Verlauf der Erörterung in der Sektion Labordatenverarbeitung

Das Thema war Verhandlungsgegenstand in der 9. und 10. Sitzung der
Sektion. Schriftliche Beiträge liegen von BERGNER-ERLANGEN (1) und
F. STÄHLER-TUTZING (2) als Anlage zu den Protokollen vor. Um zusätzlich zu quantitativen Aussagen zu kommen, wurde von BORNER-Berlin
eine Fragebogen-Aktion eingeleitet. Die Ergebnisse werden nachfolgend
berichtet. Aufgrund der regen Beteiligung an der Erörterung des Themas
veranstaltete die Sektion Labordatenverarbeitung zusätzlich eine Ausstellung von typischen Befund-Darstellungen während der Arbeitstagung
der Arbeitsgruppe Medizinische Informatik in der GMDS vom 20.-22.3.75
in Hannover.

2. Formale Aspekte der Befund-Präsentation
2.1 Technische Möglichkeiten (Datenträger)

Der am häufigsten eingesetzte Datenträger ist die gedruckte Liste in
ihren vielen Varianten (s.u.). Dagegen wird der in der konventionellen Technik vielfach eingesetzte Kleber (3) für die Befund-Präsentation mit Hilfe der EDV seltener eingesetzt. Einen begrenzten, aber
gut begründeten Einsatzbereich hat der Mikrofilm gefunden, der neuerdings vom Magnetband direkt erstellt werden kann. Graphische Befund-
Darstellungen durch die EDV werden in den Gruppen, die sich an der
Sektionsarbeit beteiligen, u.W. nicht produziert.
Der Einsatz von Datensichtstationen spielt z.Zt. noch eine geringe
Rolle. Die begrenzten technischen Fähigkeiten der installierten Systeme sind sicher der Hauptgrund dafür.

2.2 Technische Randbedingungen

Beim Entwurf neuer Befund-Darstellungen ist es wichtig, lokale technische Randbedingungen zu berücksichtigen. Als Beispiele seien genannt:
1. Die Erfordernisse einer nachträglichen Mikroverfilmung (Formate, Farbempfindlichkeit) und
2. die Erfordernisse von Transportsystemen (Rohrpost u.a. Förderanlagen).
Umgekehrt sollte man sich auch nicht von der EDV erschwerende Bedingungen wie unhandliche Schnelldrucker-Formate aufzwingen lassen.

2.3 Vergleich von konventioneller und EDV-Technik

Beide Techniken haben Vorteile und Nachteile, wie am Beispiel einer Liste gezeigt werden soll:
1. Die konventionelle Technik (Abb. 1) bietet große Variabilität in Bezug auf Zeichenmenge und -größe.
2. Die Informationsdichte kann relativ einfach durch Vordruckgestaltung, Farbdruck usw. optimiert werden.
3. Das nachträgliche Hinzufügen von Information z.B. durch Kleber-Technik ist leicht möglich.
Dem gegenüber bietet die EDV andere, m.E. gewichtigere Vorteile (Abb. 2):
1. Eine standardisierte Darstellung ist leicht zu erreichen.
2. Der Anwender hat dadurch einen schnellen Zugriff zu den Daten.
3. Die Zuverlässigkeit der Daten (Richtigkeit) ist gleichbleibend hoch.
4. Jedes gewünschte Ausmaß an Vollständigkeit der dargestellten Daten ist praktisch erreichbar.
5. Plausibilitätsprüfungen größerer Datenmengen sind praktisch nur mit Hilfe der EDV möglich (Parametervergleich, Prüfziffern z.B.).
6. Eine automatische Vorbewertung ist ebenfalls nur mit Hilfe der EDV möglich.

2.4 Rechtliche Vorschriften

Es bestehen in der Regel Rechtsvorschriften über das Aufbewahren von Krankenakten (vgl. (4)) und damit auch der Labordaten. Wie weit andere Dokumente, z.B. Laborjournale, einer Aufbewahrungspflicht unterliegen, ist zumindest umstritten (5). Nur für die hier nicht zur Diskussion stehenden Ergebnisse der Qualitätskontrolle gibt es eine einheitlich vorgeschriebene Aufbewahrungsfrist von mindestens 3 Jahren (6). Ob andere Datenträger Originaldokumente ersetzen dürfen, bleibt fallweise zu klären. Auf jeden Fall sind diese Punkte bei der Neugestaltung von Befund-Darstellungen zu beachten.

3. Organisatorische Formen der Befund-Präsentation. Ergebnisse einer Umfrage unter den Mitgliedern der Sektion.

Organisatorische Formen der Befund-Präsentation leiten sich aus den

zeitlichen, technischen und inhaltlichen Anforderungen der Empfänger
von Labordaten ab. Die Fragebogenaktion unter den Mitgliedern der Sektion sollte herausfinden, welche Formen der Befund-Darstellung durch
die EDV bereits praktiziert werden, welche geplant sind und welche von
künftigen Anwendern gewünscht werden. Tabelle 1 gibt eine Übersicht
über die eingegangenen Antworten:

Tab.1

Beantwortete Fragebögen   20
davon aus realisierten Projekten   15
Zahl der realisierten Projekte   11
Zusätzliche Antworten   5

Die meisten Labor-EDV-Projekte sind in Universitätskliniken realisiert
(6), zwei weitere in städtischen Krankenhäusern und je eines in einer
Versicherung und einem privaten Diagnostik-Zentrum. Der Aufbau des
Fragebogens (Abb. 3) geht von der unterschiedlichen technischen Speicherungsform von aktuellen und archivierten Labordaten und den hieraus entstehenden organisatorischen Erfordernissen aus. Die Grenze zwischen beiden variiert von Anwender zu Anwender. Beim Verfasser liegt
sie zwischen 7 und 14 Tagen nach Anfall des Ergebnisses.

3.1 Aktuelle Labordaten

In einer typischen Klinik für Akut-Kranke erhalten 3 Anwender-Gruppen
Befunde mit aktuellen Labordaten:
1. Der Auftraggeber in der Klinik bzw. Poliklinik;
2. der externe Arzt, der den Patienten vor und/oder nach der Behandlung betreut;
3. das Labor, das die Ergebnisse produziert.
Unter den Ausgaben an den Auftraggeber (Tab. 2) wird der tägliche Laborbericht einhellig als notwendig betrachtet. Zur optimalen Verdich-
tung der Darstellung wird häufig eine kumulierte Form gewählt. Psycho-
logisch problematisch bleibt bei dieser Form das Aussortieren und Ver-
nichten von veralteten Berichten. Kontrovers sind dagegen die Meinungen über einen täglichen, nach Stationen geordneten Bericht an den
Arzt. Der Wunsch, Laborergebnisse über Datenendstationen ausgeben zu
können, besteht bei den Meisten. Die technisch anspruchsvollere Form
eines Auskunft-Systems wird dabei überwiegend gewünscht, ist jedoch
erst in einem Projekt mit Einschränkung realisiert. Hier zeigt sich
m.E. deutlich das technische Alter der installierten Systeme. Der kumulierte Laborbericht, in der Regel wöchentlich ausgegeben, findet allgemeine Zustimmung. Über die Form, ob Matrix oder sequentielle Form,
sind die Meinungen fast gleich aufgeteilt.
Daß der externe Arzt einen speziellen Entlassungsbericht mit Labordaten erhält, wird von einigen Gruppen praktiziert, - andere halten es
für wünschenswert -, wird jedoch auch als überflüssig bezeichnet. Ich
selbst möchte mich für einen solchen Anhang zum Entlassungsbrief einsetzen. Textanalysen von Arztbriefen des Klinikums Steglitz ergeben,
daß ca. 10-20 % des Textvolumens aus Labordaten besteht, die überflüs-
sigerweise noch einmal abgeschrieben werden. Die befürwortende Mehr-
heit ist allerdings in der Frage geteilt, ob in jedem Falle ein solcher Bericht erstellt werden soll, und ob er alle oder nur ausgewählte Ergebnisse enthalten soll.
Über die Art der Befund-Darstellung für laborinterne Zwecke besteht
weitgehende Einigkeit (Tab. 3): Das Protokoll am Meßplatz, das allerdings recht verschieden zustande kommt, das für die EDV typische Freigabe-Protokoll und das tägliche Laborjournal sind unentbehrliche Befund-Darstellungen, die nur Wenige für entbehrlich halten. Zusätzlich

Tab. 2

Ausgaben an den Auftraggeber Form	realisierte Projekte			Meinungen	
	ja	wünschens- wert	über- flüssig	ja	nein
1. Täglicher Laborbericht	9	1	O	4	O
2. Täglicher Bericht an Arzt	3	2	5	O	4
3. Ausgabe über Datenend- station	7	O	1	O	O
3.1 Ausgabe nur periodisch	6	3	O	O	O
3.2 " auch im Dialog	(1)	6	1	O	O
4. Kumulierter Laborbericht, wöchentlich	11	O	O	4	O
4.1 Kumulierter Laborbericht im Matrixformat	6	1	O	3	O
4.2 Kumulierter Laborbericht in sequentieller Form	5	O	O	2	O

Tab. 3

Ausgaben an den externen Arzt Form	realisierte Projekte			Meinungen	
	ja	wünschens- wert	über- flüssig	ja	nein
5. Entlassungsbericht	4	5	2	3	1
5.1 jeder Fall, alle Ergeb- nisse	3	2	1	1	O
5.2 jeder Fall, ausgewählte Ergebnisse	O	4	1	1	O
5.3 nur ausgewählte Fälle	1	2	O	2	O

besteht der Wunsch nach selektivem Zugriff auf alle in einem gewissen
Zeitraum vorher angefallenen Labordaten. Dafür wird die Datenendsta-
tion der preiswerteren Alternative eines kumulierten Laborjournals vor-
gezogen.

Tab. 4

Ausgaben an das Labor Form	realisierte Projekte			Meinungen	
	ja	wünschens- wert	über- flüssig	ja	nein
6. Protokoll am Meßplatz	9	1	1	5	O
7. Freigabe-Protokoll	7	2	O	5	O
8. Tägliches Laborjournal	9	1	O	4	1
9. Kumuliertes Laborjournal	2	O	6	3	2
10. Selektive Abfrage über Datenendstation	6	3	O	3	1

3.2 Archivierte Labordaten

Die technischen Möglichkeiten der langfristigen Speicherung von Labordaten variieren erheblich. Da die Befund-Darstellung archivierter Daten eng mit diesen technischen Voraussetzungen verbunden ist, wurde im
Fragebogen auch nach den derzeit praktizierten Speicherungsformen ge-
fragt (Tab 5):

Tab. 5
Speicherung und Darstellung archivierter Labordaten

Form	ja	realisierte Projekte		Meinungen	
		wünschens-wert	über-flüssig	ja	nein
11. Aktenablage	9	O	1	2	2
12. Magnetband	7	3	O	3	O
13. Mikrofilm vom Dokument	3	2	4	2	O
14. Mikrofilm vom Magnet-band (com)	O	5	3	2	1
15. Selektiver Zugriff, gesamt	5	5	(1)	–	–
15.1 Selektiver Zugriff für Krankenversorgung	4	4	1	3	1
15.2 Selektiver Zugriff für Forschung	5	5	O	2	1
15.3 Selektiver Zugriff für Lehrzwecke	4	4	1	O	2

Überraschenderweise ist die konventionelle und höchst ineffektive
Speicherung in Form der Aktenablage noch weit verbreitet. Fehlende
oder veraltete Rechtsvorschriften über das Aufbewahren ärztlicher
Aufzeichnungen sind vielleicht der Grund für das Beibehalten des Verfahrens neben moderneren Verfahren. Immerhin benutzen schon 7 Projektgruppen das Magnetband für die langfristige Speicherung von Labordaten. Die Notwendigkeit des selektiven Zugriffs auf archivierte Daten
wird zu ungefähr gleichen Teilen mit Erfordernissen der Krankenversor-
gung, der Forschung und der Lehre begründet.
Die Wertschätzung des Mikrofilms als Labordatenarchiv variiert: Be-
fürworter und Ablehnende halten sich die Waage. Nach eigenen Erfahrungen des Verfassers sind die enorme Platzersparnis und die von der EDV
unabhängige Zugriffsmöglichkeit positiv zu vermerken. Das Verfilmen
von Originalunterlagen und Rechnerausdrucken ist im Hause des Verfassers seit Jahren üblich und verläuft völlig unproblematisch. Das alternative Erstellen von Mikrofilmen direkt vom Magnetband nach dem
COM-Verfahren lieferte bei einem Probelauf befriedigende Ergebnisse.
Im praktischen Einsatz befand es sich z.Zt. der Befragung offensichtlich noch nirgends.

4. Inhaltliche Aspekte. Verknüpfung von Laborergebnissen mit anderen Daten.

Die meisten zum Laborergebnis hinzugefügten Daten lassen sich in folgende Gruppen einteilen:
1. Patienten-Stammdaten,
2. Analysen-Stammdaten,
3. Normalbereiche,
4. Ergebnisse der Qualitätskontrolle,
5. frühere Laborergebnisse.
Die beiden ersten Gruppen sind unproblematisch. Die Wiedergabe datail-
lierter Feldkataloge erübrigt sich an dieser Stelle. Der interessierte
Leser findet sie im Referat von Herrn BERGNER (1), der auch auf die
Gefahren einer perfekten Vollständigkeit hinweist. Über die Verknüpfung der Datengruppen 3, 4 und 5 sind die Auffassungen noch recht kontrovers. Einer Vielzahl von Vorschlägen stehen nur wenige praktische
Erfahrungen gegenüber.

4.1 Bewertungsparameter

Eine automatische Vorbewertung von Laborergebnissen sollte nicht gleich-
gesetzt werden mit dem Versuch, eine Diagnose zu finden. Da fast jedes isolierte Laborergebnis, auch ein pathologisches, mehrdeutig in-
terpretierbar ist, sollte man realistischerweise einmal die Möglichkeiten einer bescheidenen Vorbewertung betrachten. Dafür gibt es in
der Literatur im wesentlichen 2 Gruppen von Verfahren (7):
1. Das Ergebnis wird über einen Algorhythmus mit einer Bezugsbevölke-
   rung (reference population, Normalkollektiv) verglichen. Die sog.
   Querschnittsbetrachtung läuft mathematisch auf eine Koordinaten-
   Transformation hinaus. Das Referat von Herrn STÄHLER (2) referiert
   ausführlich die Vorteile und Nachteile der vorgeschlagenen Trans-
   formationen. Die am häufigsten übliche Klassifikation aufgrund von
   Schwellenwerten und Kennzeichnung mit Sternchen ist eine qualitative Vereinfachung dieses Verfahrens.
2. Der Vergleich mit früheren Ergebnissen desselben Individuums, die
   sog. Längsschnitt-Betrachtung, wird zwar als gut begründete Alternative vorgeschlagen, es fehlen jedoch noch theoretische und experimentelle Grundlagen. Ein praktischer Einsatz ist z.Zt. nicht
   bekannt.

4.2 Verknüpfung mit Ergebnissen der Qualitätskontrolle

Die Durchführung von Untersuchungen zur Qualitätskontrolle ist seit
kurzem in der Bundesrepublik Deutschland gesetzlich vorgeschrieben
(6). Zu jeder Laboranalyse sollten demnach auch dazugehörige Kontroll-
messungen vorliegen, aus denen sich auch eine Aussage über die Zuverlässigkeit der zu betrachtenden Analysen-Serie ableiten ließe. Es
stellt sich die Frage, ob man dem auftraggebenden Arzt mit dem Patien-
ten-Ergebnis auch einen Zuverlässigkeits-Parameter mitteilen soll.
Dies wird von erfahrenen Laborleitern z.Zt. noch lebhaft abgelehnt
mit dem Hinweis auf die wechselnde Qualität des Untersuchungsmaterials,
die meist in den Verantwortungsbereich des Auftraggebers fällt. Langfristig wird man sich mit dieser Forderung an eine optimale Befund-
Darstellung beschäftigen müssen. Bezüglich eines solchen Zuverlässigkeits-Parameters werden z.Zt. mehrere Vorschläge diskutiert:
1. Angabe der Präzision einer Methode,
2.   Angabe eines Vertrauens-Intervalls,
3. Bewertung der Kontrollergebnisse der zugehörigen Serie und quantitative Angabe derselben.
Eine Wertung dieser Vorschläge zeichnet sich z.Zt. noch nicht ab. Der
Verfasser hält zumindestens für wissenschaftliche Auswertungen von
archivierten Labradaten den Vorschlag 3 für machbar und geeignet.

5. Zusammenfassung

Es werden die formalen, organisatorischen und ausgewählte inhaltliche
Aspekte der Befund-Darstellung von Laboratoriums-Ergebnissen durch
die EDV berichtet. Der formale Aspekt umfaßt die technischen Möglichkeiten und Einschränkungen, auch im Vergleich zur konventionellen
Technik. Die Ergebnisse einer Fragebogen-Aktion unter den Mitgliedern
der Sektion Labordatenverarbeitung über die üblichen und geplanten
organisatorischen Formen der Befund-Darstellung werden mitgeteilt.

Die Befragung zeigt deutlich, daß einige EDV-spezifische Formen der
Befund-Darstellung (kumulierter Laborbericht, Protokoll am Meßplatz,
Freigabe-Protokoll) sich allgemein durchsetzen. Unter dem inhaltlichen Aspekt wird speziell auf die kontroversen Punkte der automatischen Vorbewertung und der Angabe eines Zuverlässigkeits-Parameters
eingegangen.
Typische Formen der Befund-Darstellung werden auf der Tagung der Arbeitsgruppe Medizinische Informatik vom 20. - 22.3.75 in Hannover
von den Mitgliedern der Sektion ausgestellt.

6. Literaturverzeichnis

1. BERGNER: Resultat-Präsentation. Protokoll der 9. Sitzung der Sek-
        tion Labordatenverarbeitung, München 28.11.73
2. STÄHLER, F.: Zusammenstellung von Vorschlägen zur einheitlichen
        Darstellung von Labordaten.. Protokoll der 10. Sitzung der
        Sektion Labordatenverarbeitung, Hamburg 7.6.74
3. BORNER, K.: Ein einfaches System der Dokumentation von Labora-
        toriumsbefunden als Beispiel einer Informationskette im Kran-
        kenhaus. Meth.Inform.Med. 12, 26-31 (1973)
4. ANONYM: Verordnung über die Führung und Aufbewahrung von Kranken-
        geschichten. Gesetz- und Verordnungsblatt von Berlin 1.7.72,
        S. 557
5. H.RIEGER: Aufbewahrung von Laboratoriumsbefunden. Ärztl.Lab. 19,
        31 (1973)

6. ANONYM: Richtlinien der Bundesärztekammer zur Durchführung der
        statistischen Qualitätskontrolle und von Ringversuchen im
        Bereich der Heilkunde. Deutsches Ärzteblatt 68, 2228-2231
        (1971)
7. BÜTTNER, H., HANSERT, E., STAMM, D.: Auswertung, Kontrolle und
        Beurteilung von Meßergebnissen.

in H.U. Bergmeyer: Methoden der enzymatischen Analyse. 3. Aufl. 1974,
        Verlag Chemie, Weinheim, S. 350 ff.

7. Anschrift des Verfassers:

Prof. Dr. K. Borner

D 1   B e r l i n   45
     Hindenburgdamm 30

KLINIKUM STEGLITZ der FREIEN UNIVERSITÄT BERLIN — LABORATO[RIUM]

HAEMATOLOGIE

Blutgruppe u. Rh-Faktor
Coombs-Test
Kälteagglutinine
irregul. Antikörper

Hämoglobin
Erythrozyten
Hb_E / Hämatokrit
Leukozyten
Retikulozyten
Thrombozyten

Diff. Blutbild

27. 12. 69

Hämoglobin *12.5* g%
Hb_E *33* γγ
Erythrozyten *3.55* Mill/mm³
Leukozyten *10 200* /mm³

8 I.

Hämoglobin *12.3* g%
Hb_E *33* γγ
Erythrozyten *3.26* Mill/mm³
Leukozyten *6 700* /mm³

Datum ▶ *24. 12. 69*   *27. 12. 69*

pH art. (akt) 7,36-7,42	
pCO_2 art. (akt) 36-44 mm Hg	
ven. (akt) 40-48 mm Hg	
Standard-HCO_3 20-28 m Mol.l	
Na^+ i. P 135-145 m Mol/l	
K^+ i. P. 4,0-5,0 m Mol/l	
Cl i. P. 97-103 m Mol/l	
Titrationsazidität 80 m Mol/24 h	
Ca i. P. 2,4-2,6 m Mol/l	
anorg Phosphat 0,9-1,2 m Mol/l	
Mg 0,75-0,90 m Mol/l	
Fe ♂ 18-22 μ Mol/l	
Fe ♀ 14-18 μ Mol/l	
Cu 14,3-21,0 μ Mol/l	
Glukose i B 0,50-0,90 g/l	
Kreatinin i. P. 6-12 mg/l	
i. H. 1,1-3,2 g/24 h	
Harnstoff i P. 0,15-0,45 g/l	
Ges Stickstoff i H 10-18 g/24 h	

106684 69 15
KLINIKUM STEGLITZ - FU BERLIN - KLIN. CHEM.

☒ Ges.-Protein i. Pl. *70.9* g/l
☒ Serumprotein-Elektrophorese
Alb .... Ext %
α_1-Glob. .... Ext %
α_2-Glob. .... Ext %
β_1-Glob. .... Ext %
β_2-Glob. .... Ext %
γ-Glob. .... Ext %
Datum : ....

106684 69 15 1
KLINIKUM STEGLITZ - FU BERLIN - KLIN. CHEM.

☐ α-HBDH i. P. .... IE/l
☐ CPK i. P .... IE/l
☒ Bilirubin ges. i. P. *12.4* mg/l
☐ Bilirubin dir. i. P. .... mg/l
☐ Thymol .... MCL-E
☐ BSP .... mg/(40')
Datum *23.12.* Uhrzeit : *8*

Abb. 1 Konventionelle Technik der Darstellung der Labordaten (Klinikum Steglitz der TU Berlin, Auszug)

```
K U M U L I E R T E R   L A B O R B E R I C H T      SEITE  01
------------------------------------------------------------

AUFN-NR.    NAME              I-ZAHL       ALT G  KLINIK    ADR.  AUSGABE

175836 74   ████████          451306492    029 W  MED  010  AB36  11/11/74


DATUM     ZEIT MATERIAL   BESTIMMUNG                    RESULTAT          BEWERT

08.11.74   00  SERUM-VN   KALIUM                         4.22 MMOL/L
11.11.74   00  SERUM-VN     "                            3.15 MMOL/L

08.11.74   00  SERUM-VN   NATRIUM                      131.9 MMOL/L
11.11.74   00  SERUM-VN     "                          137.0 MMOL/L

11.11.74   00  VOLLBL-V   PH,AKTUELLER                   7.420

11.11.74   00  VOLLBL-V   KOHLENDIOXID-PARTIALDR.       30.0 MM HG

11.11.74   00  VOLLBL-V   STANDARD-BIKARBONAT           21.0 MMOL/L

11.11.74   00  VOLLBL-V   SAUERSTOFF-PARTIALDRUCK         43 MM HG

11.11.74   00  HARN       KETONKOERPER                 POSITIV ++          ++

08.11.74   00  VOLLBL-V   GLUKOSE                        0.86 G/L
08.11.74   00  VOLLBL-V     "                            1.92 G/L
08.11.74   00  VOLLBL-V     "                            2.01 G/L
09.11.74   08  VOLLBL-V     "                            1.59 G/L
09.11.74   14  VOLLBL-V     "                            1.74 G/L
09.11.74   20  VOLLBL-V     "                            1.36 G/L
09.11.74   23  VOLLBL-V     "                            0.69 G/L
10.11.74   00  VOLLBL-V     "                            1.46 G/L
10.11.74   14  VOLLBL-V     "                            0.99 G/L
10.11.74   15  VOLLBL-V     "                            1.83 G/L
10.11.74   22  VOLLBL-V     "                            1.32 G/L
11.11.74   06  VOLLBL-V     "                            1.79 G/L

11.11.74   00  HARN       GLUKOSE                        0.0 G/VOL

08.11.74   00  SERUM-VN   KREATININ                     54.2 MG/L
11.11.74   00  SERUM-VN     "                            52.3 MG/L

11.11.74   00  PLASMA-V   QUICKTEST(THROMBOPLZT)        100.0 NORM-%


- - - - - - - - - - - - - - - E N D E - - - - - - - - - - - - - - - - -
```

Abb.2

Kurze Bezeichnung des EDV-Projektes und Name des Bearbeiters
des Fragebogens:

Organisatorische Formen der Befundausgabe für stationäre Patienten

Aktuelle Labordaten   Stellungnahme bitte ankreuzen
■ ■■■■■■■■■■■■■■■■■■

Ausgabe an Auftraggeber (Pflegeeinheit, beh. Arzt)	Realisiert Feldtest abgeschl.	nicht realis. abér wünschens- wert	Überflüssig
1. Tägl. Laborbericht als Ein- lage zum Krankenblatt	+	+	+
2. Tägl. Bericht für den Arzt, d.h. nach Pflegeeinheit geordnet	+	+	+
3. Ausgabe aktueller Labordaten über Datenendstation 3.1. nur in Form period. Ausgaben?	+	+	+
3.2. auch in Form eines Auskunftsystems?	+	+	+
4. Wöchentlicher kumulierter Bericht	+	+	+
4.1. Matrixformat	+	+	
4.2. sequentielles Format	+	+	
Ausgabe an externen Arzt			
5. Entlassungsbericht			+
5.1. In jedem Fall, alle Ergebnisse	+	+	
5.2. In jedem Fall, nur aus- gewählte Ergebnisse	+	+	
5.3. nur bei ausgewählten Fällen Ausgabe an Labor	+	+	
6. Meßwert- oder Ergebnisprotokoll am Meßplatz	+	+	+
7. Tägl. Freigabe-Protokolle	+	+	+
8. Tägl. Laborjournal	+	+	+
9. Kumuliertes Laborjournal	+	+	+
10. Selektive Ausgabe über Datenendstation	+	+	+
Archivierte Labordaten ■■■■■■■■■■■■■■■■■■■■			
11. Archivform, Aktenablage	+	+	+
12. Archivform, Magnetband	+	+	+
13. Archivform, Mikrofilm vom Dokument	+	+	+
14. Archivform, Mikrofilm vom Magnetband (COM)	+	+	
15. Selektiver Zugriff zu achivierten Daten			+
15.1. Für Krankenversorgung	+	+	+
15.2. Für Forschung	+	+	+
15.3. Für Lehrzwecke	+	+	+

Abb. 3 Fragebogen zum Thema "Befund-Präsentation"

<u>Praktische Aspekte der Parameterreduktion in EEG-Spektren</u>*

Dipl.-Phys. Hermann Hinrichs
c/o Arbeitsgruppe EEG-Analyse an der Medizinischen Hochschule Hannover
   3 Hannover-Kleefeld, Mellendorfer Str. 3

1. <u>Einleitung</u>

Im folgenden soll ein Überblick gegeben werden über Probleme der Parameterreduktion, die bei der routinemäßigen Spektralanalyse von Elec-
troencephalogrammen -EEG- unter on-line-Bedingungen auftreten. "Routinemäßig" bedeutet, pro Woche bis zu 200 analysierte EEGs aus der klinischen
Alltagsproduktion.

2. <u>Grundlagen der Spektralanalyse von EEG-Signalen</u>

Die methodischen und algorithmischen Grundlagen der Spektralanalyse sto-
chastischer Signale, mit denen wir es beim EEG in guter Näherung zu tun
haben, sind inzwischen umfassend erarbeitet und theoretisch abgesichert
worden.[1] In groben Zügen verläuft die Spektralanalyse nach den folgenden
Schema[1], das in diesem Rahmen nur skizzenhaft beschrieben werden kann
(vgl. Abb. 1).

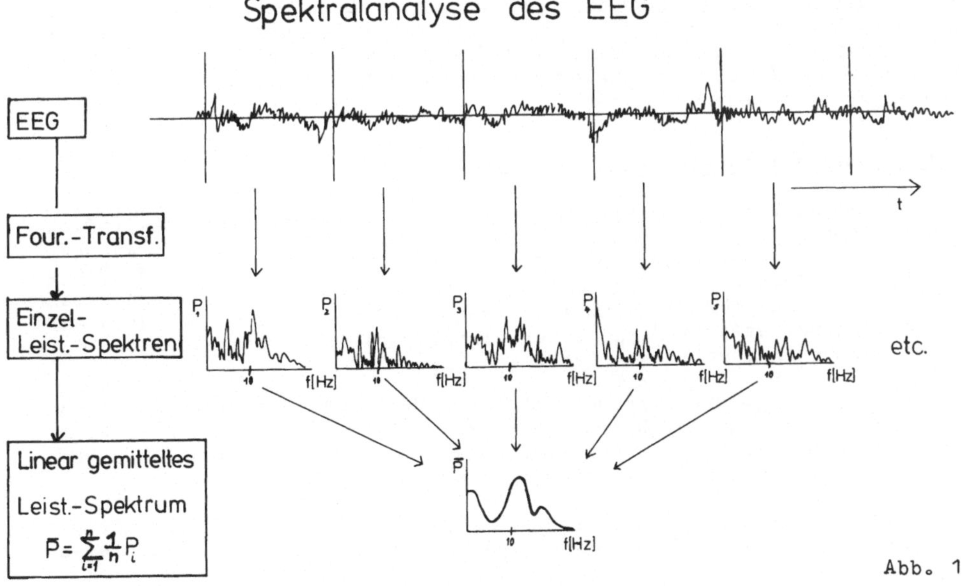

$$P = \sum_{i=1}^{n} \frac{1}{n} P_i$$

Abb. 1

Das komplette digitalisierte EEG-Signal von 2 - 3 min Dauer wird aus
Speicherplatz- und Rechenzeit-Gründen nach der Methode von Whelch in
einzelne aufeinanderfolgende Teilintervalle -Segmente- von einiger Sekunden Länge, zerlegt. Man bezeichnet dies mit dem Schlagwort <u>Segmen-</u>

*Die Arbeiten konnten durchgeführt werden dank einer Forderung durch das
 Bundesministerium für Forschung und Technologie, DVM 012

tierung. Jedes dieser Teilintervalle wird nun einzeln nach Fourier transformiert. Den **Spektralschätzer** für das betrachtete EEG erhält man dann durch lineare Mittelung der Leistungsspektren der einzelnen Segmente. Die Varianz des gemittelten Spektralschätzers verringert sich entsprechend gegenüber den einzelnen Spektralschätzern.

Zur Glättung der erhaltenen Spektren führt man noch s.g. "Fenster" ein[2], das sind Gewichtsfunktionen, mit denen die Zeitreihe vor der Transformation beaufschlagt wird (etwa Dreieck, Cosinus etc.). Im Frequenzbereich entspricht dies einer Faltung des Spektrums mit der Transformierten des Fensters.

Der so gewonnene Spektralschätzer gehorcht statistisch gesehen einer x^2-Verteilung mit n x k Freiheitsgraden mit n = Anzahl der Segmente und k = Konstante, die von der Art des benutzten Fensters abhängt. K liegt im Bereich 1 - 4.

Um den strengen Realzeitanforderungen zu genügen - insgesamt müssen die EEG-Signale von 12 Kanälen simultan analysiert werden - verwendet man zur Fourier-Transformation den schnellen Algorithmus von COOLEY-TUKEY.

Das so gewonnene Spektrum wird beschrieben durch in unserem Fall 180 Spektral-Koeffizienten im Bereich 0...30 Hz. Bei 12 Kanälen bedeutet das insgesamt 2.160 Parameter pro EEG und evtl. noch mehr bei Berücksichtigung von Kreuzspektren. Hinsichtlich einer statistischen Weiterverarbeitung dieser Daten, z.B. im Sinne einer Diskriminanzanalyse, ist eine Reduktion der Datenmenge unbedingt erforderlich. Zu diesem Zwecke lassen sich verschiedene Modelle zugrunde legen, deren Eignung und Berechtigung bislang nur anhand der praktischen Erfahrung zu beurteilen ist, da über die Genese des Electroencephalogramms noch keine umfassenden und gesicherten Erkenntnisse vorliegen.

3. Konventionelle Parameterreduktion, Mängel

In einem möglichen Ansatz wird das Spektrum als Wahrscheinlichkeitsdichteverteilung interpretiert und entsprechend der konventionellen Auswertung in vier Frequenzbänder δ (0,5 - 3,5 Hz), ϑ (3,5 - 7,5 Hz), α (7,5 - 12,5 Hz), β (12,5 - 30 Hz) aufgeteilt. Für den gesamten Frequenzbereich 0,5 - 30 Hz sowie für die einzelnen Frequenzbänder lassen sich dann auf einfache Weise, etwa im Sinne einer verteilungsfreien Statistik die folgenden Parameter bestimmen[3] (vgl. Abb. 2):

1. Die Ausprägung. Sie errechnet sich aus der Summe der einzelnen Spektralkoeffizienten in dem betrachteten Frequenzbereich und stellt die auf den Frequenzbereich entfallende Leistung dar. Die relative Ausprägung ist das Verhälnis der Bandleistung zur Gesamtleistung.

2. Der Modus, auch dominante Frequenz genannt. Er ist definiert als die Frequenz des Maximums der Verteilungskurve in dem jeweils betrachteten Frequenzbereich.

3. Die 10%/90%-Grenzen. Sie sind so definiert, daß von der unteren Bandgrenze bis zur 10%- bzw. 90%-Grenze 10% bzw. 90% der jeweiligen Bandleistung entfallen. Anschaulich bilden diese Paramter ein Maß für die Frequenzvariabilität entsprechend dem Begriff der Bandbreite in der Nachrichtentechnik. Die naheliegende Idee, vom Modus ausgehend die Streubreite zu berechnen, wie es einer parametrischen Statistik entspräche, birgt die Gefahr in sich, bei der anschließenden Angabe der Frequenzvariabilität in der Form $\pm 2\sigma$-Grenzen die Bandgrenzen zu überschreiten.

Mit Hilfe der so gewonnenen Parameter hat man eine Datenreduktion von 180 auf 20 Werte/Kanal erreicht.

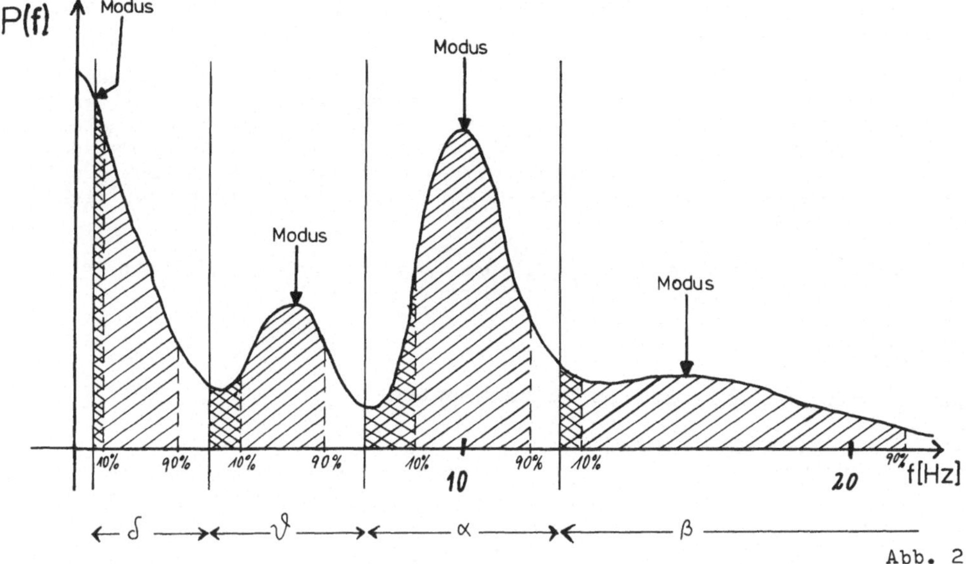

Abb. 2

In vielen Fällen ist das EEG auf diese Weise ausreichend beschrieben.
Die grundsätzliche Brauchbarkeit dieses Modells ist u.a. bei varianz-
analytischen Untersuchungen von Medikationswirkungen mehrfach unter Be-
weis gestellt worden. Ein wesentlicher Vorteil dieses Verfahrens liegt
in dem geringen Rechenaufwand, der zeitlich gegenüber der Spektralanalyse
nicht ins Gewicht fällt.

Autospektrum

Spur 7 mit 0 fehlerhaften Halbsegmenten

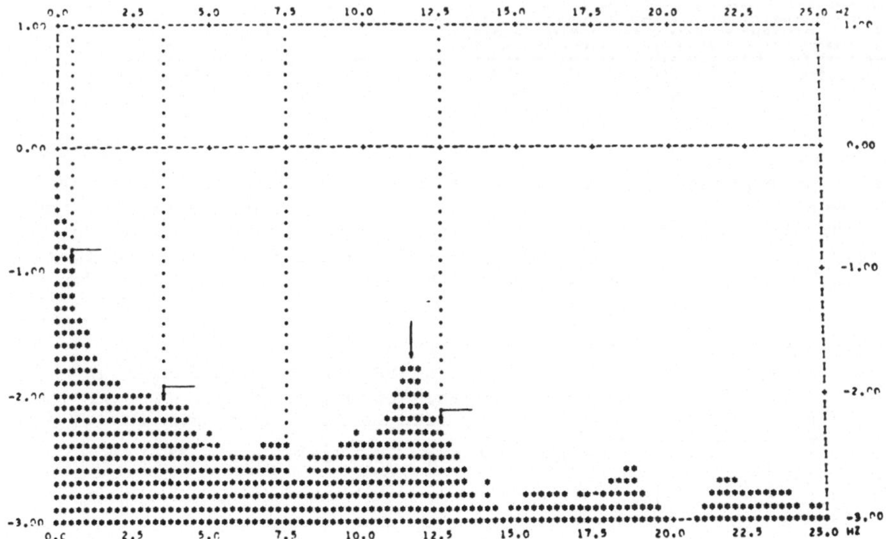

Abb. 3

So ideal jedoch, wie es **in** Abb. 2 dargestellt ist, sind die Verhälnisse im allgemeinen nicht:

Anhand der Abb. 3 und 4 erkennt man die Unvollkommenheit des zugrunde gelegten Modells fester Bandgrenzen. Fällt eine Bandgrenze gerade mitten in die Flanke eines "Gipfels" des benachbarten Bandes wie in Abb. 3, so wird u.U. die Bandgrenze als Modus bestimmt, so daß von den Parametern an dieser Stelle ein "Gipfel" vorgetäuscht würde. Gleichzeitig wird über die 10% / 90%-Grenzen die Struktur des α-Gipfels nur unvollständig bzw. verzerrt wiedergegeben.

Die Nichtberücksichtigung von mehrfachen "Gipfeln" wie z.B. in Abb. 4 in einem Band ist ein weiterer schwerer Mangel des Verfahrens.

Autospektrum

Spur 10 mit 0 fehlerhaften Halbsegmenten

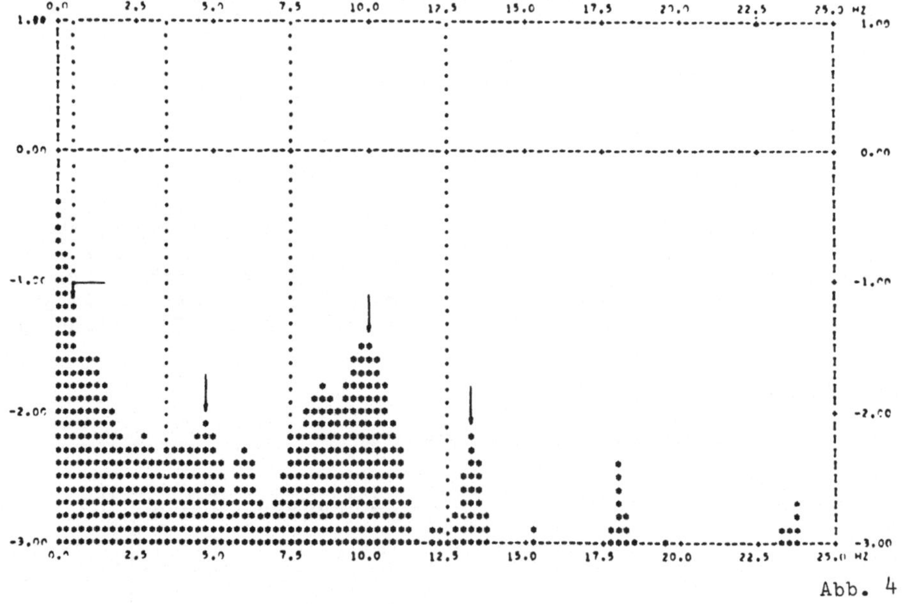

Abb. 4

Als Folge davon ergeben sich für die einzelnen Parameter empirische Verteilungskurven, die in vielen Fällen alles andere als normalverteilt sind oder auch nur irgendeiner der gängigen Verteilungsfunktionen gehorchen. Die Konsequenzen für statistische Analyseverfahren, die Normalverteilung voraussetzen, müssen im Einzelfall gründlich durchdacht werden. Zur Veranschaulichung ist in Abb. 5

ein Prototyp einer Paramterverteilung abgebildet,* wie man sie sich wünscht, in diesem Fall wurde die α-Ausprägung von ca. 150 Probanden zur Ermittlung der Verteilung herangezogen. Von welch unangenehmer Art die Verteilung der Parameter jedoch auch sein kann, erkennt man in

---

*Abbildung 5 und 6 wurden von Herrn Ferber zur Verfügung gestellt.

4. ABLEITUNG AU   12 ALPHA AUSPRÄGUNG

SAMPLE: 162 ALPHA - E E G' S
SCHRITTWEITE: O.33E+O1   %

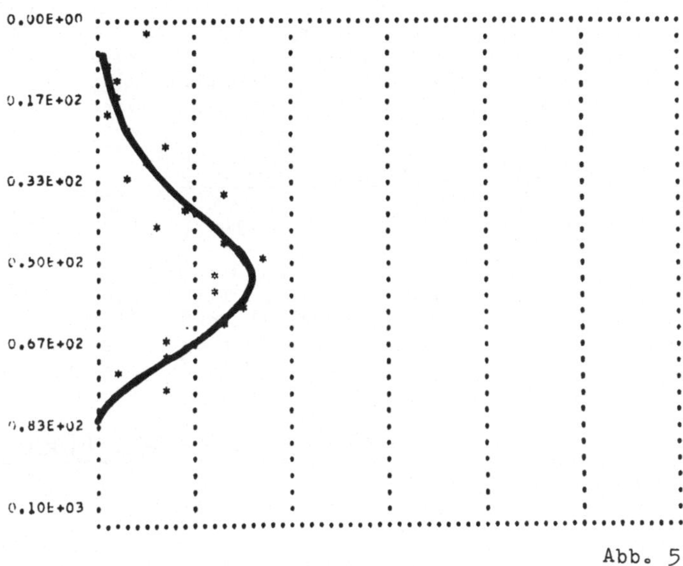

Abb. 5

4. ABLEITUNG AU 8 THETA MODUS

SAMPLE: 162 ALPHA - EEG's
SCHRITTWEITE: O.13E+OO   HZ

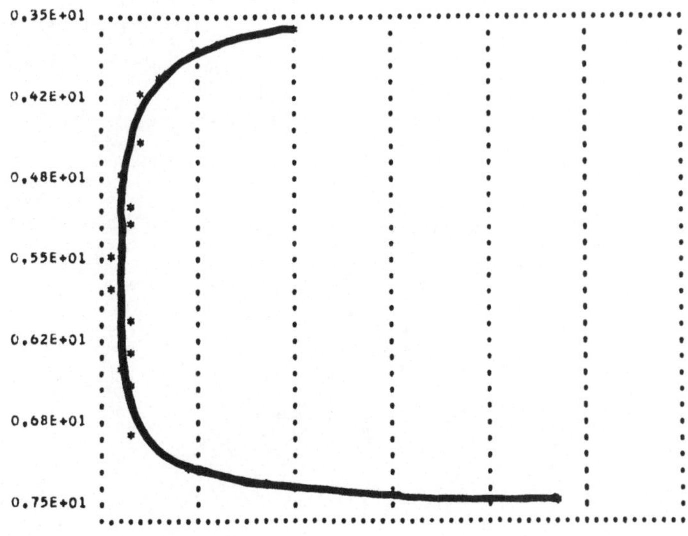

Abb. 6

Abb. 6, die die Verteilung des ϑ-Modus darstellt. Anschaulich ist diese
Kurvenform dadurch zu erklären, daß der ϑ-Modus meistens in der Flanke
des α-Gipfels oder des δ-Gipfels, also jeweils am Rand des ϑ-Bereiches
ermittelt wird.

Einige der genannten Schwierigkeiten könnten umgangen werden, indem man
variable, vom jeweiligen Spektrum abhängige Grenzen einführt und zusätzlich mehrere Gipfel pro Band zuläßt. Abgesehen davon, daß das zugrunde
gelegte Modell durch diese Änderung wesentlich komplizierter würde, wäre
ein Vergleich verschiedener EEGs wesentlich schwieriger.

4. Alternative Verfahren zur Parameterreduktion

4.1 Approximation des Spektrums durch lineare stochastische Modelle, An-satz von ZETTERBERG

Ausgehend von den geschilderten Unzulänglichkeiten des Modells der festen
Bandgrenzen ist zuerst von ZETTERBERG/Stockholm[4) versucht worden, das
Problem mit einem gänzlich anderen Ansatz anzugehen, indem das EEG als
Ausgang eines linearen stochastischen Modells betrachtet wird.

Lineares stochastisches Modell

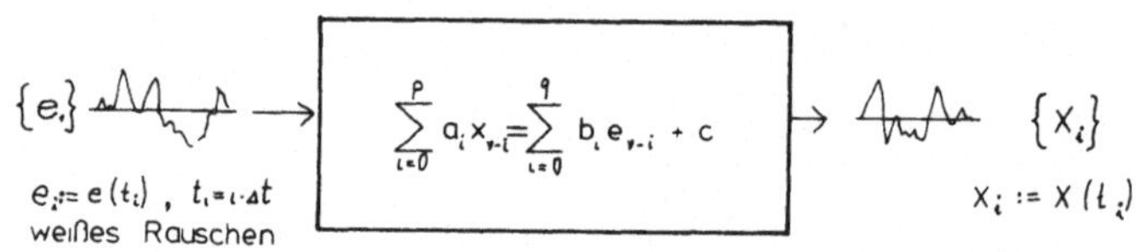

Autokorrelationsfunktion

$$\rho(\tau) = \sum_{i=1}^{P_1} F_i \exp(-\alpha_i \cdot |\tau|) + \sum_{i=1}^{P_2} \exp(-\beta_i \cdot |\tau|)\left[G_i \cos \omega_i \tau - H_i \sin \omega_i |\tau|\right]$$

mit

$p = p_1 + 2p_2 =$ Ordnung des Modells
$q < p$

Beispiel eines Spektrums

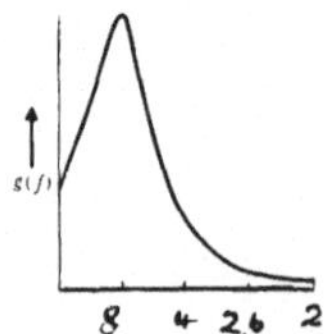

Abb. 7

Abb. 7 zeigt das Modell in Blockdarstellung. Das Ausgangssignal ergibt
sich aus dem Eingangssignal, weißem Rauschen, entsprechend der Differen-
zengleichung. Man spricht von s.g. Autoregressiven-Moving-Average-Model-
len. Diese linearen stochastischen Modelle entsprechen nachrichtentech-
nisch gesehen den digitalen Filtern und zeigen auch deren Verhalten wie
Resonanzstellen etc., so daß sie sich schon anschaulich zur Beschreibung
von EEG-Spektren sehr gut eignen. Rechnerisch besteht zunächst einmal das
Problem der Modell-Identifikation. Ausgehend vom Leistungsspektrum müssen
die Koeffizienten der Modellgleichung bestimmt werden. Üblicherweise ermittelt man zunächst per inverser Fourier-Transformation die Auto-Korre-
lationsfunktion und gewinnt daraus dann über die Maximum-Likelihood-Glei-
chung und einen Iterationsprozeß die Modellparameter. Die Autokorrelationsfunktion kann dann in anschaulicher Form (vgl. Abb. 7) beschrieben
werden, aus der die Größen "Resonanzfrequenz" und "Bandbreite" direkt
ersichtlich sind.

So eindeutig die Vorteile gegenüber dem ersten geschilderten Verfahren
auch sind, ist es doch noch nicht das ideale Verfahren und zwar aus zwei
Gründen:

Erstens muß man sich von vornherein auf eine bestimmte Ordnung des Modells festlegen, wobei sich sofort die Frage stellt, woran man sich in
der Wahl der Ordnung orientieren soll. Es gibt zwar mehrere Verfahren,
die notwendige Ordnung anhand der anstehenden Daten zu bestimmen, jedoch
liefern sie leider i.a. auch unterschiedliche Ergebnisse. Hinzu kommt,
daß sie z.T. mit erheblichem Aufwand verbunden sind und meist erst nach
erfolgter Modellierung eingesetzt werden können. Die Angaben für die erforderliche Ordnung des Modells schwanken denn auch ca. zwischen drei und
fünfzehn.

Der zweite Nachteil des Verfahrens liegt in dem enormen Rechenaufwand begründet, der für rein experimentelle Zwecke zwar nicht ins Gewicht fällt,
wohl aber im Rahmen einer routinemäßigen EEG-Auswertung des einleitend
geschilderten Umfangs den Einsatz momentan nicht angeraten erscheinen lassen. Um Zahlen zu nennen:

ZETTERBERG gibt an, daß er pro Spektrum zwischen 30 sec und einigen Minuten Rechenzeit benötigt in Abhängigkeit von der Ordnung des Modells
und der Art des Iterationsverfahrens. Wenn man diese Zeiten mit 12 multi-
pliziert, so ist klar, daß das Verfahren für den routinemäßigen Einsatz
nicht praktikabel ist. Es sei daran erinnert, daß das on-line analysierte
EEG nur 2 - 3 min dauert.

4.2 Approximation durch lineare Netzwerke, hybrides Rechenverfahren

Wie bereits erwähnt, sind die linearen stochastischen Modelle äquivalent
zu digitalen Filtern. Diese wiederum lassen sich durch eine einfache z-
Transformation zu äquivalenten Analog-Filtern oder allgemein linearen
Natzwerken in Beziehung setzen. Dieser Gedanke legt es nahe, ausgehend
von der Interpretation des EEG-Spektrums als Ausgangssignal eines mit
weißem Rauschen angeregten linearen Netzwerkes, ein hybrides Verfahren
für die Lösung des Problems zu entwickeln. Das Netzwerk sollte dabei auf
einem Analogrechner realisiert werden, dessen Domäne ja u.a. die Lösung
solcher Probleme ist, während der Digitalrechner die Optimierungsstrate-
gie bestimmt. Ich habe dieses Verfahren auf unserem hybriden Rechner
HRS 860 programmiert, ohne jedoch von guten Erfahrungen berichten zu
können. Bei genauerem Hinsehen nämlich stellt sich das Fehlen der Phasen-
information als schwerwiegendes Manko heraus. Üblicherweise ist bei analogen oder hybriden Optimierungsproblemen dieser Art die Übergangsfunktion des gesuchten Filters bekannt, so daß dann der Analogrechner den
größten Teil des Rechenaufwandes übernehmen kann. In unserem Fall jedoch
kennt man nur das Leistungsspektrum bzw. die Autokorrelationsfunktion,

die ein Netzwerk nicht eindeutig beschreiben. Um nach der Ermittlung der jeweils aktuellen Übergangsfunktion auf dem Analogrechner die Abweichung vom gewünschten Ergebnis zu errechnen, muß man entweder die Übergangsfunktion Fourier transformieren und quadrieren, oder einen zweiten Rechenzyklus auf dem Analogrechner starten zwecks Bestimmung der Autokorrelationsfunktion. Außerdem kommt als störend noch hinzu, daß Änderungen <u>unterschiedlicher</u> Parameter annähernd <u>gleichen Einfluß</u> auf den Approximationsfehler haben, wie in Abb. 8 erkennbar,

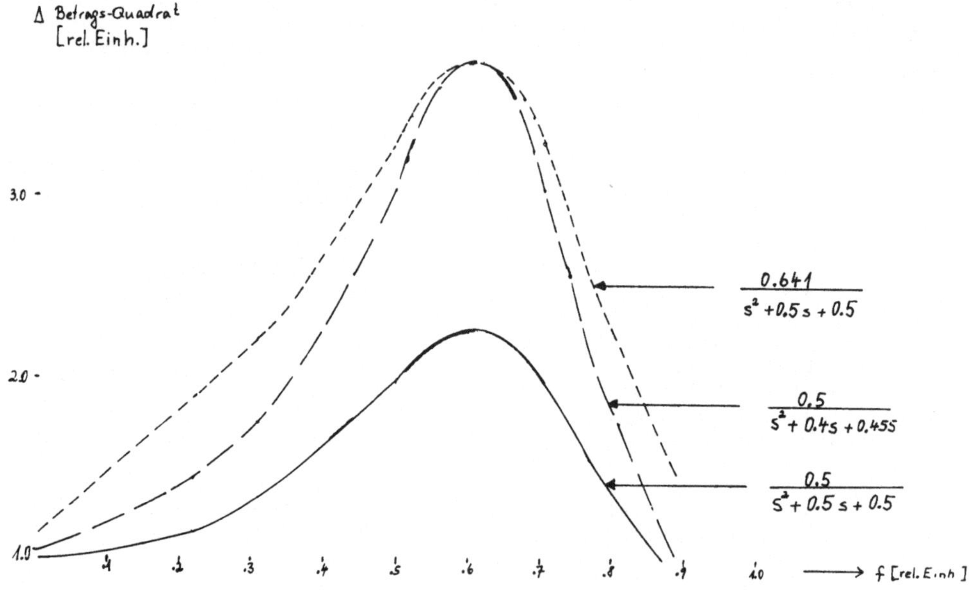

Abb. 8

so daß das Iterationsverfahren instabiler wird und auf Rechen-Ungenauigkeiten des Analogrechners empfindlich reagiert. Aus diesem Grunde führte ein **GAUSS-SEIDEL** Iterationsverfahren mit variabler Schrittweite u.a. schon bei einem einfachen Filter zweiter Ordnung nicht zur Konvergenz. Erfolgreicher war dagegen ein Gradientenverfahren, das allerdings wegen der vor jedem Optimierungsschritt erforderlichen Ermittlung des Gradienten sowie gegebenenfalls der optimalen Schrittweite recht umständlich arbeitet.

In Abb. 9 ist für zwei Parameter ein typischer Iterationsweg des Gradientenverfahrens dargestellt.

Eine Reihe der aufgeführten Schwierigkeiten können umgangen werden, wenn man sich nur für die analytische Beschreibung der Autokorrelationsfunktion interessiert und für den Optimierungsprozeß die Autokorrelationsfunktion für $t < 0 = 0$ setzt und dann direkt als Übergangsfunktion eines Filters interpretiert. Da aber selbst für diesen vereinfachten Fall bei steigender

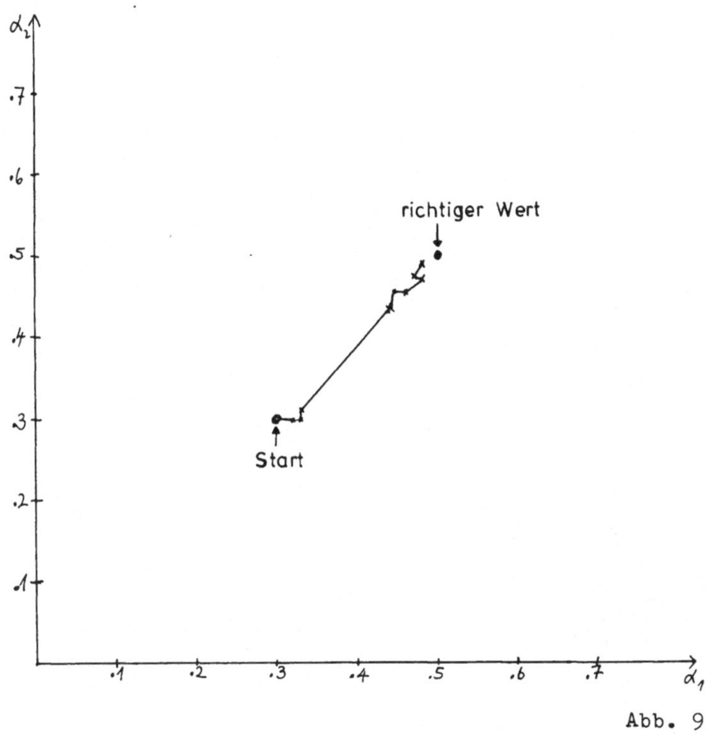

Abb. 9

Ordnung des Modells die Anzahl der Optimierungsschritte überproportional
wächst, scheidet diese Methode gleichfalls aus Rechenzeit-Gründen für die
Anwendung im Routinebetrieb aus.

Ich habe daher inzwischen begonnen, einen hinsichtlich Rechenzeit erfolg-
versprechenderes Approximationsverfahren zu erproben. Die Vorgehensweise
ist dabei gänzlich anders als in dem vorangehenden Verfahren, führt jedoch zum gleichen Ziel, einer analytischen Beschreibung der Autokorrelationsfunktion.

Zunächst wird, wie schon beschrieben, aus dem Leistungsspektrum durch in-
verse Fourier-Transformation die Autokorrelationsfunktion gewonnen. Diese
wird für $t < 0 = 0$ gesetzt und direkt als Übergangsfunktion eines linearen
Netzwerkes interpretiert. Als erster Schritt wird dieses Signal aus Zeit-
gründen auf dem Analogrechner nach dem orthogonalen Funktionssystem der
Laguerre-Funktion entwickelt. Die funktionale Beschreibung im Zeit- und
Frequenzbereich, einige Laguerre-Kurven sowie die Realisierung der entsprechenden Laguerre-Netzwerke auf dem Analogrechner sind in Abb. 10 dargestellt.

Als besonders angenehm ist der kaskadische Aufbau aus einfachsten linearen Analog-Rechenelementen zu bemerken. Es dürfte keine größeren Schwierigkeiten bereiten eine solche Schaltung in Form einer Hardware-"black
box" mit einem reinen Digitalrechner zu koppeln. In dieses Netzwerk wird
das zu entwickelnde Signal der Länge T in zeitlicher umgekehrter Abfolge
über D/A-Wandler vom Digitalrechner eingespeist. Entsprechend der Faltung
zwischen Eingangssignal und Systemfunktion stehen nach der Zeit T die
laguerreschen Entwicklungskoeffizienten an den einzelnen Ausgängen parallel an, wie an Hand der Abb. 11 nachzuvollziehen ist.

Laguerre-Funktionen

Frequenzbereichs-Darstellung.

$$L_n(j\omega) = \frac{\sqrt{2}}{1+j\omega}\left(\frac{1-j\omega}{1+j\omega}\right)^n$$

Zeitbereichs-Darstellung.

$$l_n(t) = \sqrt{2}\,\frac{d^n(t^n \cdot e^{-t})}{dt^n}\cdot(-1)^n$$

z.B.

$$l_0(t) = \sqrt{2}\,e^{-t}$$
$$l_1(t) = \sqrt{2}\,e^{-t}(1+t)$$
$$l_2(t) = \sqrt{2}\,e^{-t}(t^2 - 4t + 2)$$

Analogrechnerschaltung.

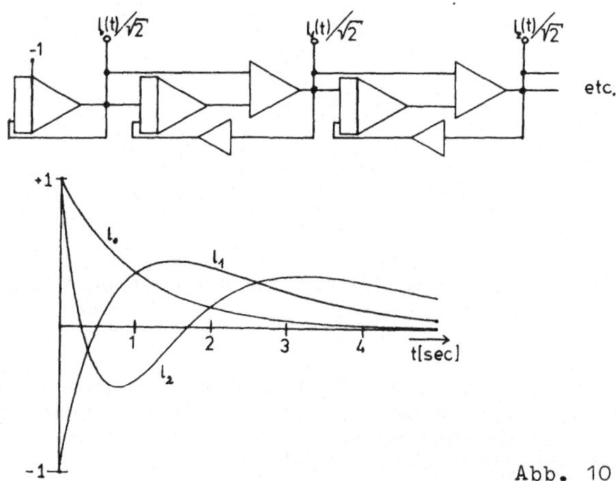

Abb. 10

Mit einem von K. STEIGLITZ[5] angegebenem Algorithmus läßt sich aus diesem
Satz von Laguerre-Koeffizienten ein approximierendes lineares Netzwerk
vorgebbarer Ordnung p $\leqslant$ Anzahl der Koeffizienten bestimmen. Der dazu erforderliche Rechenaufwand ist gering, der Kern des Verfahrens besteht
aus einer pxp Matrix-Inversion. Die Ergebnisse erster Versuche mit syn-
thetischen Spektren, die aus addierten GAUSS-Profilen bestanden, sehen
sie in Abb. 12 und 13.

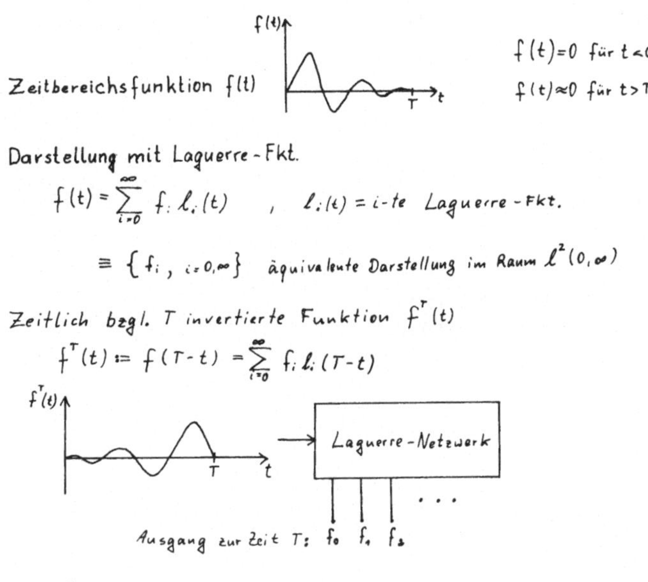

Zeitbereichsfunktion $f(t)$

$f(t)=0$ für $t<0$

$f(t)\approx 0$ für $t>T$

Darstellung mit Laguerre-Fkt.

$$f(t) = \sum_{i=0}^{\infty} f_i \, \ell_i(t) \quad , \quad \ell_i(t) = i\text{-te Laguerre-Fkt.}$$

$$\equiv \{ f_i , i=0,\infty \} \quad \text{äquivalente Darstellung im Raum } \ell^2(0,\infty)$$

Zeitlich bzgl. T invertierte Funktion $f^T(t)$

$$f^T(t) := f(T-t) = \sum_{i=0}^{\infty} f_i \, \ell_i(T-t)$$

Laguerre-Netzwerk

Ausgang zur Zeit T: $f_0 \; f_1 \; f_2$

<u>Bew.:</u>

$$\underline{f^T(t) * \ell_i(t)} = \int_{-\infty}^{\infty} f^T(t-\tau) \cdot \ell_i(\tau)\,d\tau \qquad \text{Faltung mit } i\text{-ter Lag.-Fkt.}$$

$$\approx \int_0^T f^T(t-\tau) \cdot \ell_i(\tau)\,d\tau$$

$$= \int_0^T \left[\sum_{j=0}^{\infty} f_j \, \ell_j(T-t+\tau) \right] \cdot \ell_i(\tau)\,d\tau$$

insbesondere für $t=T$

$$= \int_0^T \sum_{j=0}^{\infty} f_j \, \ell_j(\tau) \cdot \ell_i(\tau)\,d\tau \approx \underline{\underline{f_i}}$$

$\uparrow$ Orthonormalität von $\{\ell_i\}$

Abb. 11

Eingipflige Spektren mit hohem Anteil um $f = 0$ Hz werden bis auf die abfallende Flanke gut approximiert, während mehrgipflige Spektren bislang noch nicht ganz zufriedenstellend beschrieben wurden. Die Ursache dafür ist im Augenblick noch nicht geklärt. Möglicherweise müssen noch mehr als die bislang benutzten 14 Laguerre-Koeffizienten herangezogen werden. Der entscheidende Vorteil liegt wie schon gesagt im geringen Rechenaufwand von unter 1 sec bis zu ca. 5 sec je nach Ordnung des Modells. Die geeignete Wahl der Ordnung des Modells stellt natürlich auch hier ein noch nicht gelöstes Problem dar.

Approximation durch
Filter 3-ter Ordnung
Original

Abb. 12

Approximation durch
Filter 7-ter Ordnung
Original

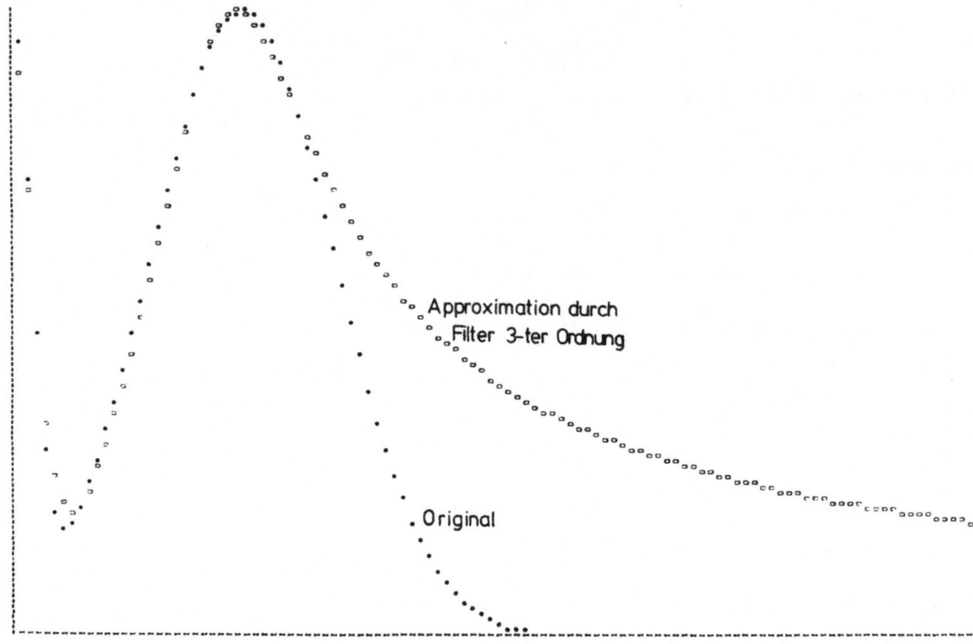

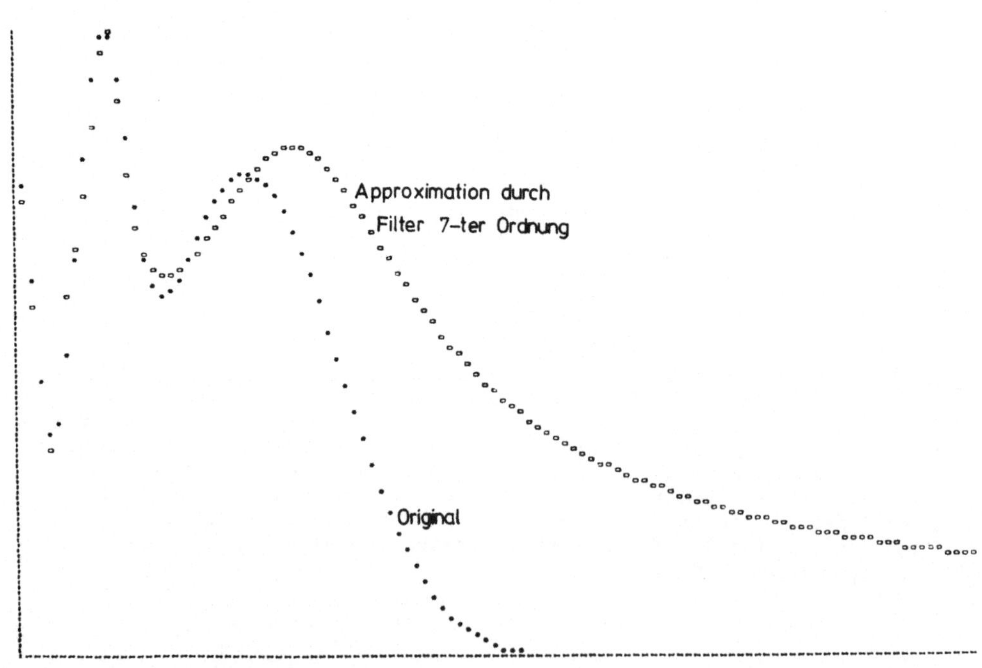

Abb. 13

4.3 Der Ansatz von Don WALTER

Zum Schluß soll noch von einem gänzlich anderen Modell (vgl. Abb. 14)zur
Parameterreduktion berichtet werden, das von Don WALTER vorgeschlagen
wurde[5]) und von uns momentan in abgewandelter Form anhand konkreter EEG-
Spektren getestet wird.

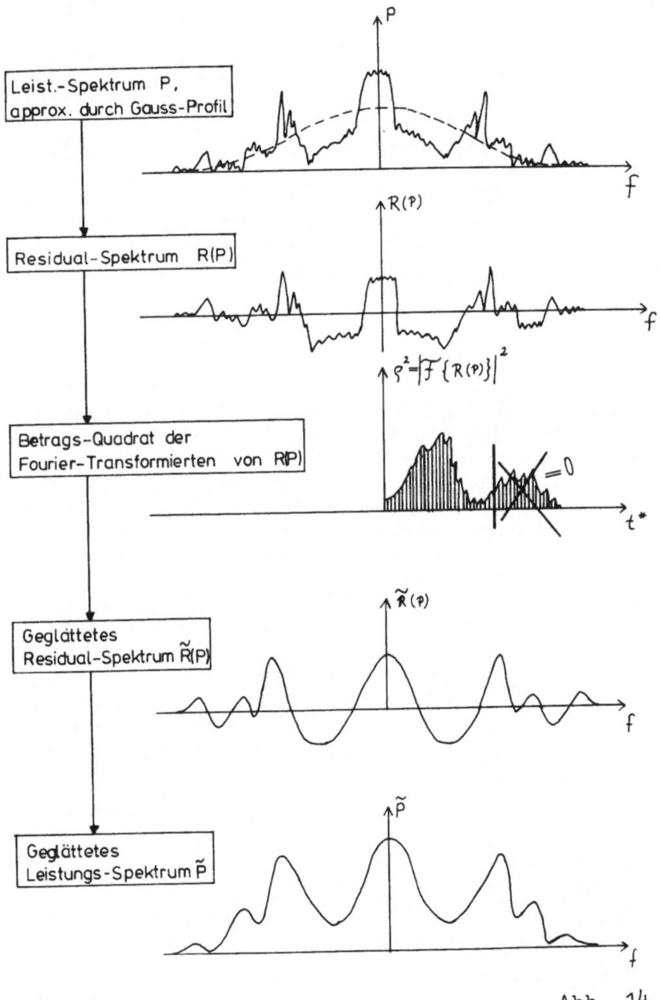

Abb. 14

Das Leistungsspektrum wird zunächst durch ein Gauß-Profil approximiert. Dadurch ergeben sich zwei erste Parameter. Die Abweichung des Spektrums von dieser Kurve also sozusagen das Residualspektrum, wird nochmals Fouriertransformiert. Ausgehend von der Hypothese, daß der durch die Varianz des Spektralschätzers verursachte Anteil am Residualspektrum sich in den hohen Frequenzen dieser zweiten Fouriertransformierten niederschlägt, werden die quadrierten Spektralkoeffizienten der zweiten Transformierten beginnend mit dem höchsten Index, also anschaulich "von hinten", aufaddiert. Die Summation wird in dem Augenblick abgebrochen, da die Summe den Wert der im Residual-Spektrum enthaltenen Rauschleitung erreicht, die sich aus der Anzahl der Freiheitsgrade des Spektralschätzers bestimmen läßt. Als Parameter verwendet man die bei der Summation unberücksichtigt gebliebenen Spektralkoeffizienten. Die Hoffnung auf möglichst wenige (ca. 10 - 20) verbleibende Kenngrößen erfüllt sich jedoch nach den bisherigen Erfahrungen nur z.T. Insbesondere ist die Anzahl der Parameter bei weitem nicht von EEG zu EEG konstant. Offen ist auch noch die Frage, wie diese Kenngrößen anschaulich zu interpretieren sind. Es sei noch erwähnt, daß durch Rücktransformation eine kontrollierte "Wiener"-Filterung für das Spektrum erreicht wird, in dem man vor der Rücktransformation die bei der Summation berücksichtigten Koeffizienten =0 setzt.*

5. Zusammenfassung:

Die konventionelle Beschreibung mit Modus, Ausprägung, 10% / 90%-Grenzen hat sich zwar für manche Untersuchungen als ausreichend erwiesen, zeigt jedoch unter gewissen Bedingungen schwerwiegende Mängel. Der Ansatz von Zetterberg, basierend auf linearen stochastischen Modellen, liefert zwar brauchbarere Ergebnisse, scheidet jedoch wegen des Rechenaufwandes für den routinemäßigen Einsatz aus. Ein analoger Lösungsweg mit einem hybriden Iterationsalgorithmus erweist sich als wenig zuverlässig und insbesondere bei Modellen höherer Ordnung als zu komplex. Erfolgsversprechender erscheint ein anderes hybrides Verfahren, in dem das beschreibende lineare Netzwerk über die Bestimmung von orthogonalen Entwicklungskoeffizienten direkt, ohne Iteration, ermittelt wird. Ein grundsätzlich anderer Ansatz versucht die von der Varianz des Spektralschätzers herrührende überflüssige Information des Spektrums von der echt biologischen Information zu trennen. Abschließend ist zu sagen, daß das Problem der Parameter-Reduktion noch einer gründlichen praktischen und theoretischen Bearbeitung bedarf.

Literatur

(1) P.D. WELCH, A Direct Digital Method of Power Spectrum Estimation. IBM Journal, April 1961, 141 - 156
(2) JENKINS & WATTS, Spectral Analysis and its Applications, Holden Day
(3) H. KÜNKEL, Simultane Vielkanal on-line-EEG-Analyse in Echtzeit. EEG-EMG 3 (1972)1, 30 - 38
(4) L.H. ZETTERBERG, Estimation of Parameters for a Linear Difference Equation with Application to EEG-Analysis. Mathematical Biosciences 5 (1969) 227 - 275
(5) K. STEIGLITZ, Rational Fransform Approximation via the Laguerre Spectrum. Journal of The Franklin Institute, 280 (1965)5, 387 - 394
(6) D. WALTER, Diskussionsbeitrag zur CEAN-working-conference in Kronberg, 1974 in: G. DOLCE u. H. KÜNKEL (Ed.), Computerized EEG-Analysis, G. Fischer-Verlag, Stuttgart, 1975 (im Druck)

*Die Untersuchungen zum Don WALTER'schen Verfahren wurden in Zusammenarbeit mit meinem Kollegen Herrn Prabhat Kumar Shee durchgeführt.

On-line EEG Analyse während des Schlafes bei cerebral bewegungsbehinderten Kindern.

Heide Schmidt-Schuh, Wolfgang Probst und Alfred Meier-Koll

Institut für soziale Pädiatrie und Jugendmedizin der Universität München
WDV Wissenschaftliche Datenverarbeitung München

Einführung

Hirnschäden in der pre-und perinatalen Zeit können eine verzögerte Hirnentwicklung verursachen. Ziel der vorliegenden Studie war es daher den Einfluß der cerebralen Bewegungsstörung auf die Entwicklung des Elektroencephalogramms zu zeigen. Die Ergebnisse der automatischen Analyse der EEG Ableitungen während des spontanen Schlafes bei gesunden Kindern verschiedener Altersstufen wurden mit denen bei spastischen Kindern und Kindern mit cerebraler Muskelhypotonie verglichen.

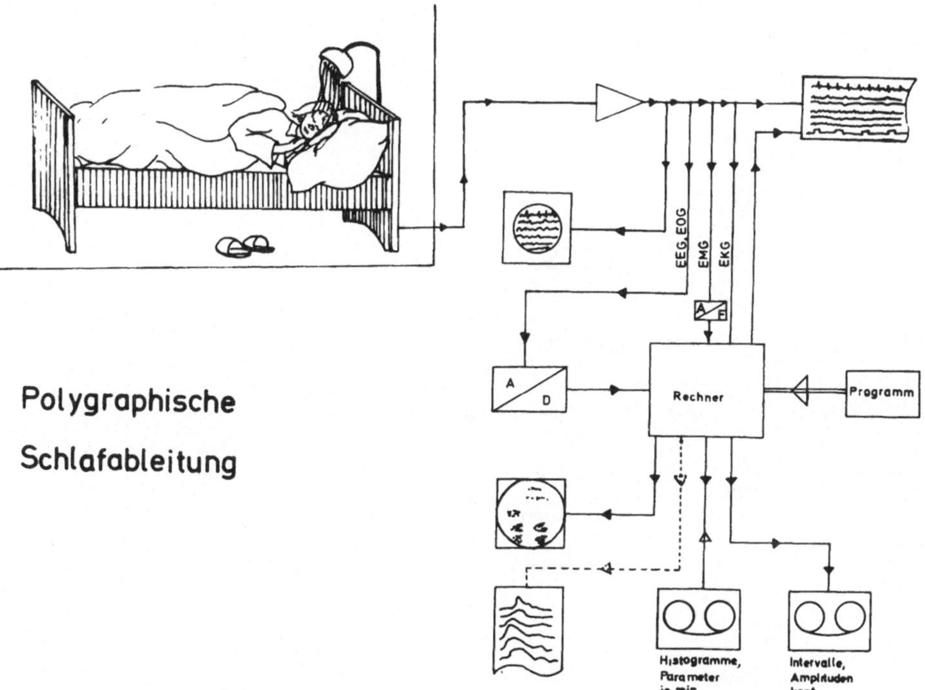

Abb. 1 Automatische Analyse von polygraphischen Aufzeichnungen

Unterstützt vom Bundesministerium für Jugend, Familie und Gesundheit der Bundesrepublik Deutschland

Methode

Ableittechnik

Es wurden 4 Kanäle EEG abgeleitet, frontal, central rechts und links und occipital gegen Mastoid, sowie zwei Kanäle EOG, rechtes und linkes Auge gegen Mastoid, das submentale EMG und das EKG von der Brustwand registriert und automatisch analysiert.

Versuchsaufbau

Gleichzeitig mit der Registrierung wurden die entsprechenden Signale von einer IBM 1130 mit einem WDV-Interface analysiert. Die Meßwerte werden zunächst in einem Datenpuffer gespeichert; wenn der Puffer

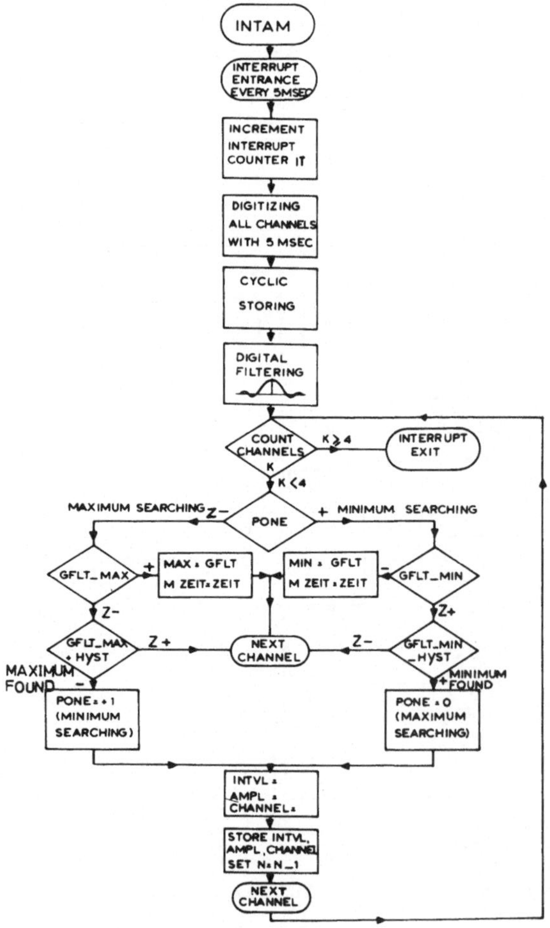

Abb. 2 Flußdiagramm der Unterroutine INTAM zur Intervall-Amplituden-Analyse des EEG

voll ist werden die Daten auf ein Digitalband überspielt. Nach jeweils einer Minute werden Histogramme und einige uns im Moment wichtig erscheinenden Parameter (Schuh, Probst 1973) berechnet und auf
ein zweites Digitalband ausgegeben. Gleichzeitig wird nach jedem
Analyseabschnitt von einer Minute ein Markierungsimpuls des Rechners
auf dem EEG-Schreiber registriert (Abb.1).

<u>EEG Analyse</u>

Zur automatischen Analyse des Elektroencephalogramms wurde unsere
Methode der Intervall-Amplituden-Analyse mittels Extremwertbestim-
mung angewandt (Smith et al. 1973).
Die Analyse wird in vier Schritten durchgeführt (Abb. 2):
1. Digitalisierung
2. Glättung
3. Bestimmung der Extremwerte
4. Speichern der Ergebnisse

Digitalisierung

Die Digitalisierungs- bzw. Abtastrate wird durch die Nyquistfrequenz
nach unten begrenzt.

$$f_N = 1/(\Delta t \cdot 2)$$

Enthält das Eingangssignal, wie das Routine-EEG (Filterung: f_u=3.3 Hz,
f_o=30 Hz), nur Frequenzen bis 50 Hz, so wäre die dazugehörige Mindest-
abtastrate 10 msec.Bei einem intervallanalytischen Verfahren ist jedoch im Hinblick auf die Rekonstruierbarkeit die Auflösung im Zeitbereich ausschlaggebend, da alle Intervalle nur als ganze Vielfache der
Abtastrate gemessen werden.Je kleiner die Abtastrate gewählt wird,
desto kleiner wird auch der Fehler der Erfassung, desto größer wird
jedoch der Rechenaufwand. Die Abtastrate stellt somit bei allen Zeit-
bereichsverfahren einen Kompromiß dar.
Wir wählten 5 msec, was einer Nyquistfrequenz von 100 Hz entspricht.
Damit darf das Eingangssignal keine Frequenzen über 100 Hz enthalten.

G lättung der Daten

Um vor allem Frequenzanteile von 50 Hz und 100 Hz (Netzbrumm) aber
auch dazwischen zu unterdrücken, wird im Anschluß an die Digitalisie-
eine Glättung des Signals vorgenommen (smoothing), was einer Filterung entspricht. Hierzu wird im Zeitbereich das Signal mit einer Gewichtsfunktion gefaltet. Dies entspricht der Multiplikation des in
den Frequenzbereich transformierten Signals mit einer entsprechenden
Übertragungsfunktion (der transformierten Gewichtsfunktion).
Die Auswahlkriterien für die Gewichtsfunktion sind folgende:
Nullstelle bei 50 Hz
keine Phasenverzerrungen (konstante Gruppenlaufzeit)
kleine Nebenmaxima im Frequenzbereich zwischen 50 und 100 Hz
möglichst geringer Rechenaufwand

Durch diese Überlegungen wurde eine trapezförmige Gewichtsfunktion bestehend aus 5 Punkten bestimmt (Abb. 3 oben). Zum Vergleich sind hier
noch zwei weitere rechteckige Impulsfunktionen, bestehend aus 3 und 5
Punkten, eingezeichnet. Man sieht, daß deren Übertragungsfunktionen
zwar steilere Flanken besitzen, daß aber die Nebenmaxima im Sperrbe-

reich wesentlich größer sind als die der gewählten Funktion.
In Abb. 3 unten sind zwei Tiefpaßübertragungsfunktionen mit recht-
eck- bzw. trapezförmigem Verlauf dargestellt. Die zugehörigen Impulsfunktionen zeigen Ausschwingvorgänge. Das bedeutet, daß bei diesen Filtern als Antwort auf einen Impuls "Wellen" generiert werden.
Allgemein gilt: je steiler die Filterflanke, desto größer die Über-
schwinger.

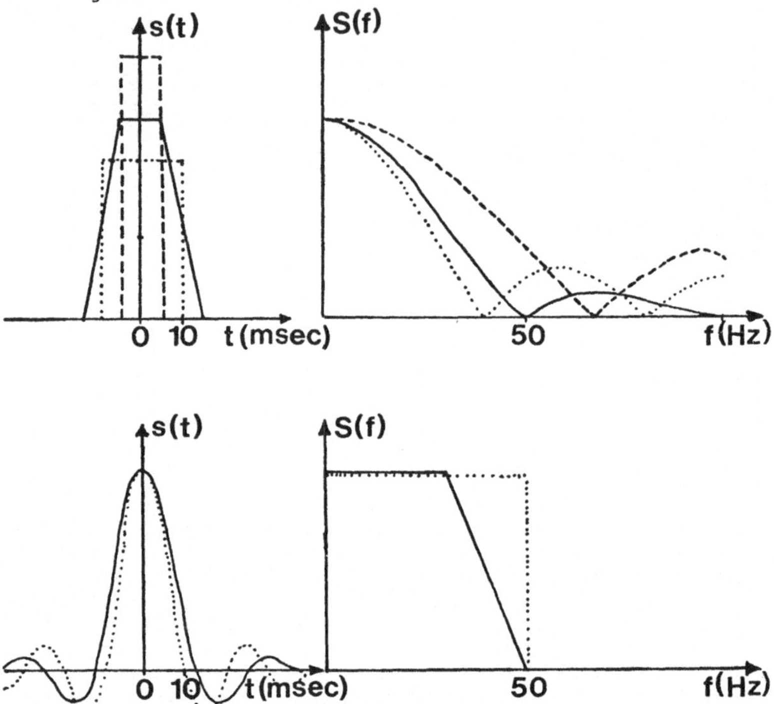

Abb. 3 Darstellung verschiedener Impulsfunktionen mit den zugehörigen
Übertragungsfunktionen

Bestimmung der Extremwerte

Die Extremwerte des digitalisierten und geglätteten Signals werden
durch Differenzbildung des letzten Punktes mit einem hypothetischem
Maximum bzw. Minimum bestimmt. Ein Extremwert wird nur als solcher
anerkannt, wenn die Spannungsdifferenz zwischen ihm und dem vorhergehenden einen bestimmten einstellbaren Wert überschreitet (Amplitudenhysterese). Die Spannungsdifferenzen zwischen Maximum und Minimum
werden als negative und die zwischen Minimum und Maximum als positive Amplituden bezeichnet. Die Zeit zwischen je zwei Extremwerten gilt
als Intervall. Die Amplitudenhysterese ist vor allem wegen des "Digi-
talisierungsrauschens" wichtig, aber auch wegen derjenigen Frequenzanteile zwischen 50 und 100 Hz, die durch die Glättung nicht vollständig unterdrückt werden.

Speichern der Ausgabedaten

Nachdem ein Extremwert aufgefunden wurde, wird die Spannungsdifferenz
(Amplitude) und die Zeitdifferenz (Intervall) zum vorausgehenden Extremwert bestimmt. Amplitude und Intervall werden mit einer entsprechenden Kanalkennzeichnung in einem 16 bit Wert abgespeichert. Damit erreicht man erstens eine starke Datenkompression und zweitens si
sind die Daten bereits für die Ausgabe auf einem Bildschirm im rich-

tigen Format (Abb 4).
Durch diese Abspeichertechnik wird die Auflösung von Amplitude und
Intervall auf jeweils 7 bit beschränkt. Dies bedeutet einen Amplitu-
denfehler von etwa 1% der Eingangsspannung und ein maximal darstell-
bares Intervall von 600 msec, was einer unteren Frequenzgrenze bei
0.83 Hz entspricht. Der Fehler der Amplitudenauflösung liegt im Rahmen der Meßgenauigkeit der Registrierung des EEG.

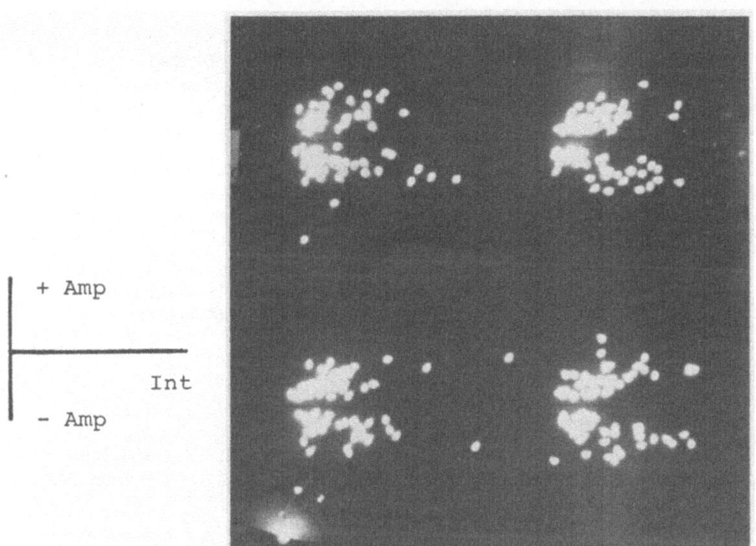

Abb. 4 Intervall-Amplitudenverteilungen während der Datenaufnahme

Das EEG Analyseverfahren liegt als Unterprogramm im IBM 1130 Assem-
bler vor. Das Unterprogramm INTAM wird durch einen Hardware-Inter-
rupt initialisiert und dadurch im Vordergrund des Rechners verarbeitet, während im Hintergrund das Rahmenprogramm die Intervalle und
Amplituden bereits weiterverarbeiten kann. In unserem Fall werden im
Rahmenprogramm die Intervall- und Amplitudenhistogramme etc. berechnet und abgespeichert. Die Intervallhistogramme wiederum transformieren wir aus Gründen der Anschaulichkeit in Frequenzhistogramme.

Ergebnisse

Die Entwicklung des EEG gesunder Kinder wird in Abb. 5 gezeigt. Hier
sind aufeinanderfolgende 10-min Frequenzhistogramme aufgezeichnet,
diewährend des Schlafes von der frontalen (F2A1), der centralen
(C4A1) und der occipitalen Ableitung gewonnen wurden. Untersuchungs-
gut waren gesunde, normal entwickelte Kinder im Alter von 4 Monaten
bis 12 1/2 Jahren. Die Histogramme, die während der Schlafstadien 2
und 3 (Rechtschaffen und Kales 1968) gewonnen wurden, sind hellgrau
gefärbt, diejenigen während des ruhigen Tiefschlafes dunkelgrau. Die
ungetönten Histogramme repräsentieren Abschnitte mit flachem, unre-
gelmäßigem EEG.
Die Frequenzhistogramme sämtlicher Schlafstadien zeigen im Alter von
4 Monaten noch nahezu die gleiche Verteilung mit einem Gipfel bei 3
-4 Hz. Mit zunehmendem Alter setzen sich die Histogramme der einzel-

nen Stadien immer deutlicher voneinander ab.Besonders während der
Stadien 2 und 3 scheinen starke Veränderungen mit dem Alter stattzu-
finden. Während des 2. Lebensjahres erscheint neben dem 2 - 3 Hz Gipfel ein anderes Maximum bei ca. 8 Hz, das mit einem vermehrten Auftreten von Spindeln in diesem Frequenzbereich (slow spindles) zusam-
menhängt. Dieser Gipfel verschwindet während des 3. Lebensjahres zugunsten eines Maximums bei 12 - 14 Hz, das mit den eigentlichen
Schlafspindeln (Sigma-Spindeln) korreliert.

Im Gegensatz zu den der normalen Kinder zeigen die Frequenzhistogramme der spastischen Kinder einen überhöhten Gipfel im Bereich von 8
8 Hz (Abb. 6). Es scheint, daß durch den Hirnschaden der Spastiker
sich die langsamen Spindelrhythmen ungehemmter entwickeln können,als
sie es bei gesunden Kindern vermögen.

Bei den hypotonen Kindern (Abb. 7) zeigen sich praktisch keine Unterschiede zwischen den Frequenzhistogrammen der einzelnen Schlafstadien und auch keine durch die Entwicklung bedingte Gesetzmäßigkeiten.
Insbesondere werden Gipfel vermißt, die die Spindelaktivität repräsentieren. Dies läßt vermuten, daß ein frühkindlicher Hirnschaden,
der sich in einer allgemeinen Muskelhypotonie manifestiert, die Entwicklung der schlaftypischen Spindelrhythmen verhindert.

Diskussion

Die Ergebnisse zeigen deutlich, daß die beiden Krankheitsbilder,
Spastik und cerebrale Muskelhypotonie mit einer pathologischen Rei-
fung des EEG einhergehen. Speziell die Spindelrhythmen, die normalerweise während der Schlafstadien 2 und 3 vorkommen sind davon betrof-
fen.
Für diese Untersuchungen ist das Verfahren der Intervall-Amplituden-
Analyse von Vorteil, da die schnellen Rhythmen des EEG, wie Beta-
Spindeln, zwar häufig auftreten, jedoch mit geringer Leistung behaftet sind, so daß sie in einem Powerspektrum beispielsweise nicht so
deutliche Gipfel verursachen würden.

Literatur

Rechtschaffen, A., Kales, A.: A manual of standardized terminology,
techniques and scoring system for sleep stages of human subjects.
Bethesda, Ma.: U.S. Dept. of Health, Education, 1968

Schuh,H.,Probst,W.: Erfassung polygraphischer Daten und deren Reduktion auf einige relevante Parameter (Schlafstudien). Die Quantifi-
zierung des Elektroencephalogramms , Beiträge zum Symposium der Arbeitsgemeinschaft für Elektroencephalographie. Jogny sur Vevey 1973

Smith,J., Probst,W., Schuh,H.: A computer analysis of the aperiodic
amplitude-interval parameters of the electroencephalogram. EDV in
Medizin und Biologie, Vol. 4, 1, 8 - 15, 1973

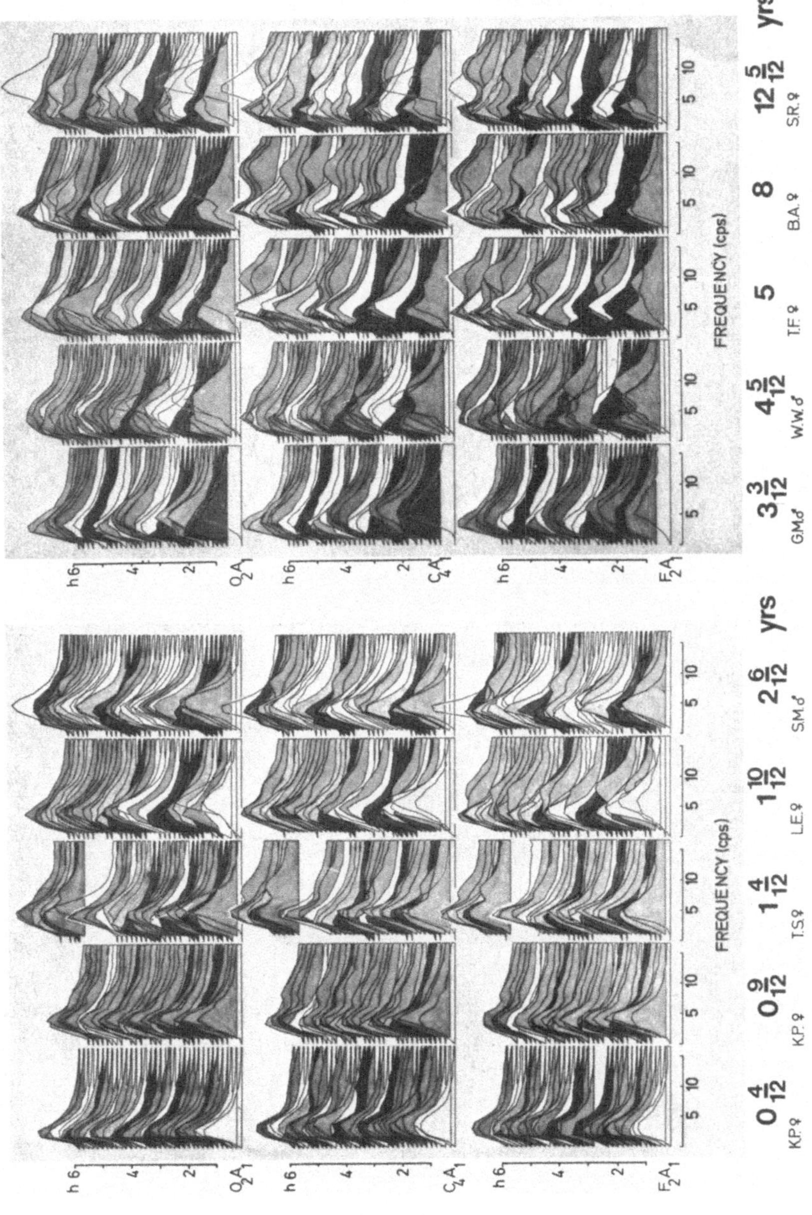

Abb. 5 Frequenzhistogramme während des Schlafes von gesunden Kindern verschiedenen Alters

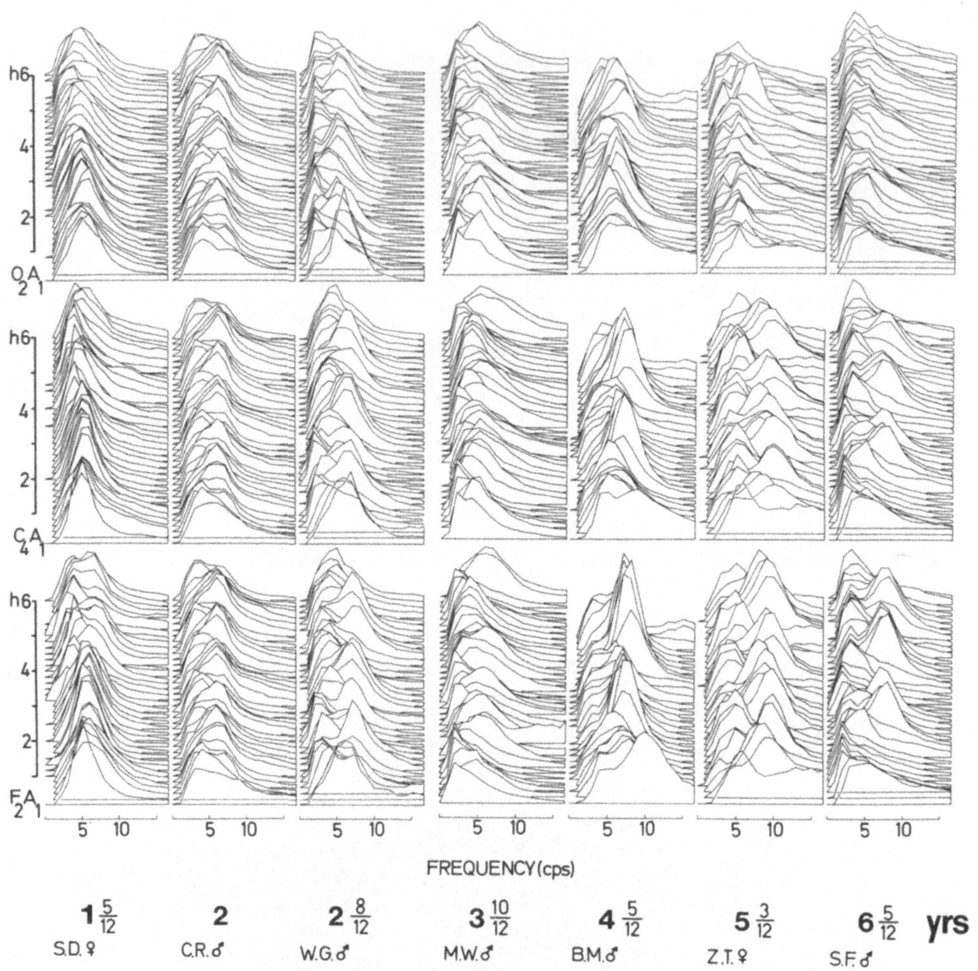

Abb. 6 Frequenzhistogramme während des Schlafes von spastischen Kindern

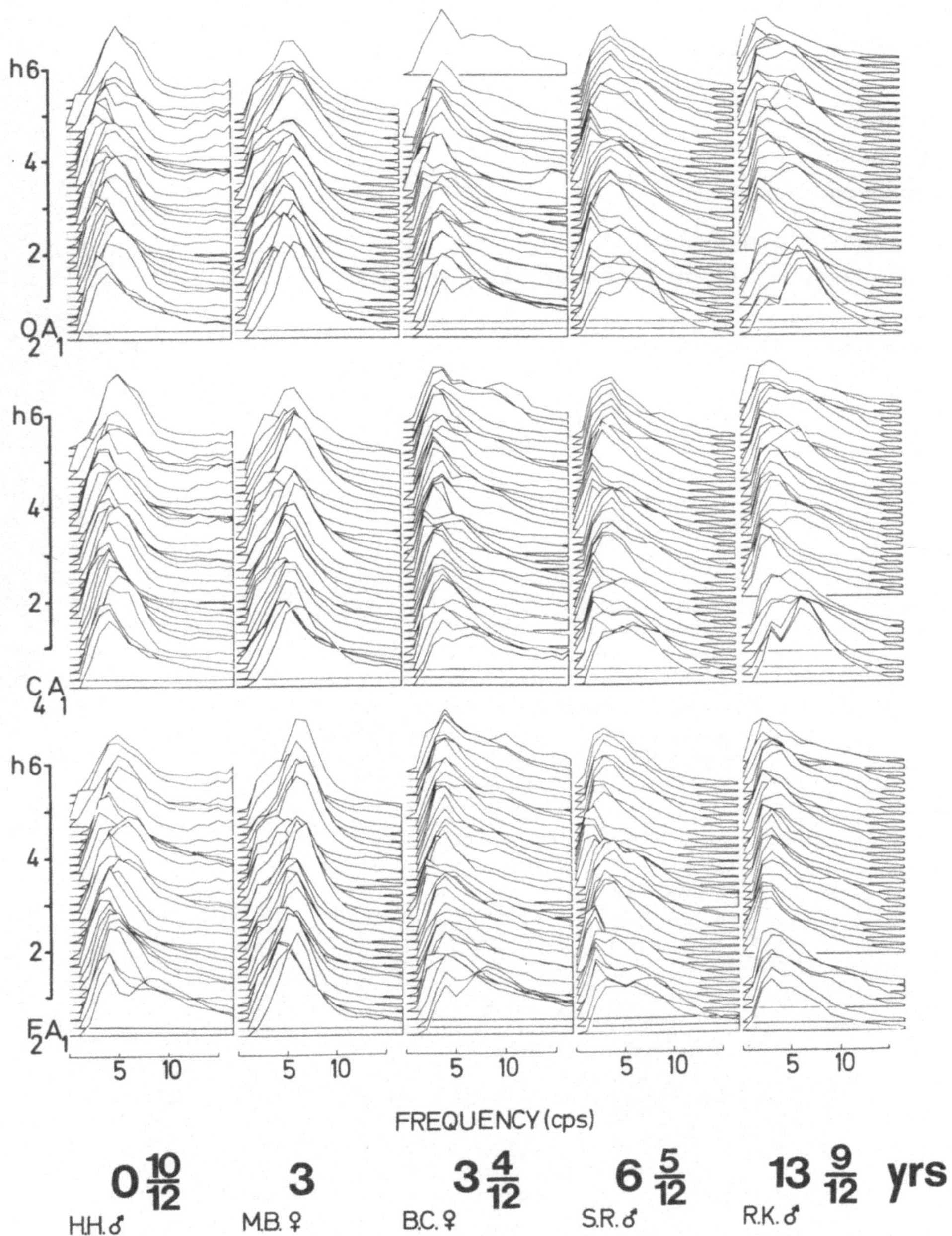

Abb. 7 Frequenzhistogramme während des Schlafes von Kindern mit cerebraler Muskelhypotonie

Adresse der Autoren

Dr. rer. nat. Alfred Meier-Koll
Dipl. Ing. Heide Schmidt-Schuh
Institut für soziale Pädiatrie und
Jugendmedizin der Universität

8 München 19

Blutenburgstr. 71

Dipl. Ing. Wolfgang Probst

WDV Wissenschaftliche Datenverarbeitung

8046 Garching

Zeppelinstr. 11

Eine digitale Registriereinheit zur EKG-Aufzeichnung

KUTSCHERA, J., J. DUDECK, G. BARTHEL, L. HABICHT, W. STRACHOTTA

Wir arbeiten gegenwärtig an einem Projekt, in dem Kinder-EKGs an fünf verschiedenen Universitätskliniken für eine Computerauswertung aufgenommen und in Giessen zusammen mit klinischer Information über den Patienten, Herzkartheterdaten und Phonokardiogramm in einer Datenbank abgespeichert werden. Die Hauptziele des Projektes sind auf der einen Seite genauere diagnostische Kriterien für eine Computerbewertung von Kinder-EKGs zu erhalten und auf der anderen Seite die diagnostischen Möglichkeiten durch eine kombinierte Auswertung verschiedener Biosignale zu erweitern.

Das Erreichen dieser Ziele erfordert die Lösung einer Reihe von Problemen, und es soll hier ein spezieller Gesichtspunkt dieser Probleme behandelt werden, der uns von allgemeinerer Bedeutung zu sein scheint.

Für eine Computerauswertung werden EKGs gewöhnlich im EKG-Labor mit einer speziellen Aufnahmeeinheit registriert. Üblicherweise prüft man das einlaufende EKG-Signal auf einem Monitor und beginnt mit der Aufnahme auf Magnetband erst, wenn das ankommende Signal frei von Störungen zu sein scheint. Nach der Registrierung oder wenn das Magnetband vollgeschrieben ist, wird es durch einen Boten oder per Post zum Computerzentrum gebracht und dort ausgewertet. Die Resultate kommen auf dem gleichen Weg zurück in die Klinik.

Die Nachteile dieses Verfahrens sind offensichtlich :

1. Die Schwester, die die Registrierung vornimmt, muss das EKG beobachten, bis es störungsfrei zu sein scheint. Nur wenn dies der Fall ist, kann die Registrierung auf Magnetband gestartet werden. Es kann aber dann durchaus sein, dass während der 5 - 10 Sekunden dauernden Registrierung auf Magnetband Störungen auftreten, die eine Neuregistrierung erforderlich machen. Das Auftreten unvorhersehbarer Störungen führt zu einem Verlust von Arbeitszeit, Magnetbandspeicherkapazität und Rechenzeit.

2. Der Transport des Magnetbandes zum Rechenzentrum und das Zurückschicken der Ergebnisse bedeuten einen erheblichen Zeitverlust, der den Einsatz des Verfahrens im Routinebetrieb verhindern kann. Der Arzt benötigt die Ergebnisse gewöhnlich sofort und nicht einen Tag später. Hinzu kommt, dass durch eine Trennung von analogem EKG-Schrieb und -Befund eine Verwechselungsmöglichkeit bei der späteren Zuordnung von Schrieb und Befund gegeben ist. Eine "positive" Probenidentifikation ist also nicht gewährleistet.

3. Durch die Benutzung zusätzlicher Datenzwischenträger oder Übertragungsmedien wie Analogband oder Telefon wird der Signalrauschabstand vermindert, was zu falschen Diagnosen führen kann.

Dieser letzte Punkt soll noch etwas näher erläutert werden, da seine Bedeutung erst kürzlich erst voll erkannt wurde.

PIPBERGER (1) zeigte vor einigen Jahren, dass die EKG-Aufnahme auf Analogband oder die Analogübertrgung der Signale über Telefon zu falschen Ergebnissen bezüglich der Wellenerkennung führen kann. Der durch EKG-Registrierung auf Analogband verursachte Rauschanteil ist verglichen mit dem Rauschen der A/D-Wandler und EKG-Verstärker unverhältnismässig hoch.

Dies würde nicht weiter stören, wenn die EKG-Programme verschiedener Autoren nicht sehr empfindlich auch auf nur sehr geringe Störungen reagieren würden. Vergleichende Untersuchungen in unserem Institut (3) und durch BAILEY (2) in Bethesda zeigen dies. In diesen Arbeiten wurden EKGs mit 500 oder 1000 Hz digitalisiert, und in einem Lauf wurden die Messwerte mit geradem Index und in einem zweiten Lauf die Messwerte mit ungeradem Index aus dem gleichen Signal dem gleichem EKG-Auswerteprogramm angeboten. Selbst mit diesem Verfahren, das das Signal weder filtert noch ihm Störungen überlagert, änderten sich die diagnostischen Aussagen. Die verglichenen Programme (CACERES, BONNER, PIPBERGER, SMITH) zeigten verschiedenes Verhalten und selbst im günstigsten Fall (BONNER) waren 24 % der diagnostischen Ausdrucke nicht identisch.

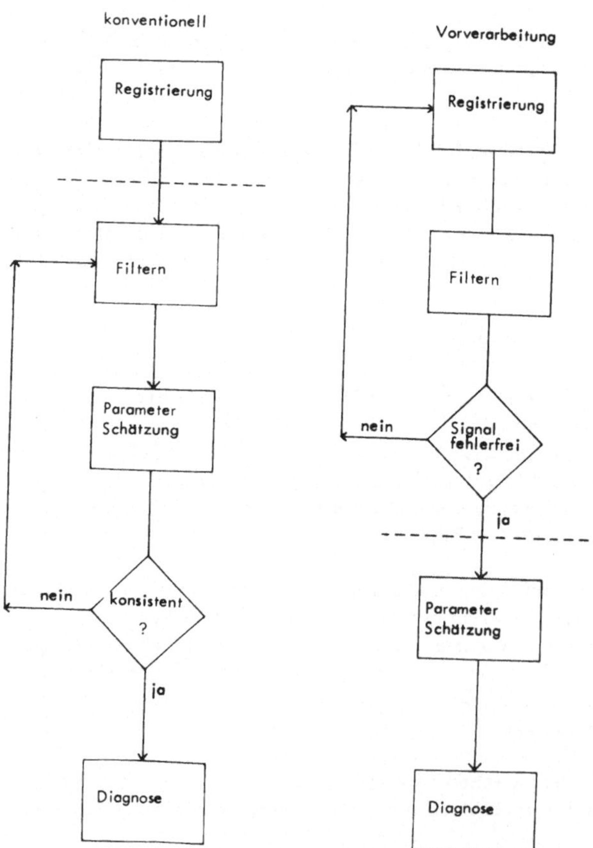

Abb. 1 : Konzepte der EKG-Verarbeitung
links : konventionelles Verfahren - rechts : Vorverarbeitungskonzept

Ein allgemeiner Schluss, den man aus diesen Beobachtungen ziehen kann, besteht darin, dass man EKG-Registrierverfahren vermeiden wollte, die den Signalrauschabstand reduzieren und man sollte versuchen, das EKG-Signal so ungestört und unverändert wie zum gegenwärtigen Stand der Technik möglich, dem Rechner anzubieten.

Die konventionelle Art der Registrierung von Ruhe-, Belastungs- und Kinder-EKGs für eine Computerauswertung hat also offenbar ernsthafte Mängel. Diese Mängel bedeuten, dass wir in unserem Kinder-EKG-Projekt Ausfallraten von ca. 20 % haben.

In Abb. 1 ist links noch einmal die konventionelle Art der EKG-Registrierung in einem Flussdiagramm dargestellt. In der ersten Stufe wird das EKG registriert. In der zweiten Stufe wird das EKG ausgewertet. Das Signal wird dort gefiltert. Eine Parameterschätzung wird versucht, dann eine Diagnose, wenn eine Parameterschätzung möglich war; wenn keine Parameterschätzung möglich war, wird dann auch keine Diagnose ausgegeben, und man erhält keine Information über den Patienten, da die Lücke zwischen Stufe 1 und 2 der EKG-Auswertung nicht überbrückt werden kann.

Auf der rechten Seite des Bildes ist das Vorverarbeitungskonzept der Computer-EKG-Aufzeichnung dargestellt.

Grundsätzlich registriert man bei einem Patienten, bis ein ungestörtes Signal in einem digitalen Pufferspeicher zur Verfügung steht, der nach dem last-in-last-out-Prinzip arbeitet. Das Signal, das in den Puffer einläuft, wird nicht manipuliert, sondern nur auf Vorliegen von Störungen geprüft. Verschiedene Filter werden für diese Prüfung herangezogen, aber das zu analysierende Signal wird nicht verändert. Wenn das Signal 5 - 10 Sekunden störungsfrei war, wird mit der eigentlichen Auswertung begonnen.

Dieses Konzept stellt im Gegensatz zur konventionellen EKG-Verarbeitung sicher, dass eine Auswertung immer möglich ist und es schliesst eine Manipulation der Daten aus, wie sie in dem konventionellen Programm betrieben wird.

Als Konsequenz aus diesen Überlegungen haben wir eine digitale Vorverarbeitungseinheit zusammengestellt, die aus einem 16 K 16 bit Minicomputer mit spezieller Peripherie besteht (Abb. 2).

Die Schwester gibt über einen Teletype die Patientenidentifikation, die Digitalisierungsfrequenz und gewünschte Ableitungen in den Computer. Die konventionellen Ableitungen und die Frank' schen Ableitungen können gewählt werden. Die EKG-Signale werden durch über Operationsverstärker gepufferte Elektroden von der Körperoberfläche abgegriffen und durch ein Wichtungsnetzwerk geschickt. Entsprechend der getroffenen Ableitungsvorwahl schaltet der Rechner jeweils drei Ableitungen auf den Eingang von drei EKG-Verstärkern, die direkt mit A/D-Wandlern verbunden sind, und startet auf ein Kommando von der Konsole her die Digitalisierung des einlaufenden Signals. Die Daten werden im Kernspeicher übernommen und parallel dazu über einen D/A-Wandler auf einem Monitor dargestellt. Ein Bereich von 7500 Worten ist im Kernspeicher als Puffer vorgesehen, der kontinuierlich gefüllt und für das Display ausgelesen wird. Wenn der 7500. Kernspeicherplatz belegt wurde, wird als nächstes wieder Speicherstelle Nr. 1 belegt usw. Auf diese Weise sind immer die 7500 Werte im Kernspeicher. Dies entspricht bei einer Digitalisierungsfrequenz von 500 Hz einem Signalintervall von 5 Sekunden. Jeder zehnte Wert aus dem Pufferspeicher wird auf dem Tectronix 604-Monitor dargestellt. Der Bildschirm wurde entsprechend den drei simultan registrierten Kanälen softwaremässig in drei Bereiche aufgeteilt. Wenn der Bedienungsperson die auf dem Monitor dargestellten Signale fehlerfrei erscheinen, kann der Datenfluss vom A/D-Wandler her durch Tastendurck beendet und es können mit den im Kernspeicher vorhandenen Daten graphische Manipulationen wie Spreizen, Vergrössern o. ä. auf dem Bildschirm durchgeführt werden, um wirklich sicher zu stellen, dass die Messwerte störungsfrei vorliegen. Ist dies der Fall, so gibt die Bedienungsperson durch Knopfdruck die Daten zur Übertragung zum Zentralrechner frei. Während der Datenübertragung werden die EKG-Kurven zusammen mit der Patientenidentifikation auf einem Printer-Plotter ausgegeben. Nach der EKG-Auswertung werden die Resultate übertragen und ebenfalls auf dem Printer-Plotter ausgegeben. Dieses System entbehrt schon einiger der aufgeführten Mängel :

1. Verfügbarkeit ungestörter Signale für das Auswerteprogramm, was sicherstellt, dass eine Diagnose erhalten wird.

2. Positive Patientenidentifikation.

3. Integrierter Output.

4. Sofortige Verfügbarkeit der Resultate.

Der Nachteil des Systems besteht darin, dass die Bedienungsperson immer noch zu entscheiden hat, ob die Signale gut oder schlecht sind.

Abb. 2 : Hardware-Konfiruration der Vorverarbeitungseinheit

REMOTE KONFIGURATION

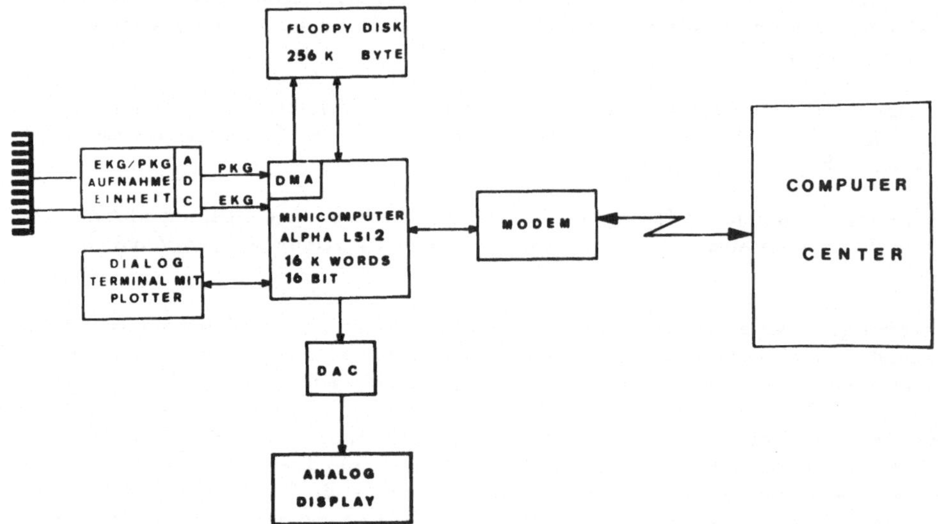

In Phase 2 des Projektes, die jetzt beginnt, prüfen wir das Verhalten von Algorithmen, die in Echtzeit das Auftreten bestimmter Störungen erkennen und Hinweise an die Bedienungsperson geben, wie Abhilfe geschaffen werden kann.

In Phase 3 des Projektes werden wir die EKG-Auswertung vollständig auf dem Minicomputer durchführen.

Zusammenfassend ist zu sagen, dass das Konzept der digitalen Vorverarbeitung nicht darin besteht, einen Patienten on-line an einen Digitalrechner anzuschliessen und dann die einlaufenden, möglicherweise gestörten Signale durch eines der konventionellen Programme auszuwerten, sondern darin, einem EKG-Programm ohne Fehlererkennungs- oder Filtermodule ein a priori ungestörtes Signal anzubieten.

Wenn wir diese Arbeiten abgeschlossen haben, werden wir eine EKG-Registrier- und Vorverarbeitungseinheit anbieten können, die für Screening-Untersuchungen, Ruhe-, Belastungs- und Kinder-EKGs ebenso geeignet ist wie für telemetrische Überwachung. Da die Einheit programmierbar ist, kann sie in der Arztpraxis andere Aufgaben wie Patientenabrechnung, Briefeschreiben, Patientendatei-Verwaltung usw. übernehmen. Da sie relativ preisgünstig ist, wird sie, wie wir hoffen, eine weite Verbreitung finden und so helfen, die Patientenversorgung zu verbessern.

L i t e r a t u r

1. BERSON, A.S., J. TAI, H.V. PIPBERGER
    Direct conversion of FM magnetic tape data into digital form
    in : American Heat Journal Vol. 76, 1968

2. BAILEY, J.J., M. HORTON, S.B. ITSCOITZ
    A method for Evelution Computer Programs for Electrocardiographic Interpretation
    III. Reproducibility Testing and the Sources of Program Errors
    in : Circulation Vol. 50, S. 88 - 93, Juli 1974

3. SCHMID-BURGH, W.
    Vergleich zweier Programme zur automatischen EKG-Auswertung
    Dissertation 1975 an der Justus-Liebig-Universität in Giessen

Bestimmung systolischer Zeitintervalle aus EKG und Phonokardiogramm

DUDECK, J.

Systolische Zeitintervalle haben in den vergangenen Jahren als Funktionstest des linken Ventrikels wachsendes Interesse in der nichtinvasiven kardiologischen Diagnostik gefunden. In einer Reihe von Publikationen (Übersicht bei Lewis (1)) konnte gezeigt werden, dass neben der Gesamtdauer der Systole QS_{II} (Q-Beginn - II. Herzton) insbesondere die Anspannungszeit (PEP - preejection period) von Q-Beginn bis zur Öffnung der Aortenklappe und die linksventrikuläre Austreibungszeit (LVET - left ventricular ejection time), von der Öffnung der Aortenklappe bis zum Beginn des II. Herztons Hinweise auf die Funktionsfähigkeit des linken Ventrikels ergeben. Funktionseinschränkungen des linken Ventrikels führen zu einer Verlängerung der Anspannungszeit und zu einer Verkürzung der Austreibungszeit. Der Quotient PEP/LVET ist deshalb eine besonders empfindliche Masszahl zur Beurteilung der Funktionsfähigkeit des linken Ventrikels. Veränderungen dieses Quotienten sind eng mit dem Grad der Funktionseinschränkung des linken Herzens korreliert. Es konnte gezeigt werden, dass der Quotient PEP/LVET bei sehr unterschiedlichen Krankheitsbildern enge Beziehungen zur Austreibungsfraktion (ejection fraction) aufweist. Weiterhin konnten Beziehungen zum Schlagvolumen bei Patienten mit chronischen Herzerkrankungen nachgewiesen werden (1).

Auch bei der Verlaufsbeobachtung von Herzinfarkten hat sich der Quotient PEP/LVET bewährt. Abnorme Werte drei Wochen nach dem Infarktereignis lassen mit grosser Wahrscheinlichkeit Dekompensationserscheinungen im weiteren Heilungsverlauf erwarten (1).

Die nichtinvasive Bestimmung der systolischen Zeitintervalle belastet den Patienten nicht. Auch bei schweren Erkrankungen (Infarkt) sind mehrfache Messungen zur Verlaufskontrolle möglich.

Zur Bestimmung der systolischen Zeitintervalle sind simultane Registrierungen von EKG, Phonokardiogramm und Carotispuls erforderlich. Der Beginn der Q-Zacke und des II. Herztons sind aus EKG und Phonokardiogramm leicht zu erhalten. Die Austreibungszeit (LVET) wird aus dem Carotispuls als Intervall zwischen dem Beginn des steilen Druckanstiegs und der Inzisur am Ende der Systole bestimmt. Diese Kurve ist gegenüber EKG und Phonokardiogramm um die Pulswellenlaufzeit zeitlich verschoben. Die Differenz von QS_{II} minus der aus dem Carotispuls erhaltenen Austreibungszeit ergibt die Anspannungszeit (s. Abb. 1). Der Zeitpunkt der Aortenklappenöffnung wird bei diesem Verfahren nur indirekt definiert.

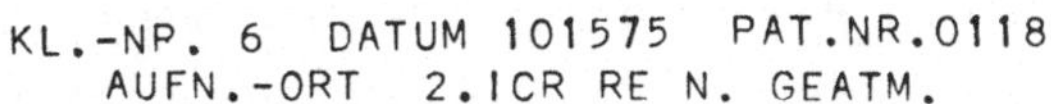

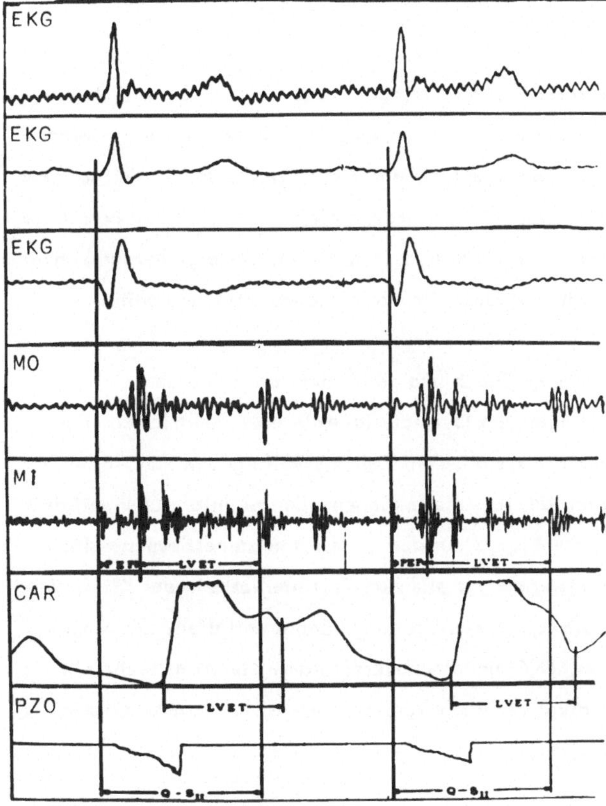

Abb. 1 : Simultane Registrierung von Frank-EKG, Phonokardiogramm (m_o und m_1) und Carotispuls zur Bestimmung der Systolischen Zeitintervalle. Die Austreibungszeit (LVET) wird aus dem Carotispuls erhalten. Die Anspannungszeit (PEP) ergibt sich als Differenz QS_{II}-LVET. Der Zeitpunkt der Aortenklappenöffnung korrespondiert im Phonokardiogramm mit dem Beginn des zweiten, höherfrequenten Schwingungskomplexes. An dieser Stelle findet sich im Phasen-Zeit-Diagramm ein Phasensprung (s. Abb. 2).

Das beschriebene Registrier- und Auswertungsverfahren erschwert die Anwendung der systolischen Zeitintervalle in der klinischen Routine und bei Vorsorgeuntersuchungen in erheblichem Masse. Die simultane Registrierung der drei Signale EKG, Phonokardiogramm und Carotispuls erfordert Aufmerksamkeit und technischen Geschick. Insbesondere die Aufzeichnung einwandfreier Carotispuls-Kurven bedarf grösserer Erfahrung. Trotz der diagnostischen Aussagefähigkeit der systolischen Zeitintervalle zur Beurteilung der Funktion des linken Ventrikels wird diese Methode deshalb bisher in der klinischen Routine nur in begrenztem Masse eingesetzt. Computerprogramme wurden in der Literatur beschrieben (2,3), haben aber bisher nur begrenzte Anwendung gefunden.

Unsere Arbeitsgruppe befasst sich seit mehreren Jahren mit der Frequenzanalyse des I. Herztons. Bereits in einem sehr frühem Stadium unserer Untersuchungen (4) konnte gezeigt werden, dass der Beginn des zweiten Anteils des I. Herztons (Ib-Anteil) mit dem Zeitpunkt der aus dem Carotispuls bestimmten Öffnung der Aortenklappe eng korrespondiert. Dieser Befund bestätigte experimentelle Untersuchungen vom Piemme, Luisada u.a., mit denen gezeigt werden konnte, dass der Ib-Anteil des I. Herztons zum Zeitpunkt der Aortenklappenöffnung beginnt.

Wir haben diesem Befund zunächst nur geringe Beachtung geschenkt, da sich unsere Arbeiten auf die Analyse der Frequenz-Volumen-Beziehung (5,6) des Ia-Anteils konzentrierten. Die zunehmende Zahl von Publikationen über die systolischen Zeitintervalle gaben nun Anlass, die Problematik der Erkennung des Beginns des Ib-Anteils eingehender zu untersuchen mit dem Ziel, den Zeitpunkt der Öffnung der Aortenklappe aus dem I. Herzton zu bestimmen. Eine Lösung dieses Problems würde die Anwendung der systolischen Zeitintervalle in der Klinik wesentlich erleichtern. Die aufwendige Carotispuls-Registrierung könnte entfallen. Die simultane Registrierung von nur zwei Signalen, EKG und Phonokardiogramm, bereitet technisch keine Schwierigkeiten. Die Frequenzanalyse des Phonokardiogramms ist leichter zu automatisieren als die Auswertung des Carotispulses.

Bei unseren vorangehenden Untersuchungen zur Frequenzanalyse des I. Herztons wurde am Übergang vom Ia- zum Ib-Anteil stets eine Frequenzänderung im Phasen-Zeit-Diagramm gefunden. Frequenzanalytische Untersuchungen von I. Herztönen, die über der Aorta registriert wurden, haben gezeigt, dass am Beginn des Ib-Anteils nicht nur eine Frequenzänderung, sondern auch eine Phasenänderung zu erkennen ist. Beim Phasen-Zeit-Diagramm erfolgt die Frequenzbestimmung durch Vergleich der Phase einer bekannten Funktionsschwingung mit der Phase der beobachteten Funktion. Stimmen die Frequenzen beider Schwingungen überein, wird im Phasen-Zeit-Diagramm eine konstante Phasendifferenz, d.h. ·eine Gerade im Abstand der Phasendifferenz beider Schwingungen erhalten. Im Moment der Aortenklappenöffnung wird die Vibration des linken Ventrikels (Ia-Anteil) abrupt unterbrochen. Die durch die plötzliche Beschleunigung im Anfangsteil der Aorta angestossene Schwingung, der Ib-Anteil des I. Herztons, hat in der Regel eine andere Phasenlage als der Ia-Anteil. Im Phasen-Zeit-Diagramm zeigt sich diese Änderung als Phasensprung (Abb. 2).

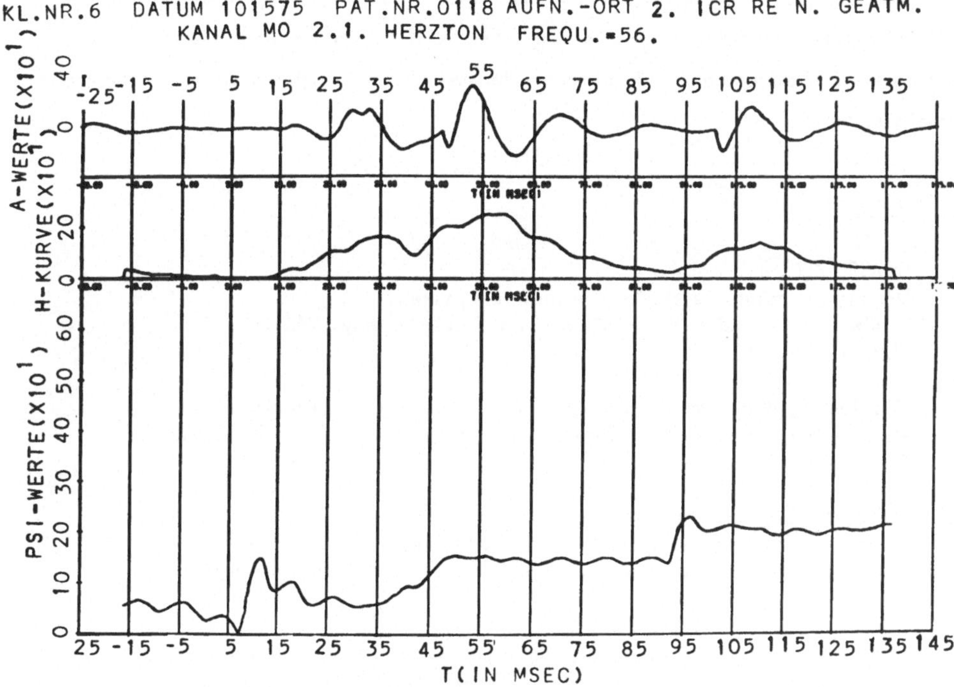

Abb. 2: I. Herzton (oben) mit Amplitudenhüllkurve (Mitte) und Phasen-Zeit-Diagramm (unten). Zeitgedehnte Darstellung des zweiten I. Herztons der Abb. 1. Bei 40 und 90 msec finden sich im Phasen-Zeit-Diagramm Phasenprünge, die den Beginn einer neuen Schwingung kennzeichnen. Nach der Bestimmung aus dem Carotispuls liegt der Zeitpunkt der Aortenklappenöffnung bei 40 msec, korrespondierend mit dem ersten Phasensprung im Phasen-Zeit-Diagramm.

Unsere gegenwäriten Bemühungen konzentrieren sich darauf, diesen Phasensprung im Phasen-Zeit-Diagramm automatisch zu erkennen, um daraus den Zeitpunkt der Aortenklappenöffnung und damit die Anspannungs- und Austreibungszeit zu bestimmen. Die im Programm zu lösende Problematik ist vergleichbar mit der Wellenerkennung bei P-Wellen im EKG. Der Phasensprung

kann zwischen 0 und 360° bei verschiedenen I. Herztönen variieren. Phasensprünge von
180° sind eindeutig zu erkennen, unter 90° bzw. über 270° ist der Übergang nicht mehr
so ausgeprägt. Es wird weiterer Entwicklungsarbeiten bedürfen, um in den der überwiegen-
den Zahl der Fälle den Zeitpunkt eindeutig erkennen zu können. Nach den bisher vorliegenden Resultaten erscheint das Problem lösbar, so dass die automatische Bestimmung der
systolischen Zeitintervalle wesentlich erleichtert werden kann. Ein mit unserem Verfahren
entwickelte Programm würde insbesondere auch die Anwendung der systolischen Zeitintervalle bei Screening-Untersuchungen ermöglichen. Weitere Entwicklungen sind geplant,
um die EKG-Befundung und die Bestimmung der systolischen Zeitintervalle in einem Programm zu kombinieren.

<u>L i t e r a t u r</u>

1.   LEWIS, R.P. :
     Diagnostic value of systolic time intervals in man.
     Fowler, N.O. (Ed.) Diagnostic methods in Cardiology, 245-264,
     Philadelphia 1975

2.   SWATZELL, R.H., W.H. BANCORFT, J. MACY, E. EDDLEMAN :
     The on-line computersystem for determining the systolic time intervals.
     Comp. Biomed. Res. 6, 465-473 (1973)

3.   KYLE, M.C., E. FREIS :
     Computer identification of systolic time intervals.
     Comp. Biomed. Res. 3, 637-   (1970)

4.   EGIDY, H.V., J. DUDECK:
     Über den Schwingungsaufbau des ersten Herztones.
     Verh. Dtsch. Ges. Inn. Med. 74, 1012-1015 (1968)

5.   EDIDY, H.V., F. DOERR, J. DUDECK :
     Ein neuer Weg zu Grössenbestimmungen am Herzen.
     Radiologie 7, 208-210 (1967)

6.   EGIDY, H.V. :
     Über die Tonentstehung am Herzen. Ergebnisse frequenzanalytischer
     Untersuchungen an Herztönen.
     Basic Res. Cardiol. 68, 395-441 (1973)

Darstellung und Dokumentation von Ergebnissen im computergestützten
EKG-Auswertungssystem Hannover +

SCHIEMANN W., ZYWIETZ Chr., ALRAUN W.

Medizinische Hochschule Hannover, Department Biometrie und Med.
Informatik, Arbeitsgruppe für Biosignalverarbeitung, 3 Hannover-
Kleefeld, Mellendorfer Str. 3

1.0 Einleitung

In den vergangenen Jahren hat der Einsatz des Computers in der medizinischen Funktionsdiagnostik zunehmend an Bedeutung gewonnen. Einige
Systeme stehen vor dem Übergang aus dem Labor- und Experimentiersta-
dium in die Routineanwendung. Eine Integration in den Klinikbetrieb
setzt eine sorgfältige Konzeption der Darstellung und Dokumentation
von Auswertungsergebnissen voraus.

Dem Arzt ist weder mit Zahlenkolonnen noch mit rein interpretativen
Aussagen gedient, wenn er nicht gleichzeitig die Möglichkeit hat,
das Zustandekommen des Ergebnisses auf einfache Weise nachzuvollziehen und gegebenenfalls die Qualität zu überprüfen.

Die Präsentation von Auswertungsergebnissen ist die wichtigste Schnittstelle bei der Kommunikation Arzt-Computer. Sie ist entscheidend für
die Annahme des Systems durch den ärztlichen Benutzer.

Im folgenden soll dargestellt werden, wie diese Aufgaben im HANNOVER-
SCHEN EKG-SYSTEM (HES) zur computergestützten EKG-Auswertung erfüllt
werden. Die Entstehung der Ergebnisse soll am Ablauf des Auswertungsprozesses demonstriert werden.

2.0 Prozesstufen der EKG-Auswertung

Die EKG-Analyse läßt sich in folgende in sich abgeschlossene Prozess-
stufen einteilen:

- Vorverarbeitung,
- Zyklusaufbereitung,
- Wellenerkennung,
- Vermessung,
- Rhythmusanalyse,
- Klassifikation.

Diese Prozesstufen werden im Programmsystem HES in voneinander unabhängigen Programmteilen realisiert. Resultate aller Verarbeitungs-
stufen werden im endgültigen Auswertungsergebnis dargestellt.

In der Vorverarbeitung werden die EKG-Komplexe lokalisiert und, definiert durch den Zeitpunkt des räumlichen QRS-Maximums, aus dem aufgezeichneten Signal ausgeschnitten und zur Weiterverarbeitung bereitgestellt. Des weiteren wird die Qualität der Aufnahme überprüft. Insbesondere werden ermittelt:

- Spikes und Datensprünge,
- Basislinienschwankungen
- und andere Störungen (Muskelzittern,
  Elektrodenabfall usw.).

+Gefördert durch das Bundesministerium für Forschung und Technologie
(Forschungsvorhaben DVM 001).

Diese Ergebnisse beeinflussen einen Qualitätsindex und erscheinen,
wenn sie sich auf die Weiterverarbeitung auswirken, auf der graphischen Ausgabe zur Zyklusaufbereitung und Rhythmusanalyse.

Die Zyklusaufbereitung analysiert bereitgestellte Komplexe (Zyklen)
und typisiert bis zu vier verschiedene QRS-Typen (alle weiteren werden in einer fünften Gruppe zusammengefaßt und nicht weiter verarbeitet).

Innerhalb der vier Gruppen werden die Zyklen auf Übereinstimmung von
P-Q- und ST-T-Konturen überprüft und auf Schwankungen der Basislinie
untersucht; diese Kontrollen führen gegebenenfalls zum Ausschluß
einiger Zyklen. Desgleichen werden aufgrund der Ergebnisse der Vorverarbeitung Zyklen mit Spikes oder Datensprüngen und Zyklen mit zu geringem RR-Abstand ausgeschlossen.

Innerhalb der Gruppe werden die ungestörten Komplexe synchronisiert
und anschließend zu "Repräsentativen Zyklen" gemittelt.

Da die Typisierung von grundlegender Bedeutung für die Weiterverarbeitung ist und Fehler an dieser Stelle die folgenden Ergebnisse
entscheidend beeinflussen, wird ihre Überwachung durch das Typisierungsdiagramm gewährleistet (siehe Abbildung 1).

Die Wellenerkennung bestimmt die Referenzpunkte für die Vermessung:

- QRS-Beginn,
- QRS-Ende,
- P -Ende,
- P -Beginn,
- T -Ende.

Die beiden ersten definieren auch Start und Ende für das Schreiben
der QRS-Vektorschleifen.

In den Basislinienbereichen (PQ-Segment und nach T-Ende) wird zur
Qualitätskontrolle ein Störpegel bestimmt.

Die Vermessung liefert Zeit- und Amplitudenwerte und eine Vielzahl
weiterer Meßparameter.

Auf zwei Blättern wird eine Auswahl davon ausgegeben, in Inhalt und
Form anpaßbar an die Wünsche des Benutzers (Abbildung 4).

Vermessen werden alle Zyklustypen, denn oft gibt erst die Vermessung
Aufschluß über den Komplex, wie es zur Rhythmusanalyse notwendig ist.

Es ist bekannt, welche Schwierigkeiten und Fehlermöglichkeiten trotz
sorgfältigster Konzeption der Analysealgorithmen für die zuverlässige
Bestimmung von Rhythmusstörungen vorhanden sind. Man denke z.B. nur
an die Schwierigkeiten, einen einfachen Sinusrhythmus sicher zu erkennen, der durch konstante RR-, PQ- und PP-Abstände und konstante
Winkel der P-Vektoren gekennzeichnet ist. Fehlerursachen sind vor
allem Basislinienschwankungen und andere niederfrequente Störungen,
deren Amplituden ein Vielfaches von P-Wellen-Amplituden betragen
können.

Aus diesen Gründen geben wir neben dem repräsentativen Zyklus auch
ein Bild der Folge der Kammeraktionen, ein sogenanntes Rhythmusdiagramm, aus. Es zeigt die Folge der RR-Abstände als relative Abweichung
vom mittleren RR.

Die RR-Abweichungen gewinnen ihre vollständige Bedeutung, wenn zusätzlich angegeben wird, welcher Komplextyp bzw. welche sonstigen Signalbedingungen vorhanden gewesen sind. Damit bietet sich die Kombination von Typisierungs- und Rhythmusdiagramm in einem Bild an.

Die Beispiele in Abbildung 1 zeigen, daß durch die kombinierte Typisierungs- und Rhythmusinformation dem Arzt Plausibilitätsüberprüfungen wesentlich erleichtert werden.

Abbildung 2 gibt die vollständige graphische Übersicht über die analysierte EKG-Aufnahme. Aus der Reststörung im repräsentativen Hauptzyklus und den Fehlerausschlüssen sowie der Gesamtzahl der für eine Gruppe gemittelten Zyklen kann einerseits auf die Datenqualität der Aufnahme und andererseits auf die Zuverlässigkeit der Auswertung geschlossen werden.

Abbildung 3 zeigt die Ergebnisse einer multivariaten Klassifikation von QRST- und P-Wellen-Komplexen. Auf die Einzelheiten soll hier nicht eingegangen werden.

Wesentlich ist, daß der Arzt, wenn er die Klassifikationsergebnisse und interpretativen Aussagen zu beurteilen hat, über klare Vorstellungen von der Güte und Plausibilität des vorher abgelaufenen Auswertungsprozesses verfügen kann.

3.0 Dokumentation

Die Dokumentation wird je nach Anwender verschieden ausfallen. Für die Systementwicklung werden im HES archiviert:

1) die Rohdaten,

2) die repräsentativen Zyklen,

3) die Meßvektoren,

4) die Klassifikationsergebnisse,

5) die ärztlichen Diagnosen.

Diese Dateien bilden die EKG-Datenbank im HANNOVERSCHEN EKG-SYSTEM. Es ist möglich, unter den verschiedensten Suchkriterien, z.B. Patientenidentifikation, Alter, einzelne Meßwerte, Meßwertbereiche, Klassifikationsergebnisse etc., Daten zu extrahieren und gegebenenfalls statistisch auszuwerten.

Für die Verteilung von Auswertungsergebnissen an externe Benutzer bestehen verschiedene Möglichkeiten:

- Ausgabe von besonders spezifizierten Daten auf
  Digitalband,

- graphische und alpha-numerische Ausgabe über Display
  und Drucker, z.B. für die Einordnung in Krankengeschichten.

Neu entwickelt worden ist von uns ein System zur Ausgabe von EKG-Auswertungsergebnissen auf normale 1/8"-Magnetbandkassetten. Diese Information kann über Kassettenrekorder und Video-Display in einer Datenbank auf Kassettenbasis bei externen Benutzern gespeichert werden.

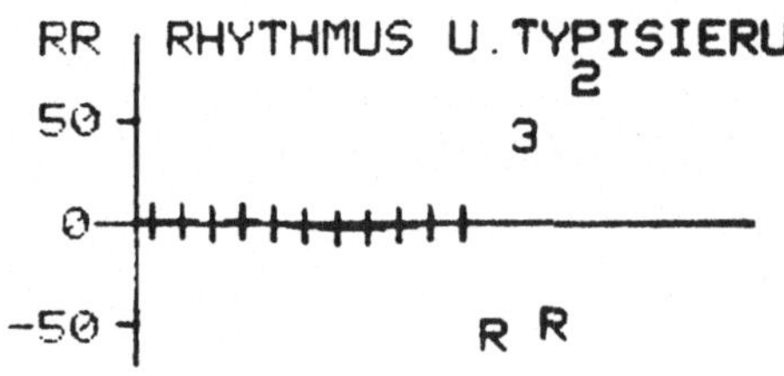

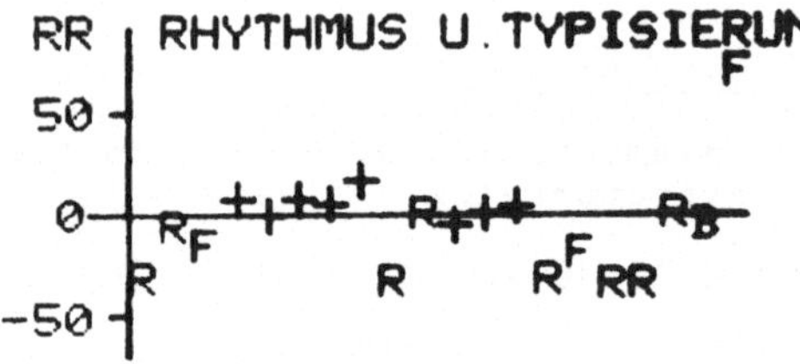

Abb. 1. Zur Typisierung

+:   Zyklus wurde in Hauptgruppe gemittelt
2,3:   Zyklustyp 2, 3

       Ausschlußgründe:
P: P-Wellen-Kontur
B: Basislinienschwankung
R: zu kurzer RR-Abstand
F: technischer Fehler

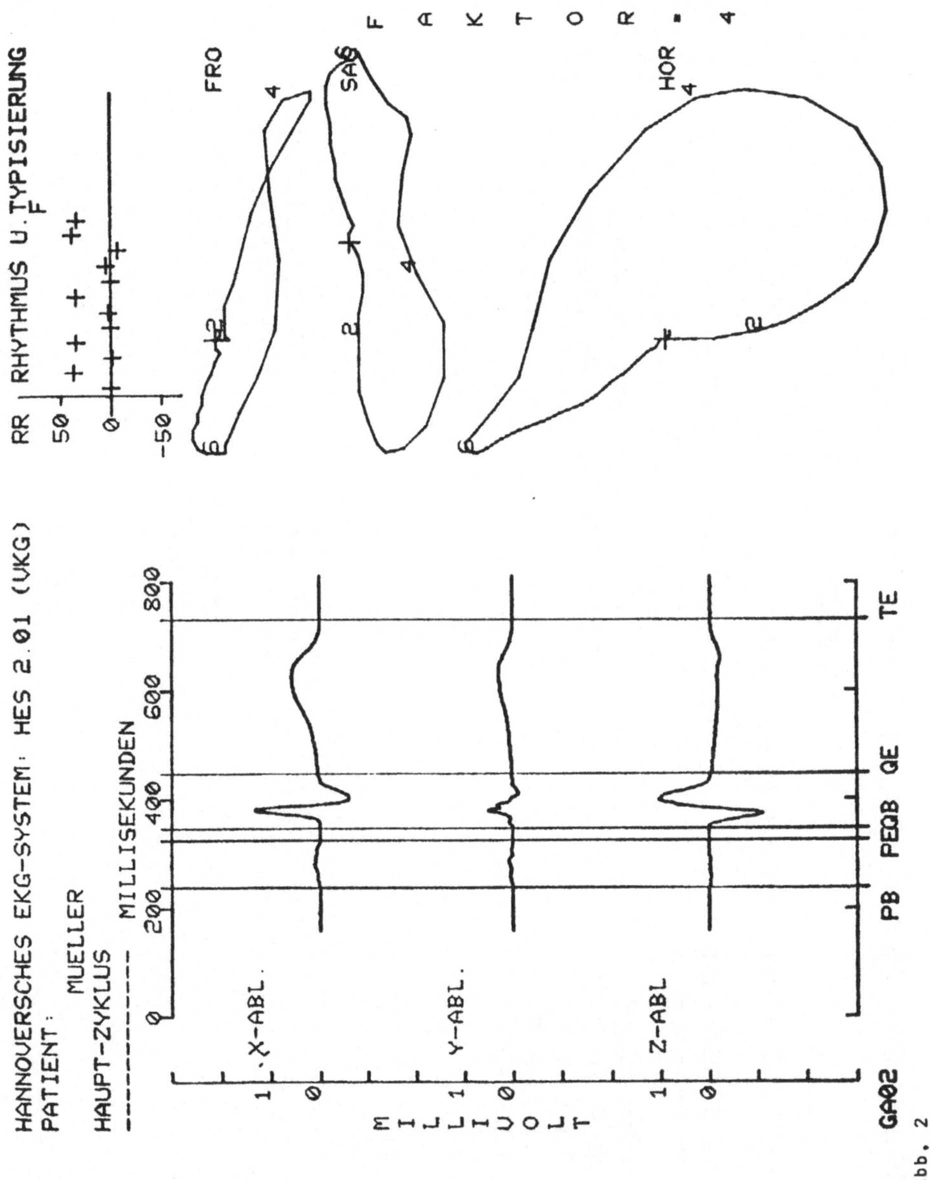

Abb. 2

Legende zu Abb. 2:

<u>Hauptzyklus</u> mit Wellenerkennungsmarkierung

<u>Vektorschleifen</u> mit Startpunkt ( ) und den Markierungen 20, 40 und
60 ms nach QRS-Beginn

<u>Faktor:</u> Amplitudenskalierung der Vektorschleifen (cm/mV)

Rhythmus- und Typisierungsdiagramm

```
HANNOVERSCHES EKG-SYSTEM: HES 2 01 (VKG) GA02

PATIENT.                          MUELLER

KLASSIFIKATIONS - WAHRSCHEINLICHKEITEN (%) APS:   2

KAMMERAKTIVITAET (QRS-T)               VORHOFAKTIVITAET
------------------------               ----------------
NORMAL                    94.  NORMAL                       74.
RECHTSHYPERTROPHIE         4.  LINKSATRIALE HYPERTROPHIE    14.
LINKSHYPERTROPHIE          2.  RECHTSATRIALE HYPERTROPHIE   13
VORDERWANDINFARKT          0.
HINTERWANDINFARKT          0
SEITENWANDINFARKT          0.

RHYTHMUS
--------
HERZFREQUENZ      88/MIN
SINUS ARRHYTHMIE


                               UNBESTAETIGTER COMPUTERAUSDRUCK
                               ================================

                               BESTAETIGT: DR.MED
                               BEMERKUNGEN:
```

Abb. 3

HANNOVERSCHES EKG-SYSTEM: HES 2.01 (VKG) GA02   HAUPT-ZYKLUS   SEITE 1
PAT: MUELLER   TAG: 21.01.75 AUFNAHMEORT: MHH-KINDERKL. 6K

STOERPEGEL: 9 MIKROV. RMS   EKG-ASSISTENTIN: 00

P ANALYSE (BEZOGEN AUF P BEG.)   VEKTORGROESSEN (MIKROVOLT)
QRS ANALYSE (BEZOGEN AUF Q BEG.)   WINKEL (GRAD)
ST-T ANALYSE (BEZOGEN AUF T ENDE)   ZEIT (MSEC)

ZEITWERTE: HERZFREQUENZ 88
ZEITABSTAENDE: P DAUER   86   P-Q INTERVALL   108   Q-T INTERVALL: 384
               P-R SEGMENT 22   QRS DAUER: 102   ST-T DAUER   282

QRS-T ANALYSE DER EINZELNEN ABLEITUNGEN

	X	Y	Z
Q DAUER	0	2	34
Q AMPLITUDE	0	0	-1128
R DAUER	46	60	54
R AMPLITUDE	1345	503	1038
S DAUER	44	20	0
S AMPLITUDE	-617	-119	0
Q/R VERHAELTNIS	0.00	0.00	1.09
R/S VERHAELTNIS	2.18	4.23	0.00
MAX AMPLITUDE DER T WELLE	580	287	-187

P WELLE

	X	Y	Z
AMPLITUDE POSITIVER GIPFEL	95	62	0
AMPLITUDE NEGATIVER GIPFEL	0	0	-33
AMPLITUDE VON GIPFEL ZU GIPFEL	0	0	0
ZEIT POSITIVER GIPFEL	46	42	0
ZEIT NEGATIVER GIPFEL	0	0	20
ZEIT ZWISCHEN DEN GIPFELN	0	0	0

Abb. 4a

PAT: MUELLER　　　　　SEITE 2

MAXIMALE VEKTOREN

	FRONTAL EBENE (XY)		HORIZONTAL EBENE (XZ)		SAGITTAL EBENE (ZY)	
	GROESSE	WINKEL	GROESSE	WINKEL	GROESSE	WINKEL
P	113	33	96	9	64	104
QRS	1435	20	1492	41	1144	170
T	646	26	597	14	322	119

RAEUMLICHES MAXIMUM:

		AZIMUT	ELEVATION	GROESSE
P	46 MSEC NACH START VON P	9	33	114
QRS	32 MSEC NACH START V. QRS	30	19	1573
T	106 MSEC VOR ENDE VON T	14	25	661

MOMENTANVEKTOREN

SKALARE KOMPONENTEN (MIKROVOLT)

		X	Y	Z
QRS	1/8	28	78	-313
	2/8	649	180	-1118
	3/8	1086	272	138
	4/8	-548	73	1014
	5/8	-547	-113	855
	6/8	-230	-43	269
	7/8	9	23	12
	8/8	50	31	-60
ST-T INTERVALL				
	0/8	50	22	-15
	1/8	96	47	-59
	2/8	168	79	-94
	3/8	311	131	-132
	4/8	504	230	-149
	5/8	580	284	-142
	6/8	412	212	-187
	7/8	89	45	-63

ZEITINTEGRALE (MIKROV.*MSEC)

	SKALARE KOMPONENTEN			RAEUMLICHE FLAECHE
	X	Y	Z	(SQRT(X*X+Y*Y+Z*Z)
QRS ENDE – T ENDE :	76860.	39150.	-42025.	95955.
2/8 ST-T – T ENDE :	69955.	35180.	-35035.	85785.

Abb. 4b

Die Rekonstruktion von konventionellen EKG-Ableitungen aus den
X-, Y-, Z-Komponenten des korrigierten orthogonalen Ableitungssystems nach Frank [+]

ZYWIETZ Chr., MOCK H.-P., ROSENBACH B.

Medizinische Hochschule Hannover, Department Biometrie und Med.
Informatik, Arbeitsgruppe für Biosignalverarbeitung, 3 Hannover-
Kleefeld, Mellendorfer Str. 3

1.0 Einleitung

Bei der Problemanalyse für die Einführung von computergestützten Informationssystemen bei niedergelassenen Ärzten hat ein Teil sich auch
mit der Auswertung von Elektrokardiogrammen beschäftigt. Eine der
untersuchten Fragen betraf die benutzten Ableitungssysteme. Es ergaben sich die folgenden Resultate (1):

1) 99 % der praktizierenden Ärzte (Internisten) benutzen die konventionellen Ableitungssysteme nach Einthoven, Goldberger und
   Wilson.

2) Etwa 47 % wenden zusätzlich gelegentlich das Nehb'sche Ableitungssystem an.

3) Nur 3 % benutzen des Frank'sche Ableitungssystem zusätzlich.

   Nur einer von 127 Ärzten arbeitete ausschließlich mit dem
   orthogonalen Ableitungssystem nach Frank.

In den meisten Fällen wird mehr als ein Ableitungssystem bzw. werden
mehr als drei Ableitungen aufgezeichnet und ausgewertet. Nur 4 % der
Ärzte arbeiten lediglich mit drei Ableitungen, 10 % zeichnen sechs
Ableitungen auf und nahezu 50 % werten alle 12 Ableitungen aus.

Soweit computergestützte Auswertungssysteme herangezogen werden, wird
heute meist dreikanalig gearbeitet. Die Gründe hierfür liegen auf der
Hand. Die marktgängigen Erfassungssysteme sind dreikanalig ausgelegt,
die geringeren Datenmengen und die Redundanz in den 12 Ableitungen
haben in den letzten Jahren das Interesse der Entwickler für computergestützte EKG-Interpretationssysteme auf die orthogonalen Ableitungen
nach Frank mit nur drei Ableitungen konzentriert.

Aus diesen Gründen ist die Frage aufgekommen, ob man nicht die orthogonalen Frank'schen Ableitungen aufzeichnen und nach der Verarbeitung
repräsentative Zyklen von konventionellen Ableitungen für den Gebrauch der Ärzte erzeugen könnte (die andere Alternative wäre die Erfassung und Aufzeichnung der konventionellen Ableitungen und die computergestützte Auswertung von rekonstruierten Frank-Ableitungen).
1968 hat Dower (2) ermutigende Resultate von einem Hardware-Netzwerk
für die Rekonstruktion von konventionellen Ableitungen berichtet. Wir
haben versucht, die konventionellen Ableitungen aus den orthogonalen
Komponenten des Frank'schen Ableitungssystems zu berechnen. Über diese Ergebnisse soll hier berichtet werden.

[+]Gefördert durch das Bundesministerium für Forschung und Technologie
(Forschungsvorhaben DVM 001).

2.0 Methoden und Material

2.1 Theoretische Basis

Die theoretische Basis für die Transformation der Ableitungssysteme war das Lead-Vector und Image-Surface Konzept von Burger
und van Milaan (3).

Die Potentialdifferenz zwischen zwei Elektroden A, B ist propor-
tional dem Skalarprodukt aus dem Herzvektor $\vec{H}(t)$ und dem sogenannten Ableitungsvektor L, welcher die Übertragungscharakteri-
stik zwischen dem Herzvektor und den betreffenden Ableitungs-
elektroden darstellt.

$$V_{AB}(t) = \vec{H}(t) \cdot \vec{L}_{AB}$$

Für unsere berechneten Rekonstruktionen wurden Ableitungsvektoren nach Frank für ein homogenes Torso-Modell (4), Dower's modi-
fizierte Leadvektoren und drei Ableitungsvektoren eines inhomogenen Torso-Modells nach Horacek, Rautaharju (5) verwendet. Ein
anderes Verfahren wäre die Berechnung transformierter Ableitungen aus Linearkombinationen. Dieses Verfahren soll hier nicht
behandelt werden.

2.2 Rekonstruktion der Ableitungen

Für die Rekonstruktion haben wir repräsentative zeitkohärent ge-
mittelte Zyklen von 15 Sekunden Aufzeichnungen von 58 normalen
und pathologischen Patienten ausgewählt (ein Drittel pathologische Patienten mit Myokardinfarkt oder Hypertrophie ohne Schen-
kelblöcke). Die Frank'schen Ableitungen wurden im 4. Interkostal-
raum, die simultan aufgezeichneten 15 Sekunden Aufnahmen der konventionellen Ableitungen unmittelbar nach den Frank'schen Ableitungen aufgenommen. Durch die 15 Sekunden Aufnahmen konnte über
mehrere respiratorische Zyklen gemittelt werden, so daß sowohl
für die Frank'schen als auch für die konventionellen Ableitungen
vergleichbare repräsentative Zyklen zur Verfügung standen.

Aus den X-, Y-, Z-Komponenten der Frank'schen Ableitungen wurden
die Extremitäten- und Brustwand-Elektrokardiogramme berechnet.
Diese rekonstruierten EKGs wurden verglichen mit den repräsentativen Zyklen der aufgezeichneten konventionellen Ableitungen.
Für den Vergleich wurden alle rekonstruierten Amplituden so ska-
liert, daß die R-Amplitude in Ableitung 5 zwischen gemessenem
und rekonstruiertem Zyklus übereinstimmt.

3.0 Ergebnisse

Abbildung 1 zeigt Resultate von Rekonstruktionen mit Dower's modifi-
zierten Ableitungsvektoren und für die Ableitungen V_4, V_5 und V_6 mit
Ableitungsvektoren eines inhomogenen Torso-Modells. Die Diagramme
zeigen als Transformationskennlinien das Verhältnis von rekonstruierten zu gemessenen Maximalamplituden für die verschiedenen Wellenformen innerhalb des Zyklus (dicke Linien Mittelwert, dünne Linien 95 %
Bereich).

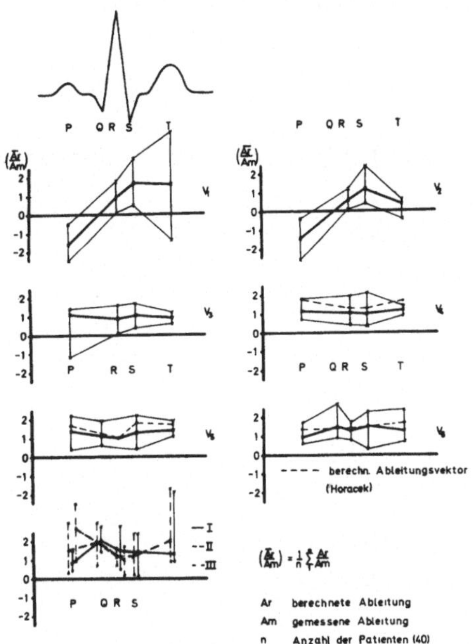

Abb. 1. Das Bild zeigt die Transformationscharakteristiken für den
EKG-Zyklus für die verschiedenen Ableitungen. In der Ordinate ist
das Verhältnis von gerechneter zu gemessener Amplitude der verglichenen Zyklen übertragen. Die Meßwerte in der Abszisse geben die jeweiligen Wellenmaxima wieder.

Um den Einfluß von Meßfehlern zu reduzieren, wurden nur Wellen mit
Amplituden von mehr als 100 μV im Meßrekord berücksichtigt. Es sei
hier angemerkt, daß für Ableitung V1 und V2 mit häufig fehlenden R-
Wellen die Repräsentation von Q-S an der Stelle für S gezeigt wird.

Die rekonstruierten und die gemessenen Ableitungen stimmen qualitativ
in allen Ableitungen überein, nur in Ableitung V1 und V2 kann eine
Inversion der P-Welle beobachtet werden. Die genauere quantitative
Analyse zeigt drei Typen von Abweichungen:

1) eine große Inter-individuelle Variabilität, am größten für die
   T-Welle in Ableitung V1 und den Extremitäten-Ableitungen,

2) die Interableitungs-Variabilität, d.h. eine unterschiedliche
   Wiedergabe von korrespondierenden Wellenformen in verschiedenen
   Ableitungen.
   Z.B. Inversion und Vergrößerung von P-Wellen in Ableitung V1,
   eine Reduktion von P-Amplituden ohne Inversion in Ableitung V6,
   eine Vergrößerung von R in Ableitung V6 sowie deren Reduktion
   in Ableitung V2 usw.

3) die Intraableitungs-Variabilität, d.h. eine unterschiedliche
   Transformation von Wellen innerhalb einer Ableitung.

Z.B. in Ableitung V1 eine Inversion der P-Welle, eine
Reduktion der R-Amplitude ohne Inversion, eine Vergrößerung
von S und erneut eine Reduktion, manchmal sogar Inversion
der T-Welle.

4.0 Diskussion

Die Tabelle 1 faßt die Transformationskennlinien in einer Transfor-
mationsmatrix zusammen.

TRANSFORMATIONSKOEFFIZIENTEN

ABL.	P	Q	R	S	T
V_1	-1,6	-	0,9	1,7	1,6
V_2	-1,4	-	0,6	1,2	0,4
V_3	1,1	-	0,9	1,1	0,9
V_4	1,2	-	1,1	1,0	1,2
V_5	1,4	1,1	[1,0]	1,3	1,4
V_6	0,9	1,5	1,3	1,5	1,3
I	0,8	2,0	1,5	1,4	1,3
II	1,5	2,0	1,2	1,2	2,0
III	2,7	-	1,0	-	-

INTERABLEITUNG ↓

INTRAABLEITUNG ⟶

Tabelle 1. Die Tabelle gibt die Transformationskoeffizienten für
die Wellenformen wieder. Die Zahlen bedeuten wieder das Verhältnis
von gerechneter zu gemessener Amplitude. Man beachte die unterschiedliche Transformation innerhalb einer Ableitung (Intra-Lead
Variabilität) in den Zeilen und die unterschiedliche Wiedergabe
einer Wellenform in verschiedenen Ableitungen (Inter-Lead Variabilität) in den Spalten.

In den Spalten finden sich die Transformationskoeffizienten für eine
Wellenform in allen Ableitungen, d.h. die Interableitungs-Variation.
In den Zeilen sind die Transformationskoeffizienten für alle Wellenformen eines Komplexes in einer Ableitung, d.h. die Intraableitungs-
Variation, zu finden. Die meisten der Koeffizienten sind in der
Größenordnung von plus 1. Eine genaue Vorhersage des wahren EKGs in
einer transformierten Ableitung ist trotzdem noch nicht möglich,
weil die inter-individuelle Variabilität sehr groß ist und bisher
die Transformationskoeffizienten ein voneinander unabhängiges Verhalten zeigen.

Die Variation der Wellentransformation innerhalb einer Ableitung
läßt die physikalische Deutung zu, daß der Ableitungsvektor nicht
stabil bleibt während des EKG-Zyklus. Es wäre daher zu überlegen, ob
die Gleichung für das Körperoberflächenpotential nicht erweitert
werden sollte durch die Einführung eines zeitabhängigen Zweikompo-
nenten-Ableitungsvektors.

$$\vec{L}(t) = \vec{L}_o + \vec{l}(c)$$

$$V_{AB}(t) = \vec{H}(t) \cdot (\vec{L}_o + \vec{l}(c))$$

Der klassische zeitinvariante Ableitungsvektor $\vec{L}$ könnte dabei die Transfercharakteristik für einen fest lokalisierten Einzeldipol repräsentieren, abhängig von der Körperform und der Position des Herzens. Dieser Ableitungsvektor würde dem Ableitungsfeld der Elektroden entsprechen. Die zeitabhängige Komponente hängt dann ab von dem räumlichen Verlauf der elektrischen Aktivität während des EKG-Zyklus innerhalb des Herzens.

5.0 Zusammenfassung

Die Rekonstruktion von konventionellen Ableitungen aus den skalaren X-, Y-, Z-Ableitungen des Frank'schen Ableitungssystems mit zeitinvarianten Ableitungsvektoren gibt eine qualitative Übereinstimmung zwischen originalen und rekonstruierten Ableitungen. Weitere Untersuchungen könnten durchgeführt werden, um zu klären, ob mit einem erweiterten zeit-varianten Leadvektor-Konzept und adaptiven Rekonstruktionen die Variabilität der Ableitungstransformation reduziert werden kann.

Die eingangs erwähnte Rekonstruktion von X, Y, Z Frank-Komponenten von den acht linear unabhängigen konventionellen Ableitungen zeigt bisher eine bessere Übereinstimmung, wenn 2 - 4 von insgesamt 56 möglichen Ableitungskombinationen gleichzeitig verwendet werden. Diese Rekonstruktionen könnten verwendet werden, um Vektorschleifen eines fiktiven Herzdipols zu rekonstruieren. Man sollte allerdings nicht übersehen, daß für die computergestützte Interpretation von Elektrokardiogrammen die Dipoltheorie keine notwendige Hypothese ist. Entscheidend ist allein, ob die klinische Validierung der Daten gesichert ist.

Literatur

(1) ZYWIETZ Chr.: Konzeption der EKG-Datenverarbeitung beim niedergelassenen Arzt. Vortrag auf der "MEDICA '74", Düsseldorf, im Druck.
(2) DOWER G.E.: A lead synthesizer for the Frank system to simulate the standard 12-lead electrocardiogram. J. Electrocardiology, 1(1), 101-116, 1968.
(3) BURGER H.C., van MILAAN J.B.: Heart vector and leads. British Heart J., Vol. 8, 157-161, 1946.
(4) FRANK E.: The image surface of a homogeneous torso. American Heart J., Vol. 47, 757-768, 1954.
(5) HORACEK B.M., RAUTAHARJU P.M., WARREN J., WOLF H.K.: Computer analysis of orthogonal and multiple scalar lead exercise electrocardiograms. Chr. Zywietz, B. Schneider: Computer Application on ECG and VCG Analysis, p. 517-530, North Holland Publ. Co., 1973.